I0510708

COURS DE LA FACULTÉ DES SCIENCES DE L'UNIVERSITÉ
DE PARIS

THÉORIE DES NOMBRES

PAR

E. CAHEN

Chargé de Cours à la Faculté des Sciences de l'Université de Paris

TOME PREMIER

LE PREMIER DEGRÉ

PARIS

LIBRAIRIE SCIENTIFIQUE A. HERMANN & FILS

LIBRAIRES DE LA FACULTÉ DES SCIENCES

6, RUE DE LA SORBONNE

1914

THÉORIE DES NOMBRES

COURS DE LA FACULTÉ DES SCIENCES DE L'UNIVERSITÉ
DE PARIS

THÉORIE DES NOMBRES

PAR

E. CAHEN

CHARGÉ DE COURS A LA FACULTÉ DES SCIENCES DE L'UNIVERSITÉ DE PARIS

TOME PREMIER

LE PREMIER DEGRÉ

PARIS

LIBRAIRIE SCIENTIFIQUE A. HERMANN & FILS

LIBRAIRES DE S. M. LE ROI DE SUÈDE

6, RUE DE LA SORBONNE, 6

1914

À MA CHÈRE FEMME.

PRÉFACE

Celui qui veut, de nos jours, écrire une « Théorie des Nombres »
se heurte dès le début, à une difficulté : celle de délimiter son
sujet. La Théorie des Nombres, ou Arithmétique est, primitivement, la théorie des nombres entiers. Mais comme il est prouvé
maintenant que le nombre entier suffit à édifier toutes les mathématiques, notre auteur se voit amené à écrire un traité complet de
mathématiques, ce qui est évidemment une entreprise chimérique.

Il doit donc se restreindre et pour cela chercher de la Théorie
des Nombres une autre définition. J'ai proposé la suivante (¹) :
La Théorie des Nombres s'occupe de tous les nombres ; entiers,
rationnels, algébriques ou transcendants, mais en tant seulement
qu'ils sont entiers, rationnels, algébriques ou transcendants. Elle
étudie les propriétés particulières à chacune de ces espèces de
nombres, mais les propriétés qui leur sont communes ne sont pas
de son ressort. Cette définition est évidemment préférable à la
précédente, au point de vue où nous sommes en ce moment.

Elle est cependant, encore un peu vague. Je proposerai maintenant la suivante : La Théorie des Nombres est la science des calculs
dans lesquels la division n'est *possible* que dans des cas particuliers ;
par opposition à l'Algèbre qui est au contraire la science des
calculs dans lesquels la division n'est *impossible* que dans des cas
particuliers.

Cette nouvelle définition, outre qu'elle répond mieux à l'objet
que nous avons en vue, de délimiter notre sujet, nous fait aussi
mieux comprendre la méthode qu'emploie l'Arithmétique et les

(¹) *Eléments de la Théorie des Nombres*, p. vi. Paris, Gauthier-Villars, 1900.

difficultés qu'elle rencontre. La méthode consiste tout simplement à imiter l'Algèbre ; seulement, il est bien évident que l'impossibilité de l'une des opérations fondamentales complique la tâche de l'Arithmétique et l'on s'explique ainsi pourquoi elle est en retard sur l'Algèbre.

Je m'attache à mettre cette méthode d'imitation en évidence.

Pour cela, je fais précéder chaque théorie d'Arithmétique de celle d'Algèbre sur laquelle elle est calquée. J'obtiens en plus, en procédant de cette façon l'avantage que le livre est complet en lui-même et peut être lu indépendamment de tout autre. Cependant, comme cette pratique, appliquée dans toute sa rigueur, m'aurait entraîné un peu loin, je ne traite pas du tout les théories d'Algèbre qui sont classiques (pour préciser, celles qui font partie des programmes des examens français), je me contente de les rappeler ; et quant aux autres je les traite le plus brièvement possible. Ces parties, étrangères à l'Arithmétique, sont imprimées en petits caractères. Il en est de même de toutes les choses, mêmes arithmétiques, qui sont d'importance moindre : les exemples, les faits particuliers, etc. Elles pourront être passées à une première lecture.

C'est aussi le souci de mettre en évidence cette imitation de l'Algèbre par l'Arithmétique qui m'a fait consacrer ce premier volume à l'étude des équations et des formes linéaires. C'est là une théorie achevée dans ses parties essentielles ; par l'Algèbre, il y a environ un siècle, par l'Arithmétique, il y a environ trente ans. C'est dans les deux sciences, la base sur laquelle repose tout le reste.

De même qu'il faut se limiter dans les développements *en avant* de la Théorie des Nombres, il faut aussi se limiter dans les développements *en arrière* ; il faut savoir où commencer.

Cette question, elle aussi, se trouve résolue immédiatement au moyen de la définition de la Théorie des Nombres proposée plus haut. La Théorie des Nombres commence à la division des nombres entiers. On me pardonnera d'avoir pris un peu plus haut, à la définition même du nombre entier. Cela ne change guère les dimensions de l'ouvrage et me permet d'exposer des théories inté-

ressantes, qui ne sont pas classiques, au sens que j'ai attribué plus
haut à ce mot.   J'y considère seulement le nombre entier ordinal,
et je le traite à la façon d'Helmholtz. N'ayant pas l'intention
de faire autre chose qu'un livre de mathématiques, je ne remonte
pas plus haut. Je cherche à me passer de la considération de l'infini
(j'emploie le mot, mais je le définis). Je ne sais si j'y arrive.

Un mot sur l'ordre que je me propose de suivre dans cet ouvrage. Ce n'est pas l'ordre historique, rangeant les faits comme
ils ont été découverts. Certainement cela serait d'un intérêt puis-
sant; un livre de mathématiques ainsi conçu ferait repasser
l'esprit du lecteur dans les mêmes voies qu'a suivies l'esprit hu-
main, et ce serait la meilleure histoire des mathématiques. Mais
comme livre d'exposition il serait d'un embarras et d'une longueur
extrême, car la démonstration compliquée y précéderait en général la démonstration simple, et le cas particulier la théorie
générale.

L'ordre que je veux suivre n'est pas non plus simplement celui
qui range les faits de manière à ce qu'ils se déduisent les uns des
autres le plus facilement et le plus vite possible. Cette façon
d'exposer n'est claire qu'en apparence. Elle laisse souvent dans
l'ombre la vraie raison des choses et leurs rapports.

L'ordre que je veux suivre est une espèce de compromis entre
les deux précédents, donnant suivant les cas la préférence à l'un ou
à l'autre, ou même les mêlant dans certaines questions. Par
exemple, j'aurais certainement abrégé en développant dans ce volume, en premier lieu la théorie des tableaux, ensuite celle des
formes et des substitutions, et enfin celle des équations linéaires.

Mais, considérant que la notion de forme est historiquement
postérieure à celle d'équation, et qu'en fait elle est plus compliquée; considérant aussi que ce sont les équations, les formes et
les substitutions qui ont suggéré aux mathématiciens le calcul des
tableaux, et qu'en commençant par ce dernier j'aurais provoqué,
chez un lecteur non prévenu, une stupéfaction légitime; pour
toutes ces raisons, j'ai adopté l'ordre historique : équations,
formes et substitutions, tableaux.

Comme renseignements bibliographiques je n'ai cherché à donner que ceux qui se rapportent aux théories arithmétiques. J'ai donné autant que je l'ai pu le nom de l'inventeur, ou de ceux auxquels est dû un progrès notable. Bien que n'ayant pas eu à citer dans ce volume le nom de Stieltjes je dois déclarer ici que la lecture de son essai sur la Théorie des Nombres, paru dans les Annales de la faculté des Sciences de Toulouse en 1895 m'a aidé dans la rédaction de ce volume.

Il me reste à remercier sincèrement Mrs Hermann, qui ont bien voulu entreprendre la publication de ce livre et qui y ont apporté toute leur bonne volonté et tous leurs soins et Mlle S. Veil qui a bien voulu se charger de la tâche ingrate de la correction des épreuves.

—

ABRÉVIATIONS

Les abréviations employées dans cet ouvrage, principalement dans les indications bibliographiques, se comprennent d'elles-mêmes. Voici cependant l'explication de deux d'entre elles qui reviennent souvent :

J. r. a. M. signifie *Journal für die reine und angewandte Mathematik* (Journal de Crelle) et *J. m. p. a.* signifie *Journal de Mathématiques pures et appliquées* (Journal de Liouville).

THÉORIE DES NOMBRES

(TOME PREMIER)

LE PREMIER DEGRÉ

CHAPITRE PREMIER

—

LES NOMBRES ENTIERS. ADDITION (¹)

1. — Nous admettons qu'on connaît le sens des expressions :
« Suite d'objets », « Premier objet d'une suite », « Objet qui *suit*
un autre ». Si un objet a suit un objet b, on dit que l'objet b
précède l'objet a.

Etant donné un objet a d'une suite, si on considère celui qui le
suit, puis celui qui suit ce dernier et ainsi de suite, tout objet b

(¹) Pour ces préliminaires de l'arithmétique, voir entre autres :

H. Grassmann. — *Lehrbuch der Arithmetik*, Berlin, 1861. *Ausdehnungslehre*,
Leipzig, 1844 ; Berlin, 1862 ; Leipzig, 1878. *Werke*, 1, Leipzig, 1894-96.

E. Schröder. — *Lehrbuch der Arithmetik und Algebra*, 1, Leipzig, 1873.

H. von Helmholtz — *Philosophische Aufsätze*, Ed. Zeller gewidmet,
Leipzig, 1887, p. 17 et suivantes = *Wiss. Abhandl.*, 3. Leipzig, 1895, p. 356.
et suivantes.

L. Kronecker. — *J. f. r. u. a. M.*, 101 (1887), p. 339= *Werke*, 3¹, Leipzig,
1899, p. 254.

Peano. — *Aritmetica principia* (1889).

E.-G. Husserl. — *Philosophie der Arithmetik*, 1, Halle, 1891.

L. Couturat. — *De l'infini mathématique*, IIᵉ partie, livre I, ch. 1 et 11.
Paris, Alcan, 1896.

D. Hilbert. — *Jahresbericht der deutsch. Mathem. Vereinigung*, 8¹, 1899,
p. 180 et suiv.

S. Santerre. — *Psychologie du nombre*. Paris, Doin, 1907.

que l'on atteint ainsi est dit *plus loin* dans la suite que l'objet *a* (et *a* est dit *moins loin* que *b*). On dit encore que *b* est *après a* et que *a* est *avant b*. Si *a* est moins loin que *b* et *b* moins loin que *c*, *a* est moins loin que *c*. Cela résulte de la définition précédente.

2. Définition des entiers. — Considérons la suite des signes

(1)   1,   2.   3,   4.   5.

Le premier s'appelle *un*, le suivant s'appelle *deux*, le suivant s'appelle *trois*, le suivant s'appelle *quatre*, le suivant s'appelle *cinq*.

Chacun des éléments de cette suite est dit un *nombre entier* ou simplement un *entier*.

Un entier est dit *plus grand* qu'un autre (ou *supérieur* à cet autre) lorsqu'il est après lui dans la suite.

Un entier est dit *plus petit* qu'un autre (ou *inférieur* à cet autre) lorsqu'il est avant lui dans la suite.

On voit que si un entier est plus grand qu'un autre, cet autre est plus petit que lui. Par exemple 2 est plus petit que 4, et 4 est plus grand que 2.

Cette relation s'indique par la notation

$$2 < 4 \qquad \text{ou} \qquad 4 > 2.$$

Théorème. — *Si $a < b$ et $b < c$, il en résulte $a < c$.*

Ce théorème résulte immédiatement de ce qu'on a dit au n° **1**.

3. Remplacement de la suite (1) par une suite quelconque. Compte d'une suite d'objets. — Étant donnée une suite d'objets, le premier s'appellera l'objet 1, le suivant l'objet 2 (ou le deuxième objet), le suivant l'objet 3 (ou le troisième objet), etc. En particulier au lieu de la suite (1) écrite à la page 2 du présent volume, et considérée à un certain moment, on pourra prendre une suite semblable écrite autre part et considérée à un autre moment. Les signes successifs de cette suite seront le signe 1, le signe 2, etc., et même par convention, on pourra dire que ce sont les *mêmes* entiers 1, 2,... que ceux de la suite (1).

Étant donnée une suite d'objets dont le premier s'appelle l'objet 1, le suivant l'objet 2, etc., supposons que le dernier soit l'objet a. On dira qu'il y a a objets dans la suite. C'est ce qu'on appelle compter ces objets.

4. Prolongation de la suite des nombres. — Cherchons ainsi à compter les traits de la suite

| | | | | | | | | | | |

Il est visible qu'il y a un trait 1, un trait 2, un trait 3, un trait 4, un trait 5, mais qu'il reste des traits qui n'ont pas de nom, puisque la suite (1) ne va pas plus loin que 5. Mais rien n'empêche, au lieu de considérer la suite (1) de considérer celle-ci :

$$1, \quad 2, \quad 3, \quad 4, \quad 5, \quad 6, \quad 7, \quad 8, \quad 9, \quad 10, \quad 11 \ldots$$

et de donner des noms nouveaux : *six, sept, huit, neuf, dix, onze* aux éléments nouveaux 6, 7, 8, 9, 10, 11.

D'une façon générale, dans tout ce qui va suivre, l'objection consistant en ce que la suite des nombres ne va pas assez loin se lèvera de la même façon : en prolongeant cette suite ([1]).

5. Somme d'un entier a et d'un entier b. — Nous définissons d'abord la *somme d'un entier a et de l'entier* 1. C'est le nombre qui suit a. Ainsi la somme de 5 et de 1 est 6. Définissons maintenant la somme d'un entier a et d'un entier b, l'entier b n'étant pas 1. C'est *le nombre qui suit la somme de a et de l'entier qui précède b*. Ainsi la somme de 7 et de 3 est le nombre qui suit la somme de 7 et de 2.

Maintenant la somme de a et de l'entier qui précède b se définit de la même façon, de sorte que de proche en proche, pour savoir ce qu'est la somme de a et de b, il suffit de savoir ce qu'est la somme de a et de 1, ce que l'on sait.

Il faut remarquer que jusqu'à nouvel ordre, il faut distinguer entre la somme de a et de b, et celle de b et de a.

([1]) Le nombre entier que nous venons de définir, est appelé quelquefois *ordinal* par opposition à une autre espèce du nombre entier qui s'appellerait *cardinal*. Sans entrer dans une discussion à ce sujet, il nous suffira de dire que la notion de nombre cardinal ne nous servira pas. Nous n'en parlerons donc pas. Voir la note du n° **27**.

6. Notations et définitions. — La somme d'un entier a et d'un entier b se note $a + b$. Les entiers a et b s'appellent les *termes* de la somme.

Pour dire que la somme d'un entier a et d'un entier b est un entier c on dit aussi qu'elle est *égale* à c; et l'on note

$$(2) \qquad\qquad a + b = c.$$

7. — D'une façon générale, faire un *calcul* ou des *opérations* sur des entiers, c'est en déduire, suivant certaines règles, un ou plusieurs autres entiers qui sont dits *résultat* de ce calcul ou de ces opérations. Par exemple la somme de l'entier a et de l'entier b est le résultat d'un calcul qui s'appelle *addition* de a et de b. Si en faisant deux calculs, on trouve le même résultat on dit que ces résultats sont *égaux*. Cette notion n'a d'intérêt que si les deux calculs ne sont pas les mêmes.

Par exemple la relation (2) est une *égalité*, elle exprime qu'en additionnant les entiers a, b, on trouve le même résultat qu'en se donnant le nombre c.

Désignons le résultat d'un calcul effectué sur des nombres a, b, c,... par la notation $F(a, b, c,...)$; celui d'un calcul effectué sur des nombres k, l, m,... par $G(k, l, m,...)$. Pour écrire que ces deux résultats sont les mêmes, on écrit :

$$F(a, b, c,...) = G(k, l, m,...)$$

$F(a, b, c,...)$ et $G(k, l, m,...)$ s'appellent les *membres* de l'égalité.

Deux entiers égaux à un troisième sont égaux entre eux.

8. — Lorsque deux entiers a, b, sont différents on dit aussi qu'ils sont *inégaux* et on le note de la façon suivante :

$$a \neq b.$$

La notation

$$a \geqslant b$$

signifie a *supérieur ou égal à* b.

La notation

$$a \leqslant b$$

signifie a *inférieur ou égal à* b.

9. Emploi de la parenthèse. — Lorsque deux entiers a, b reliés par le signe $+$ sont mis entre parenthèses, cela veut dire qu'il faut supposer cette parenthèse et ce qu'elle contient remplacée par la somme calculée de a et de b. Ainsi

$$(a + b) + c$$

désigne l'entier obtenu en ajoutant a et b, puis en ajoutant c au résultat. De même

$$a + (b + c)$$

désigne l'entier obtenu en ajoutant à a la somme de b et de c.

D'une façon générale, lorsqu'une parenthèse renferme des entiers reliés par des signes d'opérations quelconques, cela veut dire qu'il faut supposer l'ensemble de cette parenthèse et de son contenu remplacés par le résultat des opérations.

On peut être amené à mettre une parenthèse dans une autre parenthèse. Dans ce cas, on les différentie par leur forme ou par leur grandeur.

Exemple :

$$[(a + b) + c] + d$$

désigne l'entier obtenu en ajoutant b à a, puis c au résultat, puis d au nouveau résultat.

10. — Soit a un entier différent de 1, nous désignerons par $a - 1$ l'entier qui précède a.

Ainsi la définition de la somme d'un entier a et d'un entier b différent de 1 (n° **5**) s'exprime par l'égalité

$$a + b = [a + (b - 1)] + 1.$$

11. — Théorème.

$$a + b = b + a \, (^1).$$

Ce théorème est évident lorsque $a = b$. Je vais donc supposer $a \neq b$. L'un des deux entiers est plus grand que l'autre. Soit, pour fixer les idées, $b > a$.

(^{1}). Dans les énoncés de ce genre, il faut sous-entendre au début : a, b, étant des entiers quelconques.

Pour démontrer le théorème, il suffit de démontrer que s'il est vrai pour des entiers a et b, il est vrai pour les entiers a et $b + 1$. Car alors, étant vrai lorsque le second entier est a, il est vrai lorsque le second entier est $a + 1$; étant vrai lorsque le second entier est $a + 1$, il est vrai lorsque le second entier est $a + 2$, etc.

Par hypothèse

$$a + b = b + a.$$

Il en résulte

$$(a + b) + 1 = (b + a) + 1$$

ou

$$a + (b + 1) = (b + a) + 1.$$

Or nous voulons démontrer que

$$a + (b + 1) = (b + 1) + a.$$

Nous devons donc démontrer que

$$(b + a) + 1 = (b + 1) + a.$$

Or ceci est évident lorsque $a = 1$. Donc pour le démontrer d'une façon générale il suffit de démontrer que si c'est vrai pour un entier a, c'est vrai pour l'entier $a + 1$.

Par hypothèse

$$(b + a) + 1 = (b + 1) + a.$$

On en déduit

$$[(b + a) + 1] + 1 = [(b + 1) + a] + 1$$

ou

$$[b + (a + 1)] + 1 = (b + 1) + (a + 1),$$

ce qu'il fallait démontrer.

Conséquence. — A partir de maintenant on pourra parler de la *somme de deux entiers*, sans spécifier dans quel ordre ils sont ajoutés.

12. Somme d'un entier a, d'un entier b, d'un entier c, d'un entier d, etc. — C'est le résultat obtenu en ajoutant a avec b, le résultat obtenu avec c, le résultat obtenu avec d, etc.

Ainsi la somme de a, de b, de c est

$$(a + b) + c.$$

Celle de a, de b, de c, de d est

$$[(a + b) + c] + d$$

etc.

Pour simplifier la notation, la somme de a, de b, de c sera désignée par

$$a + b + c,$$

celle de a, de b, de c, de d, par

$$a + b + c + d,$$

etc.

13. Théorème.

$$a + b + c = a + (b + c).$$

Le théorème est vrai pour $c = 1$, dans ce cas il est identique à la définition de la somme de a et de $b + 1$.

Il suffit donc de démontrer que s'il est vrai pour un entier c, il est vrai pour l'entier $c + 1$.

Par hypothèse

$$a + b + c = a + (b + c).$$

Il en résulte

$$a + b + c + 1 = a + (b + c) + 1.$$

Or le premier membre est identique à

$$a + b + (c + 1)$$

et le second à

$$a + (b + c + 1)$$

c'est-à-dire à

$$a + [b + (c + 1)].$$

Donc

$$a + b + (c + 1) = a + [b + (c + 1)].$$

Ce qu'il fallait démontrer.

14. Théorème.

$$a + b + c = a + c + b.$$

En effet d'après le théorème précédent

$$a + b + c = a + (b + c)$$

et

$$a + c + b = a + (c + b).$$

Or

$$b + c = c + b.$$

Donc, etc.

15. Définition. — On dit que *deux suites renferment les mêmes objets, lorsqu'on peut faire correspondre à tout objet de l'une un objet de l'autre qui lui soit identique* ([1]) *et réciproquement.*

Théorème. — *Si deux suites* S *et* S' *renferment chacune les mêmes objets qu'une suite* T, *les deux suites* S, S' *renferment les mêmes objets.* Se démontré facilement.

16. Définition. — Remplacer une suite d'objets par une autre non identique, mais contenant les mêmes objets s'appelle *intervertir l'ordre de ces objets.* La *place* d'un objet dans une suite, c'est l'entier auquel il correspond, quand on opère comme il a été expliqué au n° **3**.

Echanger deux objets a, b, dans une suite c'est la remplacer par une autre, formée des mêmes objets aux mêmes places, sauf que a est à la place de b, et b à la place de a.

17. Théorème. — *Si l'on considère deux suites* S, T *composées des mêmes objets, on peut toujours former une suite de suites telle que la première soit* S, *la dernière* T, *et telle que deux consécutives ne diffèrent que par l'échange de deux objets consécutifs.*

([1]) Cette définition suppose qu'on sait ce que c'est que deux objets identiques. Cela aura fait l'objet d'une définition préalable.

Il faut aussi remarquer qu'on suppose qu'il n'y a pas, dans une même suite, d'objets identiques. S'il y en avait, on commencerait par les distinguer.

Soient les deux suites

S) $\qquad a, b, c, d, e, f, g, h,$
T) $\qquad e, c, a, h, b, d, f, g,$

On constate facilement qu'elles sont composées des mêmes objets. Considérons celui qui est le premier dans la suite T, à savoir e. Il se retrouve dans la suite S à la cinquième place. Echangeons-le avec le précédent de façon à l'amener à la quatrième place ; ce qui nous donne une nouvelle suite ; opérant sur celle-ci de la même façon, nous amenons l'objet e à la troisième place, et ainsi de suite jusqu'à ce qu'il soit à la première place. Nous avons alors la suite

S') $\qquad e, a, b, c, d, f, g, h.$

Considérons alors l'objet qui est le second dans la suite T, à savoir c. Il se retrouve dans la suite S' à la quatrième place ; en l'échangeant avec le précédent, puis avec le précédent, nous l'amenons à la deuxième place et nous obtenons la suite

S'') $\qquad e, c, a, b, d, f, g, h.$

Maintenant l'objet qui occupe la troisième place dans la suite T, c'est-à-dire a, se trouve dans S'' aussi à la troisième place. N'y touchons donc pas, mais considérons l'objet de la suite T qui occupe la place suivante, c'est-à-dire h ; il se trouve dans S'' à la huitième place ; par des échanges successifs on l'amène à la place qu'il a dans T, etc.

En résumé les suites successives sont :

$$
\begin{array}{cccccccc}
a & b & c & d & e & f & g & h \\
a & b & c & e & d & f & g & h \\
a & b & e & c & d & f & g & h \\
a & e & b & c & d & f & g & h \\
e & a & b & c & d & f & g & h \\
e & a & c & b & d & f & g & h \\
e & c & a & b & d & f & g & h \\
c & e & a & b & d & f & g & h \\
c & e & a & b & d & f & h & g \\
c & e & a & b & d & h & f & g \\
c & e & a & b & h & d & f & g \\
c & e & a & h & b & d & f & g
\end{array}
$$

18. Théorème. — *On peut changer l'ordre des termes d'une somme sans changer cette somme.*

Ce théorème est une généralisation de ceux des n^os **11** et **14**. Pour le démontrer, démontrons d'abord le cas particulier suivant :

On peut échanger deux termes consécutifs d'une somme, sans changer la valeur de cette somme.

Je dis par exemple que

$$a + b + c + d + e + f + g = a + b + c + e + d + f + g.$$

En effet, la première de ces sommes est égale à

$$[a + b + c + d + e] + f + g$$

et la seconde à

$$[a + b + c + e + d] + f + g$$

Pour démontrer leur égalité il suffit de démontrer celle des deux suivantes :

$$a + b + c + d + e \quad \text{et} \quad a + b + c + e + d.$$

Or la première est égale à

$$(a + b + c) + d + e$$

et la seconde à

$$(a + b + c) + e + d.$$

Elles sont donc égales d'après le théorème du n° **14**.

Démontrons maintenant le théorème général, par exemple que

$$a + b + c + d + e + f + g + h = c + e + a + h + b + d + f + g.$$

On a vu au n° **17** qu'on peut passer de la première somme à la seconde par une suite d'échanges de deux termes consécutifs. Or on vient de démontrer qu'aucun de ces échanges ne change la valeur de la somme.

19. Théorème. — *Dans une somme on peut remplacer plusieurs termes par leur somme.*

Par exemple :

$$a + b + c + d + e + f + g + h = a + b + (c + e + h) + f + g + d.$$

En effet la première somme est égale d'après le théorème précédent à

$$c + e + h + a + b + g + d$$

et la seconde à

$$(c + e + h) + a + b + f + g + d.$$

Or ces deux sommes sont les mêmes par définition.

20. Définitions et notations. — Soit $F_1(a, b)$ le résultat d'une opération effectuée sur deux entiers a, b, et que nous appellerons l'opération F_1. Posons pour abréger

$$F_1[F_1(a, b), c] = F_2(a, b, c).$$

Posons de même

$$F_1[F_2(a, b, c), d] = F_3(a, b, c, d)$$

et ainsi de suite (¹).

Une opération sur deux entiers F_1, est dite *commutative* lorsque

$$F_1(a, b) = F_1(b, a)$$

quels que soient les entiers a, b. Le théorème du n° 11 peut s'énoncer en disant que : *l'addition est une opération commutative.*

Une opération sur deux entiers F_1 est dite *associative* lorsque

$$F_1[F_1(a, b), c] = F_1[a, F_1(b, c)]$$

ce qui peut s'écrire, en employant la notation indiquée plus haut :

$$F_2(a, b, c) = F_1[a, F_1(b, c)].$$

Le théorème du n° 13 peut s'énoncer en disant que *l'addition est une opération associative.*

21. — *Si une opération sur deux entiers, F_1, est associative, pour effectuer l'opération F_n sur des entiers a, b, ... g, h, on peut remplacer k consécutifs de ces entiers, par le résultat de l'opération*

(¹) Ces entiers 1, 2, 3, ... qui distinguent les lettres **F**, s'appellent des *indices.*

F_{k-1} *effectuée sur eux, l'indice n de* F_n *étant remplacé par l'indice convenable* (¹).

1° Si les entiers en question sont les premiers le théorème est vrai ; (même si l'opération n'est pas associative) car il ne fait qu'exprimer la définition de F_n ;

2° On peut ramener le cas où les entiers en question ne seraient pas les derniers au cas où ils le seraient. Car soit à démontrer que

$$F_6(a, b, c, d, e, g, h) = F_4[a, b, F_2(c, d, e), g, h].$$

Le premier membre est égal à

$$F_2[F_5(a, b, c, d, e), g, h]$$

et le second à

$$F_2 \{ F_4 [a, b, F_2(c, d, e)], g, h \}.$$

Donc il suffit de démontrer que

$$(3) \qquad F_4(a, b, c, d, e) = F_2[a, b, F_2(c, d, e)].$$

3° On peut restreindre la démonstration au cas où les entiers en question sont précédés d'un seul entier. Car en posant

$$F_1(a, b) = a'$$

le premier membre de l'égalité (3) est égal à

$$F_3(a', c, d, e)$$

et le second à

$$F_1[a', F_2(c, d, e)].$$

Donc il suffit de démontrer que

$$F_3(a', c, d, e) = F_1[a', F_2(c, d, e)].$$

4° Les entiers en question étant ainsi les derniers et précédés d'un seul autre entier, le théorème est évident quand ces entiers sont au nombre de deux, car il ne fait alors qu'exprimer la définition de l'associativité

$$F_2(a, b, c) = F_1[a, F_1(b, c)].$$

(¹) A savoir $n - k + 1$ (voir n° **56**).

Supposons donc le théorème vrai quand ces entiers sont au nombre de n et démontrons-le quand ils sont au nombre de $n + 1$. Soit pour fixer les idées $n = 4$. On a

$$F_3(a, b, c, d) = F_1[a, F_2(b, c, d)]$$

pour toutes les valeurs de a, b, c, d. Remplaçons d par $F_1(d, e)$, il vient

$$F_3[a, b, c, F_1(d, e)] = F_1 \{ a, F_2[b, c, F_1(d, e)] \}$$

c'est-à-dire

$$F_1[F_2(a, b, c), F_1(d, e)] = F_1[a, F_3(b, c, d, e)]$$

ou

$$F_3[a, b, c, F_1(d, e)] = F_1[a, F_3(b, c, d, e)]$$

ou enfin

$$F_4(a, b, c, d, e) = F_1[a, F_3(b, c, d, e)].$$

ce qu'il fallait démontrer.

22. Théorème. — *Si une opération $F_1(a, b)$ est associative et commutative, on peut quand on effectue l'opération F_n sur des entiers a, b, c, ... g, h, changer l'ordre de ces entiers et remplacer k d'entre eux par le résultat de l'opération F_{k-1} effectuée sur eux, sans changer le résultat final.*

1° $$F_2(a, b, c) = F_2(a, c, b).$$

En effet

$$F_2(a, b, c) = F_1[a, F_1(b, c)]$$

et

$$F_2(a, c, b) = F_1[a, F_1(c, b)].$$

Or

$$F_1(b, c) = F_1(c, b).$$

Donc, etc.

2° On en conclut comme on l'a fait au n° **18** pour l'addition qu'on peut changer l'ordre des entiers a, b, ... h, sans changer le résultat de l'opération $F_n(a, b, ... h)$; et ensuite, comme au n° **19** qu'on peut remplacer k d'entre eux par le résultat de l'opération effectuée sur eux.

Revenant à l'addition on a encore les théorèmes suivants :

23. THÉORÈME $a + b > a.$

En effet, c'est vrai pour $b = 1$, et d'autre part si c'est vrai pour une valeur de b, c'est vrai pour la suivante.

Remarque. — Pour cette raison ajouter b à a, s'appelle aussi *augmenter a de b.*

     Corollaire $a + b > b.$

     Car $a + b = b + a.$

Corollaire. La somme de plusieurs entiers est plus grande que l'un quelconque de ses termes.

24. THÉORÈME. — *L'égalité*

$$a + b = a + b'$$

entraîne $b = b'.$

Ce théorème résulte immédiatement de la déduction de l'addition.

Définition. — Lorsque l'égalité $F(a, b) = F(a, b')$ entraîne $b = b'$, on dit que l'opération F est *unipare par rapport à b.* Si l'égalité $F(a, b) = F(a', b)$ entraîne $a = a'$ l'opération est dite *unipare par rapport à a.* Si l'opération F est unipare par rapport à a et par rapport à b on dit simplement qu'elle est *unipare.*

L'addition est une opération unipare.

25. THÉORÈME. — *L'inégalité*

$$a > b.$$

entraîne l'inégalité

$$a + c > b + c.$$

C'est évident pour $c = 1$; on voit d'ailleurs facilement que si c'est vrai pour une valeur c, c'est vrai pour la valeur $c + 1$.

26. Théorème. — *Si dans une suite il y a a objets, dans une autre b objets,... dans une dernière h objets, si l'on met ces suites bout à bout, on forme une suite où il y a a + b + ... + h objets.*

Dans cet énoncé on considère un seul objet comme formant une suite de *un* objet.

Le théorème est évident s'il y a deux suites et que la seconde a un seul objet. Ensuite on démontre facilement que si le théorème est vrai pour deux suites dont la seconde contient *b* objets, il est vrai aussi pour deux suites dont la seconde en contient *b* + 1. Donc il est vrai pour deux suites quelconques.

Enfin il est évident que s'il est vrai pour *n* suites, il est vrai pour *n* + 1. Donc il est général.

27. Définition. — Une *correspondance univoque* entre les éléments ([1]) de deux suites est une correspondance telle qu'à chaque élément de la première corresponde un élément et un seul de la deuxième, et qu'à chaque élément de la deuxième corresponde un élément et un seul de la première.

Théorème. — *Quand deux suites T, U, sont en correspondance univoque avec une troisième S, elles sont en correspondance univoque entre elles.*

En effet, prenons un élément *a* de T, il lui correspond un élément *a'* de S, et à celui-ci un élément *a''* de U. Établissons une correspondance entre *a* et *a''*. Nous avons ainsi une correspondance entre les éléments de T et ceux de U, et il est facile de voir qu'elle est univoque.

Théorème. — *Deux suites qui sont en correspondance univoque contiennent le même nombre d'éléments.* Soient S et T ces deux suites, et supposons que S contienne onze éléments; cela veut dire qu'il y a une correspondance univoque entre S et la suite U :

$$1, \quad 2, \quad 3, \quad 4, \quad 5, \quad 6, \quad 7, \quad 8, \quad 9, \quad 10, \quad 11.$$

Or il y a une correspondance univoque entre S et T. Donc il y a une correspondance univoque entre U et T. Donc T a onze éléments.

([1]) Chacun des objets dont se compose une suite, est dit un *élément* de cette suite.

THÉORÈME. — *En changeant l'ordre des éléments d'une suite, on n'en change pas le nombre.* Soit une suite S, et T une autre obtenue en changeant l'ordre des éléments de S. Il y a une correspondance univoque entre S et T, à savoir que chaque élément de S correspond à celui qui lui est identique dans T (n° **15**). Donc S et T ont le même nombre d'éléments ([1]).

([1]) Quant à la question de savoir si, mettant les objets de S dans un sac, les brouillant, les retirant et les comptant à nouveau, on retrouve le même nombre, elle ne regarde pas le mathématicien.

L'invariance du nombre dans ce cas n'est, pour lui, que ce que M. Poincaré appelle une définition déguisée. Car si l'on ne retrouvait pas le même nombre d'objets, on dirait que ce ne sont pas les mêmes objets. On dirait qu'il y en avait dans le sac qu'on n'avait pas compté d'abord, ou bien, au contraire, qu'il en a disparu.

CHAPITRE II

—

MULTIPLICATION DES NOMBRES ENTIERS

28. Produit de deux entiers. — Le produit d'un entier a par un entier b est, par définition, égal au produit de a par $b - 1$, augmenté de a. Le produit de a par $b - 1$ se définit de la même façon, de sorte que de proche en proche, pour savoir ce que c'est que le produit de a par b, il suffit de savoir ce que c'est que le produit de a par 1. Or c'est a par définition.

L'opération qui a pour but de trouver le produit de deux entiers s'appelle *multiplication*.

Autre définition du produit. — D'après la définition précédente

le produit de a par 1 est a;

le produit de a par 2 est $a + a$;

le produit de a par 3 est $a + a + a$;

etc.

d'où cette définition : *Le produit d'un entier a par un entier b est la somme de b entiers égaux à a.*

Notations et définitions. — Le produit de a par b se note :

$$a \times b \qquad \text{ou} \qquad ab.$$

Les entiers a et b s'appellent les *facteurs* du produit.

La définition du produit de a par b, pour $b \neq 1$, s'écrit

$$ab = a(b - 1) + a.$$

Théorème.

$$(1) \qquad (a + b + \ldots + g)m = am + bm + \ldots + gm.$$

C'est évident quand $m = 1$, il suffit donc de démontrer que si c'est vrai pour un entier m, c'est vrai pour l'entier $m + 1$.

Par hypothèse

$$(a + b + \ldots + g)m = am + bm + \ldots + gm$$

d'où

$$(a+b+\ldots+g)m+a+b+\ldots+g=am+bm+\ldots+gm+a+b+\ldots+g$$

ou

$$(a+b+\ldots+g)m+(a+b+\ldots+g)=(am+a)+(bm+b)+\ldots+(gm+g)$$

ou enfin

$$(a+b+\ldots+g)(m+1)=a(m+1)+b(m+1)+\ldots+g(m+1)$$

C. Q. F. D.

29. Définition. — Soient $F(a, b)$ et $G(a, b)$ les résultats de deux opérations effectuées sur des entiers a, b. Si l'on a

$$G[F(a, b), m] = F[G(a, m). G(b, m)]$$

quels que soient les entiers a, b, m, l'opération G est dite *distributive* par rapport à l'opération F.

La multiplication est distributive par rapport à l'addition puisqu'on a

(2) $$(a + b)m = am + bm.$$

THÉORÈME. — *Si une opération G_1 est distributive par rapport à une opération F_1, on a*

(3) $$G_1[F_n(a, b, c, \ldots, k), m] = F_n[G_1(a, m), G_1(b, m), \ldots, G_1(k, m)]$$

(les entiers a, b, $\ldots$, l étant au nombre de $n + 1$).

C'est vrai lorsqu'il y a deux entiers a et b, car c'est la définition de la distributivité. Supposons donc que l'égalité (3) est vraie et démontrons l'égalité analogue pour les $n + 2$ entiers a, b, $\ldots$, k, l. On a, d'après la définition de la distributivité

$$G_1\{F_1[F_{n-1}(a, b, \ldots, k), l], m\} = F_1\{G_1[F_{n-1}(a,b,\ldots,k), m], G_1(l, m)\}$$

ou

$$G_1[F_n(a,b,\ldots,k,l), m] = F_1\{F_n[G_1(a,m), G_1(b,m),\ldots,G_1(k,m)], G_1(l,m)\}$$

ou enfin

$$G_1[F_n(a, b, ..., k, l), m] = F_{n+1}[G_1(a, m), G_1(b, m), ..., G_1(l, m)]$$

C. Q. F. D.

Comme conséquence, il aurait suffi de démontrer l'égalité (2) pour en déduire l'égalité plus générale (1).

30. — Théorème.

$$ab = ba.$$

Le théorème est évident lorsque $a = b$. Supposons donc $a \neq b$, et pour fixer les idées $b > a$.

Il suffit de démontrer que si le théorème est vrai pour des entiers a, b, il est vrai pour les entiers a et $b + 1$.

Or par hypothèse

$$ab = ba.$$

Donc

$$ab + a = ba + a$$

ou

$$a(b + 1) = ba + a.$$

Donc nous sommes ramenés à démontrer que

$$ba + a = (b + 1)a.$$

Or ceci est évident lorsque $a = 1$. Donc pour le démontrer d'une façon générale, il nous suffit de démontrer que si c'est vrai pour un entier a, c'est vrai pour l'entier $a + 1$.

Nous avons, par hypothèse,

$$ba + a = (b + 1)a.$$

Nous en déduisons

$$ba + a + b + 1 = (b + 1)a + b + 1$$

ou

$$(ba + b) + (a + 1) = (b + 1)a + (b + 1)$$

ou

$$b(a + 1) + (a + 1) = (b + 1)(a + 1)$$

C. Q. F. D.

Autre énoncé. — *La multiplication est une opération commutative*

Corollaire.

$$1 \times a = a \times 1 = a.$$

Conséquence. — A partir de maintenant on pourra parler du produit de deux entiers, sans spécifier dans quel ordre ils sont multipliés.

31. — THÉORÈME.

$$(4) \qquad m(a + b + \ldots + g) = ma + mb + \ldots + mg.$$

En effet, la multiplication étant commutative, le premier membre de cette égalité est égal à

$$(a + b + c + \ldots + g)m ;$$

pour la même raison le second est égal à

$$am + bm + \ldots + gm.$$

L'égalité (4) est donc vraie d'après l'égalité (1).

Définition. — Remplacer

$$am + bm + \ldots + gm$$

par

$$(a + b + \ldots + g)m$$

ou par

$$m(a + b + \ldots + g)$$

s'appelle *mettre m en facteur*.

Généralisation du théorème du n° 31. — *Si une opération* G_1 *est distributive par rapport à une opération* F_1, *si de plus l'opération* G_1 *est commutative, on a*

$$G_1[m, F_n(a, b, \ldots, k)] = F_n[G_1(m, a), G_1(m, b), \ldots, G_1(m,k)].$$

Se démontre comme le théorème 31.

32. Produit d'un entier a par un entier b, par un entier c, par un entier d, etc. — On appelle ainsi le résultat obtenu en multipliant a par b, puis le produit par c, puis le nouveau produit par d, etc.

Ainsi le produit de a, par b, par c, est

$$(ab)c.$$

On le désigne plus simplement par abc ou par $a \times b \times c$.

Celui de a, par b, par c, par d est

$$(abc)d.$$

On le désigne plus simplement par $abcd$, ou par $a \times b \times c \times d$, etc. Les nombres a, b, c, d, ... s'appellent les facteurs du produit.

33. — Théorème.

$$abc = a(bc).$$

Le théorème est évident pour $c = 1$. Il suffit donc de démontrer que s'il est vrai pour un entier c, il est vrai pour l'entier $c + 1$.

Par hypothèse

$$abc = a(bc).$$

Il en résulte

$$abc + ab = a(bc) + ab$$

ou

$$ab(c + 1) = a(bc + b)$$

ou enfin

$$ab(c + 1) = a[b(c + 1)]$$

C. Q. F. D.

Autre énoncé. — *La multiplication est une opération associative* (n° **20**).

34. Conséquence. — La multiplication étant commutative et associative on peut lui appliquer le théorème du n° **22**. Donc :

Dans le produit de plusieurs entiers on peut changer l'ordre des facteurs, et remplacer certains d'entre eux par leur produit. Cela ne change pas le produit final.

35. Multiplication d'une somme par une somme. Théorème.
— *Pour multiplier deux sommes l'une par l'autre, on multiplie
chaque terme de la première, par chaque terme de la seconde, et
on ajoute les résultats.*

Ainsi

$$(a + b + c + d)(m + n + p) =$$
$$= am + an + ap + bm + bn + bp + cm + cn + cp + dm + dn + dp.$$

Car

$$(a + b + c + d)(m + n + p) =$$
$$= a(m + n + p) + b(m + n + p) + c(m + n + p) + d(m + n + p) =$$
$$= am + an + ap + bm + bn + bp + cm + cn + cp + dm + dn + dp.$$

Généralisation. — *Si une opération* G *est distributive par rapport à une opération* F, *si de plus* G *est commutative et associative,
on a*

$$G_i[F_i(a, b, c, ..., h), G_k(m, n, ..., r)] = F_p[G_1(a, m), G_1(a, n), ..., G_1(h, r)]$$

*le crochet du second membre contenant toutes les combinaisons
a, m; a, n; ...; h, r; d'un entier a, b, ..., h avec un entier
m, n, ..., r (i, k, p étant les indices convenables).*

Se démontre comme le théorème précédent.

36. Théorème. — *L'inégalité* $a > b$ *entraîne* $ac > bc$.

Car ac est la somme de a termes égaux à c, tandis que bc est la
somme de b termes égaux à c (2° définition du produit, n° 28).

37. *Cas particulier.* — *L'inégalité* $a > 1$ *entraîne* $ac > c$.

38. Théorème. — *L'égalité* $ab = ab'$ *entraîne* $b = b'$.

Car si l'on avait par exemple $b > b'$, on aurait, d'après le théorème précédent

$$ab > ab'.$$

Corollaire. — *L'égalité* $ab = a'b$ *entraîne* $a = a'$.
La multiplication est une opération unipare.

39. Puissances d'un entier. — On appelle *puissance* $n^{ème}$
d'un entier a, et l'on désigne par a^n, le produit de n facteurs

égaux à a. Cette définition suppose $n > 1$. Quant à a^1 il est égal à a par définition.

La seconde puissance d'un entier s'appelle aussi son carré.

La troisième puissance d'un entier s'appelle aussi son cube.

Dans a^n, l'entier n s'appelle *exposant*.

THÉORÈME. — *a, m, n, ..., r étant des entiers quelconques*

$$a^m \times a^n \times ... a^r = a^{m+n+...+r}.$$

Car chacun des deux membres est le produit de

$$m + n + ... + r$$

facteurs égaux à a (n° **26**).

Cas particulier.

$$(a^m)^t = a^{mt}.$$

40. THÉORÈME.

$$(ab)^m = a^m b^m.$$

Car chacun des membres est le produit de $2m$ facteurs dont m sont égaux à a et m à b.

Autre énoncé. — *L'élévation aux puissances est distributive par rapport à la multiplication.*

Généralisation.

$$(ab ... h)^m = a^m b^m ... h^m.$$

41. L'entier zéro. — Nous allons faire précéder la suite des entiers d'un signe o appelé *zéro*, et qui sera aussi appelé un entier.

Définitions.

$$a + o = a$$
$$o + a = a$$
$$a \times o = o$$
$$o \times a = o$$
$$a^o = 1.$$

On dira que o est plus petit que tout autre entier.

Ces définitions n'entraînent aucune contradiction entre elles ni avec les précédentes. Il est de plus facile de vérifier que tous les théorèmes relatifs à la commutativité, à l'associativité et à la distributivité de l'addition et de la multiplication s'appliquent encore quand certains des entiers sur lesquels on opère sont zéro. Il en est de même de ceux des n°ˢ **24** et **25**. Mais celui du n° **23** n'est plus vrai quand $b = 0$ puisque $a + 0 = a$; de même celui du n° **36**, ni celui du n° **37** quand $c = 0$. Enfin celui du n° **38** n'est pas vrai non plus lorsque $a = 0$. Ceux des n°ˢ **39** et **40** sont vrais dans tous les cas.

Définition. — Pour dire qu'un entier est égal à zéro, on dit aussi qu'il est *nul*.

Remarque. — Mais il reste entendu que pour compter les objets d'une suite, on continue à faire correspondre le premier à l'entier 1, le suivant à l'entier 2, etc., et non pas le premier à l'entier 0, le second à l'entier 1, etc.

CHAPITRE III

—

NUMÉRATION. RÈGLES DE L'ADDITION
ET DE LA MULTIPLICATION

42. Numération écrite. — Nous avons dit qu'on peut prolonger la suite des entiers, et que cela est nécessaire. Mais bien
que les signes à employer pour cela soient arbitraires, il est
bon de donner une règle pour effectuer ce prolongement, c'est-
à-dire qu'il faut savoir : *un entier étant écrit, écrire le suivant.*

Appelons *chiffres* les entiers

$$0, 1, 2, 3, 4, 5, 6, 7, 8, 9.$$

Tout les autres entiers sont les ensembles de chiffres.

Si un entier est un chiffre, nous savons former le suivant.

Le suivant de 0 est 1, celui de 1 est 2, ... celui de 9 est 10.

Si un entier a n chiffres, on forme le suivant par la convention que voici : *si le dernier chiffre n'est pas un 9 on le remplace
par le suivant ; si le dernier chiffre est un 9 on le remplace par un
zéro, mais en même temps on remplace l'entier formé par les
$n - 1$ premiers chiffres par l'entier suivant.* De cette façon, on
saura résoudre le problème pour un entier de n chiffres si on le sait
résoudre pour un de $n - 1$ chiffres. Or on sait le résoudre pour
un entier de 1 chiffre. Le problème est donc résolu.

Il est d'ailleurs facile de s'assurer que cette convention ne conduit jamais à écrire de la même façon deux entiers différents.

43. Numération parlée. — Pour nommer un entier il suffit de nommer successivement ses chiffres. Ainsi l'entier 50217 s'énoncera : *cinq zéro deux un sept* [1].

44. *Remarque.* — Il importe de distinguer l'entier ainsi écrit, de l'entier qui serait le produit de ses chiffres [2]. Pour cela nous conviendrons que le produit des entiers cinq, zéro, deux, un, sept, s'écrirait

$$5 \times 0 \times 2 \times 1 \times 7.$$

Au contraire si les chiffres sont représentés par des lettres, l'entier dont les chiffres sont a, b, c, d, e s'écrira $\overline{abcde}$, tandis que la notation $abcde$ signifie le produit des entiers a, b, c, d, e.

45. THÉORÈME. — *L'entier qui s'écrit $\overline{ab \ldots ef}$ est égal à*

$$(a \times 10^{n-1}) + (b \times 10^{n-2}) + \ldots + (e \times 10) + f$$

n étant le nombre de ses chiffres.

Le théorème est évident pour l'entier 1. On le suppose vrai pour tous les entiers jusqu'à l'entier A et on le démontre sans peine pour l'entier A + 1.

Cas particulier. — L'unité suivie de n zéros représente l'entier 10^n.

Conséquence. — L'entier $\overline{abcde}$ est égal à la somme

$$\overline{a\,0000} + \overline{b\,000} + \overline{c\,00} + \overline{d\,0} + e.$$

Définition. — On dit qu'il y a dans l'entier $\overline{abcde}$, e unités, d dizaines, c centaines, ..., e est dit le *chiffre des unités*, d le *chiffre des dizaines*, c le *chiffre des centaines*, etc. Les unités, les dizaines, les centaines, etc., sont dites *unités des différents ordres.*

46. THÉORÈME. — *En écrivant un, deux, ... n zéros, à la droite d'un nombre on multiplie ce nombre par 10, 100, ..., 10^n.*

Évident d'après le théorème du n° **45**.

47. Différents systèmes de numération. — La numération précédente s'appelle décimale à cause du rôle qu'y joue l'entier dix.

_____

[1] On sait que ce n'est pas cette règle qu'on suit ordinairement, mais le développement de cette question appartient à la grammaire.
[2] Les expressions *chiffre* et *entier d'un seul chiffre*, sont synonymes.

Cet entier s'appelle *base* de cette numération. On imagine de la même façon des numérations à base b différente de 10. On imagine b signes qu'on appelle zéro, un, ... (les 10 premiers de ces signes, ou tous si $b \leqq 10$, peuvent être les mêmes que dans la numération décimale), puis on passe d'un entier au suivant par une règle analogue à celle de la numération décimale, le chiffre 9 étant dans l'énoncé de cette règle remplacé par le chiffre qui précède b. D'ailleurs on peut dire, par convention que ces entiers sont les *mêmes* que ceux définis par la suite (1, I) (voir n° **49**).

La plus petite base possible est 2. Dans la numération de base 2 ou *binaire* les premiers entiers s'écrivent de la façon suivante :

1	10	11	100	101	110	111	1000	1001
un	deux	trois	quatre	cinq	six	sept	huit	neuf

Le fait que tout entier peut s'écrire dans le système binaire donne le théorème suivant.

THÉORÈME. — *Tout entier est décomposable, et d'une seule façon, en une somme de puissances de 2, chacune d'elles étant prise au plus une fois.*

EXEMPLE. — 1911 s'écrit, dans le système binaire,

$$11101110111$$

et

$$1911 = 2^{10} + 2^9 + 2^8 + 2^6 + 2^5 + 2^4 + 2^2 + 2^1 + 2^0.$$

Généralisation. — Le fait que tout entier peut s'écrire dans le système de base b, donne le théorème suivant :

THÉORÈME. — *Tout entier est décomposable, et d'une seule façon, en une somme de puissances de b (b étant un entier quelconque > 1), chacune d'elles étant prise au plus $b - 1$ fois.*

Définition. — A l'avenir « *calculer* un entier » voudra dire : trouver les chiffres de cet entier dans un certain système de numération, par exemple le décimal. *Donner* un entier voudra dire : donner le moyen de le calculer ([1]).

([1]) J'emprunte cette définition à M. J. TANNERY (*Leçons d'arithmétique*, Paris, Armand Collin, 1893, p. 36), qui la doit lui-même à M. de Pellieux, professeur au lycée Henri IV.

48. — Comparaison de deux entiers. — *Deux entiers étant écrits dans un même système de numération, voir quel est le plus grand.*

S'ils n'ont pas le même nombre de chiffres, celui qui a le plus de chiffres est le plus grand.

S'ils ont le même nombre de chiffres il faut comparer les premiers chiffres à gauche. S'ils sont inégaux, celui des deux entiers auquel appartient le plus grand est le plus grand. S'ils sont égaux il faut comparer les chiffres suivants. S'ils sont inégaux celui des deux entiers auquel appartient le plus grand est le plus grand. S'ils sont égaux on compare les chiffres suivants et ainsi de suite. Si les deux entiers ont tous les mêmes chiffres il sont égaux.

49. Problème. — *Un entier étant écrit dans un certain système de numération, l'écrire dans un autre donné.*

On écrira la suite des entiers dans le premier système, et au-dessous la suite des entiers dans le second système. Les deux entiers écrits l'un au-dessous de l'autre sont les mêmes par définition (n° **47**).

Exemple. — Soient 10 et 6 les deux bases, on dressera le tableau

$$1 . 2 . 3 . 4 . 5 . 6 . 7 . 8 . 9 . 10 . 11 . 12 \ldots\ldots \ 239$$
$$1 . 2 . 3 . 4 . 5 . 10 . 11 . 12 . 13 . 14 . 15 . 20 \ldots\ldots \ 1035$$

On prolonge bien entendu ces suites jusqu'à l'entier pour lequel on veut faire la transformation.

Nous indiquerons plus loin (n° **86**) une façon plus rapide de résoudre le problème.

50. Règle de l'addition. Problème. — *Des entiers étant donnés, calculer leur somme.*

Nous supposerons dans ce problème et dans tous les suivants que les calculs se font dans la numération décimale, mais ils seraient complètement analogues dans tout autre système.

D'abord il suffit de savoir additionner *deux* entiers.

Soit par exemple à additionner 281 et 127. On dira

la somme de 281 et de 1 est 282

$$» \qquad 2 \qquad 283$$
$$» \qquad 3 \qquad 284$$

. . . .

. . . .

$$» \qquad 127 \qquad 408$$

La somme cherchée est donc 408.

Mais on peut chercher un procédé plus rapide.

Il n'y en a évidemment pas si les deux entiers donnés n'ont qu'un chiffre.

On peut seulement inscrire une fois pour toutes, les résultats obtenus dans une table, ou les connaître par cœur.

Addition d'un entier de plusieurs chiffres et d'un entier d'un chiffre.

Soit à additionner $\overline{abcd}$ et e (a, b, c, d, e étant des chiffres). Si la somme $d + e$ n'a qu'un chiffre soit f, on voit que la somme cherchée est $\overline{abcf}$.

Si la somme $d + e$ a deux chiffres 1 et f, on écrit l'entier qui suit $\overline{abc}$, et à la droite de cet entier on écrit f.

Cette règle se démontre facilement en s'appuyant sur le théorème du n° **45**.

Addition d'un entier quelconque et de plusieurs entiers d'un seul chiffre.

Il suffit d'appliquer plusieurs fois de suite la règle précédente.

Addition d'entiers quelconques. — Chacun de ces entiers est égale à la somme de ses unités, de ses dizaines, de ses centaines, etc. (n° **45**), il suffit d'additionner séparément les unités des différents ordres et de réunir les sommes partielles en une seule (n° **19**).

L'addition des unités est une addition d'entiers d'un seul chiffre

Le résultat a un chiffre ou plusieurs. S'il en a plusieurs il se décompose en la somme de ses unités, de ses dizaines, etc., on retient les dizaines, les centaines, etc., pour les ajouter aux autres. Pour ajouter les dizaines, par exemple 20, 30, 60 et 20 on remarque que

$$20 = 2 \times 10$$
$$30 = 3 \times 10$$
$$60 = 6 \times 10$$
$$20 = 2 \times 10.$$

Donc

$$20 + 3o + 6o + 20 = (2 + 3 + 6 + 2)\ 10.$$

On est donc ramené à ajouter des entiers d'un seul chiffre puis à multiplier la somme par 10, ce qui se fait en écrivant un zéro à sa droite (n° **46**). De même pour les centaines, etc.

51. Problème. — *Des entiers étant donnés, calculer leur produit.* — Il suffit de savoir résoudre ce problème pour deux entiers. Pour calculer le produit ab, il suffit d'additionner b entiers égaux à a. Ce procédé est le seul qu'on puisse employer si a et b n'ont qu'un chiffre. On peut seulement inscrire une fois pour toutes les résultats dans une table ou les savoir par cœur.

Multiplication d'un entier de plusieurs chiffres par un entier d'un chiffre. — D'après le théorème du n° **28**, il suffit de multiplier successivement les unités, les dizaines, les centaines, etc. du premier par le second, puis d'ajouter les résultats. D'ailleurs chacune de ces multiplications partielles se ramène à une multiplication d'entiers d'un chiffre. Car le produit de 3oo par 7, par exemple est égal à

$$(3 \times 10^2) \times 7$$

ou à

$$(3 \times 7) \times 10^2.$$

Il suffit donc de chercher le produit de 3 par 7 et d'écrire deux zéros à la droite du résultat.

Multiplication de deux entiers de plus d'un chiffre. — D'après le théorème du n° **35**, il suffit de multiplier successivement les unités, les dizaines, etc. de l'un, par les unités, les dizaines, etc. de l'autre, et d'ajouter les résultats. Chacune de ces multiplications partielles se ramène à une multiplication d'entiers d'un chiffre. Car le produit de 3oo par 7 000 par exemple est égal à

$$(3 \times 10^2) \times (7 \times 10^3)$$

ou à

$$(3 \times 7) \times 10^2 \times 10^3$$

ou à

$$(3 \times 7) \times 10^5.$$

Il suffit donc de calculer le produit de 3 par 7 et d'écrire cinq zéros à la droite du résultat ([1]).

52. Nouvelle définition du nombre entier. — La numération n'est pas seulement un moyen commode d'écrire les entiers, c'est aussi un moyen de les définir.

Jusqu'à maintenant la considération d'un entier a était inséparable de celle de toute la suite des entiers depuis 1 jusqu'à a. Il fallait supposer toute cette suite écrite pour qu'on eût le droit de parler de a.

Au contraire, nous pouvons maintenant considérer un entier 72 200, sans avoir au préalable écrit la suite des entiers ([2]) de 1 à 72 200. Nous avons donc bien là une nouvelle définition des entiers : *Un entier est un ensemble de chiffres écrits les uns à la suite des autres.*

Il y aurait alors lieu de reprendre les définitions de la somme, du produit, etc., ainsi que les démonstrations des théorèmes relatifs à ces opérations. Ecrivons par exemple :

$$931124864157 + 972721184621 = 972721184621 + 931124864157.$$

La suite des entiers n'a jamais été prolongée jusqu'à 931124864157 ([3]). Les entiers qui figurent dans l'égalité précédente sont donc considérés comme définis par la seconde définition. Mais alors nous ne savons pas *à priori* ce que signifient les sommes inscrites dans les deux membres. Nous pouvons nous tirer d'affaire en disant que ce sont justement les entiers calculés par la règle du n° **50**, cette règle servant de définition.

Mais alors nous ne savons pas *à priori* si le théorème de la commutativité de l'addition est encore exact. Il faudra le redémontrer, ainsi que tous ceux des chapitres précédents.

Cela sera facile, mais nous ne le ferons pas, parce que cela nous entraînerait trop loin. En effet la nouvelle définition des entiers se trouvera encore insuffisante. Nous serons obligés plus tard, de considérer encore de nouvelles définitions des entiers. Par exemple

[1] D'ailleurs, la pratique des opérations suggère dans l'addition et la multiplication, des simplifications sur lesquelles nous n'insisterons pas.

[2] A raison de deux chiffres par seconde, cela prendrait environ 6 jours et 10 heures.

[3] A raison de deux chiffres par seconde, cela prendrait plus de 30000 ans.

il nous arrivera de parler d'une expression telle que $2^{(2^{36})} + 1$ dont on n'a jamais écrit les chiffres (¹). Et alors il faudrait de nouveau recommencer toutes les définitions et tous les raisonnements sur ces expressions et ce ne serait peut-être plus aussi facile.

On évite ces complications par l'usage du principe d'induction complète qui permet de s'en tenir à la première définition.

Ce principe consiste dans les deux énoncés suivants (²).

1° *Lorsque nous disons « Supposons écrite la suite des entiers de 1 à 931124864157 » sans l'écrire, cela a un sens.*

2° *Si on démontre qu'un certain théorème est vrai pour $a + 1$ quand il l'est pour a, et si de plus ce théorème est vrai pour un entier quelconque de la suite précédente par exemple pour 25, il est vrai pour 931124864157.*

En effet dans ces conditions pour démontrer par exemple que :

$$931124864157 + 972721184621 = 972721184621 + 931124864157$$

rien n'empêche de reprendre les raisonnements qu'on a faits au n° **11** pour démontrer que $a + b = b + a$, alors que la suite des entiers avait été réellement prolongée au moins jusqu'à $a + b$.

NOTE SUR LES DIFFÉRENTS SYSTÈMES DE NUMÉRATION

Il est bien probable que l'emploi du nombre 10 comme base de numération tient à ce que l'homme a d'abord compté sur ses doigts. Y-a-t-il une autre base plus avantageuse ?

I. — Plus une base est petite, plus la connaissance des tables d'addition et de multiplication, bases de tous les calculs est facile. Les résultats à savoir par cœur sont au nombre de $(b - 1)(b - 2)$, b étant la base ; c'est-à-dire 72 pour la numération décimale. On sait combien peu de personnes les connaissent correctement. A ce point de vue une base plus petite que 10 serait souhaitable.

(¹) SEELHOF a considéré cette expression pour démontrer que ce n'est pas un nombre premier. Elle aurait plus de vingt milliards de chiffres, et à raison de deux chiffres par seconde, il faudrait plus de 330 ans pour l'écrire.

(²) L'entier 931124864157 n'y est pris, bien entendu, qu'à titre d'exemple. Et, à proprement parler, chaque fois qu'on applique le principe à un nouvel entier, c'est un nouveau principe.

II. — Mais quand la base est trop petite, le nombre des chiffres nécessaire pour écrire les nombres usuels devient trop grand. Les millésimes d'années de notre temps par exemple, qui prennent quatre chiffres dans la numération décimale en prendraient onze dans la numération binaire et encore huit dans la numération ternaire. A ce point de vue on ne peut guère choisir une base inférieure à 4.

III. — Enfin, il y a aussi à considérer la possibilité de la réduction des fractions en fractions b-males (b désignant la base), analogues aux fractions décimales, et aussi l'existence de caractères simples de divisibilité.

A ces points de vue, il y a avantage à prendre une base contenant le plus possible de facteurs premiers simples différents. Or les bases 4, 5, 7, 8, 9 sont à ce point de vue moins avantageuses que la base 6, puisque cette dernière contient deux facteurs premiers et qui sont les plus petits possibles. (Pour avoir une base contenant trois facteurs premiers il faudrait aller jusqu'à la base 30, inadmissible comme étant trop grande).

C'est en définitive la base 6 qui semble le plus avantageuse.

Mais les avantages n'en sont pas tellement considérables qu'il semble y avoir lieu d'essayer de rompre avec une habitude aussi invétérée que celle de la numération décimale.

Voir entre autres :

Buffon. *OEuvres complètes*, t. XII. Garnier frères, Paris, 1855.

Wugel. *Tetractys*, Iéna (1673), propose la base 4.

Lehmann. *Revolution der Zahlen. Beiblatt zur Revolution der Zahlen*, zweiter Beiblatt,... Leipzig, Hunger (1870-71-72), propose la base 6.

Cadenas. *Assoc. franç. pour l'avanc. des sciences*, 30e session 1901, 2e partie, p. 119, propose la base 24.

Du Pasquier. *L'Enseignement mathématique*, 12e année (1910), p. 265, propose la base 4.

CHAPITRE IV

—

SOUSTRACTION DES NOMBRES ENTIERS

53. — Etant donnés deux entiers a et b, on se propose de trouver un entier qui ajouté à b donne a. Supposons $a > b$. Si à l'entier b, on ajoute successivement 1, 2, 3, ... on forme la suite des entiers plus grands que b, et en la prolongeant suffisamment loin on arrivera à l'entier a. On a donc ainsi trouvé un entier qui répond à la question et il n'y en a qu'un, d'après le théorème du n° **24**.

Si $a = b$ il y a encore un entier et un seul qui répond à la question, c'est o. Enfin si $a < b$ le problème est impossible d'après le théorème du n° **23**.

L'entier qui ajouté à b donne a s'appelle la *différence* de a et de b et se note $a - b$. Les entiers a et b s'appellent les *termes* de la différence.

L'opération qui a pour but de trouver cette différence s'appelle *soustraction*.

La question de savoir si la soustraction est une opération commutative ne se pose pas, car si $a - b$ existe, $b - a$ n'existe pas (sauf si $a = b = $ o).

THÉORÈME. — *De* $a - b = c$ *on déduit* $a - c = b$.

Car $b + c = c + b$. Si donc $b + c = a$, $c + b$ est aussi égal à a.

54. THÉORÈME.

$$a + (b - c) = (a + b) - c.$$

Car

$$[a + (b - c)] + c = a + [(b - c) + c] = a + b.$$

Donc en ajoutant c à $a + (b - c)$ on trouve $a + b$.

55. Théorème.

(1) $$a - (b + c) = (a - b) - c.$$

Car

$$[(a - b) - c] + (b + c) = \{[(a - b) - c] + c\} + b = (a - b) + b = a.$$

56. Théorème.

$$a - (b - c) = (a - b) + c.$$

Car

$$[(a - b) + c] + (b - c) = [(a - b) + (b - c)] + c$$
$$= \{[(a - b) + b] - c\} + c = (a - c) + c = a.$$

Remarque. — Le dernier de ces théorèmes est soumis à la restriction que $a > b$. Si l'on supposait $a < b$ et $a > b - c$, le premier membre de l'égalité (1) aurait un sens, le second n'en aurait pas. Par exemple $7 - (10 - 8)$ a un sens, mais $(7 - 10) + 8$ n'en a pas.

Notation. — La notation

$$a + b - c + d - e + f + g$$

signifie l'entier obtenu en ajoutant a et b, retranchant c du résultat, ajoutant d au nouveau résultat, etc.

Une telle expression s'appelle un *polynôme; a, b, c, d, e, f, g* s'appellent les *termes* de ce polynôme.

Un polynôme de deux termes s'appelle un *binôme*.

Un polynôme de trois termes s'appelle un *trinôme*.

Par extension, un seul terme s'appelle un *monôme*.

Comme application de cette notation les théorèmes des n⁰ˢ **54, 55, 56** s'écrivent

$$a + (b - c) = a + b - c$$
$$a - (b + c) = a - b - c$$
$$a - (b - c) = a - b + c.$$

57. Généralisations de ces théorèmes. — I) *La somme d'un entier a et de la valeur d'un polynôme P est égale à la valeur du polynôme obtenu en écrivant P à la droite de a et les séparant par le signe +.*

II) *La différence entre un entier a et la valeur d'un polynôme* P *est égale à la valeur du polynôme obtenu en écrivant* P *à la droite de a, les séparant par les signes* —, *et changeant tous les signes des termes de* P.

Par exemple

$$a + (b - c + d + e - f) = a + b - c + d + e - f$$
$$a - (b - c + d + e - f) = a - b + c - d - e + f.$$

Il faut ajouter que le second de ces théorèmes est soumis à cette restriction que *les opérations indiquées dans le second membre soient possibles.* Si cette condition n'est pas réalisée, il peut tout de même se faire que l'opération indiquée dans le premier membre le soit.

En effet on voit facilement que si ces théorèmes sont vrais lorsque le polynôme a n termes, ils sont vrais lorsque le polynôme en a $n + 1$. Or ils sont vrais lorsque le polynôme a 2 termes (n° **56**).

58. Théorème. — *On ne change pas la valeur d'une expression de la forme*

$$(2) \quad (a+b-c+d)-(e-f+g-h)+(k-l-m-n)+(p-q)-(r-s+t)$$

en supprimant les parenthèses, à condition lorsqu'une parenthèse est précédée du signe — *de changer les signes des termes contenus dans cette parenthèse.*

Ainsi l'expression (2) est égale à

$$a - b - c + d - e + f - g + h + k - l - m - n + p - q - r + s - t.$$

En effet on voit facilement que si le théorème est vrai lorsqu'il y a n parenthèses il est encore vrai quand il y a $n + 1$. Il suffit donc de le démontrer quand il y en a deux, par exemple, de démontrer que

$$(a + b - c + d) - (e - f + g - h) = a + b - c + d - e + f - g + h.$$

Or ce n'est autre chose que le théorème du n° **57** où l'entier a est remplacé par la valeur de $a + b - c + d$.

Remarque. — Ce théorème est soumis à la même restriction que ceux des n^{os} **56** et **57**, à savoir que les opérations indiquées ont un sens. Cette restriction s'applique aussi au théorème suivant.

Avant d'énoncer ce théorème il nous faut faire la convention suivante : *La notation + a signifie a*. De cette façon on peut toujours supposer que le premier terme d'un polynôme est précédé du signe + si c'est nécessaire.

59. THÉORÈME. — *On peut intervertir d'une façon quelconque l'ordre des termes d'un polynôme sans changer sa valeur.*

Nous allons imiter la démonstration du n° **18**.

1° *Dans un polynôme de deux termes on peut changer l'ordre de ces termes.*

Si le polynôme est $a + b$, le théorème est vrai (n° **11**).

Si le polynôme est $a — b$, le théorème ne s'applique pas car $— b + a$ n'a pas de sens.

2° *Dans un polynôme de trois termes, on peut changer l'ordre des deux derniers.*

Cet énoncé en comprend quatre

$$a + b + c = a + c + b$$
$$a + b — c = a — c + b$$
$$a — b + c = a + c — b$$
$$a — b — c = a — c — b.$$

Le premier est déjà démontré, le second et le troisième n'en font qu'un. Pour les démontrer, par exemple pour démontrer que

$$a + b — c = a — c + b$$

ou

$$(a + b) — c = (a — c) + b$$

il nous suffit de démontrer qu'en ajoutant c au second membre, on retrouve $a + b$. Or

$$(a — c) + b + c = [(a — c) + c] + b = a + b.$$

Enfin pour démontrer le quatrième énoncé

$$a — b — c = a — c — b$$

on remarque que d'après le théorème du n° **55**, le premier membre est égal à $a — (b + c)$ et le second à $a — (c + b)$.

2° *Dans un polynôme quelconque on peut échanger deux termes consécutifs.*

Ce théorème se démontre absolument comme l'analogue du n° **18**. De même la démonstration du théorème général est identique à celle du théorème général du n° **18**.

Soit par exemple à démontrer que

$$a - b + c + d + e - f - g + h = e + c + a + h - b + d - f - g.$$

On considère les polynômes :

$$a - b + c + d + e - f - g + h$$
$$a - b + c + e + d - f - g + h$$
$$a - b + e + c + d - f - g + h$$
$$a + e - b + c + d - f - g + h$$
$$e + a - b + c + d - f - g + h$$
$$e + a + c - b + d - f - g + h$$
$$e + c + a - b + d - f - g + h$$
$$e + c + a - b + d - f + h - g$$
$$e + c + a - b + d + h - f - g$$
$$e + c + a - b + h + d - f - g$$
$$e + c + a + h - b + d - f - g.$$

Chaque polynôme égale le suivant. Donc le premier égale le dernier.

Seulement il faut justifier cette démonstration en montrant que tous les polynômes employés ont un sens. Or c'est vrai par hypothèse, pour le premier et le dernier, mais ce n'est pas évident pour les polynômes intermédiaires.

On voit facilement que si dans un polynôme qui a un sens on échange deux termes consécutifs, le polynôme obtenu en a encore un, si les deux termes échangés sont de même signe, ou si le premier a le signe — et le second le signe +. Donc, si dans la suite des polynômes il ne se présente que ces circonstances le théorème est démontré. Reste le cas où on échangerait deux termes dont le premier aurait le signe + et le second le signe —. Il n'est pas impossible qu'un tel échange transforme un polynôme ayant un sens en un polynôme n'en ayant pas, par exemple $3 + 4 - 5$ en $3 - 5 + 4$; mais ce cas ne peut se présenter ici, parce que, comme il est facile de le voir, si cela arrivait, tous les polynômes suivants n'auraient pas de sens, et le dernier non plus, ce qui est contre l'hypothèse.

60. Théorème.

$$a - b < a$$

si $b \not\equiv 0$.

Résulte immédiatement du n° **23**.

Pour cette raison, retrancher b de a s'appelle aussi *diminuer a de b*.

61. Théorème. — *L'égalité*

$$a - b = a - b'$$

entraîne $b = b'$.

Résulte immédiatement du n° **24**.

Théorème. — *L'égalité*

$$a - b = a' - b$$

entraîne $a = a'$.

Évident. Il en résulte que :

La soustraction est une opération unipare.

62. Théorème. — *La différence de deux entiers ne change pas quand on les augmente chacun d'un même entier.*

C'est-à-dire que

$$a - b = (a + c) - (b + c).$$

En effet le second membre peut s'écrire (théorème du n° **59**)

$$a - b + c - c$$

ou

$$a - b + (c - c)$$

ou

$$a - b + 0$$

ou

$$a - b.$$

Corollaire. — *La différence de deux entiers ne change pas quand on les diminue chacun d'un même entier.*

63. — Théorème.

$$(a - b)m = am - bm.$$

Autrement dit : *La multiplication est distributive par rapport à la soustraction.*

En effet de

$$(a - b) + b = a$$

on déduit

$$(a - b)m + bm = am$$

d'où

$$(a - b)m = am - bm.$$

Généralisation.

$$(a - b + c + d - e)m = am - bm + cm + dm - em$$

quels que soient le nombre et les signes des termes du polynôme

$$a - b + c + d - e.$$

En effet on voit facilement que si le théorème est vrai pour un polynôme de n termes, il est vrai pour un polynôme de $n + 1$ termes. Or il est vrai pour un polynôme de 2 termes.

64. Règle de la soustraction. Problème. — *Etant donnés a et b, calculer a — b,*

Soit par exemple à calculer 13 — 7. On dira

$$7 + 1 = 8$$
$$7 + 2 = 9$$
$$\cdot \quad \cdot \quad \cdot \quad \cdot$$
$$7 + 6 = 13$$

Donc

$$13 - 7 = 6.$$

Ce procédé est le seul qu'on puisse employer lorsque les deux entiers donnés n'ont qu'un chiffre, ou lorsque le plus petit b a un chiffre et le plus grand, deux, dont le premier est 1 et le second est plus petit que b (comme dans l'exemple précédent, 13 — 7).

Dans le cas général, soit à soustraire de l'entier $\overline{abcde}$ l'entier $\overline{fghk}$. [L'entier que l'on soustrait a au plus autant de chiffres que l'autre. S'il en a autant, le premier à gauche est au plus égal au premier à gauche de cet autre (n° **48**)].

Supposons d'abord

$$k \leqslant e.$$

On démontre facilement que pour avoir la différence cherchée, il suffira d'écrire à la droite de la différence $\overline{abcd} - \overline{fgh}$ le chiffre $e - k$. Le problème est donc ramené au même problème sur des nombres ayant un chiffre de moins.

Soit maintenant $k > e$. On démontre facilement qu'il suffit dans ce cas d'écrire à la droite de la différence $\overline{abcd} - (\overline{fgh} + 1)$ la différence $\overline{1e} - k$ (qui n'a qu'un chiffre), etc.

CHAPITRE V

—

NOMBRES ENTIERS NÉGATIFS

65. — On a vu dans la démonstration du n° 59 quelle gêne produit ce fait que la soustraction de deux entiers n'est pas toujours possible. Nous allons généraliser la notion de nombre entier de façon à éviter cet inconvénient. Déjà au n° 4 nous avons prolongé la suite des entiers vers la droite, et au n° 41 nous l'avons vers la gauche prolongé d'un terme. C'est ce procédé que nous emploierons encore en prolongeant la suite vers la gauche au-delà de o.

Pour ne pas multiplier les notations, on emploie pour désigner ces nombres, les mêmes signes que ceux employés pour désigner les autres, mais en les faisant précéder du signe —. Nous aurons ainsi la suite :

$$\ldots -7, -6, -5, -4, -3, -2, -1, o, 1, 2, 3, 4, 5, \ldots$$

Les nombres ainsi introduits s'appellent *entiers négatifs*. Par opposition, les nombres 1, 2, 3, …, s'appellent *entiers positifs* ou *nombres naturels*. Nous avons déjà vu (n° 58) qu'il est quelquefois commode de faire précéder les entiers positifs du signe +, de sorte que + 8 signifie la même chose que 8. Dans l'entier — a, — s'appelle le *signe* et a la *valeur absolue*. Par analogie, dans l'entier + a, + s'appelle le signe et a la valeur absolue. De sorte que la valeur absolue d'un entier positif c'est lui-même. Deux entiers qui ont la même valeur absolue et des signes différents sont dits (d'une façon abrégée et incorecte) *égaux, mais de signes contraires*. On dit encore que l'un d'eux est égal à l'autre *changé de signe.* Quant aux symboles $+ o$ et $- o$, on conviendra qu'ils représentent tous deux l'entier zéro.

Il ne peut y avoir de confusion entre les signes $+$ et $-$ employés de cette façon, et les mêmes signes employés pour indiquer l'addition ou la soustraction, car les premiers, ou bien ne sont précédés de rien, par exemple $+ 7$, $- 15$; ou bien sont isolés par une parenthèse, par exemple $+ 7 - (- 15) - (+ 2)$.

66. — La définition d'un entier plus grand qu'un autre reste la même qu'au n° **2.** Comme conséquence : *Un entier négatif est plus petit que zéro et que n'importe quel entier positif. De deux entiers négatifs, le plus grand est celui qui a la plus petite valeur absolue.*

67. Somme de deux entiers dont l'un au moins est négatif. — Une telle somme se définit par les égalités :

$$(1) \quad \begin{cases} a + (- b) = a - b & \text{si} \quad a \geqslant b \\ a + (- b) = - (b - a) & \text{si} \quad a \leqslant b \\ - a + b = - (a - b) & \text{si} \quad a \geqslant b \\ - a + b = b - a & \text{si} \quad a \leqslant b \\ - a + (- b) = - (a + b) \end{cases}$$

Quant à la somme d'un nombre quelconque de termes positifs ou négatifs, elle se fait de proche en proche comme pour les entiers positifs (n° **12**).

68. — L'addition ainsi généralisée jouit-elle des mêmes propriétés que celle définie primitivement. D'abord est-elle commutative ? C'est-à-dire, est-il vrai que

$$- a + b = b + (- a)$$

et que

$$- a + (- b) = - b + (- a) ?$$

Oui, cela résulte immédiatement des formules (1).

69. — L'addition généralisée est elle associative ? Pour le voir, examinons tous les cas qui peuvent se présenter relativement aux signes des termes, nous avons à voir si l'on a les sept formules :

$$a + b + (- c) = a + [b + (- c)]$$
$$a + (- b) + c = a + [(- b) + c]$$
$$a + (- b) + (- c) = a + [(- b) + (- c)]$$
$$- a + b + c = - a + (b + c)$$
$$- a + b + (- c) = - a + [b + (- c)$$
$$- a + (- b) + c = - a + [(- b) + c]$$
$$- a + (- b) + (- c) = - a + [(- b) + (- c)]$$

C'est ce qui se vérifie sans difficulté.

70. — De la commutativité et de l'associativité de l'addition généralisée on déduit comme pour les entiers positifs que : *on peut, sans changer une somme, changer l'ordre de ses termes, ou remplacer plusieurs termes par leur somme.* Les théorèmes des n^{os} **21** et **22** subsistent aussi quand certains des entiers a, b, ... ou tous sont négatifs. Le théorème du n° **23** n'est plus vrai, on doit le remplacer par les suivants qui comprennent tous les cas.

La somme de deux termes dont l'un est positif est plus grande que l'autre.

La somme de deux termes dont l'un est négatif est plus petite que l'autre.

La somme de deux termes dont l'un est nul est égale à l'autre.
Mais le théorème du n° **25** subsiste sans modification.

71. Différence de deux entiers. — La définition donnée au n° **52** s'applique sans modification, mais nous allons voir que l'entier ainsi défini *existe toujours* et est unique.

Le cas où les deux entiers donnés sont positifs et où le premier est supérieur ou égal au second a été déjà traité.

Considérons le cas où les deux entires donnés sont positifs et où le premier est inférieur au second. Soient a et b ces deux entiers $(a < b)$. Il faut trouver un entier qui ajouté a b donne a. Or on sait qu'il n'y a pas d'entier positif ou nul répondant à la question. Cherchons donc un entier négatif. Soit.— x cet entier.

On doit avoir

$$b + (- x) = a.$$

Cette condition ne peut être remplie pour une valeur de x supérieure ou égale à b, car dans ce cas $b + (- x)$ serait égal à $- (x - b)$, entier négatif ou nul. Cherchons donc une valeur de x inférieure à b. Pour une telle valeur $b + (- x)$ est égal à $b - x$. On doit donc déterminer x par la condition

$$b - x = a$$

ce qui équivaut à

$$b = a + x$$

ou à

$$x = b - a.$$

On voit donc qu'il y a un entier négatif et un seul satisfaisant à la question, l'entier $- (b - a)$.

Le cas que nous venons de considérer est celui à propos duquel a été instituée la théorie des entiers négatifs (n° 65).

Les autres cas, différence entre un entier et un entier négatif, différence entre deux entiers négatifs se traitent de la même façon. Les résultats sont contenus dans l'énoncé suivant :

Pour retrancher un entier d'un autre, il suffit d'ajouter à cet autre le premier changé de signe.

Comme conséquence, la soustraction devient une opération inutile à considérer en théorie. L'ensemble des deux opérations *addition, soustraction*, peut se remplacer par l'ensemble des deux opérations *addition, changement de signe*.

Les théorèmes des n°s **53** à **59** subsistent pour la soustraction généralisée, on le démontre sans peine.

Celui du n° **60** est remplacé par les suivants :

La différence entre un entier et un entier positif est plus petite que le premier.

La différence entre un entier et un entier négatif est plus grande que le premier.

La différence entre un entier et un entier nul est égale au premier.

Ceux des n°s **61** et **62** subsistent.

72. Produit de deux facteurs dont l'un au moins est négatif. — *Définitions*.

$$a(-b) = -ab$$
$$(-a)b = -ab$$
$$(-a)(-b) = ab$$
$$(-a) \times 0 = 0$$
$$0 \times (-a) = 0.$$

On remarquera que dans tous les cas, la valeur absolue du produit égale le produit des valeurs absolues des facteurs.

La multiplication généralisée est encore une opération commutative.

73. — Un produit de plusieurs facteurs se définit comme au n° **32**. La multiplication généralisée est encore une opération associative. En effet, examinant tous les cas qui peuvent se présenter, relativement aux signes des trois facteurs, on a à examiner les huit formules suivantes :

$$abc = a(bc)$$
$$ab(-c) = a \cdot b(-c)$$
$$a(-b)(c) = a \cdot (-b)c$$
$$a(-b)(-c) = a \cdot (-b)(-c)$$
$$(-a)bc = (-a)(bc)$$
$$(-a)b(-c) = (-a) \cdot b(-c)$$
$$(-a)(-b)c = (-a) \cdot (-b)c$$
$$(-a)(-b)(-c) = (-a) \cdot (-b)(-c)$$

La première est déjà démontrée, les autres se vérifient facilement.

Conséquence. — *On peut sans changer un produit, changer l'ordre de ses facteurs, ou remplacer plusieurs facteurs par leur produit.*

74. — Les théorèmes des n° **28** et **31** (mise en facteur) subsistent lorsque certains des entiers qui y figurent sont négatifs. Démontrons-le d'abord lorsqu'il y a deux termes dans la parenthèse. Suivant les signes de ces termes on a sept théorèmes à démontrer. Soit par exemple le suivant :

$$(a + b)(-m) = a(-m) + b(-m).$$

Il se réduit à

$$- (a + b) m = - am + (- bm) \qquad (\text{n}° \ \textbf{72})$$

ou à

$$- (am + bm) = - am - bm \qquad (\text{n}^{os} \ \textbf{28} \ \text{et} \ \textbf{67})$$

ce qui est vrai.

Ensuite on voit facilement que si le théorème est vrai quand il y a n termes dans la parenthèse, il est vrai quand il y en a $n + 1$.

Le théorème du n° **63** se généralise de la même façon.

75. — On démontrera aussi sans peine les théorèmes généralisations de ceux des n°^{s} **58** et **59**. Il faut même remarquer que la démonstration du second de ces théorèmes se simplifie. Il est inutie en effet de montrer que les polynômes employés dans la démonstration ont un sens, car toute soustraction étant maintenant possible, tout polynôme a un sens.

76. Multiplication de deux sommes. Généralisation du théorème du n° 35. — *Pour multiplier deux sommes l'une par l'autre on multiplie chaque terme de l'une par chaque terme de l'autre et on ajoute les résultats. Ainsi :*

$$[a + (- b) + c + (- d)] \, [m + n + (- p) + (- q)]$$
$$= am + an + a(-p) + a(-q) + (-b)m + (-b)n + (-b)(-p) + (-b)(-q)$$
$$+ cm + cn + c(-p) + c(-q) + (-d)m + (-d)n + (-d)(-p) + (-d)(-q).$$

La démonstration du n° **35** s'appuyant sur la mise en facteurs subsiste toute entière.

77. Théorème. — *Pour multiplier deux polynômes l'un par l'autre on multiple chaque terme de l'un par chaque terme de l'autre, on fait précéder le produit obtenu du signe + ou du signe — suivant que les deux facteurs ont le même signe ou non. Enfin on ajoute tous les résultats obtenus.*

Ce théorème se démontre immédiatement en remarquant que tout polynôme peut être considéré comme une somme.

Par exemple :

$$a - b + c - d \qquad \text{n'est autre chose que} \qquad a + (- b) + c + (- d)$$

et

$$m + n - p - q \qquad \text{\guillemotright} \qquad \text{\guillemotright} \qquad m + n + (-p) + (-q).$$

Leur produit est donc celui qui a été trouvé au n° **76**.

78. Représentation d'un entier négatif par une seule lettre. — Dans les démonstrations précédentes, nous avons dû distinguer différents cas suivant que les entiers que nous considérions étaient positifs, négatifs, ou nuls. Il est bien évident que tout l'avantage qu'il peut y avoir à introduire les entiers négatifs dans les calculs serait détruit s'il fallait continuer ainsi. A l'avenir donc il nous arrivera la plupart du temps de supposer qu'une lettre seule, sans signe, représente soit un nombre positif soit un nombre négatif. Alors le signe + placé devant cette lettre indique qu'il faut l'ajouter à ce qui précède, le signe — indique qu'il faut la soustraire.

Exemple :

$$a + b \quad \text{si} \quad a = 3, \quad b = 7 \quad \text{signifie} \quad 3 + 7 \quad \text{ou} \quad 10$$
$$\text{si} \quad a = 3, \quad b = -7 \quad \text{signifie} \quad 3 + (-7) \quad \text{ou} \quad -4.$$

L'écriture $+a$ isolée signifie a, l'écriture $-a$ signifie le nombre égal à a mais de signe contraire. Par exemple si $a = -2$, $-a = 2$.

Les égalités des n°ˢ **53** à **59**, **62**, **67** à **69**, **72** et **77** subsistent. Tout polynôme peut se mettre sous la forme $a + b + \ldots + f + g$. $a, b, \ldots f, g$ étant des entiers positifs ou négatifs.

Par conséquent tout polynôme peut être considéré comme une somme. Les nombres $a, b, \ldots f, g$ en sont dits les *termes*.

Quand on voudra distinguer spécialement une somme dont tous les termes sont positifs, on dira que c'est une somme *arithmétique* ; une somme dont les termes sont positifs, négatifs ou nuls, sera dite *algébrique*.

La valeur absolue d'un entier a se désigne par $|a|$.

79. Puissances d'un nombre précédé du signe —. — Il résulte de ce qui précède que

$$(-a)^2 = a^2$$
$$(-a)^3 = -a^3$$
$$(-a)^4 = a^4$$

c'est-à-dire que les puissances de — a sont alternativement égales et égales mais de signes contraires aux puissances de même exposant de a.

Si en particulier a désigne un nombre positif, les formules précédentes montrent que les puissances de — a sont alternativement positives et négatives.

NOTES

I. Les entiers négatifs ayant été introduits dans les calculs pour que la soustraction devienne une opération toujours possible, on peut se demander si c'est la seule manière d'arriver à ce résultat. La réponse est affirmative (à des différences de notation près), si l'on veut que l'addition continue à être une opération unipare. En effet, puisque la soustraction doit être toujours possible, les expressions $0 - 1$, $0 - 2$, $0 - 3$.... doivent avoir un sens, et comme aucune de ces expressions n'est égale à un entier positif, elles doivent être égales à de nouveaux nombres qu'on peut appeler entiers négatifs.

Deux quelconques de ces nouveaux entiers doivent être différents, rien n'empêche de les désigner par — 1, — 2, — 3,... On retrouve ainsi la théorie développée plus haut..

II. — HERMANN-SCHUBERT, définit les nombres négatifs de la façon suivante ([1]) : Les entiers $\geqslant 0$ ayant été définis, et les règles du calcul algébrique ayant été données, on considère les expressions rationnelles par rapport aux entiers $\geqslant 0$, et par rapport à une indéterminée n. On dira que deux de ces expressions sont *égales* lorsque *leur différence est divisible par $n + 1$*.

Exemple : $7n + 1 = 6n$. Ceci revient à affecter l'indéterminée n d'une propriété fondamentale du nombre — 1, à savoir $n + 1 = 0$. Connaissant le nombre $n = - 1$, le nombre — a se définit comme étant an, etc.

([1]) *System. der Arithmetik und Algebra*, Potsdam, 1885.

CHAPITRE VI

—

DIVISION DES ENTIERS

80. Opérations inverses. — Soit $c = F(a)$ le résultat d'une opération effectuée sur un entier a. Donnons-nous c et cherchons à calculer a. En supposant que ce problème n'ait qu'une solution il constitue une opération bien déterminée effectuée sur le nombre c, et cette opération est dite *l'inverse* de l'opération F. Par exemple, l'opération inverse de celle qui consiste à prendre le suivant d'un entier, est celle qui consiste à prendre le précédent.

Soit $c = F(a, b)$ le résultat d'une opération effectuée sur deux entiers a et b. Donnons-nous c et a et cherchons à calculer b. En supposant que ce problème n'ait qu'une solution, il constitue une opération bien déterminée effectuée sur c et a, et cette opération sera dite la *première inverse* de l'opération F.

Si maintenant on se donne c et b, et qu'on cherche à calculer a, en supposant que ce problème n'ait aussi qu'une solution il constitue une seconde opération qui sera dite la *seconde inverse* de l'opération F.

Si l'opération F est commutative, les deux opérations inverses n'en font qu'une qui s'appellera tout simplement « l'opération inverse de F ».

On conçoit qu'une opération effectuée sur n entiers ait de même n inverses.

L'addition de deux entiers, opération commutative, a une inverse qui est la soustraction.

La multiplication donne de même naissance à une opération inverse qui est la division.

81. Définition. — On appelle *rapport* d'un entier a à un entier b, un entier q tel que $a = bq$.

L'opération qui a pour but de trouver le rapport de deux entiers s'appelle *division*. L'entier a s'appelle *dividende*, l'entier b, *diviseur*.

La division est-elle toujours possible ? Tout d'abord on voit qu'on peut se borner au cas des entiers positifs, car de la relation entre les trois entiers

$$(1) \qquad a = bq$$

on déduit la relation entre leurs valeurs absolues

$$(2) \qquad |a| = |b| \, |q|.$$

Réciproquement si l'on trouve un entier $|q|$ satisfaisant à la relation (2) on en a immédiatement un satisfaisant à la relation (1), à savoir : $|q|$ si a et b sont de même signe, — $|q|$ si a et b sont de signes contraires.

Supposons donc les deux entiers donnés non négatifs.

Maintenant, si $b = 0$ et $a \neq 0$ le problème est impossible.

Si $b = a = 0$ le problème est indéterminé, tout entier q satisfait à la relation (1).

Supposons a et b positifs. Examinons encore le cas particulier ou $b = 1$. Dans ce cas le problème est possible et n'a qu'une solution $q = a$.

82. — Mais si enfin, a et b sont positifs et $b \neq 1$, le problème n'est pas possible pour n'importe quelle valeur de a. En effet les produits de b par les différents entiers positifs

$$1 \, b, \qquad 2 \, b, \qquad 3 \, b, \ldots$$

ne constituent pas la suite de tous les entiers positifs, car la différence de deux consécutifs d'entre eux est égale à b et non pas à 1. On les appelle *multiples* de b.

Le problème posé est possible quand a est un multiple de b.

L'entier b est dit alors un *diviseur* de a. On dit encore que a est *divisible* par b.

Pour voir si un entier positif a est multiple d'un entier positif b, on formera la suite des multiples de b et l'on verra si l'un d'eux est égal à a. Si l'on arrive ainsi sans succès à un multiple de b qui soit plus grand que a, c'est que a n'est pas divisible par b. Car les multiples suivants de b seront aussi plus grands que a, aucun d'eux ne sera égal à a.

Le nombre des essais à faire est plus petit que a, car b étant plus grand que 1, ab est plus grand que a.

Notation. — Le rapport de a à b se note $\frac{a}{b}$ ou $a : b$.

Exemples. — Soit à chercher le rapport de 324 à 27. Formant les multiples de 27, on trouve que le 12ème est 324. Donc $\frac{324}{27} = 12$.

Soit à chercher le rapport de 947 à 14. Formant les multiples de 14, on trouve que le 67e est égal à 938 et le 68e égal à 952. Donc il n'y a pas de rapport de 947 à 14.

Ce procédé est le seul qu'on puisse employer lorsque le diviseur n'a qu'un chiffre et que le dividende est plus petit que dix fois le diviseur. Dans les autres cas il y a un procédé plus court.

Mais avant d'en parler nous allons définir une nouvelle opération, généralisation de la précédente.

83. — Soient a et b deux entiers quelconques (positifs, négatifs ou nuls), on suppose seulement $b \neq 0$. Supposons de plus provisoirement, que a ne soit pas divisible par b.

Il n'existe donc aucun multiple de b qui soit égal à a.

Mais il existe deux multiples consécutifs de b, entre lesquelles est compris a, appelons qb le plus petit des deux. On a

$$qb < a < (q + 1) b \qquad \text{si} \qquad b > 0$$
$$qb < a < (q - 1) b \qquad \text{si} \qquad b < 0.$$

On peut d'ailleurs réunir ces deux cas en un, en écrivant :

$$qb < a < qb + |b|.$$

L'entier q est dit le *quotient* de a par b [1].

Mais maintenant, pour donner une définition qui s'applique aussi au cas où a est divisible par b, nous définirons le quotient a par les conditions

$$(3) \qquad qb \leqslant a < qb + |b|.$$

---

[1] Souvent on appelle quotient ou quotient exact, ce que nous avons appelé rapport, et quotient à une unité près ce que nous appelons quotient.

Alors si le rapport de a à b existe, il est égal au quotient de a par b.

L'opération ainsi généralisée s'appelle encore division, ou si l'on veut préciser *division à une unité près*. Celle dont nous avons parlé d'abord s'appelle, quand on veut préciser, *division exacte*.

84. — L'entier $a - qb$ s'appelle *reste* de la division. Désignons-le par r de sorte que

$$a - bq = r$$

ou

(4)
$$a = bq + r.$$

En remplaçant dans l'égalité (3) bq par sa valeur tirée de l'égalité (4), il vient

$$a - r \leqslant a < a - r + |b|$$

ou

(5)
$$o \leqslant r < |b|.$$

Réciproquement si des entiers a, b, q, r, satisfont aux conditions (4) et (5), q est le quotient et r le reste de la division de a par b.

Pour calculer le quotient d'un entier par un autre, on opère comme au n° **32**. Quand on a le quotient on trouve immédiatement le reste.

Exemples :

(I)
$$947 = (14 \times 67) + 9.$$

Donc 67 est le quotient et 9 le reste de la division de 947 par 14.

(II)
$$- 947 = 14 \times (- 68) + 5.$$

Donc — 68 est le quotient et 5 le reste de la division de — 947 par — 14.

D'une façon générale, connaissant le quotient et le reste de la division d'un entier positif a par un entier positif b, il est facile d'avoir ceux des divisions de a par — b, de — a par b et de — a par — b.

Si la division de a par b ne se fait pas exactement on a

$$a = bq + r \qquad o < r < b.$$

On en déduit :

$$a = (- b) (- q) + r \qquad 0 < r < |- b|$$
$$- a = b(- q - 1) + b - r \qquad 0 < b - r < b$$
$$- a = (- b) (q + 1) + b - r \qquad 0 < b - r < |- b|.$$

Donc

$- q$ est le quotient et r le reste de la division de a par $- b$

$- (q + 1)$ » $b - r$ » $- a$ b

$q + 1$ » $b - r$ » $- a$ $- b$

Si la division de a par b se fait exactement, ceci n'est plus vrai. Dans ce cas le quotient de la division de a par $- b$ ou de $- a$ par b est $- q$, celui de la division de $- a$ par $- b$ est q, et le reste est zéro dans tous les cas.

Notation. — Le quotient de la division de a par b se désigne souvent par $E\begin{pmatrix} a \\ b \end{pmatrix}$.

85. Règle de la division. PROBLÈME. *Calculer le quotient et le reste de la division d'un entier a par un entier b.* — On peut supposer a et b positifs. Comme pour les opérations précédentes nous nous bornons au principe de l'opération sans entrer dans le détail des simplifications que suggère la pratique.

Cas particulier. — *Le diviseur et le quotient n'ont qu'un chiffre.*

Il est facile de s'assurer que le quotient n'a qu'un chiffre. Il suffit d'écrire un zéro à la droite du diviseur et de constater que le résultat obtenu est plus grand que le dividende.

Dans ce cas on emploie le procédé du n° **84**.

Cas général. — Soit à diviser 97 629 137 par 29 634.

En formant les produits du diviseur par 10, 100, 1 000, ..., on voit que le quotient est compris entre 1 000 inclus et 10 000 exclus. Formant ensuite les produits du diviseur par 2 000, 3 000, etc., on voit que le quotient est compris entre 3 000 inclus et 4 000 exclus. On a ainsi le premier chiffre du quotient qui est 3. On abrège la recherche de ce chiffre en remarquant qu'il est au plus égal au quotient de 9 par 2. Soit en effet q ce quotient. On a

$$9 < (q + 1)2$$

d'où

$$90\,000\,000 < (q + 1)1\,000 \times 20\,000$$

et comme les deux membres diffèrent au moins de 10^7,

$$97\,629\,137 < (q + 1)\,1\,000 \times 20\,000$$

et par suite

$$97\,629\,137 < (q + 1)1\,000 \times 29\,634.$$

Ici $q = 4$. Au lieu de multiplier le diviseur par 1 000, 2 000, ..., on le multiplie par 4 000, 3 000, ... On trouve ainsi que le premier chiffre du quotient est 3.

Si maintenant on retranche du dividende le produit du diviseur par 3 000 on obtient un reste, et l'on voit sans peine que la partie manquante au quotient est le quotient de ce reste par le diviseur.

On est donc ramené à une nouvelle division dans laquelle le quotient a un chiffre de moins que dans la proposée. De proche en proche on déterminera ainsi tous les chiffres du quotient. Le dernier reste obtenu est le reste de la division. S'il est nul la division se fait exactement.

86. Application au problème du n° 49. — *Pour avoir le dernier chiffre à droite d'un entier dans le système de base β, il suffit de diviser cet entier par β, et de prendre le reste de la division. Pour avoir l'avant dernier chiffre, il suffit de diviser le quotient de cette division par β et de prendre le reste; etc.*

Soit l'entier qui s'écrit $\overline{abcde}$ dans le système de base β. Il est égal à

$$a\beta^4 + b\beta^3 + c\beta^2 + d\beta + e$$

ou à

$$(a\beta^3 + b\beta^2 + c\beta + d)\beta + e$$

d'ailleurs

$$0 \leqslant e < \beta.$$

Donc a est le reste de la division de $\overline{abcde}$ par β. D'ailleurs le quotient est $\overline{abcd}$. On verra donc de même que d est le reste de la division de ce quotient par β, etc.

Exemple. — *Soit l'entier écrit* 1 234 *dans le système décimal. L'écrire dans le système de base* 6. On fait les divisions suivantes :

$$
\begin{array}{r|l}
1\,234 & 6 \\
\hline
34 & \overline{205}\,|6 \\
4 & 25\,|\overline{34}\,|6 \\
& 1\,|4\,\overline{5}
\end{array}
$$

L'entier proposé s'écrit 5 414 dans le système de base 6.

2ᵉ *Exemple.* — *Soit l'entier écrit* 4 321 *dans le système de base* 6, *l'écrire dans le système décimal.* On pourrait opérer de même, les divisions étant faites dans le système de base 6 ; mais comme on n'a pas l'habitude de calculer dans ce système, il vaut mieux procéder d'après le théorème suivant :

Étant donné un entier écrit $\overline{abcd\ldots l}$ *dans le système de base* β, *pour l'écrire dans le système de base* β', *on multiplie* a *par* β, *on ajoute* b *au résultat, on multiplie le résultat par* β, *on ajoute* c *au résultat, et ainsi de suite, jusqu'à l'addition du dernier chiffre ; toutes ces opérations étant effectuées dans le système de base* β'.

En effet, en ajoutant a par b. et ajoutant b. on obtient

$$
a\beta + b \qquad \text{ou} \qquad \overline{ab}
$$

en multipliant le tout par β et ajoutant c, on obtient :

$$
a\beta^2 + b\beta + c \qquad \text{ou} \qquad \overline{abc}
$$

etc.

Appliquant à l'exemple trouvé on trouve

$$
\begin{aligned}
(4 \times 6) + 3 &= 27 \\
(27 \times 6) + 2 &= 164 \\
(164 \times 6) + 1 &= 985
\end{aligned}
$$

3ᵉ *exemple.* — *Soit le nombre écrit* 4 223 *dans le système de base* 7 *l'écrire dans le système de base* 12.

On peut employer, soit le premier procédé en faisant les calculs dans la numération à base 7 ; soit le second en faisant les calculs dans la numération à base 12. Il sera plus facile de transformer d'abord le nombre proposé dans le système décimal par le second procédé, puis de passer du système décimal au système de base 12 par le premier procédé, (Nous représentons, dans le système de base 12, les nombres dix et onze par les signes α, β).

$$(4 \times 7) + 2 = 30$$
$$(30 \times 7) + 3 = 212$$
$$(212 \times 7) + 3 = 1487$$

Réponse : $\alpha 3\beta$.

87. Reste négatif, reste minimum. — On peut définir le reste r de la division d'un entier a par un entier b, comme étant la *différence entre a et le plus grand multiple de b qui ne dépasse pas a*. On appelle de même *reste négatif la différence entre a et le plus petit multiple de b qui dépasse a*. Cette différence est négative. Appelons-là — r'. On a entre r et r' la relation

$$r + r' = |b|$$

Exemple. — $947 = (14 \times 67) + 9 = (14 \times 68) - 5$. Le reste positif est 9, le reste négatif est — 5.

Comme on le verra par la suite, il y a beaucoup de calculs où l'on peut employer indifféremment r ou r', il pourra donc y avoir avantage à employer celui des deux qui est le plus petit en valeur absolue. On l'appelle le reste *minimum*. Dans l'exemple précédent c'est — 5. Il peut d'ailleurs arriver que les deux restes soient égaux en valeur absolue. Par exemple

$$162 = (12 \times 13) + 6 = (12 \times 14) - 6.$$

Remarque. — Le mot « reste » sans épithète, désignera toujours le reste que nous avons défini d'abord.

88. Recherche abrégée du reste de la division d'un entier par un autre, Caractères de divisibilité. — On s'appuie sur le théorème suivant : *Le reste de la division d'un entier par un autre ne change pas quand on augmente ou diminue le premier d'un multiple du second.*

Car si a divisé par m donne comme reste r, on a

$$a = mq + r \qquad (0 \leqslant r < m).$$

d'où en ajoutant aux deux membres un multiple hm de m

$$a + hm = m(q + h) + r \qquad (0 \leqslant r < m),$$

ce qui démontre le théorème

Corollaire. — Soit

$$r_1 \text{ le reste de la division de } 10 \text{ par } m$$
$$r_2 \qquad \text{»} \qquad \text{»} \qquad 10^2 \quad \text{»}$$
$$r_3 \qquad \text{»} \qquad \text{»} \qquad 10^3 \quad \text{»}$$
$$\text{etc.}$$

le reste de la division par m de l'entier de n chiffres $\overline{ab \ldots ghk}$ est le même que celui de la division par m de l'entier

$$(6) \qquad r_{n-1}a + r_{n-2}b + \ldots + r_2 g + r_1 h + k.$$

En effet : ces deux entiers diffèrent d'un multiple de m.

Remarque. — Dans cet énoncé, r_1, r_2, ... désignent indifféremment les restes ordinaires, ou les restes négatifs, ou les restes minimums.

Conséquence. — Si les entiers r_1, r_2, ... sont simples, il y a avantage pour chercher le reste de la division de l'entier $\overline{ab \ldots ghk}$ par m, à le remplacer par l'entier (6).

89. Application au diviseur 2. — *Le reste de la division d'un entier par 2 est le même que le reste de la division par 2 de son dernier chiffre.*

Car 10, 100, ... étant divisibles par 2, les quantités r_1, r_2, ... du théorème précédent sont nulles et l'entier (6) se réduit au dernier chiffre k.

Corollaire. — *Une condition nécessaire et suffisante pour qu'un entier soit divisible par 2 est que son dernier chiffre soit l'un des suivants : 0, 2, 4, 6, 8.*

Définition. — Un entier divisible par 2 s'appelle un *nombre pair*, un entier non divisible par 2, un *nombre impair*.

90. Application au diviseur 5. — On voit de même que *le reste de la division d'un entier par 5 est le même que le reste de la division par 5 de son dernier chiffre*, et que : *une condition néces-*

saire et suffisante pour qu'un entier soit divisible par 5 est que son dernier chiffre soit l'un des suivants : 0,5.

91. Application au diviseur 9. — Toute puissance de 10 divisée par 9 donne comme reste 1, on le voit en faisant la division. Les nombres r_1, r_2... du théorème précédent sont donc tous égaux à 1, et l'on a le théorème suivant :

Le reste de la division d'un entier par 9 est le même que le reste de la division par 9 de la somme de ses chiffres.

Corollaire. — *Une condition nécessaire et suffisante pour qu'un entier soit divisible par 9 est que la somme de ses chiffres le soit.*

Application au diviseur 3. — Le nombre 3 étant un diviseur de 9, il en résulte immédiatement que *le reste de la division d'un entier par 3 est le même que celui de la division par 3 de la somme de ses chiffres*, et que : *une condition nécessaire et suffisante pour qu'un entier soit divisible par 3 est que la somme de ses chiffres le soit.*

92. Application au diviseur 11. — Pour le diviseur 11, on a

$$r_1 = 10, \quad r_2 = 1, \quad r_3 = 10, \quad r_4 = 1, \text{ etc.}$$

On le voit en faisant la division :

```
10 000 ...|11
   100    |909 ...
     1 ...|
```

On voit que les restes sont alternativement 10 et 1, ou ce qui revient au même — 1 et 1. Donc :

Le reste de la division d'un entier par 11 est le même que celui de la division par 11 de la différence entre la somme de ses chiffres de rangs impairs et la somme de ses chiffres de rangs pairs.

Une condition nécessaire et suffisante pour qu'un nombre soit divisible par 11 est que cette somme le soit.

Tels sont les théorèmes de ce genre les plus simples et d'une application pratique. On peut les généraliser pour une base quelconque. On obtient ainsi les théorèmes suivants que nous nous contentons d'énoncer et d'où l'on déduit immédiatement les caractères de divisibilité.

Théorèmes. — I. *d étant un diviseur de la base b, le reste de la division d'un entier par d est le même que le reste de la division par d de son dernier chiffre.*

II. *d étant un diviseur de b — 1, le reste de la division d'un entier par d est le même que le reste de la division par d de la somme de ses chiffres.*

III. *d étant un diviseur de b + 1, le reste de la division d'un entier par d est le même que celui de la division par d de la différence entre la somme de ses chiffres de rangs impairs et la somme de ses chiffres de rangs pairs.*

En particulier un entier écrit dans le système décimal peut-être considéré comme écrit dans le système de base 100, en le séparant en tranches de deux chiffres à partir de la droite, la dernière tranche à gauche pouvant n'avoir qu'un chiffre; chaque tranche étant considérée comme un chiffre.

D'où (en ne considérant que les diviseurs qui ne l'ont pas encore été). *Le reste de la division d'un entier par 4 ou 20, ou 25 ou 50, est le même que le reste de la division par 4 ou 20, ou 25 ou 50 de l'entier formé par ses deux derniers chiffres. Le reste de la division d'un entier par 33 ou 99 est le même que celui de la division par 33 ou 99 de la somme des nombres obtenus en partageant ce nombre en tranches de deux chiffres à partir de la droite (la dernière tranche à gauche pouvant n'avoir qu'un chiffre, etc.).*

On a des théorèmes analogues pour 8 et 125, diviseurs de 1 000, pour 37, 111, 333, 999, diviseurs de 1 000 — 1 pour 7, 13, 77, 91, 143, 1 001, diviseurs de 1 000 + 1.

93. Théorème. — *a, b, m étant trois entiers quelconques, dont le dernier est positif, le quotient de ma par mb est égal à celui de a par b ; le reste de ma par mb est égal au produit par m de celui de a par b.*

En effet soit q le quotient de a par b et r le reste.

On a

$$a = bq + r \quad (0 \leqslant r < b),$$

d'où

$$ma = (mb) q + mr \quad (0 \leqslant mr < mb),$$

ce qui démontre le théorème.

On verra facilement comment il faut modifier l'énoncé dans le cas ou $m < 0$.

Cas particulier. — *Si a est divisible par b, ma est divisible par mb, d'ailleurs*

$$\frac{ma}{mb} = \frac{a}{b}.$$

Ce dernier énoncé subsiste si $m < 0$.

94. — Disons un mot ici de l'opération inverse de l'élévation aux puissances. Elle consiste, étant donné un entier a, à en trouver un autre qui élevé à la puissance $n^{ème}$ donne a. D'après ce qu'on a dit au n° **79**, il suffit de considérer le cas où a et l'entier cherché sont positifs. Ce dernier se désigne par $\sqrt[n]{a}$ et s'appelle la *racine $n^{ème}$ de a*. Pour $n = 2$ on écrit $\sqrt{a}$ et l'on dit : *racine carrée de a*. Pour $n = 3$ on dit *racine cubique*.

D'ailleurs en général la racine $n^{ème}$ d'un entier positif n'existe pas. En effet la suite des puissances $n^{èmes}$ des entiers positifs ne comprend pas tous les entiers.

Pour voir si un entier positif a a une racine $n^{ème}$, ou encore, comme on dit, s'il est une *puissance $n^{ème}$ parfaite*, on verra s'il se trouve dans cette suite. On simplifiera les essais : 1° en remarquant que si a est compris entre 10^{kn} et $10^{(k+1)n}$, sa racine $n^{ème}$ si elle existe est comprise entre 10^k et 10^{k+1}, 2° en remarquant que cette racine est un diviseur de a.

Maintenant, on peut généraliser la définition de la façon suivante. On appelle racine $n^{ème}$ d'un entier positif a, *à une unité près*, l'entier r satisfaisant aux conditions :

$$r^n \leqslant a < (r + 1)^n.$$

Il est évident que cet entier r existe, est unique et se confond avec la racine $n^{ème}$ précédemment définie quand celle-ci existe. La différence $a - r^n$ s'appelle le reste de l'opération. Elle est nulle quand la racine $n^{ème}$ de a existe. Nous reviendrons sur cette question.

CHAPITRE VII

—

DIVISIBILITÉ. PLUS GRAND COMMUN DIVISEUR. PLUS PETIT COMMUN MULTIPLE

95. THÉORÈME. — *Si des entiers $a, b, c, \ldots f$ sont divisibles par un entier m, il en est de même de $ax + by + cz + \ldots + fu$; $x, y, z, \ldots u$, étant des entiers quelconques.*

Car des égalités

$$a = ma'$$
$$b = mb'$$
$$\cdot \quad \cdot \quad \cdot$$
$$f = mf'$$

on tire

$$ax + by + \ldots + fu = m\,(a'x + b'y + \ldots + f'u).$$

Cas particuliers. — Si des entiers sont divisibles par un entier m, il en est de même de leur somme.

Si deux entiers sont divisibles par un entier m, il en est de même de leur différence.

Si un entier a est divisible par un entier m, il en est de même des multiples de a.

Remarquons que *deux entiers égaux mais de signes contraires ont les mêmes diviseurs* et que si un entier admet le diviseur d, il admet aussi le diviseur $-d$. En conséquence on se bornera dans ce qui va suivre aux entiers et aux diviseurs positifs.

PROBLÈME. *Trouver tous les diviseurs d'un entier positif.* — On essayera les divisions de cet entier par tous les entiers positifs plus petits que lui. Soit par exemple l'entier 45. On trouve que ses diviseurs sont 1, 3, 5, 9, 15, 45.

Le plus petit des diviseurs est toujours l'unité, le plus grand est l'entier lui-même.

Nous verrons plus loin (n° **399**) un moyen plus rapide de résoudre ce problème.

96. Diviseurs communs à plusieurs entiers. — Des entiers positifs, ont toujours au moins un diviseur commun, à savoir I. Il arrive d'ailleurs qu'ils en ont d'autres. Proposons-nous de trouver tous les diviseurs communs à des entiers donnés. On peut y arriver en essayant toutes les divisions de chacun de ces entiers par chacun des entiers plus petits que le plus petit d'entre eux. Mais on abrège beaucoup de la façon suivante.

Diviseurs communs à deux entiers. THÉORÈME. — *Les diviseurs communs à deux entiers positifs sont les mêmes que les diviseurs communs au plus petit de ces deux entiers et au reste de la division du plus grand par le plus petit.*

Soient a et b ces deux entiers $(a \geqslant b)$ q le quotient de la division de a par b et r le reste. On a

$$a = bq + r.$$
$$r = a - bq.$$

La première de ces deux égalités montre que tout diviseur commun à b et à r divise aussi a et par conséquent est un diviseur commun à a et à b.

La seconde montre que tout diviseur commun à a et à b divise aussi r et par conséquent est un diviseur commun à b et à r.

Donc les diviseurs communs à a et à b sont les mêmes que les diviseurs communs à b et à r.

Conséquence. — Le problème posé sur les deux entiers a et b se ramène au même problème sur les deux entiers b, r. Ce dernier se ramène de même à celui sur les deux entiers r, r', (r' étant le reste de la division de b par r) et ainsi de suite. Mais comme

$$r < b$$
$$r' < r$$
$$r'' < r'$$

au bout d'un certain nombre d'opérations, il arrivera que le plus petit des deux entiers sur lesquels on a à opérer sera nul. On est donc ramené à chercher les diviseurs communs à un entier d et à l'entier zéro. Ce sont les diviseurs de d.

Il faut d'ailleurs fixer une limite supérieure du nombre des divisions à effectuer. On en a immédiatement une à savoir $r + 1$, car le deuxième reste est au plus $r - 1$, le troisième au plus $r - 2$, etc.

Exemple. — Soient les entiers 77715 et 37215. Les divisions à effectuer sont : (les quotients sont placés au-dessus des diviseurs)

$$
\begin{array}{c|c|c|c|c}
 & 2 & 11 & 3 & 24 \\
77715 & 37215 & 3285 & 1080 & 45 \\
3285 & 4365 & 45 & 180 & \\
 & 1080 & & 0 &
\end{array}
$$

Les diviseurs communs à 77715 et à 37215 sont donc les diviseurs de 45, c'est-à-dire $1, 3, 5, 9, 15, 45$ (n° **95**).

Remarque. — Rien ne sera changé dans le raisonnement si au lieu des restes ordinaires on emploie les restes négatifs ou les restes minimums.

Exemple. — Soient les deux entiers 83822 et 1750. Employons les restes minimums

$$
\begin{array}{c|c|c|c|c}
 & 47 & 9 & 5 & 15 \\
83822 & 1750 & 178 & 30 & 2 \\
13822 & 148 & 28 & 0 & \\
1572 & & & &
\end{array}
$$

Les diviseurs communs à 83822 et à 1750 sont les diviseurs de 2. Il aurait fallu sept divisions au lieu de quatre, si l'on avait employé les restes ordinaires.

On a, dans ce cas, une limite du nombre d'opérations de la façon suivante :

Le diviseur d'une division est au moins égal à deux fois le reste minimum. D'ailleurs, le reste de l'avant dernière division est au moins égal à 1. Donc celui de la précédente est au moins égal à 2, celui de la précédente à 4, etc. Si on désigne par n le nombre de divisions effectuées et par r le reste de la première, on a :

$$r \geqslant 2^{n-2}.$$

On en déduit une limite supérieure de n en cherchant dans la suite des puissances de 2, les deux consécutives entre lesquelles est r. Soit

$$2^i < r \leqslant 2^{i+1}.$$

On a

$$2^{i+1} \geqslant 2^{n-2},$$

d'où

$$i + 1 \geqslant n - 2,$$

d'où

$$n \leqslant i + 3.$$

97. Plus grand diviseur commun de deux entiers. — De ce qui précède résulte le théorème suivant :

Théorème. — *Étant donné deux entiers a, b, on peut trouver un entier positif d tel que les diviseurs communs à a et b soient les diviseurs de d.* En particulier d est évidemment le plus grand de tous ces communs diviseurs. Nous le désignerons souvent par $D(a, b)$.

Remarques.

$$D(a, o) = a$$
$$D(a, 1) = 1.$$

Si a est divisible par b, $D(a, b) = b$. Réciproquement si $D(a, b) = b$, a est divisible par b.

Le théorème qu'on vient d'énoncer dans ce numéro peut encore s'énoncer :

Tout diviseur commun à deux entiers est un diviseur de leur plus grand commun diviseur.

98. Théorème.

$$D(ma, mb) = m\, D(a, b).$$

Pour le démontrer nous nous appuierons sur le théorème du n° **93**.

Il résulte de ce théorème que si on effectue sur ma et mb les opérations qui donnent leur plus grand commun diviseur, les dividendes, diviseurs et restes des divisions successives seront ceux qu'on aura trouvés dans la recherche du plus grand commun diviseur de a et b, et dans le même ordre, mais respectivement multipliés par m. Donc en particulier le dernier, c'est-à-dire le plus grand commun diviseur de ma et mb sera égal au plus grand commun diviseur de a et b, multiplié par m.

99. Théorème. — d étant un diviseur commun à a et b, on a :

$$D\left(\frac{a}{d}, \frac{b}{d}\right) = \frac{D(a, b)}{d}.$$

Il suffit d'appliquer le théorème précédent en remplaçant a, b, m, respectivement par $\frac{a}{d}$, $\frac{b}{d}$, d. On obtient

$$D(a, b) = d\, D\left(\frac{a}{d}, \frac{b}{d}\right)$$

d'où

$$D\left(\frac{a}{d}, \frac{b}{d}\right) = \frac{D(a, b)}{d}.$$

Cas particulier. — Si l'on suppose que $d = D(a, b)$ il vient

$$D\left[\frac{a}{D(a, b)}, \frac{b}{D(a, b)}\right] = 1.$$

100. Définition. — On dit que deux entiers sont *premiers entre eux* lorsqu'ils n'ont pas d'autre commun diviseur que 1 ; ou, ce qui revient au même lorsque leur plus grand commun diviseur est 1.

Le cas particulier du théorème du n° **99** peut s'énoncer :

Théorème. — *Lorsqu'on divise deux entiers par leur plus grand commun diviseur les quotients obtenus sont premiers entre eux.*

Exemple. — Nous avons vu que $77\,715$ et $37\,215$ ont pour plus grand commun diviseur 45. Donc les quotients par 45, soient $1\,727$ et 827 sont premiers entre eux.

Réciproque. — *Si après avoir divisé deux entiers par un diviseur commun, les quotients obtenus sont premiers entre eux, ce diviseur commun est le plus grand.*

101. *Remarque.* — Le théorème du n° **99** sert à simplifier la recherche du plus grand commun diviseur de deux entiers, lorsqu'on aperçoit immédiatement un diviseur commun. Ainsi dans le cas des deux entiers 77 715 et 37 215, on aperçoit immédiatement le diviseur commun 5. Divisant les deux entiers par 5 on obtient les quotients 15 543 et 7 443.

On aperçoit encore le diviseur commun 9, les quotients sont 1 727 et 827.

Opérant sur ces deux nombres on trouve 1 comme plus grand commun diviseur. Donc le plus grand commun diviseur des nombres 15 543 et 7 443 est 9 et celui des deux entiers proposés est 45.

102. Diviseurs communs à plus de deux entiers. — La méthode à appliquer est la même que pour deux.

Soient les deux entiers positifs

(1) $a, b, c, \ldots k, l.$

Soit, pour fixer les idées

$$a \geqslant b \geqslant c \ldots \geqslant k \geqslant l.$$

Divisons $a, b, \ldots k$ par l. Soient

$$r, s, \ldots u$$

les restes de ces divisions. On voit sans peine que les diviseurs communs aux entiers (1) sont les mêmes que les diviseurs communs aux entiers

(2) $r, s, \ldots u, l.$

Mais comme $r, s, \ldots u$ sont tous plus petits que l, le plus petit des entiers (2) est inférieur au plus petit des entiers (1).

Donc en appliquant de nouveau ce procédé aux entiers (2), puis aux entiers obtenus et ainsi de suite, il arrivera que le plus petit des entiers sur lesquels on aura à opérer sera nul. On pourra le supprimer, de façon que le problème posé pour n entiers sera ramené au même problème pour $n - 1$ entiers et ainsi de suite, jusqu'à ce qu'on soit amené à chercher les diviseurs d'un seul entier d. Cet entier est le plus grand commun diviseur de $a, b, c, \ldots l$. Les diviseurs communs à $a, b, c, \ldots l$ sont les diviseurs de d. On

voit facilement que le nombre des divisions à effectuer ne peut dé-
passer le plus petit des entiers proposés. Le plus grand commun
diviseur de $a, b, \ldots l$, sera désigné souvent par $D(a, b, \ldots l)$.

On peut d'ailleurs prendre les restes minimums.

Soient par exemple les entiers

(3)   19 332   10 872   6 768   648

On les remplace successivement par

108	144	288	648
108	36	36	
36			

· Les communs diviseurs aux entiers proposés sont les diviseurs de 36.

103. Autre procédé. — Il repose sur le théorème suivant :

Dans la recherche des diviseurs communs à plusieurs entiers
on peut remplacer deux de ces entiers par leur plus grand com-
mun diviseur.

C'est-à-dire que les diviseurs communs aux entiers

(4) $a, b, c, \ldots k, l$

sont les mêmes que les diviseurs communs aux entiers

(5) $D(a, b), c, \ldots k, l.$

En effet les diviseurs communs aux entiers (4) divisant a et b,
divisent $D(a, b)$, donc divisent tous les entiers (5). Réciproquement, les diviseurs communs aux entiers (5) divisant $D(a, b)$
divisent a et b, donc divisent tous les entiers (4).

De cette façon la recherche des diviseurs communs à n entiers,
est ramenée à celle des diviseurs communs à $n-1$ entiers, celle-ci
est ramenée à la recherche des diviseurs communs à $n-2$ entiers et ainsi de suite jusqu'à ce qu'on soit amené à la recherche
des diviseurs d'un seul entier, lequel est le plus grand commun
diviseur. Appliquant ce procédé aux entiers (3) on trouve successivement

19 332	10 872	6 768	648
19 332	10 872	72	
19 332	72		
36			

D'ailleurs ces deux procédés rentrent dans un plus général.

On démontre sans peine le théorème suivant :

Les diviseurs communs aux entiers a, b, c, ... l, m sont les mêmes que les diviseurs communs aux entiers

$$a + m\alpha, \ b + m\beta, \ ... \ l + m\lambda, \ m$$

quels que soient les entiers $\alpha, \beta, ... \lambda$.

Dans le premier procédé on a choisi, $\alpha, \beta, ... \lambda$ de façon que $\alpha + m\alpha, \ b + m\beta \ ... \ l + m\lambda$ soient les restes des divisions de $a, b, ... l$ par m.

Dans le second procédé on prend d'abord $\beta = \gamma = ... = \lambda = 0$ et on choisit α comme dans le premier procédé, puis a étant remplacé par r, on opère encore de la même façon, toujours sans modifier $c, ... l, m$, jusqu'à ce qu'on ait remplacé a et b par leur plus grand commun diviseur, etc.

Le théorème qu'on vient d'énoncer sera généralisé plus tard (n° 271).

104. THÉORÈME. — *Tout diviseur commun à plusieurs entiers est un diviseur de leur plus grand commun diviseur.*

Ce théorème est une conséquence immédiate de ce qui précède.

105. THÉORÈME. — *a, b, ... k, l et m étant des entiers quelconques, on a*

$$D(ma, mb, ... mk, ml) = mD(a, b, ... k, l).$$

106. THÉORÈME. — *d étant un diviseur commun à a, b, ... k, l, on a*

$$D\left(\frac{a}{d}, \frac{b}{d}, ... \frac{k}{d}, \frac{l}{d}\right) = \frac{D(a, b, ... k, l)}{d}.$$

Ces deux théorèmes se démontrent comme pour deux entiers.

Définition. — On dit que des entiers sont *premiers dans leur ensemble* lorsqu'ils n'ont pas d'autre commun diviseur que 1 ; ou, ce qui revient au même, lorsque leur plus grand commun diviseur est 1.

THÉORÈME. — *Lorsqu'on divise des entiers par leur plus grand commun diviseur, les quotients obtenus sont premiers dans leur ensemble.*

Ce théorème n'est qu'un cas particulier du théorème du n° **106** en supposant que $d = \mathrm{D}(a, b, \ldots k, l)$.

Réciproque. — *Si après avoir divisé des entiers par un diviseur commun, les quotients obtenus sont premiers dans leur ensemble, ce diviseur commun est le plus grand.*

Ce théorème peut servir à simplifier la recherche des communs diviseurs à plusieurs entiers comme on l'a expliqué au n° **10.1**

Remarque. — Il ne faut pas confondre les expressions :

« *Entiers premiers dans leur ensemble* » et « *entiers premiers entre eux deux à deux* ».

Ainsi les entiers

$$244 \qquad 126 \qquad 69$$

sont premiers dans leur ensemble mais ne sont pas premiers deux à deux.

Nous terminerons ce chapitre par les théorèmes suivants qui sont d'une grande importance.

107. THÉORÈME. — *Quand un entier divise le produit de deux facteurs et qu'il est premier à l'un deux, il divise l'autre.*

Soit m qui divise bc et qui est premier à b.

m et b étant premiers entre eux ont pour plus grand commun diviseur 1. Donc mc et bc ont pour plus grand commun diviseur c. Or m est un diviseur commun à mc et à bc. Donc il divise c.

108. THÉORÈME. — *Quand un entier est premier à plusieurs autres il est premier à leur produit.*

Il suffit évidemment de démontrer que quand un entier est premier à *deux* autres, il est premier à leur produit ; le théorème général s'en déduira de proche en proche.

Soit donc a premier à f et à g. Il faut démontrer que a est premier à fg ou ce qui revient au même : soit d un diviseur commun à a et à fg, il faut démontrer que $d = 1$. D'abord d est premier à f, car tout diviseur commun à d et à f est aussi un diviseur commun à a et à f, donc c'est 1.

d étant premier à f et divisant fg, divise g. Alors d divisant g et a est égal à 1.

109. Théorème. — *Si deux séries d'entiers*

$$\text{(6)} \qquad a \; a' \; a'' \; \ldots$$
$$\text{(7)} \qquad b \; b' \; b'' \; b''' \; \ldots$$

sont tels que n'importe quel entier de la série (6) est premier à n'importe quel entier de la série (7), les deux produits $a \, a' \, a'' \ldots$ *et* $b \, b' \, b'' \, b''' \ldots$ *sont premiers entre eux.*

En effet a étant premier à b, à b', à b'' ... etc. est premier à $b \, b' \, b'' \, b''' \ldots$

Pour la même raison a', a'', ... sont chacun premier à $b b' b'' b''' \ldots$

Donc $a a' a'' \ldots$ est premier à $b \, b' \, b'' \, b''' \ldots$

Cas particulier. — *Si deux entiers sont premiers entre eux, deux puissances de ces entiers sont premières entre elles.*

110. Problème. — *Trouver tous les multiples d'un entier.* Il suffit de multiplier cet entier successivement par 1, 2, ... Les résultats obtenus, ces résultats changés de signe et l'entier zéro sont les multiples demandés. Chacun d'eux est ainsi formé une seule fois. On aura *tous* les multiples si l'on prolonge cette opération jusqu'à ce qu'on atteigne la limite des nombres entiers. Si l'on suppose que cette limite soit $\omega > 0$ et que l'entier donné soit $a > 0$, il y a E $\left(\dfrac{\omega}{a}\right)$ multiples positifs de a. Si l'on suppose que ω augmente de a, le nombre des multiples positifs de a augmente de 1.

C'est ce qu'on exprime en disant qu'il y a une *infinité* de multiples de a. D'une façon générale on dit que des objets sont en nombre infini, lorsque le nombre de ces objets dépend du nombre des entiers, de façon que ce dernier augmentant suffisamment, le premier augmente. Comme exemple le plus simple, le nombre des entiers est infini. Mais cela ne veut pas dire qu'il n'existe pas.

111. Multiples communs à plusieurs entiers. — Des entiers positifs ont toujours comme multiples communs les multiples de leur produit. Il arrive d'ailleurs qu'ils en ont d'autres. Proposons-nous de les trouver.

Cas de deux entiers. — Soient les entiers a et b que je peux supposer positifs. Un multiple de a est de la forme ax, un multiple de b, de la forme by ; un multiple commun m à a et b sera donc tel que

$$(8) \qquad\qquad m = ax = by.$$

Divisons les membres de la dernière de ces égalités par $D(a, b)$, il vient

$$\frac{a}{D(a, b)}\, x = \frac{b}{D(a, b)}\, y.$$

Par conséquent l'entier $\frac{b}{D(a, b)}$ divise le produit $\frac{a}{D(a, b)} \times x$, et comme il est premier à $\frac{a}{D(a, b)}$ c'est qu'il divise x. Donc

$$x = \frac{b}{D(a, b)}\, \lambda$$

λ étant un entier, et alors la première égalité (8) donne

$$(9) \qquad\qquad m = \frac{ab}{D(a, b)}\, \lambda.$$

Réciproquement un entier de cette forme pouvant s'écrire $a \times \frac{b}{D(a, b)} \times \lambda$, c'est un multiple de a, et pouvant s'écrire $b \times \frac{a}{D(a, b)} \times \lambda$, c'est un multiple de b, c'est donc un multiple commun à a et à b.

Le plus petit d'entre eux en valeur absolue est

$$\frac{ab}{D(a, b)}$$

c'est donc le *plus petit commun multiple* et d'après la formule (9) tous les autres sont des multiples de celui-là. En résumé, *les multiples communs à deux entiers sont les multiples de leur plus petit commun multiple.*

Le plus petit commun multiple de deux entiers est le quotient de leur produit par leur plus grand commun diviseur.

En particulier : *le plus petit commun multiple de deux entiers premiers entre eux est égal à leur produit.*

Nous désignerons souvent le plus petit commun multiple de a et b par $M(a, b)$.

112. Plus petit multiple commun à plus de deux entiers. — Si l'on voulait appliquer la même méthode que pour deux, il faudrait déterminer m, x, y, z, ... u, v par les conditions

$$m = ax = by = cz = \ldots = ku = lv,$$

a, b, ... l étant les entiers donnés.

Nous allons procéder autrement, d'après le théorème suivant :

Dans la recherche des multiples communs à plusieurs entiers, on peut remplacer deux de ces entiers par leur plus petit commun multiple.

C'est-à-dire que les multiples communs aux entiers

$$(10) \qquad a, b, c, \ldots k, l$$

sont les mêmes que les multiples communs aux nombres

$$(11) \qquad M(a, b) \; b, c, \ldots k, l.$$

En effet les multiples communs aux entiers (10) étant multiples de a et b, sont multiples de $M(a, b)$ donc sont multiples des entiers (11). Réciproquement ; les multiples communs aux entiers (11), étant multiples de $M(a, b)$, sont multiples de a et b, donc sont multiples des entiers (10).

De cette façon la recherche des multiples communs à n entiers est ramenée à celle des multiples communs à $n - 1$ entiers, celle-ci est ramenée à la recherche des multiples communs à $n - 2$ entiers et ainsi de suite jusqu'à ce qu'on soit ramené à la recherche des multiples d'un seul entier, ce dernier est le plus petit commun multiple.

On le désigne par $M(a, b, \ldots k, l)$. Les autres communs multiples sont les multiples de celui-là.

Soient par exemple les entiers

$$(12) \qquad 1\,050 \qquad 21\,735 \qquad 1\,750 \qquad 71\,421.$$

On trouve successivement les séries d'entiers

(13)   217 350   1 750   71 421
(14)   1 086 750   71 421
(15)   3 696 036 750.

Ce dernier nombre est le plus petit commun multiple des entiers proposés.

113. Théorème. — $a, b, \ldots k, l$ et m étant des entiers quelconques positifs, on a

$$M (ma, mb, \ldots mk, ml) = m\, M (a, b, \ldots k, l).$$

Démontrons ce théorème d'abord dans le cas de deux entiers a, b. On a

$$M (ma, mb) = \frac{ma \times mb}{D (ma, mb)}.$$

Or,

$$D (ma, mb) = mD (a, b).$$

Donc

$$M (ma, mb) = \frac{ma \times mb}{mD (a, b)} = m\, \frac{ab}{(D a, b)} = mM (a, b).$$

Dans le cas de plus de deux entiers, le théorème résulte immédiatement de la marche suivie pour trouver le plus petit multiple commun. Si tous les entiers de la suite (12) sont multipliés par m, il en est de même de ceux de la suite (13), de ceux de la suite (14) et enfin du nombre (15).

Corollaire. — d étant un diviseur commun à $a, b, \ldots l$, on a

$$M \left(\frac{a}{d}, \frac{b}{d}, \ldots \frac{l}{d} \right) = \frac{M (a, b, \ldots l)}{d}.$$

EXERCICES

I) a, b, c, d, étant quatre entiers quelconques, démontrer que $D (ab, cd) \times D (a, c)$ est divisible par $D (ab, c) \times D (a, cd)$ (voir n° **384**).

II) a, b, c, d, α, β, γ, δ, étant huit entiers quelconques, démontrer que $(\alpha\delta - \beta\gamma)\,D\,(a, b, c, d)$ est divisible par $D\,(a\alpha + b\gamma,\ a\beta + b\delta,\ c\alpha + d\gamma,\ c\beta + d\delta)$ (voir n° **307**).

III) a, b étant deux entiers quelconques et k étant un entier premier à b, on a

$$D\,(a, b) = D\,(ka, b).$$

IV) Soient m entiers a_1, a_2, ... a_m. Désignons par D_k le plus grand commun diviseur et par M_k le plus petit commun multiple de leurs produits k à k. Démontrer que

$$D_k M_{m-k} = a_1 a_2 \ldots a_m$$

(pour $m = 2$, $k = 1$, on retrouve la formule du n° **111**).

CHAPITRE VIII

—

NOMBRES FRACTIONNAIRES

114. — Nous avons au n° **65** introduit des nombres nouveaux, les entiers négatifs, pour que la soustraction devienne une opération toujours possible. Nous allons ici en introduire de nouveaux encore, les nombres fractionnaires, pour que la division exacte devienne aussi une opération toujours possible.

Un *nombre fractionnaire* ou *fraction* est l'ensemble de deux entiers, l'un appelé *numérateur*, l'autre *dénominateur* ; le second n'étant pas nul ([1]). On note une fraction en écrivant le numérateur au-dessus du dénominateur et en les séparant par un trait. Le numérateur et le dénominateur sont dits les *termes* de la fraction.

On convient que lorsque le dénominateur est 1, la fraction se réduit à son numérateur. Ainsi $\frac{a}{1} = a$. De cette façon les entiers sont des cas particuliers des fractions. Par suite il faut vérifier si tout ce que nous allons dire des fractions s'applique aux entiers. Lorsqu'il en sera ainsi nous ne le dirons pas expressément, cela sera sous-entendu.

115. *Egalité des fractions.* — Deux fractions $\frac{a}{b}$, $\frac{a'}{b'}$, sont dites égales lorsque

$$ab' = ba'.$$

—

([1]) Les fractions dont le dénominateur serait nul, jouiraient de propriétés qui rendraient leur usage impossible. Par exemple, on ne pourrait comparer une telle fraction à une autre d'après la définition du n° **117** pour savoir si elle est plus petite ou plus grande, puisque la définition du n° **117** suppose le dénominateur positif. Une telle fraction ne pourrait être réduite au même dénominateur avec une autre, sans que les deux termes de celle-ci ne deviennent nuls. Or, une fraction dont les deux termes seraient nuls, serait égale à n'importe quelle autre, d'après la définition du n° **114**.

Il résulte de là que deux fractions peuvent être égales sans que leurs termes le soient. Par exemple $\frac{6}{8} = \frac{9}{12}$.

Deux fractions égales à une troisième sont égales entre elles.
Soit

$$\frac{a}{b} = \frac{a'}{b'}$$

et

$$\frac{a}{b} = \frac{a''}{b''}.$$

Donc
$$ab' = ba'$$

et
$$ab'' = ba'',$$

d'où
$$ba' \times ab'' = ab' \times ba'',$$

d'où en divisant les $a'b'' = b'a''$ deux membres par ab,
Donc

$$\frac{a'}{b'} = \frac{a''}{b''}.$$

116. Théorème. — *En multipliant les deux termes d'une fraction par un même entier on obtient une fraction égale.*
C'est-à-dire que

$$\frac{ma}{mb} = \frac{a}{b}.$$

En effet on a évidemment

$$ma \times b = mb \times a.$$

Cas particulier.

$$\frac{-a}{-b} = \frac{a}{b}.$$

Corollaire. — *En divisant les deux termes d'une fraction par un diviseur commun, on obtient une fraction égale.*
Fractions dont le numérateur est nul. Toutes ces fractions sont égales entre elles et à l'entier zéro ; c'est-à-dire qu'on a

$$\frac{0}{b} = \frac{0}{1},$$

quel que soit b. Car cette égalité revient à $0 \times 1 = 0 \times b$, ce qui est vrai.

117. Ordre de grandeur de deux fractions. — Il résulte du cas particulier du n° **116**, et de ce fait que le dénominateur d'une fraction n'est jamais nul (n° **114**) qu'on peut toujours rendre le dénominateur d'une fraction positif.

Soient donc deux fractions $\frac{a}{b}$, $\frac{a'}{b'}$, b et b' étant positifs ; on dit que

$$\frac{a}{b} > \frac{a'}{b'} \quad \text{ou} \quad \frac{a'}{b'} < \frac{a}{b}$$

lorsque

$$ab' > a'b.$$

On démontre facilement que *si l'on a*

$$\frac{a}{b} > \frac{a'}{b'} \quad \text{et} \quad \frac{a'}{b'} > \frac{a''}{b''}$$

il en résulte

$$\frac{a}{b} > \frac{a''}{b''}.$$

118. Réduction d'une fraction à sa plus simple expression. — Puisqu'en divisant les deux termes d'une fraction par un même diviseur commun on ne change pas la valeur de cette fraction, on peut ainsi simplifier une fraction.

En particulier on la simplifiera le plus possible de cette façon en divisant ses deux termes par leur plus grand commun diviseur. On obtient ainsi une fraction dont les deux termes sont premiers entre eux.

Par exemple la fraction $\frac{96}{132}$, après division de ses deux termes par leur plus grand commun diviseur 12, devient $\frac{8}{11}$.

Peut-on trouver une fraction égale et plus simple encore ?

Cela dépend évidemment du sens qu'on attache au mot « simple ».

Faisons la remarque suivante qui se démontre facilement :

Lorsque deux fractions sont égales, si la valeur absolue du nu-

mérateur de l'une est plus grande que la valeur absolue du numé-rateur de l'autre ; alors la valeur absolue du dénominateur de la première est aussi plus grande que la valeur absolue du dénomina-teur de la seconde.

Cette remarque faite, il est tout naturel de dire qu'une fraction est la plus simple possible, ou *irréductible*, ou *réduite à sa plus simple expression*, lorsque ses deux termes ont les valeurs absolues les plus petites possibles. Et nous allons démontrer que :

Théorème. — *Une fraction dont les deux termes sont premiers entre eux est irréductible.*

Pour cela nous allons montrer que toute fraction égale à celle-là a ses termes équimultiples, c'est-à-dire qu'on les obtient en mul-tipliant ceux de la première par un même entier. Soit $\frac{a}{b}$ une fraction dont les deux termes sont premiers entre eux, et $\frac{c}{d}$ une fraction égale. De

$$\frac{a}{b} = \frac{c}{d}$$

on déduit

$$ad = bc.$$

La valeur commune des deux nombres ad et bc est un multiple commun de a et b, et puisque a et b sont premiers entre eux, c'est un multiple de ab (n° **111**). On a donc

$$ad = bc = ab\lambda.$$

d'où

$$c = a\lambda ; \quad d = b\lambda$$

ce qui démontre le théorème.

On voit qu'il y a une fraction aussi simple que $\frac{a}{b}$, c'est $\frac{-a}{-b}$; mais toutes les autres sont moins simples.

Des deux fractions $\frac{a}{b}$ et $\frac{-a}{-b}$, nous appellerons irréductible celle dont le dénominateur est positif.

149. Réduction au même dénominateur. — On demande,

étant données des fractions, d'en trouver d'autres respectivement égales aux précédentes, mais ayant même dénominateur.

Il suffit pour cela de choisir un multiple commun des dénominateurs, et de multiplier les deux termes de chaque fraction par le quotient de ce multiple commun par le dénominateur de la fraction considérée.

On peut aussi demander de trouver *toutes* les solutions, et en particulier celle pour laquelle le dénominateur commun est le plus petit possible. Pour cela, on réduit d'abord les fractions proposées à leur plus simple expression. Soient $\frac{a}{b}$, $\frac{a'}{b'}$, $\frac{a''}{b''}$; soit ces fractions,

$$\frac{c}{d} = \frac{a}{b} \qquad \frac{c'}{d} = \frac{a'}{b'} \qquad \frac{c''}{d} = \frac{a''}{b''}$$

d doit être un multiple commun à b, b', b''.

La plus petite valeur de d est le plus petit multiple commun de b, b', b''.

Applications. — *Deux fractions étant réduites au même dénominateur sont égales ou non suivant que leurs numérateurs sont égaux ou non.*

Soient les deux fractions $\frac{a}{d}$, $\frac{b}{d}$. Elles sont égales par définition, si $ad = bd$, c'est-à-dire si $a = b$ et réciproquement.

Deux fractions étant réduites au même dénominateur et ayant des numérateurs inégaux; si le dénominateur commun est positif, le plus grand numérateur appartient à la plus grande fraction; si le dénominateur commun est négatif, le plus grand numérateur appartient à la plus petite fraction.

Soient les deux fractions $\frac{a}{d}$, $\frac{b}{d}$ et supposons d'abord $d > 0$.

D'après ce qui a été dit au n° **117**, la première est plus grande ou plus petite que la seconde suivant que ad est plus grand ou plus petit que bd, c'est-à-dire suivant que a est plus petit que b.

Si l'on suppose que $d < 0$, écrivons les deux fractions

$$\frac{-a}{-d} \qquad \text{et} \qquad \frac{-b}{-d},$$

et nous verrons que la première est plus grande ou plus petite que

la seconde suivant que — a est plus grand ou plus petit que — b ;
c'est-à-dire suivant que a est plus petit ou plus grand que b.

120. Addition des fractions. — La somme de plusieurs fractions est la fraction définie de la façon suivante :

*On réduit les fractions données au même dénominateur d, puis
on forme une fraction ayant comme dénominateur d et comme
numérateur la somme des numérateurs des fractions proposées.*

Il est facile de voir que quel que soit le dénominateur commun
auquel on réduit les fractions données on trouve toujours la même
somme. Il est facile aussi de voir que dans le cas où les termes de
la somme sont tous des nombres entiers, la somme ainsi définie
est la même que celle définie au n° **5**. Il n'y a donc pas contradiction entre cette nouvelle définition et l'ancienne. Les dénominations et les notations employées dans l'addition des entiers
s'étendent à celle des fractions.

Exemple.

$$\frac{8}{3} + 4 + \frac{7}{22} + \frac{4}{11} = \frac{176}{66} + \frac{264}{66} + \frac{21}{66} + \frac{24}{66} = \frac{485}{66}.$$

121. Théorème. — *L'addition des fractions est une opération
commutative et associative.*

(La définition de la commutativité et de l'associativité pour des
opérations effectuées sur des nombres fractionnaires, étant la même
que pour celles effectuées sur des nombres entiers). Ce théorème
résulte immédiatement de ce que l'addition des numérateurs des
fractions est elle même commutative et associative. On en déduit
que, dans une somme de fractions on peut changer l'ordre des
termes, ou remplacer plusieurs d'entre eux par leur somme
effectuée.

122. Théorème. — *L'addition des fractions est une opération
unipare.* Ce théorème résulte de ce que l'addition des numérateurs
est elle-même unipare.

123. *Fractions égales mais de signes contraires.* Les fractions

$\dfrac{a}{b}$ et $\dfrac{-a}{b}$ sont dites égales mais de signes contraires de sorte qu'on écrit

$$\frac{-a}{b} = - \left(\frac{a}{b}\right).$$

La somme de deux fractions égales mais de signes contraires est nulle.

124. Différence de deux fractions. — La différence entre deux fractions, est la fraction qui ajoutée à la seconde reproduit la première.

Cette différence, si elle existe, est unique, d'après le théorème du n° **122**.

D'ailleurs la somme de la première fraction et de la seconde changée de signe répond effectivement à la question. C'est donc la différence cherchée.

125. Multiplication des fractions. — *Le produit de plusieurs fractions est la fraction qui a pour numérateur le produit de leurs numérateurs et pour dénominateur le produit de leurs dénominateurs.*

Les dénominations et les notations employées dans la multiplication des entiers, s'étendent à celles des fractions.

Par exemple

$$\frac{2}{3} \times \frac{4}{5} = \frac{8}{15}.$$

$$\frac{5}{2} \times \left(-\frac{3}{4}\right) \times \left(\frac{2}{9}\right) = \frac{-30}{72} = -\frac{5}{12}.$$

Cas particulier. — Le produit de la fraction $\dfrac{a}{b}$ par l'entier m, est $\dfrac{ma}{b}$.

Le produit d'une fraction par — 1, est la fraction égale, mais de signe contraire.

126. THÉORÈME. — *La multiplication des fractions est une opération commutative et associative.*

Cela résulte immédiatement de ce que la multiplication des

termes de même nom de ces fractions est elle-même commutative et associative.

On en déduit que dans un produit de fractions on peut changer l'ordre des facteurs et remplacer plusieurs d'entre eux par leur produit effectué.

127. Théorème. — *La multiplication des fractions est distributive par rapport à leur addition.*

C'est-à-dire que

$$\left(\frac{c}{d} + \frac{c'}{d} + \frac{c''}{d}\right)\frac{m}{p} = \left(\frac{c}{d} \times \frac{m}{p}\right) + \left(\frac{c'}{d} \times \frac{m}{p}\right) + \left(\frac{c''}{d} \times \frac{m}{p}\right).$$

Cela est immédiat.

On en déduit les mêmes conséquences que pour les entiers, en particulier tout le calcul des polynômes.

128. Théorème. — *Pour qu'un produit de facteurs soit nul, il faut et il suffit qu'un des facteurs le soit.*

Le théorème est vrai quand les facteurs sont des nombres entiers par suite de la définition du produit. Quand les facteurs sont des fractions, il suffit évidemment de le démontrer pour deux fractions. Soit

$$\frac{a}{b} \times \frac{c}{d} = \frac{ac}{bd}.$$

Pour que $\frac{ac}{bd}$ soit nul, il faut et il suffit que ac le soit, c'est-à-dire que a ou c le soit ; c'est-à-dire enfin, que $\frac{a}{b}$ ou $\frac{c}{d}$ le soit.

129. Théorème. — *Les produits d'une même fraction différente de zéro par des fractions différentes entre elles, sont différents entre eux.*

En effet pour que

$$\frac{a}{b} \times \frac{c}{d} = \frac{a}{b} \times \frac{c'}{d},$$

il faut que

$$\left(\frac{a}{b} \times \frac{c}{d}\right) - \left(\frac{a}{b} \times \frac{c'}{d'}\right) = 0.$$

ou

$$\frac{a}{b}\left(\frac{c}{d} - \frac{c'}{d'}\right) = 0,$$

c'est-à-dire ou bien que

$$\frac{a}{b} = 0,$$

ou bien que

$$\frac{c}{d} - \frac{c'}{d'} = 0,$$

c'est-à-dire

$$\frac{c}{d} = \frac{c'}{d'}.$$

Autre énoncé. La multiplication des fractions différentes de zéro est une opération unipare.

130. Inverse d'une fraction. — On appelle inverse de la fraction $\frac{a}{b}$ la fraction $\frac{b}{a}$. De même $\frac{a}{b}$ est l'inverse de $\frac{b}{a}$; de sorte que $\frac{a}{b}$ et $\frac{b}{a}$ sont dites *inverses l'une de l'autre*. Une fraction nulle n'a pas d'inverse.

THÉORÈME. — *Le produit de deux fractions inverses est égal à 1.* Car

$$\frac{a}{b} \times \frac{b}{a} = \frac{ab}{ba} = 1.$$

131. Division des fractions. — On appelle *rapport* d'une fraction à une autre, une fraction qui multipliée par la seconde reproduit la première. Ce rapport, s'il existe est unique, d'après le théorème du n° **129**.

Si la seconde fraction donnée est nulle et que la première ne le soit pas, ce rapport n'existe pas.

Si les deux fractions données sont nulles, le rapport est une fraction quelconque.

Supposons enfin que la seconde des fractions données ne soit pas nulle, soit $\frac{a}{b}$ la première fraction, $\frac{c}{d}$ la seconde.

Le produit de la première par l'inverse de la seconde, soit $\dfrac{ad}{bc}$, répond à la question, car

$$\frac{ad}{bc} \times \frac{c}{d} = \frac{adc}{bcd} = \frac{a}{b}.$$

C'est donc le rapport cherché. Comme cas particulier : *Le rapport de 1 à une fraction est égal à l'inverse de cette fraction.*

Cas particulier. — Soit à trouver le rapport de deux entiers a et b. On peut les considérer comme des fractions $\dfrac{a}{1}$, $\dfrac{b}{1}$. Le rapport de a à b est donc égal à

$$\frac{a \times 1}{1 \times b},$$

ou à

$$\frac{a}{b}.$$

C'est-à-dire *toute fraction est égale au rapport de son numérateur à son dénominateur.*

Ce qui entraîne cette conséquence importante :

*La division exacte définie aux nᵒˢ **81** et **131** est toujours possible.* Il existe toujours un rapport de deux nombres (excepté dans le cas où le second serait nul, le premier ne l'étant pas).

132. THÉORÈME. — *Pour obtenir le rapport d'une fraction $\dfrac{a}{b}$ au produit de plusieurs autres $\dfrac{c}{d} \times \dfrac{e}{f} \times \dots \times \dfrac{k}{l}$, il suffit de chercher le rapport de $\dfrac{a}{b}$ à $\dfrac{c}{d}$, puis le rapport du nombre trouvé à $\dfrac{e}{f}$ et ainsi de suite.*

Se démontre facilement.

133. THÉORÈME. — *Si des fractions sont égales et que les dénominateurs sont premiers dans leur ensemble, les numérateurs sont des équimultiples des dénominateurs correspondants.*

Soit

$$\frac{a}{a'} = \frac{b}{b'} = \frac{c}{c'} = \frac{d}{d'}.$$

Appelons $\dfrac{\lambda}{\mu}$ la fraction irréductible égale aux précédentes. L'entier μ est un diviseur commun à a', b', c', d'. Donc $\mu = 1$.

Donc

$$a = \lambda a', \quad b = \lambda b', \quad c = \lambda c', \quad d = \lambda d'.$$

Remarque. — On peut d'ailleurs dans l'énoncé précédent échanger les mots « *numérateur* » et « *dénominateur* ».

134. Élévation aux puissances. *Définition.* — *La puissance* $m^{ième}$ *d'une fraction* (m *entier* > 1) *est le produit de* m *facteurs égaux à cette fraction. De plus* $\left(\dfrac{a}{b}\right)^1 = \dfrac{a}{b}$ *et* $\left(\dfrac{a}{b}\right)^0 = 1$.

La puissance $m^{ème}$ de $\dfrac{a}{b}$ est donc $\dfrac{a^m}{b^m}$. Si $m > 1$ on le voit par la règle de multiplication des fractions. Si $m = 0$ ou 1, c'est évident.

Les théorèmes des n^{os} **39** et **40** s'appliquent aux fractions.

135. Théorème.

$$\left(\dfrac{\frac{a}{b}}{\frac{c}{d}}\right)^m = \dfrac{\left(\dfrac{a}{b}\right)^m}{\left(\dfrac{c}{d}\right)^m}.$$

Il suffit de remarquer que les deux membres sont égaux à

$$\frac{a^m d^m}{b^m c^m}.$$

Puissances à exposant négatif. — La puissance d'exposant $-m'$ (m entier > 0) d'un nombre fractionnaire (ou entier) est par définition la puissance d'exposant m' de son inverse. Il est facile de voir que les théorèmes du n° **134** s'y appliquent, c'est-à-dire que

$$\left(\frac{a}{b}\right)^m = \frac{a^m}{b^m}$$

$$\left(\frac{a}{b}\right)^m \left(\frac{a}{b}\right)^n \cdots \left(\frac{a}{b}\right)^r = a^{m+n+\cdots+r}$$

$$\left(\frac{a}{b}\frac{c}{d}\cdots\right)^m = \left(\frac{a}{b}\right)^m \left(\frac{c}{d}\right)^m \cdots$$

$$\left(\frac{\frac{a}{b}}{\frac{c}{d}}\right)^m = \frac{\left(\frac{a}{b}\right)^m}{\left(\frac{c}{d}\right)^m}$$

$m, n \ldots r$ désignant des entiers posisifs, négatifs ou nuls.

136. Racine n^{eme} d'une fraction. — La racine n^{eme} d'une fraction $\frac{a}{b}$ est une autre fraction qui élevée à la puissance n^{eme} reproduit $\frac{a}{b}$.

Si les entiers a et b sont des puissances n^{emes} parfaites, soient α et β, leurs racines, la racine n^{eme} de $\frac{a}{b}$ est $\frac{\alpha}{\beta}$.

Si les entiers a et b ne sont pas des puissances n^{emes} parfaites, réduisons $\frac{a}{b}$ à sa plus simple expression. Si les deux termes de la fraction obtenue sont des puissances n^{emes} parfaites, on retombe dans le cas précédent. Sinon *la fraction proposée n'a pas de racine* n^{eme}. En effet appelons $\frac{a}{b}$ une fraction irréductible. Supposons qu'elle soit la puissance n^{eme} d'une autre fraction $\frac{\alpha}{\beta}$ qu'on peut supposer irréductible aussi. Alors

$$\frac{a}{b} = \frac{\alpha^n}{\beta^n}.$$

Mais α et β étant premiers entre eux, α^n et β^n le sont aussi (n° **109**). Les fractions irréductibles $\frac{a}{b}$ et $\frac{\alpha^n}{\beta^n}$ étant égales sont identiques. Donc $a = \alpha^n \quad b = \beta^n$.

Cas particulier. — *Un entier qui n'a pas pour racine* n^{eme} *un entier, n'a pas non plus pour racine* n^{eme} *une fraction.*

Car un entier a est égal à la fraction irréductible $\frac{a}{1}$.

Définitions. — Les fractions, et les entiers qui en sont un cas particulier, s'appellent aussi nombres *rationnels* ou *commensurables*. On désigne souvent un tel nombre par une seule lettre; ainsi l'écriture a pourra signifier une fraction.

Maintenant que nous sommes en possession de deux espèces de nombres, les entiers et les fractionnaires, nous pouvons distinguer entre les théories mathématiques qui s'occupent des propriétés communes à ces deux espèces, et celles qui s'occupent des propriétés particulières à chacune.

Les théories qui s'occupent des propriétés communes aux deux espèces constituent l'*Algèbre* et l'*Analyse*.

Celles qui s'occupent des propriétés particulières à chacune constituent la *Théorie des Nombres*.

A partir de maintenant ce sont ces dernières seulement que nous développerons.

Quant aux premières, nous ne parlerons que de celles qui nous seront utiles, et dans le cas où elles sont classiques nous nous contenterons de les rappeler. Elles seront d'ailleurs toujours imprimées en petits caractères.

NOTES

Les fractions ayant été introduites dans les calculs pour que la division exacte devienne une opération toujours possible, on peut se demander si c'est la seule manière d'arriver à ce résultat. La réponse est affirmative si l'on veut que la multiplication continue à être une opération associative et unipare. En effet puisque la division d'un entier quelconque a par un entier quelconque b doit être possible, les expressions $\frac{a}{b}$ doivent avoir un sens. Mais dans le cas où a n'est pas divisible par b, elles ne sont égales à aucun entier existant, elles doivent donc être égales à de nouveaux nombres qu'on peut appeler fractionnaires. Mais si $b = 1$ l'expression $\frac{a}{1}$ a une valeur entière qui est a. Il faut donc convenir que $\frac{a}{1} = a$.

On retrouve ainsi la première convention du n° **114**.

Ensuite supposons que quatre entiers a, b, a', b', vérifient la relation $ab' = ba'$.

Soit $\frac{a}{b} = q$, $\frac{a'}{b'} = q'$; q, q', étant des fractions. On aura $a = bq$, $a' = b'q'$; donc $a(b'q') = a'(bq)$, ou $(ab')q' = (a'b)q$. d'où $q' = q$.

Réciproquement, si $\frac{a}{b} = \frac{a'}{b'}$ les produits des deux membres par bb' doivent être les mêmes.

Or $\frac{a}{b}(bb') = \frac{(a}{b}b)b' = ab'$. De même $\frac{a'}{b'}(bb') = \frac{a'}{b'}(b'b) = \frac{(a'}{b'}b')b = a'b$. Il faut donc que $ab' = ba'$. On retrouve aussi la seconde convention du n° **114** et finalement toute la théorie développée plus haut.

II. — *Hermann Schubert* arrive à la notion de fraction, d'une façon analogue à celle qu'il emploie pour les nombres négatifs (Chap. v, note II).

Considérant cette fois, les expressions rationnelles par rapport aux nombres entiers et à une indéterminée x_b, on dira que deux de ces expressions sont égales lorsque leur différence est divisible par $bx_b - 1$ ($b =$ entier). Cela revient à affecter x_b d'une propriété fondamentale de $\frac{1}{b}$ à savoir $bx_b = 1$. Connaissant le nombre $x_b = \frac{1}{b}$, le nombre $\frac{a}{b}$ se définit comme étant ax_b, etc.

III. — *Diviseurs et multiples des fractions.* — On dit que $\frac{c}{d}$ est diviseur de $\frac{a}{b}$ quand le rapport de $\frac{a}{b}$ à $\frac{c}{d}$ est entier. Réciproquement $\frac{a}{b}$ est dit multiple de $\frac{c}{d}$. Une fraction a une infinité de diviseurs et une infinité de multiples. Plusieurs fractions ont une infinité de diviseurs communs et une infinité de multiples communs. Les diviseurs communs à plusieurs fractions sont les diviseurs d'un d'entre eux, qu'on peut supposer positif, qui est alors le plus grand de tous et qui pour cette raison s'appelle le plus grand commun diviseur. Le plus grand commun diviseur de $\frac{a}{b}$ et $\frac{a'}{b'}$ est

$$\frac{D(ab', a'b)}{bb'}.$$

On peut trouver une formule analogue pour plus de deux fractions.

Le plus grand commun diviseur d'une fraction irréductible $\frac{a}{b}$ et de l'unité est $\frac{1}{b}$.

THÉORÈME.

$$D\left(\frac{m}{n}\frac{a}{b}, \frac{m}{n}\frac{a'}{b'}, \frac{m}{n}\frac{a''}{b''}, \cdots\right) = \frac{m}{n} D\left(\frac{a}{b}, \frac{a'}{b'}, \frac{a''}{b''}, \cdots\right)$$

(généralisation du théorème du n° **105**).

Des considérations analogues s'appliquent au plus petit commun multiple. D'ailleurs l'une des théories se ramène à l'autre par la considération des fractions inverses et par le théorème suivant : Si $\frac{c}{d}$ est diviseur de $\frac{a}{b}$; $\frac{d}{c}$ est multiple de $\frac{b}{a}$.

IV. — Pour obtenir le quotient d'un entier positif a par le produit de plusieurs autres b, c, ... l, il suffit de chercher le quotient de a par b, celui de l'entier trouvé par c et ainsi de suite. Si toutes les divisions se font exactement, ce n'est qu'un cas particulier du théorème du n° **132**.

Exemple :

$$E\left(\frac{1\,234}{5}\right) = 246, \quad E\left(\frac{246}{9}\right) = 27, \quad E\left(\frac{27}{10}\right) = 2.$$

Donc

$$E\left(\frac{1\,234}{5 \times 9 \times 10}\right) = 2.$$

CHAPITRE IX

—

ÉQUATIONS DIOPHANTIENNES
DU PREMIER DEGRÉ
A UNE ET A DEUX INCONNUES
APPLICATIONS
DE LA GÉOMÉTRIE DES NOMBRES

137. Nous supposons connus les principes du calcul algébrique. Rappelons ceux de la résolution des *équations du premier degré* ou *linéaires*.

L'équation $ax = b$ a une solution si $a \not\gtrless 0$ à savoir $x = \dfrac{b}{a}$.

Elle n'en a pas si $a = 0$ et $b \not\gtrless 0$.

Elle est indéterminée si $a = b = 0$.

L'équation a deux inconnues *homogène*

$$ax + by = 0$$

est indéterminée. Si a et b ne sont pas tous les deux nuls les solutions sont comprises dans la formule $x = b\lambda$, $y = -a\lambda$, λ étant indéterminé. Si $a = b = 0$ l'équation est complètement indéterminée.

Soit l'équation à deux inconnues quelconques

$$ax + by = c.$$

Si a et b ne sont pas tous les deux nuls, elle est indéterminée. Soit x_0, y_0 une solution particulière de l'équation $ax + by = c$; la solution générale de l'équation est

$$x_0 + b\lambda \qquad y_0 - a\lambda.$$

Si $a = b = 0$ et $c \not\gtrless 0$ l'équation est impossible.

Si $a = b = c = 0$ l'équation est complètement indéterminée.

Soit une équation homogène à un nombre quelconque n d'inconnues

$$ax + by + \ldots + fu = 0.$$

Si les coefficients ne sont pas tous nuls, il y a une infinité de solutions qui s'expriment par des fonctions linéaires et homogènes de $n - 1$ paramètres.

Si les coefficients sont tous nuls, l'équation est complètement indéterminée.

Soit une équation à un nombre quelconque d'inconnues, mais avec second membre

$$ax + by + \ldots + fu = l.$$

Si a, b, ... f ne sont pas tous nuls, cette équation a une infinité de solutions. Pour avoir la solution générale de cette équation, il suffit d'en avoir une solution particulière et d'y ajouter la solution générale de l'équation sans second membre. (Ajouter des systèmes de nombres, α, β, ... λ ; α', β', ... λ' ; α'', β'', ... λ'' ; ... c'est former le système $\alpha + \alpha' + \alpha''$, $\beta + \beta' + \beta''$, ... $\lambda + \lambda' + \lambda''$.)

Pour résoudre un système d'équations du premier degré, on tire d'une équation la valeur d'une inconnue en fonction des autres, et on porte cette valeur dans les autres équations. On remplace ainsi la résolution du système proposé par celle d'un autre où le nombre des équations, ainsi que celui des inconnues est moindre. Il peut d'ailleurs arriver ou que le système soit *impossible*, ou qu'il soit *déterminé* (qu'il ait une seule solution) ou qu'il soit *indéterminé*. Dans ce dernier cas il a une *infinité* de solutions. Ces solutions s'expriment par des fonctions linéaires de paramètres.

Lorsque le système d'équations est homogène il est toujours possible (ayant toujours la solution 0, 0, ... 0). En tout cas les solutions s'expriment par des fonctions linéaires et homogènes de paramètres.

Pour avoir la solution générale d'un système quelconque d'équations linéaires, il suffit d'en avoir une solution particulière et d'y ajouter la solution générale du système des mêmes équations privées de second membre.

Nous supposons connu tout ce qui se rapporte aux équations et aux systèmes d'équations équivalents.

138. — Nous appellerons équation *diophantienne* une équation *algébrique à coefficients entiers, et dans laquelle il s'agit de trouver pour les inconnues des valeurs entières.* Nous allons considérer les équations diophantiennes du premier degré. Dans ce qui va suivre les lettres désigneront toujours des nombres entiers.

Résolution de l'équation diophantienne du premier degré à une inconnue. — Soit l'équation

$$ax = b.$$

La résolution de cette équation n'est autre chose que la recherche de l'entier qui multiplié par a donne b ; c'est la question traitée au n° **81**.

Si $a \neq 0$ l'équation est possible et a la solution $x = \dfrac{b}{a}$, lorsque b est divisible par a.

Dans le cas contraire elle est impossible.

Si $a = 0$ et $b \neq 0$ l'équation est impossible.

Si $a = b = 0$ l'équation est indéterminée, elle est satisfaite par toute valeur de x.

139. Résolution de l'équation diophantienne du premier degré à deux inconnues homogènes. *Définition.* — Lorsque dans une équation ou dans un système d'équations il y aura plusieurs inconnues, tout système de valeurs des inconnues qui satisfera cette équation ou ce système sera dit *solution* ([1]). Par exemple

$$x = 2, \quad y = 3, \quad z = -1$$

est une solution de l'équation

$$2x + 4y - 3z = 19.$$

Soit à résoudre l'équation diophantienne

$$ax + by = 0$$

du premier degré, à deux inconnues, homogène.

Elle s'écrit

$$ax = -by.$$

De sorte que la question est identique à celle du n° **111** ; la

([1]) Au lieu de *système de solutions*, comme on dit quelquefois.

notation seule est changée, il y a — b à la place de b. On a vu qu'il y a une infinité de valeurs de x données par la formule

$$x = \frac{-b\lambda}{D(a, b)}.$$

L'équation (1) donne pour y

$$y = \frac{a\lambda}{D(a, b)}.$$

Donc l'équation (1) a une infinité de solutions

(2) $$\begin{cases} x = \dfrac{-b\lambda}{D(a, b)} \\ y = \dfrac{a\lambda}{D(a, b)} \end{cases}$$

λ étant un entier arbitraire. Les formules (2) constituent ce qu'on appelle la *solution générale*.

Cas particulier. — Si a et b sont premiers entre eux, la solution générale de l'équation (1) est

$$\begin{cases} x = -b\lambda \\ y = a\lambda. \end{cases}$$

Résolution de l'équation diophantienne du premier degré à deux inconnues, quelconque. — Soit l'équation

(3) $$ax + by = c,$$

a et b s'appellent les *coefficients* ; on suppose qu'ils ne sont pas tous les deux nuls ; c s'appelle le *terme connu* ou *second membre*. S'il est nul l'équation est homogène. Ce cas n'est pas exclu.

Tout d'abord si $D(a, b)$ ne divise pas c l'équation est évidemment impossible. Si $D(a, b)$ divise c, on peut diviser les deux membres de l'équation par $D(a, b)$, il reste une équation de même forme, dans laquelle les coefficients sont premiers entre eux. Mais nous ne supposerons pas ce calcul préliminaire effectué (nous verrons pourquoi, à la fin de ce numéro) et nous considérons l'équation sans rien supposer sur a, b, c.

Soit, pour fixer les idées,

$$|a| \geqslant |b|.$$

Divisons a par b, soit q le quotient, r le reste (reste ordinaire ou reste négatif ou reste minimum).

On a

$$a = bq + r.$$

Donc l'équation (3) s'écrit

$$(bq + r)\, x + by = c,$$

ou

(4) $$b\,(qx + y) + rx = c.$$

Nous changeons d'inconnues en posant

(5) $$\begin{cases} qx + y = x' \\ \quad\ \ x = y'. \end{cases}$$

Faisons ici une remarque générale.

Supposons que l'on fasse un changement d'inconnues transformant un système d'équations S en un système S'. En Analyse ordinaire, il suffit que les premières inconnues s'expriment sans ambiguïté en fonction des secondes et réciproquement les secondes en fonction des premières, pour que la résolution de S' soit absolument équivalente à celle de S. Mais dans l'Analyse diophantienne, cela ne suffit pas. Il faut de plus *qu'à des valeurs entières des premières inconnues répondent des valeurs entières des secondes et réciproquement.* Cette condition est satisfaite ici, car les formules (5) montrent qu'à des valeurs entières de x, y, correspondent des valeurs entières de x', y' ; et réciproquement les formules

(6) $$\begin{cases} \quad\ \ y' = x, \\ x' - qy' = y, \end{cases}$$

montrent qu'à des valeurs entières de x', y' correspondent des valeurs entières de x, y. Par ce changement d'inconnues l'équation (4), c'est-à-dire l'équation proposée, devient :

(7) $$bx' + ry' = c.$$

Il suffit de résoudre cette dernière et connaissant les valeurs de x' et y', en tirer celles de x et y par les formules (5).

L'équation (7) est de même forme que l'équation proposée, mais ses coefficients b et r sont respectivement plus petits, en valeur absolue, que les coefficients a, b, de l'équation primitive.

Si $r = 0$ l'équation (7) n'a plus qu'une inconnue.

Sinon, on opèrera sur elle comme sur l'équation primitive, on en déduira une nouvelle équation

$$rx'' + r'y'' = c$$

et ainsi de suite. Comme

$$|r| < |b|$$
$$|r'| < |r|$$
$$\ldots \ldots \ldots$$

il arrivera au bout d'un certain nombre d'opérations que le coefficient de la seconde inconnue sera nul, et l'on sera amené à une équation

$$(8) \qquad 0x^{(i)} + dy^{(i)} = c.$$

d ne sera pas nul car les coefficients a et b de la première équation n'étant pas tous les deux nuls, les coefficients b et r de la seconde ne le sont pas non plus tous les deux et par suite non plus ceux de la troisième équation et ainsi de suite.

Ceci posé ; *si d ne divise par c l'équation* (8) est impossible. Il en est donc de même des précédentes et par suite de l'équation proposée.

Si d divise c l'équation a pour solutions

$$\begin{cases} x^{(i)} = \lambda, \\ y^{(i)} = \dfrac{c}{d}, \end{cases}$$

λ étant un entier arbitraire. Remontant de proche en proche on trouvera successivement les valeurs de $x^{(i-1)}$, $y^{(i-1)}$; puis celles de $x^{(i-2)}$, $y^{(i-2)}$, et ainsi de suite jusqu'à x et y en fonction d'un entier arbitraire λ.

Maintenant on remarquera que *d est le plus grand commun diviseur des entiers, a, b.* Car la suite d'opérations par laquelle on détermine les coefficients successifs a, b, r, r', … d, est exactement la même que celle par laquelle on trouve ce plus grand commun diviseur. De là on déduit :

La condition nécessaire et suffisante pour que l'équation ax + by = c soit possible est que D (a, b) divise c.

Nous avons remarqué au début de ce numéro que cette condition était nécessaire, mais la réciproque n'était pas évidente.

On comprendra maintenant pourquoi nous n'avons pas supposé que l'on ait au préalable cherché ce plus grand commun diviseur $D(a, b)$ pour simplifier l'équation. C'est que pour le calculer il aurait fallu faire les mêmes calculs que pour résoudre l'équation.

Remarque. — On peut aussi donner l'énoncé suivant, équivalent au précédent.

La condition nécessaire et suffisante pour que l'équation ax + by = c soit possible est que $D(a, b) = D(a, b, c)$.

140. Théorème. — *Pour avoir la solution générale de l'équation ax + by = c, il suffit d'en avoir une solution particulière x_0, y_0 et d'y ajouter la solution générale de l'équation privée de son second membre* $\dfrac{-b\lambda}{D(a, b)}, \dfrac{a\lambda}{D(a, b)}$.

En effet on a par hypothèse

$$ax_0 + by_0 = c.$$

Donc l'équation $ax + by = c$ peut s'écrire

$$ax + by = ax_0 + by_0,$$

ou

$$a(x - x_0) + b(y - y_0).$$

En prenant comme nouvelles inconnues $x - x_0 = X$ et $y - y_0 = Y$, d'où $x = x_0 + X$, $y = y_0 + Y$, l'équation proposée s'écrit

$$aX + bY = 0,$$

dont la solution générale est

$$X = -\frac{b\lambda}{D(a, b)}, \quad Y = \frac{a\lambda}{D(a, b)}.$$

Donc la solution générale pour x, y, est

$$(9) \qquad x = x_0 - \frac{b\lambda}{D\,(a,\,b)}, \qquad y = y_0 + \frac{a\lambda}{D\,(a,\,b)}.$$

141. *Remarque.* — *Si l'équation est possible, il y a une solution et une seule telle que*

$$(10) \qquad 0 \leqslant x < \frac{|\,b\,|}{D\,(a,\,b)}.$$

En effet dans la formule

$$x = x_0 - \frac{b\lambda}{D\,(a,\,b)},$$

il suffit de faire $\lambda = q$, q étant le quotient à une unité près de x_0 par $\frac{b}{D\,(a,\,b)}$ pour que la condition (10) soit remplie et cette valeur de λ est d'ailleurs la seule pour laquelle cela a lieu.

On verrait de même qu'il y a une solution et une seule telle que

$$(11) \qquad -\frac{|\,b\,|}{2D\,(a,\,b)} < x \leqslant \frac{|\,b\,|}{2D\,(a,\,b)}.$$

On verrait aussi qu'il y a une solution et une seule telle que

$$0 \leqslant y < \frac{|\,a\,|}{D\,(a,\,b)}$$

et une solution et une seule telle que

$$-\frac{|\,a\,|}{2D\,(a,\,b)} < y \leqslant \frac{|\,a\,|}{2D\,(a,\,b)}.$$

Cette remarque permet de déterminer une solution en essayant par exemple pour x tous les entiers satisfaisant à la condition (11). Si aucune d'elles ne donne de valeur entière pour y, l'équation est impossible.

Si l'une d'elles donne une valeur entière pour y, on a une solution particulière, d'où l'on déduit la solution générale par la formule (9). Cette méthode est à recommander lorsque les coefficients a, b, sont petits.

Remarques. — Enfin on simplifiera souvent la résolution d'une équation par des remarques particulières. Par exemple en divisant les trois coefficients a, b, c par un diviseur commun, quand ce diviseur est évident.

Ou encore, s'il y a un diviseur commun d entre c et l'un des deux coefficients; par exemple a, et que ce diviseur d soit premier avec b, en remarquant que d doit diviser y, on pourra poser $y = dy'$ et diviser l'équation par d, ce qui la simplifie.

Exemple. — $730\,x - 27\,y = 64$

730 et 64 ont le diviseur commun 2, qui est premier avec 27, donc y doit être divible par 2 et l'on peut poser $y = 2y'$. (Posant aussi $x = x'$ pour la symétrie des notations) l'équation devient

$$365\,x' - 27\,y' = 32.$$

Les calculs à effectuer sont les suivants

$$365 = 27 \cdot 14 - 13$$
$$(27 \cdot 14 - 13)x' - 27\,y' = 32$$
$$27\,(14\,x' - y') - 13\,x' = 32$$
$$\begin{cases} 14\,x' - y' = x'' \\ x' = y'' \end{cases}$$
$$27\,x'' - 13\,y'' = 32$$
$$27 = 13 \cdot 2 + 1$$
$$(13 \times 2 + 1)\,x'' - 13\,y'' = 32$$
$$13\,(2\,x'' - y'') + x'' = 32.$$

Inutile d'aller plus loin. Pour satisfaire cette équation on posera

$$2\,x'' - y'' = \lambda$$

et l'on a

$$x'' = -13\,\lambda + 32$$

puis

$$y'' = -27\,\lambda + 64.$$

Alors

$$x' = -27\,\lambda + 64$$
$$y' = -365\,\lambda + 864$$

d'où la solution générale

$$x = -27\,\lambda + 64$$
$$y = -730\,\lambda + 1728$$

On simplifie un peu en changeant de notation et en remplaçant λ par $\lambda + 2$.

$$x = -27\lambda + 10$$
$$y = -730\lambda + 268.$$

142. *Remarque.* — Au lieu de procéder de la façon précédente, qui revient en somme à recommencer le raisonnement général sur chaque exemple particulier, on peut appliquer le procédé de calcul suivant : On effectue sur a et b les opérations du plus grand commun diviseur, on a ainsi d ; on pose l'équation (8) et on prend une solution particulière de l'équation précédente, puis une de l'équation anti-précédente et ainsi de suite, en appliquant chaque fois les formules analogues à (6). Quand on a ainsi une solution particulière de l'équation proposée, on a la solution générale par les formules (9).

On remarquera d'ailleurs qu'on peut toujours supposer a et b positifs (en changeant, s'il le faut, x en $-x$ ou y en $-y$). De plus, si $D(a, b) = 1$ on peut supposer $c = 1$ (car ayant une solution particulière x_0, y_0, de l'équation $ax + by = 1$, on en a immédiatement une cx_0, cy_0 de l'équation $ax + by = c$). D'ailleurs, lorsque $c = 1$ la dernière équation a toujours comme solution particulière 1, 0 et l'avant-dernière 0, 1.

On peut commencer à celle-ci.

Exemple. — L'équation considérée plus haut

(12) $$365\,x' - 27\,y' = 32$$

qui se ramène à

(13) $$365\,x'' + 27\,y'' = 1$$

donne les calculs suivants :

```
          |13| 1| 1|13
       365|27|14|13| 1
        95|13| 1| 0|
        14|
```

365 et 27 sont premiers entre eux. On peut supposer $c = 1$.

L'avant-dernière équation a comme solution particulière 0, 1 le quotient correspondant est 1 :

	solution particulière	quotient correspondant
l'équation précédente	1 . 0 — 1 . 1 = — 1	1
»	— 1, 1 — (— 1) = 2	13
» (13)	2, — 1 — 13 . 2 = — 27	

Donc l'équation (12) a, comme solution particulière,

$$2 \times 32 = 64 \quad \text{et} \quad 27 \times 32 = 864$$

et sa solution générale est

$$x = 64 \; - 27\,\lambda$$
$$y = 864 \; - 365\,\lambda.$$

résultat trouvé plus haut.

D'ailleurs cette méthode est identique à celle qu'on tire de la théorie des fractions continuelles et qui sera développée plus tard.

143. *Remarque*— Dans la théorie précédente de l'équation

$$ax + by = c$$

nous avons supposé qu'on avait fait au préalable la théorie des diviseurs communs à deux entiers. Cela n'est pas indispensable. Nous allons recommencer en supposant seulement acquis les résultats antérieurs au n° **94** et nous allons en cherchant à résoudre l'équation $ax + by = 0$ retrouver les résultats relatifs aux communs diviseurs.

Reprenant le raisonnement et les notations du n° **139** nous posons

$$qx + y = x'$$
$$x = y'$$

et nous ramenons l'équation proposée à

$$bx' + ry' = 0$$

etc.

Finalement nous sommes conduits à

(8) $$0x^{(i)} + dy^{(i)} = c.$$

Soit d'abord $c = 0$. L'équaton (8) a évidemment comme solution générale

$$x^{(i)} = \lambda$$
$$y^{(i)} = 0.$$

Remontant de proche en proche, on trouvera la solution générale de

$$ax + by = 0.$$

Nous allons montrer que cette solution générale est

$$x = \frac{-b}{d}\,\lambda \qquad y = \frac{a}{d}\,\lambda.$$

Nous allons, en effet, démontrer que pour toute équation intermédiaire

$$a_k x^{(k)} + b_k y^{(k)} = 0$$

la solution générale est

(14) $$x^{(k)} = \frac{-b_k}{d}\lambda \; ; \quad y^{(k)} = \frac{a_k}{d}\lambda.$$

C'est vrai pour la dernière équation (8) pour laquelle

$$a_k = 0 \qquad b_k = d.$$

Il suffit donc de démontrer que si c'est vrai pour une équation, c'est vrai pour la précédente. Considérons deux équations consécutives, soit

(15) $$a_{k-1} x^{(k-1)} + b_{k-1} y^{(k-1)} = 0$$

ou

$$(b_{k-1} q_k + r_{k-1}) x^{(k-1)} + b_{k-1} y^{(k-1)} = 0$$

la première.

On fait la substitution

(16) $$\begin{cases} q x^{(k-1)} + y^{(k-1)} = x^{(k)} \\ x^{(k-1)} = y^{(k)} \end{cases}$$

et l'on obtient l'équation suivante

(17) $$b_{k-1} x^{(k)} + r_{k-1} y^{(k)} = 0.$$

Par hypothèse la solution de l'équation (17) est

$$x^{(k)} = \frac{-r_{k-1}}{d}\lambda, \quad y^{(k)} = \frac{b_{k-1}}{d}\lambda.$$

Les formules (16) donnent alors

$$x^{(k-1)} = y^{(k)} = \frac{b_{k-1}}{d}\lambda$$

$$y^{(k-1)} = x^{(k)} - q y^{(k)} = \frac{r_{k-1} + q b_{k-1}}{d}\lambda = \frac{-a_{k-1}}{d}\lambda$$

ou en changeant λ en $-\lambda$,

$$x^{(k-1)} = -\frac{b_{k-1}}{d}\lambda \quad y^{(k-1)} = -\frac{a_{k-1}}{d}\lambda$$

ce qui est la formule annoncée pour l'équation (15).

En conséquence la solution de l'équation $ax + by = 0$ est bien

$$(18) \qquad x = -\frac{b}{d}\lambda \qquad y = \frac{a}{d}\lambda.$$

Il est facile maintenant de démontrer que *tout diviseur commun à a et b, divise d*. En effet soit δ un tel diviseur, l'équation $ax + by = 0$ admet évidemment la solution

$$x = -\frac{b}{\delta} \qquad y = \frac{a}{\delta}.$$

Les formules (18) doivent la donner. Donc pour une certaine valeur entière de λ on a

$$\frac{b}{d}\lambda = \frac{b}{\delta}$$

d'où

$$\lambda = \frac{d}{\delta}.$$

Donc δ divise d.

On retrouve ainsi la propriété fondamentale du nombre d.

144. Géométrie des nombres. — La géométrie des nombres est à la théorie des nombres, ce qu'est la géométrie analytique à l'analyse. Elle traite, soit des applications de la géométrie à la théorie des nombres, soit au contraire de celles de la théorie des nombres à la géométrie [1].

Une suite de points équidistants sur une droite sera appelée une *échelle de points* [2]. Le segment compris entre deux points consécutifs sera dit *base* ou *segment élémentaire*. Les nombres entiers peuvent être représentés par une échelle de points. L'un deux représentera zéro, on l'appellera *point zéro* ou *origine*. On choisit sur la droite un sens positif. Le point d'abscisse a (a entier) (l'unité de longueur étant la distance de deux points consécutifs de l'échelle) représentera l'entier a, on l'appellera le point a.

[1] Le mot « géométrie des nombres » est de Minkowsky (*Geometrie der Zahlen*, Leipzig, Teubner, 1896), qui l'emploie d'ailleurs dans un sens plus général que nous ne le faisons ici. M. G. Arnoux, dans une suite d'ouvrages, de caractère plus élémentaire, dont le premier date de 1894, emploie le mot « *Arithmétique graphique* ».

[2] Nous ne discutons pas ici la notion de distance, non plus que toutes celles de la géométrie. Cette science n'est traitée ici que comme auxiliaire, les résultats auxquels elle pourra conduire, auront toujours besoin d'être démontrés autrement.

Étant donnés les points a et b, comment trouver les points $a + b$ et $a - b$?

On prendra à partir du point a comme origine un segment équipollent [1] à Ob, la terminaison [2] de ce segment sera le point $a + b$.

En prenant à partir du point a comme origine un segment équipollent à bO, la terminaison de ce segment sera le point $a - b$.

On déduit facilement, de ce qui précède, le moyen d'obtenir le point

$$a - b + c + \ldots + f + g$$

connaissant les points a, b, c, ..., f, g.

Étant donnés les points a et b, comment trouver le point ab ?

Il suffit de prendre Oa comme nouvelle unité de longueur de façon que le point O continuant à représenter zéro, le point a soit maintenant le point 1. Le point qui dans ce nouveau système représente b, représente ab dans l'ancien.

Il est bien entendu que tout cela est vrai quels que soient les signes de a et b.

145. Étant donnés deux entiers a et b, trouver leur rapport, s'il est entier. — C'est-à-dire l'entier q tel que $aq = b$. Il suffit de voir si le point b se trouve dans l'échelle définie par le segment Oa comme base. Si oui, le problème est possible et l'entier q est celui que représente le point b dans le système ayant O comme origine et Ob comme unité de longueur. Sinon le problème est impossible.

Dans le cas où le problème est impossible, le point b tombe entre deux points du nouveau système. Soit qa celui qui est du côté de x'.

On a

$$b = qa + r,$$

avec

$$0 < r < |b|$$

Le reste r est la longueur du segment qui va du point qa au point b. Le reste négatif r' est la longueur algébrique du segment ayant comme origine le point $qa + |a|$ et comme terminaison le point b.

146. Réseau de points. — On appelle ainsi *les points déterminés par deux séries de parallèles, ces parallèles étant équidistantes dans chaque série.*

[1] Deux segments *équipollents* sont deux segments de même longueur et de même sens.

[2] Nous appelons *terminaison* d'un segment, ce qu'on appelle souvent son *extrémité*.

Deux parallèles successives d'une série et deux parallèles successives de l'autre forment un parallélogramme qu'on appelle *base* du réseau ou *parallélogramme élémentaire*. Dans le cas particulier où ce parallélogramme est un carré, le réseau est dit *réseau carré*.

147. Représentation d'un système de deux entiers. — Pour représenter un système de deux entiers a, b, nous traçons deux axes de coordonnées rectangulaires Ox, Oy et nous marquons le point de coordonnées a, b, que nous appelerons point (a, b). L'ensemble de ces points forme un réseau carré.

Plus grand commun diviseur de deux entiers. Réduction d'une fraction à sa plus simple expression. — Soient les entiers a, b. Cherchons les fractions $\frac{a'}{b'}$ égales à $\frac{a}{b}$. Soit I le point (a, b), I' le point (a', b'). D'après un résultat connu de géométrie analytique, l'égalité de $\frac{a}{b}$ et $\frac{a'}{b'}$ prouve que les points O, I, I' sont en ligne droite. Il faut donc chercher tous les points du réseau par lesquels passe la droite OI.

Soit I' celui de ces points qui est entre O et I (O exclu, I inclus) et le plus près de O. En transportant le réseau parallèlement à lui-même de façon que O vienne en I', puis recommençant plusieurs fois cette translation ; en la recommençant aussi dans le sens contraire, on voit sans peine que les points cherchés forment une échelle dont OI' est la base.

En particulier I appartient à cette échelle. On a donc

$$a = da',$$
$$b = db'.$$

On retrouve ainsi les résultats connus.

148. Résolution de $ax + by = 0$. — Soit I le point (a, b) (fig. 1); I' le point $\left[\dfrac{a}{D(a, b)}, \dfrac{b}{D(a, b)}\right]$. La droite $ax + by = 0$ est la perpendiculaire à OI menée par O. Pour résoudre l'équation il faut déterminer par quels points du réseau passe cette droite.

Or c'est une propriété évidente du réseau carré de revenir coïncider avec lui-même par une rotation de $\frac{\pi}{2}$ autour de l'un de ses points. Si on fait cette rotation autour de O la droite Ox devient Oy, Oy devient Ox'; la droite OI devient la droite $ax + by = 0$, et le point I' devient

K' de coordonnées $-\dfrac{b}{D(a,\,b)}$, $\dfrac{a}{D(a,\,b)}$. On a ainsi une solution de l'équation

$$x = -\frac{b}{D(a,\,b)}, \quad y = \frac{a}{D(a,\,b)}.$$

D'après ce qu'on a dit au n° **147** toutes les solutions forment une échelle de base OK'.

La solution générale est donc

$$x = -\frac{b\lambda}{D(a,\,b)}, \quad y = \frac{a\lambda}{D(a,\,b)}.$$

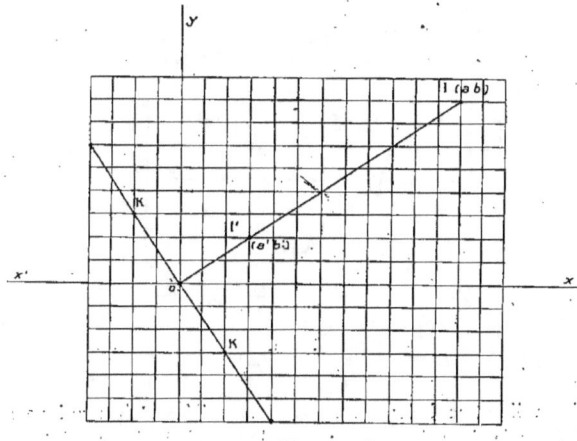

Fig. 1.

149. — Avant d'aller plus loin nous devons revenir sur les réseaux. Soient A et A' deux points quelconques du réseau. Toute translation du réseau équipollente à AA' fait recoïncider le réseau avec lui-même. Un point O considéré comme lié au parallélogramme ABCD vient par cette translation occuper une position O'. Les points O et O' seront dits *congruents*. Deux figures formées de points respectivement congruents seront dites *congruentes*.

Deux figures *congruentes* à une troisième sont congruentes entre elles.

Théorème. — *L'aire d'un parallélogramme ayant pour sommets quatre*

points congruents du réseau, si l'on prend comme unité l'aire du parallélo-
gramme élémentaire, est mesurée par le nombre de points du réseau qu'il
contient; en comptant chaque point qu'il contient à son intérieur pour 1,
chaque point qu'il contient sur un de ses côtés pour $\frac{1}{2}$*, chaque point coïnci-*
dant avec un de ses sommets pour $\frac{1}{4}$*.*

Soient A, B, C, D, quatre points congruents ([1]) (fig. 2). Supposons
d'abord qu'il n'y ait pas de sommets du réseau sur le contour du parallélogramme ABCD. La surface de ce parallélogramme se décompose
en parallélogrammes élémentaires tels que MNPQ.

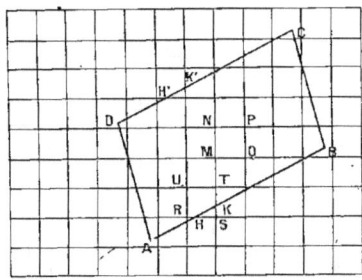

Fig. 2.

Il y a il est vrai des parallélogrammes élémentaires qui ne sont
qu'en partie dans ABCD, par exemple RSTU ; mais les points H, K′
où le contour de RSTU est coupé par AB sont congruents de
deux points H′, K′, situés sur CD, de sorte que RHKTU et H′VK
peuvent être considérés comme formant un parallélogramme élémentaire. Dans ces conditions, à l'intérieur de ABCD, chaque point du
réseau appartient à quatre parallélogrammes élémentaires et chaque
parallélogramme élémentaire a quatre sommets, il y a donc autant de
points du réseau que de parallélogrammes élémentaires, ce que démontre le théorème.

Pour démontrer le théorème dans le cas où il y aurait des points du
réseau sur le contour de ABCD, il suffit de supposer que ABCD se

([1]) Sur la figure le réseau est carré, mais cela n'importe pas.

déplace d'une façon continue. Au moment où un côté de ABCD passe par un point du réseau, le côté opposé passe par un autre; l'un de ces points entre dans le parallélogramme, quand l'autre en sort. Au moment où ils sont tous les deux sur le contour de ABCD ils ne doivent donc à eux deux compter que pour **un**. De même, au moment où un sommet du parallélogramme vient à coïncider avec un point du réseau, il en est de même des quatre sommets, etc.

150. Résolution géométrique de ax + by = c. — Je suppose a et b premiers entre eux. Je dois construire la droite $ax + by = c$ et

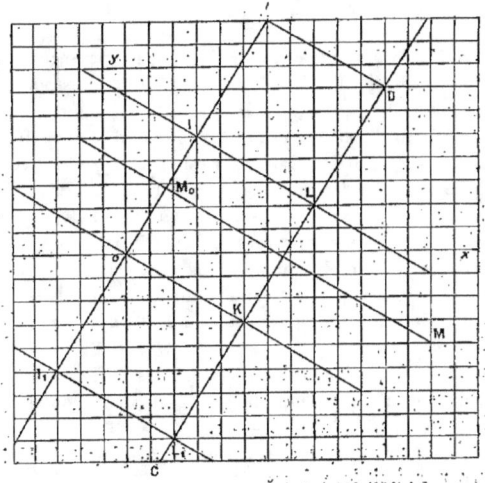

Fig. 3.

voir par quel point du réseau elle passe. Soit I le point (a, b) (fig. 3). Je considère d'abord la droite $ax + by = 0$, c'est-à-dire la perpendiculaire à OI menée par O. On a vu (n° **148**) qu'elle passe, outre le point O, par d'autres points du réseau, en particulier par le point K $(b, -a)$.

Or la droite $ax + by = c$ est parallèle à $ax + by = 0$. Si elle passe par un point M elle passera par une infinité d'autres points du réseau formant une échelle de base égale à OK. D'où l'on conclut qu'elle passe par un point du réseau situé entre les droites OI et KL indéfiniment prolongées (sur OI au besoin mais non sur KL), soit M_0.

Ce qui, traduit algébriquement, signifie que si x_0, y_0 désigne une solution il y en a une infinité données par les formules

$$x_0 - b\lambda, \qquad y_0 + a\lambda$$

et qu'on peut en trouver une satisfaisant aux conditions

(16) $$0 \leqslant bx - ay < a^2 + b^2.$$

Reste à démontrer que M_0 existe. Pour cela je vais considérer un segment occupant d'abord la position OK et se déplaçant parallèlement à lui-même, et je vais démontrer que si l'on représente par

$$ax + by = \gamma$$

l'équation variable de la droite qui le porte ; lorsque le segment en se déplaçant passera par les différents points intérieurs à la bande (ou sur OA mais non sur KC), γ prendra toutes les valeurs entières possibles.

En effet examinons d'abord ce qui se passe quand le segment se déplace de OK inclus à IL exclus. Lorsqu'il est en OK, $\gamma = 0$; lorsqu'il est en KL, $\gamma = a^2 + b^2$. Or la surface du carré OKLI étant OI² ou $a^2 + b^2$ il y a $a^2 + b^2$ points dans son intérieur, en comptant les quatre points O, A, B, C, pour un (d'ailleurs il n'y en a pas sur les côtés mêmes du carré). De plus quand le segment passe par un point de la bande il ne passe pas par un second (puisque les points du réseau situés sur une droite parallèle à OK sont séparés deux à deux par une distance égale à OK).

On conclut de là que γ prend $a^2 + b^2$ valeurs entières différentes depuis O inclus, jusqu'à $a^2 + b^2$ exclus, donc il prend toutes les valeurs entières $0, 1, 2, \ldots, a^2 + b^2 - 1$.

On verrait de même que si le segment se déplaçait de IL inclus à I'D exclus, γ prendrait les valeurs

$$a^2 + b^2, \; a^2 + b^2 + 1, \; \ldots \; 2(a^2 + b^2) - 1$$

etc, et si le segment se déplaçait dans l'autre sens de OK exclus à IL inclus, γ prendrait les valeurs $-1 - 2, \ldots - (a^2 + b^2)$, etc.

Donc γ prend toutes les valeurs entières possibles. Donc l'équation

$$ax + by = c$$

est possible quel que soit c.

Nous avons ainsi retrouvé tous les résultats obtenus précédemment par le calcul, et même le résultat (16) est nouveau. Il est d'ailleurs facile à démontrer analytiquement. Il est analogue au résultat (9), moins simple, mais plus symétrique.

On pourrait le remplacer par

$$-\frac{(a^2 + b^2)}{2} < (ax + by) \leqslant \frac{a^2 + b^2}{2}.$$

D'une façon générale l, m étant un des coefficients quelconques, on peut trouver des solutions telles que

$$0 \leqslant lx + my < |lb - ma|$$

ou même telles que

$$\frac{1}{2}|lb - ma| < (lx + my) \leqslant \frac{1}{2}|lb - ma| \, (^1)$$

NOTE ET EXERCICES

La solution de l'équation diophantienne $ax + by = c$ était déjà connue des géomètres hindous au vi^e siècle. Voir *Arithmetic of Bhaxara*, chap. xii et *Algebra of Bragmegupla*, cap. i. *Colebrooke's translation* London, 1817.

Le procédé de calcul du n° **142**, qui est identique à celui qu'on tire de la théorie des fractions continuelles est dû à Lagrange, *Mém. de l'Ac. de Berlin* (1767), ou *Additions à l'Algèbre d'Euler*.

Crelle a donné une table des plus petites solutions positives de l'équation $a_1x - a_2y = 1$ pour toutes les valeurs des coefficients a_1 et a_2 depuis 0 jusqu'à 120. *J. f. r. u. a. M.*, 42 (1851), p. 299.

Exercice I. — Résoudre l'équation $8x + 11y = 101$.

II. — Soit l'équation diophantienne $ax + by = c$ où l'on suppose $D(a, b) = 1$. Déterminer les solutions dans lesquelles les valeurs de x et de y sont premières entre elles.

Rép. — Déterminons deux entiers α, β par la condition $a\alpha + b\beta = 1$. Les solutions demandées sont

$$x = \alpha c - b\mu,$$
$$y = \beta c + a\mu,$$

μ étant un entier premier à c, arbitraire d'ailleurs.

(^{1}) Pour une autre espèce de discussion géométrique de l'équation diophantienne linéaire à deux inconnues, voir Poisson, *J. d. m. p. e. a.*, 10 (1845), p. 55.

CHAPITRE X

—

RÉSOLUTION
DES ÉQUATIONS DIOPHANTIENNES
DU PREMIER DEGRÉ
A PLUS DE DEUX INCONNUES
ET DES SYSTÈMES DE TELLES ÉQUATIONS

151. — La méthode à suivre pour résoudre de telles équations est analogue à celle du n° **139**. Soit l'équation à n inconnues

$$(1) \qquad ax + by + \ldots + et + fu = l,$$

$a, b, \ldots e, f$, sont les *coefficients*. On suppose qu'ils ne sont pas tous nuls. l est le *terme connu* ou le *second membre*. S'il est nul, l'équation est dite *homogène*.

Tout d'abord, si $D(a, b, \ldots e, f)$ ne divise pas l, l'équation est impossible. Si $D(a, b, \ldots e, f)$ divise l, on peut diviser les deux membres de l'équation par $D(a, b, \ldots e, f)$. Mais nous ne supposerons pas ce calcul préliminaire effectué pour la même raison qu'au n° **139**.

Soit pour fixer les idées

$$|a| \geqslant |b| \geqslant \ldots \geqslant |e| \geqslant |f|.$$

Divisons $a, b, \ldots e$ par f. Soit

$$(2) \qquad \begin{cases} a = fq + \alpha, \\ b = fq' + \beta, \\ \cdot \quad \cdot \quad \cdot \quad \cdot \quad \cdot \\ e = fq^{(n-2)} + \varepsilon, \end{cases}$$

$\alpha, \beta, \ldots \varepsilon$ étant les restes (ordinaires, ou négatifs, ou minimums).

L'équation (1) s'écrit

$$\sigma x + \beta y + \ldots + \epsilon l + f(qx + q'y + \ldots + q^{(n-2)} t + u) = l.$$

Faisons le changement d'inconnues suivant

$$(3) \quad \left\{ \begin{array}{l} x = x' \\ y = y' \\ \ldots \\ qx + q'y + \ldots + q^{(n-2)} t + u = u'. \end{array} \right.$$

A des valeurs entières de x, y, ... t, u, correspondent des valeurs entières de x', y', ... t', u' et réciproquement.

Par ce changement d'inconnues, l'équation (1) devient

$$(4) \qquad \sigma x' + \beta y' + \ldots + \epsilon l' + fu' = l.$$

Or, cette nouvelle équation est de même forme que la proposée, mais dans la proposée, le coefficient qui a la plus petite valeur absolue est f ; tandis que dans l'équation (4) le coefficient qui a la plus petite valeur absolue en a une inférieure à $|f|$. Si ce coefficient est nul, cette équation a moins d'inconnues que la précédente. Sinon on opérera sur elle de la même façon que sur la première, puis de la même façon encore s'il le faut sur l'équation obtenue et ainsi de suite, jusqu'à ce qu'on arrive à une équation ayant moins d'inconnues que l'équation proposée.

Si l'équation ainsi obtenue a plus d'une inconnue, on opérera encore sur elle de la même façon et ainsi de suite, jusqu'à ce qu'on arrive à une équation qui n'a plus qu'une inconnue

$$(5) \qquad dz^{(i)} = l.$$

(Il n'est pas à craindre qu'on arrive à une équation ne contenant plus d'inconnue du tout, c'est-à-dire dans laquelle les coefficients de toutes les inconnues soient nuls, car les formules (2) montrent que les coefficients d'une équation ne peuvent être tous nuls que si les coefficients de la précédente le sont tous aussi. Il faudrait donc que les coefficients a, b, c, ... f le soient, ce qui est contre l'hypothèse.)

Si d ne divise pas l, cette équation est impossible et par suite aussi l'équation proposée.

Si d divise l, l'équation a pour solutions

$$z^{(i)} = \frac{l}{d}, \quad x^{(i)} = \lambda, \quad y^{(i)} = \mu, \quad u^{(i)} = \rho,$$

$\lambda, \mu, \dots \rho$ étant $n - 1$ entiers arbitraires.

Remontant de proche en proche, on trouve x, y, ... t, u en fonction de ces $n - 1$ entiers arbitraires.

Maintenant on remarquera que d est le plus grand commun diviseur de a, b, ... e, f. Car les opérations par lesquelles on détermine les coefficients des équations successives de (1) à (5) sont les mêmes que celles par lesquelles on détermine ce plus grand commun diviseur. On en déduit :

Théorème. — *La condition nécessaire et suffisante pour que l'équation* (1) *soit possible est que* D $(a, b, \dots e, f)$ *divise* l, ce qui peut s'énoncer :

La condition nécessaire et suffisante pour que l'équation (1) *soit possible est* :

$$\mathrm{D}\ (a,\ b,\ \dots e,\ f) = \mathrm{D}\ (a,\ b,\ \dots e,\ f,\ l).$$

Nous avions remarqué tout de suite que cette condition était nécessaire.

152. *Remarque* I. — *Les valeurs trouvées pour les inconnues sont des expressions linéaires en* λ, μ, ... ρ. En effet c'est vrai pour l'équation (4), et d'après les formules (3) on voit que si c'est vrai pour une équation c'est vrai pour la précédente.

Remarque II. — La méthode s'applique en particulier à l'équation homogène

$$ax + by + \dots + et + fu = 0.$$

1° *Cette équation est toujours possible* ; 2° *les expressions des inconnues en fonction de* λ, μ, ... ρ *sont homogènes.*

Même démonstration que pour la remarque I.

Remarque III. — Deux systèmes *différents* de valeurs de λ, μ, ... ρ donnent deux systèmes *différents* de valeurs des inconnues.

Même démonstration.

En particulier des *systèmes de valeurs fractionnaires* ([¹]) *de* λ, μ, ... ρ *ne donneront jamais des systèmes de valeurs entières pour* x, y, ... t, u. En effet ces systèmes, satisfaisant à l'équation (1), doivent en tout cas être donnés par un système de valeurs entières de λ, μ, ... ρ. Ils seraient donc donnés par deux systèmes de valeurs de λ, μ, ... ρ.

Théorème. — *Pour avoir la solution générale de l'équation*

$$ax + by + cz + \ldots et + fu = l$$

il suffit d'en avoir une solution particulière et d'y ajouter la solution générale de l'équation privée de son second membre.

Ce théorème se démontre comme celui du n° **140**.

Il y a encore d'autres résultats à démontrer pour achever l'étude théorique de l'équation du premier degré à un nombre quelconque d'inconnues, mais nous les réservons pour plus tard, et allons donner maintenant un exemple.

Bien entendu le calcul pourra souvent se simplifier par des remarques analogues à celles du n° **141**.

Exemple. — Soit l'équation

$$45x + 19y + 11z + 16t = 123.$$

Elle s'écrit

$$(11 \times 4 + 1)x + (11 \times 2 - 3)y + 11z + (11 + 5)t = 123$$
$$11(4x + 2y + z + t) + x - 3y + 5t = 123$$

On pose

$$x = x'$$
$$y = y'$$
$$4x + 2y + z + t = z'$$
$$t = t'$$

et l'équation devient

$$x' - 3y' + 11z' + 5t' = 123.$$

([¹]) Nous appelons système de valeur fractionnaire, un système dans lequel les valeurs ne sont pas *toutes* entières.

Le coefficient de x' étant 1, la solution est évidente, c'est

$$y' = \lambda$$
$$z' = \mu$$
$$t' = \nu$$
$$x' = 3\lambda - 11\mu - 5\nu + 123$$

d'où la solution générale

$$x = 3\lambda - 11\mu - 5\nu + 123$$
$$y = \lambda$$
$$z = -14\lambda + 45\mu + 19\nu - 492$$
$$t = \nu$$

153. — Soit maintenant un système de p équations à n inconnues. Pour le résoudre, on considère l'une des équations. Si elle est impossible, le système est impossible. Sinon, on la résout et on obtient les valeurs des inconnues en fonctions de $n - 1$ entiers arbitraires. On écrit que les expressions trouvées satisfont aux $p - 1$ autres équations. On obtient ainsi un nouveau système contenant un nombre d'inconnues égal à $n - 1$, et un nombre d'équations au plus égal à $p - 1$. (Le nombre d'équations peut tomber au-dessous de $p - 1$, parce qu'il peut arriver que par la substitution certaines d'entre elles se réduisent à des identités). On opère sur le nouveau système comme sur l'ancien et ainsi de suite.

154. — De ce procédé et des propriétés démontrées plus haut résulte immédiatement que :

I. — *Les expressions trouvées pour les inconnues sont des fonctions linéaires d'entiers arbitraires.*

II. — *Si les équations proposées sont homogènes 1° leur système est toujours possible ; 2° les expressions des inconnues sont des fonctions linéaires et homogènes des entiers arbitraires.*

III, IV. — *Deux systèmes différents de valeurs des entiers arbitraires donnent deux systèmes différents de valeurs des inconnues, et des valeurs fractionnaires données aux arbitraires ne peuvent donner des valeurs entières pour les inconnues.*

V. — *Pour avoir la solution générale d'un système d'équations linéaires diophantiennes, il suffit d'en avoir une solution particulière et d'y ajouter la solution générale du système des mêmes équations privées de second membre.*

Exemple. — Soit à résoudre en nombres entiers le système

$$\left\{ \begin{array}{l} x + 2y - 3z + 5t + u = 34 \\ 2x + 6y - 3z + 3t + 7u = 67 \\ 9x + 10y + 9z - 10t - 2u = -38. \end{array} \right.$$

L'inconnue u ayant comme coefficient 1 dans la première équation, je tire cette inconnue de la première équation

$$u = -x - 2y + 3z - 5t + 34$$

et je porte dans les autres. J'obtiens ainsi

$$(6) \qquad \left\{ \begin{array}{l} 5x + 8y - 18z + 32t = 171 \\ 11x + 14y + 3z \qquad\quad = 30. \end{array} \right.$$

Je résous la dernière qui est la plus simple. Je trouve

$$\left\{ \begin{array}{l} x = \lambda \\ y = -\lambda + 3\mu - 30 \\ z = \lambda - 14\mu + 150 \end{array} \right.$$

Je porte ces valeurs dans la première équation du système (6). Elle devient

$$-21\lambda + 276\mu + 32t = 3111.$$

On remarque d'abord que t doit être divisible par 3.

$$t = 3\nu$$

d'où

$$-7\lambda + 92\mu + 32\nu = 1037.$$

La résolution de cette équation donne

$$\begin{array}{l} \lambda = -92\lambda' + 44\mu'' + 13481 \\ \mu = -\ \lambda' + 3\ '+ 1037 \\ \nu = \end{array}$$

Alors

$$\left\{\begin{array}{l} x = -\ 92\lambda' + 44\,\mu' + 13\,481 \\ y = \quad\ 71\lambda' - 35\,\mu' - 10\,400 \\ z = \quad\ \ 6\lambda' + \ 2\,\mu' - \quad\ 887 \\ t = \qquad\qquad\ \ 3\,\mu' \\ u = -\ 32\lambda' + 17\,\mu' + \ 4\,692 \end{array}\right.$$

est la solution cherchée.

155. 2e Méthode. — Elle conduit aux mêmes calculs que la précédente. Nous la donnons parce qu'elle nous sera utile plus loin. Elle consiste à donner au système une forme particulière. Soit

$$ax + by + \ldots + et + fu = l$$
$$a'x + b'y + \ldots + e't + f'u = l'$$

. . . .

Nous faisons comme il a été expliqué au n° **151** une suite de changements d'inconnues, de façon que la première équation n'ait plus qu'une inconnue. Il peut arriver que cela fait, *plusieurs* équations du système ne contiennent plus que cette inconnue. Si cela est, nous écrivons ces équations à la fin du système. Ce système prend alors la forme :

$$a_1 x' \qquad\qquad\qquad\qquad = l$$
$$a_1' x' + b_1' y' + \ldots + e_1' t' + f_1' u' = l'_1$$

. . . .

Laissant maintenant la première inconnue et la première équation nous faisons sur les autres inconnues la substitution pour que la seconde équation ne contienne plus que deux inconnues. Nous obtenons un système de la forme

$$a_2 x'' \qquad\qquad\qquad = l$$
$$a_2' x'' + b_2' y'' \qquad\qquad = l'$$

. . . .

S'il y a d'autres équations que la seconde qui ne contiennent que les inconnues x'' et y'' nous les écrirons à la fin du système. Et ainsi de suite. Nous obtenons finalement un système, dans lequel la première équation ne contient que la première inconnue, la seconde ne contient que les deux premières inconnues, etc. ; la $r^{ème}$ et les suivantes ne contiennent que les r premières inconnnues. Si la première équation est impossible, le système est impossible, sinon elle donne la valeur de la première inconnue. On porte cette valeur dans les autres équations, etc.

NOTE ET EXERCICES

Des problèmes conduisant à une équation diophantienne linéaire à plusieurs inconnues, sont résolus dans les *Problèmes plaisants et délectables qui se font par les nombres*, de BACHET DE MÉZIRAC (1re édition, 1612 ; 2e édition augmentée, 1624 ; réédition par A. LABOSNE, Paris, Gauthier-Villars, 1874, p. 168 et suiv.), mais seulement dans le cas où les inconnues doivent être positives et le nombre des solutions limité. Voir aussi, du même auteur, le *Commentaire sur la proposition 41 du livre IV de Diophante*.

Dans ces problèmes on peut arriver par tâtonnements. C'est ainsi que fait TARTAGLIA au livre XVII de son *Arithmétique*, mais il ne trouve pas toutes les solutions.

EULER dans son *Algèbre* ([1]) traduit, par J.-G. Garnier, Paris 1807, t. 2, p. 1 et suiv., donne une méthode générale pour une équation en n'apportant aucune restriction aux valeurs des inconnues. Il aborde même le cas de deux équations, mais la règle générale n'apparaît pas nettement. Elle était d'ailleurs dès lors facile à trouver.

Exercice I. — Résoudre l'équation diophantienne

$$12x + 9y + 20z = 90.$$

II. — Résoudre le système diophantien

$$4x + 5y - 2z + 4t = 51,$$
$$9x + 6y + 4z - 6u = 82.$$

III. — Diviser le nombre 100 en quatre nombres entiers positifs tels que multipliant le premier par 3, le second par 1, le troisième par $\frac{1}{3}$, le quatrième par $\frac{1}{2}$ la somme des produits soit aussi 100. (Tartaglia).

([1]) Il y a une traduction française de BERNOULLI (Lyon 1774), une autre publiée à Pétersbourg (1788).

Tartaglia donne une solution 19, 22, 51, 8, Bachet donne toutes les solutions, au nombre de 226.

La recherche des solutions *positives* d'une équation ou d'un système linéaire, appartient à une autre théorie que celle que nous traitons en ce moment. Dans les cas particuliers les plus simples, on les trouve facilement. Par exemple dans le cas où les formules de résolution ne contiennent qu'une indéterminée, la solution est immédiate ; en écrivant que les valeurs des inconnues sont positives, on a des inégalités auxquelles doit satisfaire le paramètre ; en les résolvant on a les limites dans lesquelles il doit varier.

CHAPITRE XI

—

RAPPEL DE THÉORIES D'ALGÈBRE

156. — Nous voulons revenir sur nos pas et compléter l'étude des équations et des systèmes d'équations linéaires diophantiennes. Mais nous rappellerons d'abord les théories d'algèbre dont nous aurons à nous servir, en n'insistant un peu que sur celles qui ne sont pas classiques.

Relativement à l'analyse combinatoire, rappelons la définition des *arrangements de m objets p à p*. Ce sont les différents groupes contenant p de ces m objets, deux groupes différant, *soit par l'ordre des objets qui y sont contenus, soit par leur nature*.

Pour les former tous, on procède de proche en proche. Ayant formé tous les arrangements des m objets, $p - 1$ à $p - 1$, pour avoir les arrangements p à p, il suffit d'adjoindre à la droite de chacun de ces arrangements, successivement tous les objets qu'il ne contient pas.

Supposons que les objets donnés aient un ordre *naturel*; soit $a_1, a_2, \ldots a_m$. Définissons dans les arrangements p à p un ordre que nous appellerons aussi l'ordre *naturel*. Pour cela, considérons $a_1, a_2, \ldots a_m$ comme des chiffres, dans un système de numération de base $\geqslant m$. Chaque arrangement représente alors un entier; et l'ordre naturel c'est l'ordre dans lequel ces entiers vont en croissant. Voici par exemple les arrangements 1 à 1, 2 à 2, 3 à 3, de 4 objets rangés dans leur ordre naturel.

Arrangements 1 à 1 :

$$a_1. \quad a_2. \quad a_3. \quad a_4 ;$$

arrangements 2 à 2 :

$$a_1a_2, \ a_1a_3, \ a_1a_4, \ a_2a_1, \ a_2a_3, \ a_2a_4, \ a_3a_1, \ a_3a_2, \ a_3a_4, \ a_4a_1, \ a_4a_2, \ a_4a_3 ;$$

arrangements 3 à 3 :

$$a_1a_2a_3, \ a_1a_2a_4, \ a_1a_3a_2, \ a_1a_3a_4, \ a_1a_4a_2, \ a_1a_4a_3, \ a_2a_1a_3, \ a_2a_1a_4,$$
$$a_2a_3a_1, \ a_2a_3a_1, \ a_2a_4a_1, \ a_2a_4a_3, \ a_3a_1a_2, \ a_3a_1a_4, \ a_3a_2a_1, \ a_3a_2a_4,$$
$$a_3a_4a_1, \ a_3a_4a_2, \ a_4a_1a_2, \ a_4a_1a_3, \ a_4a_2a_1, \ a_4a_2a_3, \ a_4a_3a_1, \ a_4a_3a_2.$$

Le nombre des arrangements de m objets p à p est

$$A_m^p = m (m - 1) \ldots (m - p + 1).$$

Les permutations de m objets sont les arrangements de ces objets
m à m. On les forme comme on vient de l'expliquer [1] et on les range
de la même façon dans un ordre naturel. Leur nombre est

$$A_m^m = P_m = 1 . 2 . \ldots m = m!,$$

que l'on énonce souvent *factorielle m*.

157. — *Les combinaisons* de m objets p à p sont les différents groupes
contenant p de ces objets, deux groupes différant *par la nature des
objets qui y sont contenus*. Si dans chacune de ces combinaisons, on
permute les objets de toutes les façons possibles on retrouve tous les
arrangements. On en déduit que le nombre de ces combinaisons est

$$(1) \qquad C_m^p = \frac{m (m - 1) \ldots (m - p + 1)}{1 . 2 \ldots p} = \frac{m !}{p ! (m - p) !}.$$

Pour former toutes ces combinaisons on opère comme pour former
les arrangements, avec cette différence qu'on n'adjoint à la droite de
chaque combinaison $p - 1$ à $p - 1$, que les objets qui suivent le
dernier dans l'ordre naturel. Les combinaisons ainsi formées contiennent les objets rangés dans l'ordre naturel. Elles se trouvent elles-
mêmes rangées dans un ordre que nous appellerons leur ordre naturel.
Voici, par exemple, formées les combinaisons une à une, deux à deux,
trois à trois, de quatre objets rangés dans leur ordre naturel.
Combinaisons 1 à 1 :

$$a_1, \quad a_2, \quad a_3, \quad a_4,$$

combinaisons 2 à 2 :

$$a_1a_2, \quad a_1a_3, \quad a_1a_4, \quad a_2a_3, \quad a_2a_4, \quad a_3a_4,$$

[1] Ou plus simplement de la façon suivante : si on suppose formées toutes
les permutations des objets a_1, a_2, ... a_{m-1}, il suffira dans chacune d'elles de
mettre a_m à toutes les places possibles. Le problème se résout donc ainsi de
proche en proche, d'une manière plus simple que celle donnée dans le texte.

combinaisons 3 à 3 :

$$a_1 a_2 a_3, \quad a_1 a_2 a_4, \quad a_1 a_3 a_4, \quad a_2 a_3 a_4.$$

Rappelons les théorèmes exprimés par les égalités

$$C_m^p = C_m^{m-p},$$

(2) $$\qquad C_m^p = C_{m-1}^p + C_{m-1}^{p-1}.$$

Remarque. — La formule (1) montre que *le produit de m entiers consécutifs est divisible par le produit des m premiers entiers positifs.*

Pour démontrer ce résultat indépendamment de l'analyse combinatoire, il suffirait de vérifier d'abord la formule

$$\frac{m\,(m-1)\dots(m-p+1)}{1.2\dots p} = \frac{(m-1)\dots(m-p)}{1.2\dots p}$$
$$+ \frac{(m-1)\dots(m-p+1)}{1.2\dots(p-1)}$$

(qui n'est autre que la formule (2)) ce qui est facile. Ensuite pour démontrer que le premier membre est entier, il suffit de démontrer que chacun des termes du second membre l'est. On est donc ramené au théorème proposé mais pour des valeurs de m et p dont l'une au moins est moindre. De proche en proche, on est ramené au cas où $p = 1$, ou à celui ou $m = p$; cas dans lesquels le théorème est évident.

158. — Les arrangements, permutations et combinaisons que nous avons considérés dans les numéros précédents sont les arrangements, permutations et combinaisons ordinaires. On distingue aussi les arrangements *complets*, les combinaisons *complètes* et les permutations *avec répétition*.

Les arrangements complets de m objets p à p, diffèrent des arrangements ordinaires en ce que le même objet peut y être répété plusieurs fois. On les forme comme les arrangements ordinaires, avec cette différence que pour former les arrangements p à p, on adjoint à la droite de chaque arrangement $p-1$ à $p-1$, successivement *tous* les objets, même ceux qu'il contient.

On définit, comme pour les arrangements ordinaires, l'ordre naturel. Voici par exemple les arrangements complets 1 à 1, 2 à 2, 3 à 3, de 3 objets rangés dans leur ordre naturel.

Arrangements 1 à 1

$$a_1, \quad a_2, \quad a_3,$$

arrangements 2 à 2

$$a_1a_1, \quad a_1a_2, \quad a_1a_3, \quad a_2a_1, \quad a_2a_1, \quad a_2a_3, \quad a_3a_1, \quad a_3a_2, \quad a_3a_3,$$

arrangements 3 à 3

$$a_1a_1a_1, \quad a_1a_1a_2, \quad a_1a_1a_3, \quad a_1a_2a_1, \quad a_1a_2a_2, \quad a_1a_2a_3,$$
$$a_1a_3a_1, \quad a_1a_3a_2, \quad a_1a_3a_3, \quad a_2a_1a_1, \quad a_2a_1a_2, \quad a_2a_1a_3,$$
$$a_2a_2a_1, \quad a_2a_2a_2, \quad a_2a_2a_3, \quad a_2a_3a_1, \quad a_2a_3a_2, \quad a_2a_3a_3,$$
$$a_3a_1a_1, \quad a_3a_1a_2, \quad a_3a_1a_3, \quad a_3a_2a_1, \quad a_3a_2a_2, \quad a_3a_2a_3,$$
$$a_3a_3a_1, \quad a_3a_3a_2, \quad a_3a_3a_3.$$

En appelant B_m^p le nombre des arrangements complets de m objets p à p, on trouve facilement

$$B_m^p = mB_m^{p-1},$$

d'où

$$B_m^p = m^p.$$

Les *combinaisons complètes* se définissent de même.

Ayant les combinaisons complètes de m objets $p-1$ à $p-1$, pour avoir leurs combinaisons complètes p à p, on adjoint à la droite de chaque combinaison, d'abord le dernier objet de cette combinaison, ensuite tous ceux qui le suivent dans l'ordre naturel. On obtient ainsi ces combinaisons dans un ordre dit ordre naturel. Voici par exemple les combinaisons complètes de 4 objets 3 à 3.

Combinaisons complètes 1 à 1 :

$$a_1, \quad a_2, \quad a_3, \quad a_4,$$

combinaisons complètes 2 à 2 :

$$a_1a_1, \quad a_1a_2, \quad a_1a_3, \quad a_1a_4, \quad a_2a_2, \quad a_2a_3, \quad a_2a_4, \quad a_3a_3, \quad a_2a_4, \quad a_4a_4,$$

combinaisons complètes 3 à 3 :

$$a_1a_1a_1, \quad a_1a_1a_2, \quad a_1a_1a_3, \quad a_1a_1a_4, \quad a_1a_2a_2, \quad a_1a_2a_3, \quad a_1a_2a_4,$$
$$a_1a_3a_3, \quad a_1a_3a_4, \quad a_1a_4a_4, \quad a_2a_2a_2, \quad a_2a_2a_3, \quad a_2a_2a_4,$$
$$a_2a_3a_3, \quad a_2a_3a_4, \quad a_2a_4a_4, \quad a_3a_3a_3, \quad a_3a_3a_4, \quad a_3a_4a_4, \quad a_4a_4a_4.$$

Pour évaluer le nombre des combinaisons complètes p à p de m objets $a_1, a_2, \ldots a_m$, on peut procéder de la façon suivante. Considérons une de ces combinaisons complètes, les objets y étant rangés comme plus haut, c'est-à-dire de façon que les indices ne décroissent pas.

Ajoutons o au premier indice, 1 au second, ... $p - 1$ au $p^{\text{ème}}$. Nous obtenons une combinaison ordinaire de $a_1, a_2, \ldots a_{m+p-1}$. Réciproquement, sont une combinaison ordinaire de $a_1, a_2, \ldots a_{m+p-1}$ les objets y étant rangés de façon que les indices aillent en croissant. Retranchons o au premier indice, 1 au second, ... $p - 1$ au $p^{\text{ème}}$. Nous obtenons une combinaison complète des objets $a_1, a_2, \ldots a_m$. En appelant Γ_m^p le nombre cherché est donc égal, on a

$$\Gamma_m^p = C_{m+p-1}^p = \frac{m\,(m+1)\,\ldots\,(m+p-1)}{1 \cdot 2 \ldots m}.$$

Enfin on a souvent à considérer les *permutations avec répétitions*, c'est-à-dire les permutations d'objets non tous distincts.

Il est facile de les former et de les compter.

Soient m objets dont α sont identiques à a, β identiques à b, ... $\varkappa$ identiques à k, λ identiques à l, $(\alpha + \beta + \ldots + \varkappa + \lambda = m)$.

Mettons à la suite les uns des autres, les α objets a. Plaçons les β objets b. Comme il y a, par rapport aux objets a, $\alpha + 1$ places possibles, et que d'ailleurs plusieurs objets b peuvent se mettre à la même place, cela donne $\Gamma_{\alpha+1}^\beta$ permutations des objets a et b. Plaçons les γ objets c. Il y a par rapport aux objets a et b, $\alpha + \beta + 1$ places possibles, chacune des $\Gamma_{\alpha+1}^\beta$ permutations précédentes en donne $\Gamma_{\alpha+\beta+1}^\gamma$ des objets a, b, c, et ainsi de suite. On forme ainsi toutes les permutations des objets a, b, ... l, et l'on voit que leur nombre est

$$\Gamma_{\alpha+1}^\beta \; \Gamma_{\alpha+\beta+1}^\gamma \; \ldots \; \Gamma_{\alpha+\beta+\ldots+\varkappa+1}^\lambda$$

ou

$$\frac{m!}{\alpha! \, \beta! \, \ldots \, \lambda!}.$$

On pourrait également considérer les *arrangements* et les *combinaisons avec répétitions* de m objets, dont α sont identiques à a, β à b, etc.

Lorsque m ne surpasse aucun des nombres α, β, ..., λ, le nombre de ces arrangements ou de ces combinaisons est le même que celui des arrangements complets et des combinaisons complètes. Sinon le compte en est plus compliqué.

Les nombres C_m^p interviennent dans la formule dite du *binôme de Newton*.

$$(a + b)^m = a^m + C_m^1 a^{m-1} b + \ldots + C_m^p a^{m-p} b^p + \ldots + b^m.$$

La formule qui donne la puissance $m^{\text{ième}}$ d'un polynôme à k termes est

$$(a + b + \ldots + l)^m = \sum \frac{m!}{\alpha!\,\beta!\,\ldots\,\lambda!} a^\alpha b^\beta \ldots l^\lambda$$

le signe Σ étant étendu à tous les systèmes de k valeurs entières $\geqslant 0$ de α, β, ..., λ, qui satisfont à la condition

$$\alpha + \beta + \ldots + \lambda = m.$$

Pour former tous ces systèmes, on donne à α successivement les valeurs 0, 1, 2, ..., m, et l'on détermine chaque fois β, γ, ..., λ par la condition

$$\beta + \gamma + \ldots + \lambda = m - \alpha.$$

De sorte que le problème pour k entiers α, β, ..., λ, est ramené au même problème pour $k - 1$ entiers β, ..., λ.

159. — Rappelons encore les résultats relatifs aux *progressions arithmétiques* et *géométriques*.

Une progression arithmétique est une suite de termes a_1, a_2, ..., a_n, tels que la différence de chacun d'eux au précédent soit constante. Cette différence constante r est appelée la *raison* de la progression.

On a :

$$a_1 + a_2 + \ldots + a_n = \frac{n(a_1 + a_n)}{2} = \frac{n\left[2a_1 + (n-1)r\right]}{2}.$$

En particulier, la somme des n premiers entiers est $\dfrac{n(n+1)}{2}$; celle des n premiers nombres impairs est n^2.

Une progression géométrique est une suite de termes a_1, a_2, ..., a_n, tels que le rapport de chacun d'eux au précédent soit constant. Ce rapport constant q est appelé la *raison* de la progression. On a

$$a_1 a_2 \ldots a_n = \sqrt{(a_1 a_n)^n},$$

et

$$a_1 + a_2 + \ldots + a_n = \frac{q a_n - a_1}{q - 1} \qquad \text{si} \quad q \neq 1,$$

$$a_1 + a_2 + \ldots + a_n = n a_1 \qquad \text{si} \quad q = 1.$$

160. Inversions. — Soit une suite d'entiers m, n, ..., q, différents entre eux deux à deux. On dit que deux de ces entiers présentent une inversion dans cette suite, quand le plus grand précède le plus petit.

Ainsi, dans la suite 8, 9, 3, o, 4, 7 les termes 8 et 3 présentent une inversion, de même 8 et o, etc.

Nous désignerons par $I(m, n, \dots q)$, le nombre total d'inversions présentées par la suite $m, n, \dots q$.

Nous désignerons par

$$I[(m, n, \dots, q) (m', n', \dots, q')],$$

le nombre d'inversions que présentent des entiers $m, n, \dots, q$, avec les entiers $m', n', \dots, q'$ (en ne comptant pas les inversions des entiers $m, n, \dots, q$ entre eux, non plus que celles des entiers $m', n', \dots, q'$ entre eux).

On a évidemment

$$I(m, n, \dots, q, m', n', \dots, q') = I(m, n, \dots, q) + I(m', n', \dots, q')$$
$$+ I\big[(m, n, \dots, q) (m', n', \dots, q')\big].$$

Rappelons le résultat classique :

Si dans une suite d'entiers on en échange deux, le nombre d'inversions que présente cette suite, change de parité.

161. — Relativement aux *déterminants*, rappelons d'abord leur définition. Soit n^2 nombres, rangés sur n lignes et n colonnes et que nous désignerons par

$$
\begin{array}{cccc}
a_{1,1} & a_{1,2} & \dots & a_{1,n} \\
a_{2,1} & a_{2,2} & \dots & a_{2,n} \\
\cdot & \cdot & & \cdot \\
\cdot & \cdot & & \cdot \\
a_{n,1} & a_{n,2} & \dots & a_{n,n}
\end{array}
$$

de façon que le premier indice d'un élément soit le rang de sa ligne, et le second celui de sa colonne[1]. Le déterminant de ces n^2 nombres ou *éléments* que l'on désigne par

$$
\begin{vmatrix}
a_{1,1} & a_{1,2} & \dots & a_{1,n} \\
a_{2,1} & a_{2,2} & \dots & a_{2,n} \\
\cdot & \cdot & & \cdot \\
\cdot & \cdot & & \cdot \\
a_{n,1} & a_{n,2} & \dots & a_{n,n}
\end{vmatrix}
$$

ou par $|a_{i,j}|$ est *la somme de $n!$ termes qui sont les produits formés en prenant de toutes les façons possibles un élément et un seul dans chaque*

[1] Au lieu de $a_{1,1}, \dots a_{i,j}, \dots$ on écrit souvent $a_1^1, \dots a_i^j, \dots$

ligne, un élément et un seul dans chaque colonne : l'un de ces termes, soit a_{i_1,j_1} a_{i_2,j_2} ..... a_{i_n,j_n} *étant multiplié par*

$$(- 1)^{(\mathrm{I}i_1, i_2, \ldots i_n) + \mathrm{I}(i_1, j_2, \ldots j_n)}.$$

Le signe ainsi déterminé s'appelle le signe *extérieur* au terme. On démontre *qu'il ne dépend pas de l'ordre dans lequel on range les éléments dont il est le produit.*

Remarque. — Si dans un déterminant on change de signe les éléments dont la somme des indices est impaire, ce déterminant ne change pas. On voit en effet facilement que dans chaque terme du déterminant, il y a un nombre pair de ces éléments comme facteurs.

Définitions. — On appelle *ordre* d'un déterminant, le nombre de ses lignes ou de ses colonnes : *mineurs* d'un déterminant, les déterminants obtenus de celui-ci en supprimant un même nombre de lignes et de colonnes.

Les *premiers* mineurs sont ceux obtenus en supprimant *une* ligne et *une* colonne, les *deuxièmes* mineurs, en supprimant *deux* lignes et *deux* colonnes, etc. Si n désigne l'ordre d'un déterminant, ses $k^{\mathrm{èmes}}$ mineurs sont d'ordre $n-k$.

Lorsque nous dirons : « *mineur d'un déterminant* » sans spécifier de quel rang, cela voudra dire « *premier mineur* ».

On appelle mineur relatif à un élément $a_{i,j}$, le mineur obtenu en supprimant la ligne de rang i et la colonne de rang j qui se croisent sur cet élément). Ce mineur multiplié par $(- 1)^{2+j}$, s'appelle *mineur avec son signe*. Le signe de $(- 1)^{i+j}$ s'appelle le signe *extérieur* au mineur. Comme la plupart du temps c'est le mineur avec son signe que nous aurons à considérer, nous supprimerons l'épithète, et il sera convenu à partir de maintenant que « *mineur relatif à un élément* » veut dire *mineur avec son signe*. C'est au contraire quand nous voudrons parler du mineur sans son signe que nous spécifierons.

162. — Les théorèmes suivants sont fondamentaux :

I. — *Si dans un déterminant on échange deux lignes (ou deux colonnes) la valeur absolue de ce déterminant ne change pas, mais il change de signe.*

II. — *Lorsqu'un déterminant a deux lignes (ou colonnes) identiques, il est nul.*

III. — *Si on multiplie les éléments d'une ligne (ou colonne) chacun par son mineur et qu'on ajoute les produits obtenus, on trouve la valeur du déterminant.*

IV. — *Si on multiplie les éléments d'une ligne (ou colonne) chacun par le mineur de l'élément qui occupe la même place dans une certaine autre ligne (ou colonne) et qu'on ajoute les produits obtenus, on trouve zéro.*

V. — *Si dans un déterminant on multiplie tous les éléments d'une même ligne (ou colonne) par un même nombre m, le déterminant se trouve multiplié par m.*

VI. — *Si dans un déterminant on ajoute ou retranche à chacun des éléments d'une même ligne (ou colonne) celui qui est de même rang dans une certaine autre ligne (ou colonne) le déterminant ne change pas de valeur.*

Généralisation. — Si dans un déterminant, on ajoute à chacun des éléments d'une même ligne (ou colonne) ceux qui sont de même rang dans certaines autres lignes (ou colonnes), multipliés par des coefficients, chaque coefficient ne dépendant que de la ligne (ou colonne) à laquelle il se rapporte ; le déterminant ne change pas de valeur.

Ainsi

$$\begin{vmatrix} a & b & c \\ a' & b' & c' \\ a'' & b'' & c'' \end{vmatrix} = \begin{vmatrix} a + ka' + la'' & b + kb' + lb'' & c + kc' + lc'' \\ a' & b' & c' \\ a'' & b'' & c'' \end{vmatrix}$$

163. — Si dans un déterminant D on échange des lignes on peut amener ces lignes dans un ordre quelconque.

On peut ensuite opérer de même sur les colonnes, et l'on obtient un nouveau déterminant D', dont la valeur absolue est la même que celle de D.

Soient de plus $i_1, i_2, \ldots i_n$, les rangs qu'occupaient respectivement dans D les lignes qui sont dans D' à la première, la seconde, ... la n^e place, et $j_1 j_2 \ldots j_n$ les nombres analogues pour les colonnes. On a

(3) $$D' = (-1)^{I(i_1, i_2 \ldots i_n) + I(j_1, j_2, \ldots j_n)} D.$$

En effet, au début de l'opération, on avait

$$i_1 = j_1 = 1, \ldots, i_n = j_n = n$$

donc

$$I(i_1, i_2, \ldots i_n) = I(j_1, j_2, \ldots j_n) = 0$$

et d'ailleurs D' = D de sorte que l'égalité (3) est vérifiée.

Ensuite, chaque fois qu'on échange deux lignes, D' change de signe : mais d'autre part $I(i_1, i_2, \ldots i_n)$ change de parité ; il en est de même pour deux colonnes. Donc l'égalité (3) subsiste.

164. Dans un déterminant, on appelle *diagonale principale* l'ensemble des éléments dont l'indice de la ligne égale celui de la colonne. Ces éléments sont placés dans le tableau sur la diagonale qui descend de gauche à droite. Le produit de ces éléments est un terme du déterminant dont le signe extérieur est +, et qu'on appelle *terme principal* du déterminant.

Les éléments $a_{i,j}$ et $a_{j,i}$ sont dits *symétriques* par rapport à la diagonale principale.

THÉORÈME. — *Si dans un déterminant on échange deux à deux les éléments symétriques par rapport à la diagonale principale (c'est ce qu'on appelle aussi échanger les lignes avec les colonnes) le déterminant ne change pas de valeur.*

Définition. — Un déterminant dans lequel les éléments symétriques par rapport à la diagonale principale sont égaux $(a_{i,j} = a_{j,i})$ est dit *symétrique.*

Un déterminant dans lequel les éléments symétriques par rapport à la diagonale principale sont égaux mais de signes contraires $(a_{i,j} = -a_{j,i})$ est dit *symétrique gauche.* Remarquons que les éléments de la diagonale principale y sont nuls $(a_{i,i} = -a_{i,i} = o)$.

Tout déterminant symétrique gauche d'ordre impair est nul, car si on échange les lignes avec les colonnes, chaque élément change de signe. Le déterminant étant d'ordre impair, sa valeur change de signe. Mais d'autre part elle ne change pas. Donc elle est nulle.

Pour terminer cette revue des propriétés classiques des déterminants rappelons la formule dite de Van der Monde.

$$\begin{vmatrix} a^{n-1} & a^{n-2} & \dots & a & 1 \\ b^{n-1} & b^{n-2} & \dots & b & 1 \\ \cdot & \cdot & \cdot & \cdot & \cdot \\ k^{n-1} & k^{n-2} & \dots & k & 1 \\ l^{n-1} & l^{n-2} & \dots & l & 1 \end{vmatrix} = \begin{matrix} (a-b)(a-c)\dots(a-l) \\ (b-c)\dots(b-l) \\ \cdot \quad \cdot \quad \cdot \\ (k-l) \end{matrix}$$

n étant le nombre des quantités $a, b, \dots l$.

165. Application aux équations linéaires. *Définition.* — On appelle *déterminant d'un système* de n équations linéaires à n inconnues, le déterminant formé par le tableau des coefficients des inconnnes.

THÉORÈME DE CRAMER. — *Si un système de n équations linéaires à n inconnues, a son déterminant différent de zéro, ce système admet une solution et une seule. La valeur de chaque inconnue est une fraction dont le dénominateur est le déterminant du système, et dont le numérateur est* *le déterminant obtenu en remplaçant dans le précédent la colonne formée par les coefficients de l'inconnue en question par une colonne formée par les termes connus supposés passés aux seconds membres.*

Par exemple le système

$$ax + by + cz = d$$
$$a'x + b'y + c'z = d'$$
$$a''x + b''y + c''z = d''$$

si $\begin{vmatrix} a & b & c \\ a' & b' & c' \\ a'' & b'' & c'' \end{vmatrix}$ est différent de zéro, admet la seule solution

$$x = \frac{\begin{vmatrix} d & b & c \\ d' & b' & c' \\ d'' & b'' & c'' \end{vmatrix}}{\begin{vmatrix} a & b & c \\ a' & b' & c' \\ a'' & b'' & c'' \end{vmatrix}}, \quad y = \frac{\begin{vmatrix} a & d & c \\ a' & d' & c' \\ a'' & d'' & c'' \end{vmatrix}}{\begin{vmatrix} a & b & c \\ a' & b' & c' \\ a'' & b'' & c'' \end{vmatrix}}, \quad z = \frac{\begin{vmatrix} a & b & d \\ a' & b' & d' \\ a'' & b'' & d'' \end{vmatrix}}{\begin{vmatrix} a & b & c \\ a' & b' & c' \\ a'' & b'' & c'' \end{vmatrix}}.$$

166. Système d'équations linéaires homogènes. — *Si un système de n équations linéaires homogènes à n inconnues a son déterminant différent de zéro, ce système admet une solution et une seule, à savoir : toutes les valeurs des inconnues égales à zéro.*

Au contraire : *si un système de n équations linéaires homogènes à n inconnues a son déterminant égal à zéro, ce système admet une infinité de solutions où toutes les inconnues ne sont pas nulles.*

Soit un système de n équations linéaires homogènes à $n + 1$ inconnues. Un tel système est indéterminé.

Considérons les déterminants formés par les coefficients de n des inconnues. Il y a $n + 1$ de ces déterminants. Supposons qu'ils ne soient pas tous nuls. Dans ces conditions on peut déterminer des quantités proportionnelles aux valeurs des inconnues; à savoir :

La valeur de chaque inconnue est proportionnelle au déterminant formé par les coefficients des autres, précédé du signe + ou du signe — suivant que l'inconnue en question occupe un rang impair ou un rang pair dans les équations.

Par exemple le système

$$\begin{cases} ax + by + cz + dt = 0 \\ a'x + b'y + c'z + d't = 0 \\ a''x + b''y + c''z + d''t = 0 \end{cases}$$

donne

$$\frac{x}{\begin{vmatrix} b & c & d \\ b' & c' & d' \\ b'' & c'' & d'' \end{vmatrix}} = \frac{y}{-\begin{vmatrix} a & c & d \\ a' & c' & d' \\ a'' & c'' & d'' \end{vmatrix}} = \frac{z}{\begin{vmatrix} a & b & d \\ a' & b' & d' \\ a'' & b'' & d'' \end{vmatrix}} = \frac{t}{-\begin{vmatrix} a & b & c \\ a' & b' & c' \\ a'' & b'' & c'' \end{vmatrix}}.$$

en supposant que les déterminants qui entrent dans ces formules ne soient pas tous nuls.

167. Discussion d'un système quelconque d'équations linéaires. — Soient p équations à n inconnues.

La discussion repose sur la considération du déterminant *principal*. C'est un déterminant *extrait du tableau des coefficients, non nul, et d'ordre le plus élevé possible*.

Un tel déterminant existe, sauf dans le cas très particulier où tous les coefficients seraient nuls, cas que nous écartons.

Il peut y avoir plusieurs déterminants répondant à la définition précédente. Nous supposons qu'on en ait choisi un.

Les équations ayant servi à former le déterminant principal s'appellent équations *principales*.

Désignons leur nombre par r; (ce nombre est au plus égal au plus petit des entiers n, p). Ceci posé, ne considérons d'abord que les équations principales. Elles forment un système toujours possible. Les inconnues dont les coefficients ne concourent pas à la formation du déterminant principal restent indéterminées, les autres sont déterminées en fonction de celles-là.

Si $r = n$, toutes les inconnues sont déterminées.

Si $r = p$, les équations principales forment tout le système.

Si $r < p$, il y en a plus des r équations principales, $p - r$ autres équations.

A chacune d'elles correspond un déterminant dit *caractéristique* et défini de la façon suivante : *Il est du $(r + 1)^{ème}$ ordre; il est extrait du tableau formé par les coefficients et les termes tout connus des r équations principales et de la $(r + 1)^{ème}$ équation considérée; il a le déterminant principal comme mineur; il a une colonne de termes tout connus.*

Il y a ainsi $p - r$ déterminants caractéristiques correspondant aux $p - r$ équations non principales.

Ceci posé lorsqu'un *déterminant caractéristique est différent de zéro l'équation correspondante est incompatible avec les équations principales.*

Lorsqu'un déterminant caractéristique est nul, l'équation correspondante est une conséquence des équations principales et peut être supprimée.

Il en résulte que le système n'est possible que si tous les déterminants caractéristiques sont nuls (ou s'il n'y en a pas) et alors il se réduit aux équations principales.

Exemple : soient les équations

$$2x - 4y + 7z - 14t + 8u = a$$
$$6x + 11y + 2z - 17t + 9u = b$$
$$2x + 3y - 5z - 6t + 10u = c$$
$$4x + 6y + 12z - 2t - 20u = d$$
$$6x + 29y + 12z + t - 29u = e$$

Le déterminant principal est par exemple celui formé par les coefficients de x, y, z dans les trois premières équations, car il n'est pas nul, tandis que tous les déterminants du 4ème ordre extraits du tableau des coefficients sont nuls. Il y a deux caractéristiques :

$$\begin{vmatrix} 2 & -4 & 7 & a \\ 6 & 11 & 2 & b \\ 2 & 3 & -5 & c \\ 4 & 6 & 12 & d \end{vmatrix} = 88a + 308b - 440c - 286d$$

$$\begin{vmatrix} 2 & -4 & 7 & a \\ 6 & 11 & 2 & b \\ 2 & 3 & -5 & c \\ 6 & 29 & 12 & e \end{vmatrix} = -572a + 858b - 1144c - 286e$$

Pour que le système soit possible il faut et il suffit que

$$88a + 308b - 440c - 286d = 0$$
$$-572a + 858b - 1144c - 286e = 0$$

Il se réduit alors aux trois premières équations.

Nous avons écarté le cas où tous les coefficients des inconnues seraient nuls.

Dans ce cas il n'y a plus de déterminant principal, par conséquent pas de déterminant caractéristique, de sorte que l'énoncé précédent n'a plus de sens. D'autre part, la condition nécessaire et suffisante pour que le système soit possible est que les seconds membres soient tous nuls; d'ailleurs, si cette condition est remplie, le système est complètement indéterminé.

Il est facile de faire rentrer ce dernier énoncé dans l'énoncé général; il suffit de convenir que dans ce cas ce sont les seconds membres des équations qui sont les caractéristiques.

168. Tableaux. Déterminants extraits d'un tableau ou mineurs. Rang. — Considérons des éléments disposés en un tableau de p lignes et de n colonnes. L'entier p s'appellera la *hauteur* de ce tableau, l'entier n, sa *largeur*. Le tableau est dit du *type* (p, n). Si $n = p$ on dit que le tableau est carré. Si dans un tableau on prend k lignes et k colonnes (k étant au plus égal au plus petit des deux nombres, p, n), ces lignes et ces colonnes forment un déterminant d'ordre k qu'on dit *extrait du tableau*. (Il y en a $C_p^k C_n^k$). Les déterminants extraits d'un tableau s'appellent aussi des *mineurs* de ce tableau.

On appelle *rang* d'un tableau l'ordre des déterminants non nuls extraits de ce tableau, d'ordre le plus élevé possible.

Le théorème fondamental du n° **167** peut se remplacer par le suivant : *Pour qu'un système d'équations linéaires soit possible il faut et il suffit que le tableau des coefficients de ce système, et ce tableau complété par les termes tout connus aient même rang.*

Seulement pour traduire cet énoncé il faut écrire que tous les déterminants d'ordre $r + 1$ extraits du tableau complété sont nuls (r désignant le rang du tableau non complété), ce qui fait $C_p^{r+1} C_{n+1}^{r+1}$ conditions; tandis que l'énoncé du n° **167** montre que le nombre de ces conditions indépendantes se réduit à $p - 1$.

169. Multiplication des déterminants. On a

$$
\begin{vmatrix} a_{1,1} & a_{1,2} & \dots & a_{1,n} \\ a_{2,1} & a_{2,2} & \dots & a_{2,n} \\ \cdot & \cdot & \cdot & \cdot \\ a_{n,1} & a_{n,2} & \dots & a_{n,n} \end{vmatrix} \times \begin{vmatrix} b_{1,1} & b_{1,2} & \dots & b_{1,n} \\ b_{2,1} & b_{2,2} & \dots & b_{2,n} \\ \cdot & \cdot & \cdot & \cdot \\ b_{n,1} & b_{n,2} & \dots & b_{n,n} \end{vmatrix} =
$$

$$
= \begin{vmatrix} a_{1,1}b_{1,1}+a_{1,2}b_{1,2}+\dots+a_{1,n}b_{1n}, & \dots & a_{1,1}b_{n,1}+a_{1,2}b_{n,2}+\dots+a_{1,n}b_{n,n} \\ a_{2,1}b_{1,1}+a_{2,2}b_{1,2}+\dots+a_{2,n}b_{1,n} & \dots & a_{2,1}b_{n,1}+a_{2,2}b_{n,2}+\dots+a_{2,n}b_{n,n} \\ \cdot & \cdot & \cdot \\ a_{n,1}b_{1,1}+a_{n,2}b_{1,2}+\dots+a_{n,n}b_{1,n} & \dots & a_{n,1}b_{n,1}+a_{n,2}b_{n,2}+\dots+a_{n,n}b_{n,n} \end{vmatrix}
$$

ou encore

$$
|a_{ij}| \times |b_{ij}| = |a_{i1}b_{j1} + a_{i2}b_{j2} + \dots + a_{in}b_{jn}|.
$$

Ce résultat est classique. D'ailleurs nous en trouverons une démonstration plus loin (n° **179**). Cette façon de former le produit de deux déterminants s'appelle : les multiplier *lignes par lignes*. On peut aussi les multiplier *colonnes par colonnes*, ou bien on peut multiplier les *lignes du premier par les colonnes du second*, ou enfin les *colonnes du premier* *par les lignes du second* ; ce qui fait en tout *quatre* formules. On en aurait d'autres en permutant les lignes et les colonnes de chaque déterminant. De toutes ces formules, celle que nous aurons le plus à appliquer sera celle de la multiplication des lignes du premier déterminant par les colonnes du second, c'est-à-dire la formule :

$$|a_{ij}| \times |b_{ij}| = |a_{i_1}b_{1j} + a_{i_2}b_{2j} + \ldots + a_{in}b_{nj}|.$$

170. Compléments sur les déterminants et les équations linéaires. — Il nous faut d'abord définir ce qu'on appelle mineur du $k^{ème}$ ordre d'un déterminant (ou d'un tableau) *avec son signe*. C'est ce mineur *multiplié par*

$$(-1)^{i_1+i_2+\ldots+i_k+j_1+j_2+j_k}$$

$i_1, i_2, \ldots i_k$ étant les indices des lignes, $j_1, j_2, \ldots j_k$ celles des colonnes avec lesquelles est formé le mineur. Par exemple dans le tableau

$$\begin{array}{ccccc} a & b & c & d & e \\ a' & b' & c' & d' & e' \\ a'' & b'' & c'' & d'' & e'' \\ a''' & b''' & c''' & d''' & e''' \\ a^{iv} & b^{iv} & c^{iv} & d^{iv} & e^{iv} \end{array}$$

on a les mineurs suivants

$$(-1)^{1+2+1+2}\begin{vmatrix} a & b \\ a' & b' \end{vmatrix}, \qquad (-1)^{2+4+2+3}\begin{vmatrix} b' & c' \\ b''' & c''' \end{vmatrix}.$$

Ce signe, dont on est ainsi amené à faire précéder le mineur s'appelle son signe *extérieur*.

On appelle mineurs *complémentaires* deux mineurs dont l'un est formé avec toutes les lignes et toutes les colonnes qui n'entrent pas dans l'autre. Par exemple dans le déterminant du 5ᵉ ordre les mineurs

$$\begin{vmatrix} a_{2,1} & a_{4,1} \\ a_{2,3} & a_{4,3} \end{vmatrix} \quad \text{et} \quad \begin{vmatrix} a_{1,2} & a_{3,2} & a_{5,2} \\ a_{1,4} & a_{3,4} & a_{5,4} \\ a_{1,5} & a_{3,5} & a_{5,5} \end{vmatrix}$$

sont complémentaires.

Si l'un des mineurs est d'ordre 1 et se réduit à un élément, son mineur complémentaire n'est autre que le mineur ordinaire relatif à cet élément.

Deux mineurs complémentaires ont le même signe extérieur.

Car si on appelle

$$i_1, \quad i_2, \quad \ldots i_k \quad \text{les rangs des lignes du premier}$$

et

$$i'_1, i'_2, \ldots i'_{n-k} \quad \text{»} \quad \text{»} \quad \text{du second}$$
$$j_1, j_2, \ldots j_k \text{ les rangs des colonnes du premier}$$
$$j'_1, j'_2, \ldots j'_{n-k} \quad \text{»} \quad \text{»} \quad \text{du second,}$$

les signes extérieurs des deux mineurs sont respectivement ceux de

$$(4) \qquad (-1)^{i_1+i_2+\ldots+i_k+j_1+j_2+\ldots+j_k}$$

et

$$(5) \qquad (-1)^{i'_1+i'_2+\ldots+i'_{n-k}+j'_1+j'_2+\ldots+j'_{n-k}}.$$

Or
$$i_1 + i_2 + \ldots + i_k + i'_1 + i'_2 + \ldots + i'_{n-k} =$$
$$j_1 + j_2 + \ldots + j_k + j'_1 + j'_2 + \ldots + j'_{n-k} = 1 + 2 + \ldots + n$$

Donc le produit des expressions (4) et (5) est

$$(-1)^{2(1+2+\ldots+n)} = 1$$

ce qui démontre le théorème.

Ceci montre que la définition du signe d'un mineur du premier ordre (n° **161**) est bien comprise dans la nouvelle comme cas particulier.

Mineurs principaux d'un déterminant. — Ce sont les mineurs dont les indices des lignes sont les mêmes que ceux des colonnes. Leurs éléments sont deux à deux symétriques par rapport à la diagonale principale.

Le complémentaire d'un mineur principal est aussi un mineur principal.

Le signe extérieur d'un mineur principal est +.

Déterminant adjoint. — On appelle *adjoint* d'un déterminant

$$D = \begin{vmatrix} a_{1,1} & a_{1,2} & \ldots & a_{1,n} \\ a_{2,1} & a_{2,2} & \ldots & a_{2,n} \\ \cdot & \cdot & \cdot & \cdot \\ a_{n,1} & a_{n,2} & \ldots & a_{n,n} \end{vmatrix}$$

le déterminant

$$\Delta = \begin{vmatrix} A_{1,1} & A_{1,2} & \ldots & A_{1,n} \\ A_{2,1} & A_{2,2} & \ldots & A_{2,n} \\ \cdot & \cdot & \cdot & \cdot \\ A_{n,1} & A_{n,2} & \ldots & A_{n,n} \end{vmatrix}$$

$A_{i,j}$ étant le mineur avec son signe relatif à $a_{i,j}$.

Nous appellerons mineurs *homologues* dans deux déterminants de même ordre, deux mineurs formés avec les lignes et les colonnes de même rang.

171. Théorèmes I. — *On a*
$$\Delta = D^{n-1}.$$

II. — *Soit $\alpha_{i,j}$ le mineur avec son signe relatif à $A_{i,j}$ dans Δ; on a*
$$\alpha_{i,j} = a_{i,j} D^{n-2}.$$

III. — *Tout mineur α d'ordre k de Δ est égal au produit de D^{k-1} par le mineur de D homologue du complémentaire de α, l'un d'eux étant pris avec son signe, l'autre sans son signe.*

Les propositions I et II ne sont que des cas particuliers de la proposition III. Démontrons cette dernière. On a, d'après la formule de multiplication des déterminants lignes par lignes :

$$
\begin{vmatrix}
A_{i_1 j_1} & A_{i_1 j_2} & \cdots & A_{i_1 j_k} & A_{i_1 j'_1} & A_{i_1 j'_2} & \cdots & A_{i_1 j'_{n-k}} \\
A_{i_2 j_1} & A_{i_2 j_2} & \cdots & A_{i_2 j_k} & A_{i_2 j'_1} & A_{i_2 j'_2} & \cdots & A_{i_2 j'_{n-k}} \\
& & & & & & & \\
A_{i_k j_k} & A_{i_2 j_k} & \cdots & A_{i_k j_k} & A_{i_k j'_1} & A_{i_k j'_2} & \cdots & A_{i_k j'_{n-k}} \\
0 & 0 & \cdots & 0 & 1 & 0 & \cdots & 0 \\
0 & 0 & \cdots & 0 & 0 & 1 & \cdots & 0 \\
& & & & & & & \\
0 & 0 & \cdots & 0 & 0 & 0 & \cdots & 1
\end{vmatrix}
$$

$$
\times
\begin{vmatrix}
a_{i_1 j_1} & a_{i_1 j_2} & \cdots & a_{i_1 j_k} & a_{i_1 j'_1} & a_{i_1 j'_2} & \cdots & a_{i_1 j'_{n-k}} \\
a_{i_2 j_1} & a_{i_2 j_2} & \cdots & a_{i_2 j_k} & a_{i_2 j'_1} & a_{i_2 j'_2} & \cdots & a_{i_2 j'_{n-k}} \\
& & & & & & & \\
a_{i_k j_1} & a_{i_k j_2} & \cdots & a_{i_k j_k} & a_{i_k j'_1} & a_{i_k j'_2} & \cdots & a_{i_k j'_{n-k}} \\
a_{i'_1 j_1} & a_{i'_1 j_2} & \cdots & a_{i'_1 j_k} & a_{i'_1 j'_1} & a_{i'_1 j'_2} & \cdots & a_{i'_1 j'_{n-k}} \\
& & & & & & & \\
a_{i'_{n-k} j_1} & a_{i'_{n-k} j_2} & \cdots & a_{i'_{n-k} j_k} & a_{i'_{n-k} j'_1} & a_{i'_{n-k} j'_2} & \cdots & a_{i'_{n-k} j'_{n-k}}
\end{vmatrix}
$$

$$
=
\begin{vmatrix}
D & 0 & 0 & \cdots & & & 0 \\
0 & D & 0 & \cdots & & & 0 \\
& & & & & & \\
0 & 0 & D & \cdots & D & 0 & \cdots & 0 \\
a_{i_1 j'_1} & a_{i_2 j'_1} & \cdots & a_{i_k j'_1} & a_{i'_1 j'_1} & \cdots & a_{i'_{n-k} j'_1} \\
a_{i_1 j'_2} & a_{i_2 j'_2} & \cdots & a_{i_k j'_2} & a_{i'_1 j'_2} & \cdots & a_{i'_{n-k} j'_2} \\
& & & & & & \\
a_{i_1 j'_{n-k}} & a_{i_2 j'_{n-k}} & \cdots & a_{i_k j'_{n-k}} & a_{i'_1 j'_{n-k}} & \cdots & a_{i'_{n-k} j'_{n-k}}
\end{vmatrix}
$$

$i_1, i_2, \ldots i_k$ sont des entiers de la suite $1, 2, \ldots n$ rangés par ordre de grandeur croissante, de même $j_1, j_2, \ldots j_k$. Quant à $i'_1, i_2, \ldots i'_{n-k}$ ce sont les entiers de la suite $1, 2, \ldots n$, autres que $i_1, i_2, \ldots i_k$ et rangés aussi par ordre de grandeur croissante. La définition est analogue pour $j'_1, j'_2, \ldots j'_{n-k}$.

Ceci peut encore s'écrire

$$\begin{vmatrix} A_{i_1j_1} & A_{i_1j_2} & \ldots & A_{i_1j_k} \\ A_{i_2j_2} & A_{i_2j_2} & \ldots & A_{i_2j_k} \\ \cdot & \cdot & & \cdot \\ A_{i_kj_1} & A_{i_kj_2} & \ldots & A_{i_nj_k} \end{vmatrix} \times D\,(-1)^{\,\mathrm{I}\,(i_1, i_2, \ldots i_k, i'_2, i'_2, \ldots\, i'_{n-k}) \,+\, \mathrm{I}\,(j_1, j_2, \ldots j_k, j'_1, j'_2, \ldots j'_{n-k})}$$

$$= D^k \times \begin{vmatrix} a'_{i_1j'_1} & a'_{i_2j'_1} & \ldots & a'_{i_{n-k}j'_1} \\ a'_{i_1j'_2} & a'_{i_1j_2} & \ldots & a'_{i_{n-k}j'_1} \\ \cdot & \cdot & & \cdot \\ a'_{i_1j'_{n-k}} & a_{i_2j'_{n-k}} & \ldots & a'_{i_{n-k}j'_{n-k}} \end{vmatrix}$$

Si l'on compare cette égalité avec l'égalité à démontrer, on voit que tout revient à prouver que

(6) $\quad (-1)^{\,\mathrm{I}\,(i_1, i_2, \ldots i_k, i'_1, i'_2, \ldots\, i'_{n-k}) \,+\, \mathrm{I}\,(j_1, j_2, \ldots\, j_k, j'_1, j'_2, \ldots j'_{n-k})}$
$$= (-1)^{\,i_1 + i_2 + \ldots + i_k + j_1 + j_2 + \ldots + j_k}.$$

Or, puisque

$$i_1 < i_2 \ldots < i_k$$

et

$$i'_1 < i'_2 \ldots < i''_{n-k}$$

on a

$$\mathrm{I}\,(i_1, i_2, \ldots i_k, i_1, i_2, \ldots i''_{n-k}) = \mathrm{I}\,\big[(i_1, i_2, \ldots i_k)\,(i'_1, i'_2 \ldots i''_k)\big].$$

Evaluons ce dernier nombre. Le nombre i_1 fait inversion avec $1, 2, \ldots i_1 - 1$, qui sont tous parmi les nombres $i'_1, i'_2, \ldots i'_k$, cela fait $i_1 - 1$ inversions.

Le nombre i_2 fait inversion avec $1, 2, \ldots i_2 - 1$; mais parmi ces nombres il y en a un, à savoir i_1, qui n'est pas parmi les nombres $i'_1, i'_2, \ldots i'_k$, cela fait $i_2 - 2$ inversions.

Et ainsi de suite ; en dernier lieu, le nombre i_k fait inversion avec $1, 2, \ldots i_k - 1$, mais parmi ces nombres il y en a $k - 1$, à savoir $i'_1, i'_2, \ldots i'_k$, qui ne sont pas parmi les nombres $i'_1, i'_2, \ldots i'_k$; cela fait $i_k - k$ inversions.

Donc

$$\mathrm{I}\,(i_1, i_2, \ldots i_k, i'_1, i'_2, \ldots i''_k) = i_1 + i_2 + \ldots + i_k - (1 + 2 + \ldots + k).$$

On trouverait de même,

$$I(j_1, j_2, \ldots j_k, j'_1, j'_2, \ldots j'_k) = j_1 + j_2 + \ldots + j_k - (1 + 2 + \ldots + k).$$

Donc

$$I(i_1, i_2, \ldots i_k, i'_1, i_2, \ldots i'_h) + I(j_1, j_2, \ldots j_k, j'_1, \ldots j'_k)$$
$$= i_1 + i_2 + \ldots + i_k + j_1 + j_2 + \ldots + j_k - 2(1 + 2 + \ldots + k)$$

ce qui démontre l'égalité (6).

172. Règle de Laplace. — *Si dans un déterminant d'ordre n on choisit k lignes (ou colonnes), qu'on forme tous les mineurs possibles d'ordre k avec ces k lignes (ou colonnes) (au nombre de C_n^k), puis qu'on multiplie chacun de ses mineurs par son mineur complémentaire l'un de deux facteurs étant avec son signe et l'autre sans son signe, et enfin qu'on fasse la somme des produits obtenus; on trouve le développement du déterminant.*

On voit que pour $k = 1$ ou $n - 1$, on retrouve la règle ordinaire de développement.

Exemple

$$\begin{vmatrix} a & b & c & d \\ a' & b' & c' & d' \\ a'' & b'' & c'' & d'' \\ a''' & b''' & c''' & d''' \end{vmatrix} = \begin{vmatrix} a & b \\ a' & b' \end{vmatrix} \begin{vmatrix} c'' & d'' \\ c''' & d''' \end{vmatrix} - \begin{vmatrix} a & c \\ a' & c' \end{vmatrix} \begin{vmatrix} b'' & d'' \\ b''' & d''' \end{vmatrix}$$

$$+ \begin{vmatrix} a & d \\ a' & d' \end{vmatrix} \begin{vmatrix} b'' & c'' \\ b''' & c''' \end{vmatrix} + \begin{vmatrix} b & c \\ b' & c' \end{vmatrix} \begin{vmatrix} a'' & d'' \\ a''' & d''' \end{vmatrix} - \begin{vmatrix} b & d \\ b' & d' \end{vmatrix} \begin{vmatrix} a'' & c'' \\ a''' & c''' \end{vmatrix}$$

$$+ \begin{vmatrix} c & d \\ c' & d' \end{vmatrix} \begin{vmatrix} a'' & b'' \\ a''' & b''' \end{vmatrix}.$$

En effet soit D le déterminant proposé, soient A, A' A'', ... les mineurs sans leurs signes d'ordre k considérés et B, B', B'', ... les mineurs complémentaires respectifs avec leurs signes.

Il est évident qu'un terme de A, multiplié par un terme de B, donne un terme de D, au signe extérieur près, de même un terme de A' multiplié par un terme de B' etc. Donc l'expression

$$AB + A'B' + A''B'' + \ldots$$

ne contient que des termes appartenant à D.

Réciproquement tout terme de D est formé d'éléments empruntés aux lignes avec lesquelles sont formés les mineurs A, A', A'', ... et d'éléments empruntés aux autres lignes.

Le produit des premiers est un terme déterminé d'un mineur déterminé A par exemple. Le produit des autres est un terme déterminé du mineur B complémentaire de A.

Donc tout terme de D est contenu une fois et une fois seulement dans l'expression $AB + A'B' + A''B'' + \ldots$

Il résulte de ce qui précède que D et $AB + A'B' + A''B'' + \ldots$ sont formés des mêmes termes.

Reste à montrer que le signe extérieur d'un terme est le même qu'on le prenne dans D ou dans $AB + A'B' + A''B'' + \ldots$ Prenons par exemple un terme provenant de AB.

Soit $a_{i_1 j_1} \, a_{i_2 j_2} \ldots a_{i_k j_k}$ le terme de A, $a'_{i'_1 j'_1} \, a'_{i'_2 j'_2} \ldots a_{i_{n-k} j'_{n-k}}$ le terme de B dont le produit donne $a_{i_1 j_1} \, a_{i_2 j_2} \ldots a_{i_k j_k} \, a'_{i'_1 j'_1} \ldots a'_{i'_{n-k} j'_{n-k}}$ terme de D.

Le signe extérieur du terme considéré de A est celui de

$$(-1)^{\,\mathrm{I}\,(i_1, i_2, \ldots i_k) + \mathrm{I}\,(j_1, j_2, \ldots j_k)},$$

le signe extérieur du terme considéré de B est celui de

$$(-1)^{\,\mathrm{I}\,(i'_1, i'_2, \ldots i'_k) + \mathrm{I}\,(j'_1, j'_2, \ldots j'_k)},$$

le signe extérieur du terme considéré de D est celui de

$$(-1)^{\,\mathrm{I}\,(i_1, i_2, \ldots i_k, i'_1, i'_2, \ldots i'_{n-k}) + \mathrm{I}\,(j_1, j_2, \ldots j_k, j'_1, j'_2, \ldots j'_{n-k})}.$$

Enfin le signe extérieur de B (qui est le même que celui de A) est

$$(-1)^{\,i_1 + i_2 + \ldots + i_k + j_1 + j_2 + \ldots + j_k}.$$

Il faut démontrer que

$$(-1)^{\,\mathrm{I}\,(i_1, \ldots i_k) + \mathrm{I}(j_1, \ldots j_k) + \mathrm{I}\,(i'_1, \ldots i'_{n-k}) + \mathrm{I}(j'_1, \ldots j'_{n-k}) + i_1 + \ldots + i_k + j_1 + \ldots + j_k}$$
$$= (-1)^{\,\mathrm{I}\,(i_1, i_2, \ldots i_k, i'_1, i'_2 \ldots i'_{n-k}) + \mathrm{I}\,(j_1, j_2, \ldots j_k, j'_1, j'_2, \ldots j'_{n-k})},$$

ce qui d'après l'égalité du n° **160** revient à

$$(-1)^{\,i_1 + i_2 + \ldots + i_k + j_1 + j_2 + \ldots + j_k}$$
$$= (-1)^{\,\mathrm{I}\,[(i_1, i_2, \ldots i_k)\,(i'_1, i'_2, \ldots i'_{n-k})] + \mathrm{I}\,[(j_1, j_2, \ldots j_k)\,(j'_1, j'_2, \ldots j'_{n-k})]}.$$

Supposons pour fixer les idées

$$i_1 < i_2 < \ldots < i_k,$$
$$j_1 < j_2 < \ldots < j_k,$$

(car les deux membres de l'égalité à démontrer ne dépendent pas de l'ordre des quantités $i_1, i_2, \ldots i_k$, ni de celui des quantités $j_1, j_2, \ldots j_k$).

On a vu (n° **171**) que

$$d\left[(i_1, i_2, \ldots i_k).(i'_1, i'_2, \ldots i'_{n-k})\right] = i_1 + i_2 + \ldots + i_k - (1 + 2 + \ldots + k)$$

et que de même

$$d\left[(j_1, j_2, \ldots j_k).(j'_1, j'_2, \ldots j'_{n-k})\right] = j_1 + j_2 + \ldots + j_k - (1 + 2 + \ldots + k).$$

Donc l'égalité à démontrer s'écrit

$$(-1)^{i_1 + i_2 + \ldots + i_k + j_1 + j_2 + \ldots + j_k}$$
$$= (-1)^{(i_1-1)+(i_2-2)+\ldots+(i_k-k)+(j_1-1)+(j_2-2)+\ldots+(j_k-k)}$$

ou

$$(-1)^{2(1+2+\ldots k)} = 1$$

ce qui est évident.

173. Théorème. — *Supposons qu'on forme, comme dans la règle de Laplace, tous les mineurs possibles d'ordre k, extraits de k lignes (ou colonnes) d'un déterminant. Supposons ensuite qu'on multiplie chacun de ces mineurs par le mineur complémentaire de celui qu'on aurait formé avec les mêmes colonnes (ou lignes) mais prise dans k lignes (ou colonnes) autres que les k premières; l'un des facteurs étant pris avec son signe et l'autre, sans son signe. Supposons enfin qu'on fasse la somme des produits obtenus, on trouve zéro.* (Généralisation du théorème IV du n° **162**).

Exemple. — Partant encore du déterminant

$$\begin{vmatrix} a & b & c & d \\ a' & b' & c' & d' \\ a'' & b'' & c'' & d'' \\ a''' & b''' & c''' & d''' \end{vmatrix}$$

on a

$$\begin{vmatrix} a & b \\ a' & b' \end{vmatrix}\begin{vmatrix} c & d \\ c'' & d''' \end{vmatrix} - \begin{vmatrix} a & c \\ a' & c' \end{vmatrix}\begin{vmatrix} b & d \\ b'' & d''' \end{vmatrix} + \begin{vmatrix} a & d \\ a' & d' \end{vmatrix}\begin{vmatrix} b & c \\ b'' & c'' \end{vmatrix} + \begin{vmatrix} b & c \\ b' & c' \end{vmatrix}\begin{vmatrix} a & d \\ a''' & d''' \end{vmatrix}$$
$$- \begin{vmatrix} b & d \\ b' & d' \end{vmatrix}\begin{vmatrix} a & c \\ a''' & c'' \end{vmatrix} + \begin{vmatrix} c & d \\ c' & d' \end{vmatrix}\begin{vmatrix} a & b \\ a'' & b''' \end{vmatrix} = 0.$$

En effet, d'après la règle de Laplace, le premier membre est égal au déterminant

$$\begin{vmatrix} a & b & c & d \\ a' & b' & c' & d' \\ a & b & c & d \\ a'' & b'' & c'' & d'' \end{vmatrix}$$

c'est-à-dire à zéro.

174. Théorème de Franke ([1]). — Soit D un déterminant d'ordre n. Considérons ses mineurs d'ordre k. Ils sont au nombre de $(C_n^k)^2$ et on peut en former un déterminant de la façon suivante : Il suffit de ranger les C_n^k combinaisons k à k des n premiers entiers dans un certain ordre. (On peut, par exemple, prendre l'ordre naturel (n° **158**), mais il est facile de voir que la définition suivante est indépendante de l'ordre adopté.)

Alors, le mineur formé avec les lignes $i_1, i_2, \ldots, i_k$, et les colonnes de rang $j_1, j_2, \ldots, j_k$, peut être considéré comme ayant deux indices, à savoir le rang de la combinaison $i_1, i_2, \ldots, i_k$, et celui de la combinaison $j_1, j_2, \ldots, j_k$. Soient l et m ces deux indices, nous poserons ce mineur égal à $b_{l,m}$, et le déterminant en question sur le déterminant $|\, b_{l,m}\,|$.

On peut d'ailleurs remplacer chaque mineur par ce mineur avec son signe, cela ne change pas le déterminant $|\, b_{l,m}\,|$. On démontre en effet facilement que, dans chaque terme de $|\, b_{l,m}\,|$, les facteurs qui auraient changé de signe, seraient en nombre pair. Nous désignerons aussi $|\, b_{l,m}\,|$ par D_k. (De sorte que $D_1 = D$ et que D_{n-1} est l'adjoint de D).

Le théorème en question consiste en ce que

$$D_k = D^{C_{n-1}^{k-1}}.$$

Franke a donné une démonstration directe de ce théorème. Comme nous aurons l'occasion d'en rencontrer plus tard une autre, détournée, mais plus simple; comme d'ailleurs nous n'aurons pas besoin du théorème en question dans le présent volume, nous ne donnerons pas la démonstration de Franke.

Corollaire I.

$$D_k = D_{n-k+1}.$$

Corollaire II ([2]).

$$D_k D_{n-k} = D^{C_n^k}.$$

Cette égalité peut se démontrer directement en multipliant D_k par D_{n-k}, appliquant la règle de Laplace et le théorème du n° **173**.

([1]) FRANKE. — Ueber Determinanten aus Unterdeminanten. *J. r. a. M*, t. 41 (1863), p. 350.
([2]) CAUCHY. — *Journ. de l'Ec. Polyt.*, cah. 17 (1815). p. 102.

175. Compléments sur les déterminants extraits d'un tableau ou mineurs de ce tableau. — Nous avons déjà dit (n° **170**), comment ces déterminants sont susceptibles d'un signe extérieur. Nous n'avons utilisé jusqu'ici cette notion que pour les mineurs d'un déterminant, c'est-à-dire d'un tableau carré; nous allons l'appliquer maintenant aux déterminants extraits d'un tableau quelconque.

Lorsqu'on parlera d'un déterminant extrait d'un tableau, il sera sous-entendu que c'est du déterminant *avec son signe* qu'il s'agit. Lorsqu'on voudra parler du déterminant sans son signe, on le dira expressément.

Parmi les déterminants extraits d'un tableau, on distingue ceux qui sont d'ordre le plus grand possible. Si le tableau est de type (p, n) et que $n \leqslant p$, cet ordre est n; si $n \geqslant p$, cet ordre est p.

Ce sont ces déterminants là que nous aurons le plus souvent à considérer. C'est pourquoi nous les appellerons souvent simplement *déterminants du tableau*. L'expression : « *déterminants extraits du tableau* », continuera à désigner des déterminants *d'ordre quelconque* extraits du tableau.

176. Problème. — *Trouver les éléments d'un tableau connaissant ses déterminants. Relations entre les déterminants d'un tableau.*

I. *Le tableau est carré.* — Alors, il n'a qu'un déterminant. Il est évident qu'il peut recevoir la valeur qu'on veut, on peut prendre pour cela arbitrairement $n^2 - 1$ éléments; le $(n^2)^{ème}$ est déterminé, pourvu que son mineur ne soit pas nul.

II. *Le tableau est du type* $(p, p + 1)$. — Il possède alors $p + 1$ déterminants. Je dis qu'*entre ces déterminants, il n'y a pas de relation*. C'est-à-dire qu'on peut déterminer les éléments du tableau, de façon que ces déterminants aient des valeurs données quelconques.

Soit le tableau :

$$a_{1,1} \ a_{1,2} \ \cdots \ a_{1,p+1},$$
$$a_{1,1} \ a_{2,2} \ \cdots \ a_{2,p+1},$$
$$\cdot \quad \cdot \quad \cdot \quad \cdot \quad \cdot \quad \cdot$$
$$a_{p,1} \ a_{p,2} \ \cdots \ a_{p,p+1}.$$

Nous appellerons D le déterminant formé par les p premières colonnes (son signe extérieur est $+$); D_1 celui qu'on obtient en supprimant dans D la première colonne et adjoignant à droite la $(p + 1)^{ème}$ par D_2 celui qu'on obtient en supprimant dans D la se-

conde colonne, et adjoignant à droite la $(p + 1)$ème, etc. ; ces déterminants étant d'ailleurs pris avec leur signe. Ainsi

$$D = \begin{vmatrix} a_{1,1} & a_{1,2} & \cdots & a_{1,p} \\ a_{2,1} & a_{2,2} & \cdots & a_{2,p} \\ \vdots & & & \vdots \\ a_{p,1} & a_{p,2} & \cdots & a_{p,p} \end{vmatrix} \qquad D_h = (-1)^{p+1+h} \begin{vmatrix} a_{1,1} & \cdots & a_{1,h-1} & a_{1,h+1} & \cdots & a_{1,p+1} \\ a_{2,1} & \cdots & a_{2,h-1} & a_{2,h+1} & \cdots & a_{2,p+1} \\ \vdots & & & & & \vdots \\ a_{p,1} & \cdots & a_{p,h-1} & a_{p,h+1} & \cdots & a_{p,p+1} \end{vmatrix}$$

$$(h = 1, 2, \ldots, p).$$

Et il faut montrer qu'en supposant D, D_1, ..., D_p donnés, on peut
trouver des éléments a, satisfaisant à ces équations.

Or, on peut d'abord trouver les éléments des p premières colonnes
du tableau, de façon à satisfaire à la première de ces équations.

Quant aux équations suivantes, elles s'écrivent en désignant par $A_{i,j}$
le mineur de $a_{i,j}$ avec son signe dans D :

$$(7) \quad \begin{cases} A_{1,1}. a_{1,p+1} + A_{2,1}. a_{2,p+1} + \cdots + A_{p,1}. a_{p,p+1} = -D_1 \\ A_{1,2}. a_{1,p+1} + A_{2,2}. a_{2,p+1} + \cdots + A_{p,2}. a_{p,p+1} = -D_2 \\ \vdots \\ A_{1,p}. a_{1,p+1} + A_{2,p}. a_{2,p+1} + \cdots + A_{p,p}. a_{p,p+1} = -D_p \end{cases}$$

Elles déterminent des valeurs pour les a, pourvu que le déterminant
des A soit différent de zéro. Or, ce déterminant est l'adjoint de D, il
est donc égal à D^{p-1}, et par suite différent de zéro pourvu que $D \neq 0$,
ce que nous supposons. Le théorème est donc démontré.

Calculons d'ailleurs les valeurs des a. On trouve immédiatement

$$a_{1,p+1} = \frac{-(\alpha_{i,1}. D_1 + \alpha_{i,2}. D_2 + \cdots + \alpha_{i,p}. D_i)}{D^{p-1}},$$

$\alpha_{i,j}$ étant le mineur avec son signe de $A_{i,j}$ dans le déterminant $|A_{i,j}|$.
Or (n° **171**);

$$\alpha_{i,j} = a_{i,j} D^{p-2}.$$

Donc

$$(8) \quad a_{1,p+1} = \frac{-(a_{i,1}. D_1 + a_{i,2}. D_2 + \cdots + a_{i,p}. D_p)}{D}.$$

Cas où D = 0. — On voit par le raisonnement précédent que si
$D = 0$, les valeurs de D_1, D_2, ... D_n ne sont pas arbitraires.

Si $D = 0$ le système (7) a non seulement son déterminant nul mais
il est même de rang un, pourvu que les mineurs de D ne soient pas
tous nuls.

Supposons donc pour fixer les idées $A_{1,1} \neq 0$ avec $D = 0$.
Le système n'est possible que si tous les caractéristiques

$$\begin{vmatrix} A_{1,1} & D_1 \\ A_{1,h} & D_h \end{vmatrix}$$

sont nuls, c'est-à-dire si l'on a

$$D_h = \frac{A_{1,h} D_1}{A_{1,1}}.$$

Quant à D_1 il est arbitraire. Il ne subsiste d'ailleurs entre,

$$a_{1,p+1},\ a_{2,p+1},\ \ldots\ a_{p,p+1}$$

que la première équation du système (7).

Si non seulement D mais tous ses mineurs sont nuls, on a évidemment

$$D_1 = D_2 = \ldots = D_p = 0$$

et $a_{1,p+1}$, $a_{2,p+1}$, ... $a_{p,p+1}$ restent complètement arbitraires.

III. — *Le tableau est de type* (p, n) $(n > p + 1)$.

Il possède alors C_n^p déterminants. On peut les distribuer en trois catégories [1] : 1° Le déterminant formé par les p premières colonnes ; nous l'appellerons D. 2° les déterminants obtenus en supprimant une colonne de D, et adjoignant à droite l'une des $n - p$ dernières. Soit i le rang de la colonne supprimée, j celui de la colonne ajoutée ;

$$\begin{pmatrix} i = 1,\ 2,\ \ldots p, \\ j = p + 1,\ \ldots n \end{pmatrix};$$

nous désignerons le déterminant correspondant (avec son signe) par $D_{i,j}$. Remarquons que le signe extérieur est celui de $(-1)^{j+i}$. Les déterminants $D_{i,j}$ sont au nombre de $p(n-p)$; 3° les déterminants obtenus en supprimant plusieurs colonnes de D et adjoignant à droite un nombre égal de colonnes n'appartenant pas à D. Soient i_1, i_2, ... i_k les rangs des colonnes supprimées, j_1, j_2, ... j_k ceux des colonnes ajoutées ; nous désignerons le déterminant correspondant (avec son signe) par

$$D_{i_1 i_2 \ldots\ i_k j_1 j_2 \ldots\ j_k}.$$

----

[1] En écrivant que le nombre total des déterminants du tableau est égal à la somme des nombres des déterminants de chaque catégorie, on est amené à l'égalité $C_n^p = 1 + C_p^1 C_{n-p}^1 + C_p^2 C_{n-p}^2 + \ldots$

Remarquons que le signe extérieur est celui de

$$(-1)^{j_1 + j_2 + \ldots + j_k + i_1 + i_2 \ldots + i_k}.$$

Ces déterminants sont au nombre de $C_n^\mu - 1 - p(n - p)$.

Nous savons qu'on peut trouver les éléments des p premières colonnes de façon que D ait une valeur donnée. Il y a $p^2 - 1$ éléments arbitraires, et le $(p^2)^{ème}$ est déterminé.

Ensuite on peut déterminer les éléments de la $(p + 1)^{ème}$ colonne de façon que $D_{1,p+1}$, $D_{2,p+1}$ ... $D_{p,p+1}$ aient des valeurs données. On a les formules (8) qui, avec les nouvelles notations deviennent

$$(9) \qquad a_{i,p+1} = \frac{-(a_{i,1} D_{1,p+1} + a_{i,2} D_{2,p+1} + \ldots + a_{i,p} D_{p,p+1})}{D}.$$

On aura des formules analogues pour $a_{i,j}$ en mettant

$$D_{1,j}, D_{2,j}, \ldots D_{p,j}$$

au lieu de

$$D_{1,p+1}, D_{2,p+1}, \ldots D_{p,p+1}.$$

Il faut cependant remarquer que dans la formule (9) le signe extérieur de $D_{h,p+1}$ est $(-1)^{p+1+h}$, tandis que le signe extérieur de $D_{h,j}$ est $(-1)^{h+j}$. Il faut donc dans la formule (8) remplacer $D_{h,p+1}$ par $(-1)^{p+1+j} D_{h,j}$, et l'on a ainsi

$$a_{i,j} = \frac{(-1)^{p+j}(a_{i,1} D_{1,j} + a_{i,2} D_{2,j} + \ldots + a_{i,p} D_{p,j})}{D}.$$

Ainsi les $p(n - p)$ déterminants de la seconde catégorie peuvent être pris arbitrairement. Restent les $C_n - 1 - p(n - p)$ déterminants de la troisième catégorie. Nous allons montrer qu'ils s'expriment en fonction des précédents.

Soit le déterminant

$$D_{i_1, i_2, \ldots i_k, j_1, j_2, \ldots j_k}.$$

Nous supposons

$$i_1 < i_2 < \ldots < i_k$$
$$j_1 < j_2 < \ldots < j_k.$$

Appelons $i'_1, i'_2, \ldots i'_{n-k}$ les entiers de la suite $1, 2, \ldots p$ autres que $i_1, i_2, \ldots i_k$ rangés aussi par ordre de grandeur croissante.

On a

$$D_{i_1 i_2 \ldots i_k j_1 j_2 \ldots j_k} =$$

$$(-1)^{i_1+i_2+\ldots\, i_k+j_1+j_2+\ldots+j_k} \begin{vmatrix} a_{1i'_1} & \ldots & a_{1i'_{p-k}} & a_{1j_1} & \ldots & a_{1j_k} \\ a_{2i'_1} & \ldots & a_{2i'_{p-k}} & a_{2j_1} & \ldots & a_{2j_k} \\ \cdot & \cdot & \cdot & \cdot & \cdot & \cdot \\ a_{pi'_1} & \ldots & a_{pi'_{p-k}} & a_{p,j_1} & \ldots & a_{pj_k} \end{vmatrix} ,$$

Le déterminant du second membre s'écrit en remplaçant les a par leurs valeurs (9)

$$\begin{vmatrix} a_{1i'_1} & \ldots & a_{1i'_{p-k}} & \dfrac{(-1)^{p+j_1}(a_{11}D_{1j_1}\ldots+a_{1p}D_{pj_1})}{D} & \ldots & \dfrac{(-1)^{p+j_k}(a_{11}D_{1j_k}\ldots+a_{1p}D_{pj_k})}{D} \\ a_{2i'_1} & \ldots & a_{2i'_{p-k}} & \dfrac{(-1)^{p+j_1}(a_{21}D_{1j_1}\ldots+a_{2p}D_{pj_1})}{D} & \ldots & \dfrac{(-1)^{p+j_k}(a_{21}D_{1j_k}\ldots+a_{2p}D_{pj_k})}{D} \\ \cdot & \cdot & \cdot & \cdot & \cdot & \cdot \\ a_{pi'_1} & \ldots & a_{pi'_{p-k}} & \dfrac{(-1)^{p+j_1}(a_{p1}D_{1j_1}\ldots+a_{pp}D_{pj_1})}{D} & \ldots & \dfrac{(-1)^{p+j_k}(a_{p1}D_{1j_k}\ldots+a_{pp}D_{p,j_k})}{D} \end{vmatrix} .$$

Donc

$$D_{i_1 i_2, \ldots\, i_k, j_1 j_2, \ldots j_k} =$$

$$\frac{(-1)^{pk+(i_1+i_2+\ldots+i_k)}}{D^k} \begin{vmatrix} a_{1i'_1}\ldots a_{1i'_{p-k}} & a_{11}D_{1j_1}+\ldots+a_{1p}D_{pj_1} & a_{11}D_{1j_k}+\ldots+a_{1p}D_{pj_k} \\ a_{2i'_1}\ldots a_{2i'_{p-k}} & a_{21}D_{1j_1}+\ldots+a_{2p}D_{pj_1} & a_{21}D_{1j_k}+\ldots+a_{2p}D_{pj_k} \\ \cdot\;\cdot\;\cdot & \cdot\;\cdot\;\cdot & \cdot\;\cdot\;\cdot \\ a_{pi'_1}\ldots a_{pi'_{p-k}} & a_{p1}D_{1j_1}+\ldots+a_{pp}D_{pj_1} & a_{p1}D_{1j_k}+\ldots+a_{pp}D_{pj_k} \end{vmatrix}$$

Le déterminant du second membre est égal au produit

$$\begin{vmatrix} a_{1,1} & a_{1,2} & \ldots & a_{1,p} \\ a_{2,1} & \ldots & \ldots & a_{2,p} \\ \cdot & \cdot & \cdot & \cdot \\ \cdot & \cdot & \cdot & \cdot \\ a_{p,2} & \ldots & \ldots & a_{p,p} \end{vmatrix} \times \begin{vmatrix} 0 & 0 & \ldots & 1 & \ldots & \ldots & 0 & 0 & \ldots & 0 \\ 0 & 0 & \ldots & \ldots & 1 & \ldots & 0 & 0 & \ldots & 0 \\ \cdot & \cdot & \cdot & \cdot & \cdot & \cdot & \cdot & \cdot & \cdot & \cdot \\ D_{1,j_1} & D_{2,j_1} & \ldots & \ldots & \ldots & \ldots & \ldots & D_{p,j_1} \\ D_{1,j_k} & D_{2,j_k} & \ldots & \ldots & \ldots & \ldots & \ldots & D_{p,j_k} \end{vmatrix}$$

Le deuxième facteur de ce produit est formé de la façon suivante :
Tous les éléments des $p-k$ premières lignes sont nuls, sauf un dans chaque ligne qui est égal à 1. Cet élément non nul occupe la place de

rang i'_1 dans la première ligne, celle de rang i'_2 dans la seconde, ... celle de rang i'_{p-k} dans la $(p-k)^{\text{ème}}$.

Ce deuxième facteur peut s'écrire

$$(-1)^{i'_1+i'_2+\ldots+i'_{p-k}+\frac{(p-k)\,(p-k+1)}{2}} \begin{vmatrix} D_{i_1,j_1} D_{i_2,j_1} \ldots D_{i_k,j_1} \\ D_{i_2,j_1} \quad \cdot \quad \cdot \quad \cdot \quad \cdot \\ \cdot \quad \cdot \quad \cdot \quad \cdot \quad \cdot \\ \cdot \quad \cdot \quad \cdot \quad D_{i_k,j_k} \end{vmatrix}.$$

Donc

$$D_{i_1,i_2,\ldots i_k,j_1,j_2,\ldots j_k} =$$

$$= \frac{(-1)^{pk+i_1+i_2+\ldots+i_k+i'_1+i'_2+\ldots i'_{p-k}+\frac{(p-k)\,(p-k+1)}{2}}}{D^{k-1}} \begin{vmatrix} D_{i_1,j_1} \ldots D_{i_1,j_k} \\ \cdot \quad \cdot \quad \cdot \quad \cdot \\ \cdot \quad \cdot \quad \cdot \quad \cdot \\ D_{i_k,j_1} \ldots D_{i_k,j_k} \end{vmatrix}.$$

En remarquant que les indices i_1, i_2, ... i_k, i'_1, i'_2, ... i'_{p-k} sont les entiers 1, 2, ... p dans un certain ordre, il vient en définitive :

$$D_{i_1,i_2,\ldots i_k,j_1,j_2,\ldots j_k} = \frac{(-1)^{\frac{k(k-1)}{2}}}{D^{k-1}} \begin{vmatrix} D_{i_1,j_1} D_{i_2,j_1} \ldots \\ \cdot \quad \cdot \quad \cdot \quad \cdot \\ \cdot \quad \cdot \quad \cdot \quad D_{i_k,j_k} \end{vmatrix}.$$

Remarque. —

$(-1)^{\frac{k(k-1)}{2}} = +1$ lorsque k divisé par 4 donne comme reste o ou 1,

$\quad\quad\quad\;\; » \quad\quad = -1 \quad\quad\; » \quad\quad\quad » \quad\quad\quad » \quad\quad$ 2 ou 3.

Le nombre des relations entre les déterminants est égal au nombre des déterminants qui s'expriment en fonction des autres. C'est le nombre des déterminants de la troisième catégorie, c'est-à-dire

$$C_n^p - 1 - p\,(n-p).$$

Cas où $D = 0$. — Si D est nul et $A_{1,1}$, par exemple, différent de zéro on a d'après la remarque de II

$$D_{i,j} = \frac{A_{1,i} D_{1,j}}{A_{1,1}} (h \ne 1)$$

les $n-p$ déterminants $D_{1,j}$ restant arbitraires. On a de plus entre $a_{1,j}$, $a_{2,j}$ ... $a_{p,j}$ la relation

$$A_{1,1} a_{1,j} + A_{2,1} a_{2,j} + \ldots + A_{p,1} a_{p,j} = (-1)^{j-p} D_{1,j}.$$

Si non seulement D, mais tous ses mineurs sont nuls, tous les $D_{i,j}$ sont nuls.

Enfin on remarquera le théorème suivant :

Théorème. — Si D est nul, si l'un de ses mineurs $A_{h,i}$ est différent de zéro, et si tous les $D_{i,j}$ ($j = p + 1, p + 2, \ldots n$) sont nuls, alors tous les déterminants du tableau sont nuls.

Supposons, ce que nous avons évidemment le droit de faire, que $h = i = 1$, de sorte que $A_{h,i}$ soit $A_{1,1}$ et que les $D_{i,j}$ soient

$$D_{1,p+1}, \; D_{1,p+2}, \; \ldots D_{1,n}.$$

Considérons un déterminant du tableau, appelons-le D'.

Multiplions sa première ligne par $A_{1,1}$, ce qui multiplie la valeur de ce déterminant par $A_{1,1}$. Ensuite ajoutons aux éléments de la première ligne ainsi modifiée, ceux de la seconde multipliés par $A_{2,1}$, de la troisième multipliés par $A_{3,1} \ldots$ de la $p^{ème}$ multipliés par $A_{p,1}$. Il est facile de voir que tous les éléments de la première ligne ainsi obtenue sont nuls. En effet un de ces éléments est de la forme

$$A_{1,1}a_{1,l} + A_{2,1}a_{2,l} + \ldots + A_{p,1}a_{p,l}.$$

Si $l = 1$, cette expression est nulle comme étant le développement de D.

Si $l = 2, 3, \ldots p$, cette expression est nulle en vertu de IV du n° **162**.

Si $l = p + 1, p + 2, \ldots n$, cette expression est nulle comme étant le développement de $D_{1,l}$.

On a donc

$$A_{1,1}D' = 0$$

d'où

$$D' = 0.$$

Remarque. — Dans ce qui précède on a supposé $n \geqslant p$. Il est bien évident que si l'on avait $n < p$, tout subsisterait en échangeant dans les raisonnements et dans les résultats les lignes avec les colonnes.

177. — Le problème que nous avons traité est un cas particulier du suivant.

Déterminer les éléments d'un tableau connaissant les déterminants d'ordre q de ce tableau. Trouver les relations qui existent entre ces déterminants. Soit (p, n) le type du tableau, $(p \leqslant n)$ le cas particulier traité correspond au cas où $q = p$.

I. — Soit maintenant $q = p - 1$ et de plus $p = n$, c'est-à-dire :

Trouver les éléments d'un déterminant connaissant les premiers mineurs de ce déterminant. Pour cela formons l'adjoint, il est égal à D^{n-1}.

Donc $D = \omega \sqrt[n-1]{\,|A_{i,j}|\,}$ en désignant par $\sqrt[n-1]{\,|A_{i,j}|\,}$ une racine $(n-1)^{\text{ème}}$ particulière de $|A_{i,j}|$, et par ω une racine $(n-1)^{\text{ème}}$ de l'unité [1].

Formons les premiers mineurs de l'adjoint

$$\alpha_{i,j} = a_{i,j} \left[\omega \sqrt[n-1]{\,|A_{i,j}|\,} \right]^{n-2}.$$

Donc

$$a_{i,j} = \frac{\alpha_{i,j}}{\omega^{n-2} \, |A_{i,j}|^{\frac{n-2}{n-1}}} = \frac{\omega \, z_{i,j}}{|A_{i,j}|^{\frac{n-2}{n-1}}}.$$

On obtient ainsi $n - 1$ systèmes de valeurs pour les $a_{i,j}$ en donnant à ω toutes les valeurs possibles. On voit qu'il n'y a pas de relations entre les mineurs d'un déterminant.

II. — Soit maintenant le cas général. Nous pouvons supposer $p \leqslant n$. De plus, nous supposons $q \leqslant p - 1$, car si $q = p$ on retombe dans le cas particulier traité.

Nous savons que si dans un tableau de type (q, n), $(q < n)$, on connaît les q^2 éléments d'un déterminant du tableau, on peut déterminer les $qn - q^2$ autres éléments au moyen d'un nombre égal de déterminants du tableau.

Remarquons maintenant que si on connaît les q^2 éléments d'un déterminant d'un tableau et r autres éléments du tableau, on peut encore déterminer les $qn - q^2 - r$ autres éléments au moyen d'un nombre égal de déterminants du tableau. Il n'y a qu'à laisser r équations de côté dans celles qu'on écrirait si on ne connaissait que les q^2 éléments du déterminant.

Ceci posé, considérons le déterminant *abcd* d'ordre $q + 1$ qui est dans un coin du tableau. (Sur la figure 4 nous avons supposé $p = 7$, $n = 11$, $q = 3$. Nous avons représenté les éléments du tableau par des

---

[1] Nous nous servons ici de nombres que nous n'avons pas encore définis, irrationnels et imaginaires. Mais comme nous ne nous servirons pas du résultat avant d'avoir parlé de ces nombres, cela n'a pas d'importance.

points, certains par des lettres, qui nous serviront en même temps à marquer les positions de ces éléments). Dans le déterminant $abcd$ on peut se donner arbitrairement les q^2 mineurs d'ordre q et en déduire la valeur des q^2 éléments. Ces éléments ne sont d'ailleurs déterminés qu'au facteur ω près ; mais comme il est évident *a priori* que tous les éléments du tableau ne sont déterminés qu'à ce facteur ω près, nous le négligeons. Nous déterminons ensuite $(n - q)\,q$ éléments non encore déterminés du tableau $aefg$ au moyen d'un nombre égal de déterminants obtenus en remplaçant dans $abcd$, une colonne par une colonne de rang supérieur à q (n° **176**).

$$j \,.\, i\,m \,.\, l \,u\,.\,t\,.\,v$$
$$.\;.\;.\;.\;.\;.\;.\;.\;.\;.$$
$$.\;.\;.\;.\;.\;.\;.\;.\;.\;.$$
$$d \,.\,.\,c \,.\,.\,.\,.\,.\,.$$
$$g \,.\,.\,.\,.\,.\,.\,.\,.\,f$$
$$.\;.\;.\;.\;.\;.\;.\;.\;.\;.$$
$$a \,.\,h\;b\,.\,k\,o\,.\,s\,.\,e$$

Fig. 4.

Ensuite nous opérons de même pour le tableau $ahij$ puis pour le tableau $bklm$ (on en connaît un déterminant d'ordre q et un élément c), puis pour le tableau $ostu$, puis pour le tableau $sevt$ (dans lequel on connaît un déterminant d'ordre q et d'autres éléments).

En définitive sauf les deux cas de 1° $p = n = q$, 2° de $n = p + 1$ avec $q = p$, on peut déterminer les np éléments d'un tableau au moyen de np mineurs d'ordre q. Le nombre total des mineurs d'ordre q étant $C_p^q C_n^q$ il y a entre eux $C_p^q C_n^q - pn$ relations.

178. Généralisation du résultat du n° 166. — Soient deux tableaux, l'un de type (p, n) $(p < n)$ l'autre de type $(n - p, n)$

$$a_{1,1}\; a_{1,2}\; \ldots\; a_{1,n} \qquad x_{1,1}\quad x_{1,2}\quad \ldots\quad x_{1,n}$$
$$. \quad . \quad . \quad . \quad . \qquad\qquad . \quad . \quad . \quad . \quad .$$
$$a_{p,1}\; a_{p,2}\; \ldots\; a_{p,n} \qquad . \quad . \quad . \quad . \quad .$$
$$x_{n-p,1}\; x_{n-p,2}\; \ldots\; x_{n-p,n}.$$

Supposons qu'on ait entre les éléments de ces tableaux les $p\,(n-p)$ relations suivantes :

$$(14) \qquad \begin{cases} a_{h,1}\,x_{k,1} + a_{h,2}\,x_{k,2} + \ldots + a_{h,n}\,x_{k,n} = 0, \\ (h = 1, 2, \ldots p, \quad k = 1, 2, \ldots n-p). \end{cases}$$

Je dis que *les déterminants avec leurs signes de l'un des tableaux sont proportionnels aux déterminants sans leurs signes de l'autre*, la correspondance entre les deux déterminants qui doivent former un rapport étant établie de la façon suivante : On suppose le second tableau écrit au-dessous du premier de façon à former un seul tableau carré et les déterminants correspondants sont deux tableaux complémentaires dans ce carré.

Prenons deux de ces rapports et démontrons leur égalité. C'est-à-dire :

$$\frac{(-1)^{(1+2+\ldots+p+h_1+h_2+\ldots+h_p)} \begin{vmatrix} a_{1,h_1} & \ldots & a_{1,h_p} \\ \cdot & \cdot & \cdot \\ \cdot & \cdot & \cdot \\ a_{p,h_1} & \ldots & a_{p,h_p} \end{vmatrix}}{\begin{vmatrix} x_{1,h'_1} & \ldots & x_{1,h'_{n-p}} \\ \cdot & \cdot & \cdot \\ \cdot & \cdot & \cdot \\ x_{n-p,h'_1} & \ldots & x_{n-p,h'_{n-p}} \end{vmatrix}}$$

$$= \frac{(-1)^{(1+2+\ldots+p+k_1+k_2+\ldots+k_p)} \begin{vmatrix} a_{1,k_1} & \ldots & a_{1,k_p} \\ \cdot & \cdot & \cdot \\ \cdot & \cdot & \cdot \\ a_{p,k_1} & \ldots & a_{p,k_p} \end{vmatrix}}{\begin{vmatrix} x_{1,k'_1} & \ldots & x_{1,k'_{n-p}} \\ \cdot & \cdot & \cdot \\ \cdot & \cdot & \cdot \\ x_{n-p,k'_1} & \ldots & x_{n-p,k'_{n-p}} \end{vmatrix}}$$

$(h_1 < h_2 \ldots < h_p$ sont p entiers de la suite 1, 2, ... n; et

$$h'_1 < h'_2 \ldots < h'_{n-p}$$

sont les autres. De même

$$k_1, k_2, \ldots k_p;\ k'_1, k'_2, \ldots k'_{n-p}).$$

L'égalité à démontrer peut s'écrire:

$$(15)\ (-1)^{(h_1+\ldots+h_p)} \begin{vmatrix} a_{1,h_1} & \ldots & a_{1,h_p} \\ \cdot & \cdot & \cdot \\ \cdot & \cdot & \cdot \\ a_{p,h_1} & \ldots & a_{p,h_p} \end{vmatrix} \times \begin{vmatrix} x_{1,k'_1} & \ldots & x_{1,k'_{n-p}} \\ \cdot & \cdot & \cdot \\ \cdot & \cdot & \cdot \\ x_{n-p,k'_1} & \ldots & x_{n-p,k_{n-p}} \end{vmatrix}$$

$$= (-1)^{(k_1+\ldots+k_p)} \begin{vmatrix} a_{1,k_1} & \ldots & a_{1,kp} \\ \cdot & \cdot & \cdot \\ \cdot & \cdot & \cdot \\ a_{p,k_1} & \ldots & a_{p,kp} \end{vmatrix} \times \begin{vmatrix} x_{1,k'_1} & \ldots & x_{1,k'_{n-p}} \\ \cdot & \cdot & \cdot \\ \cdot & \cdot & \cdot \\ x_{n-p,k'_1} & \ldots & x_{n-p,k_{n-p}} \end{vmatrix}$$

Or on a

$$\begin{vmatrix} a_{1,h_1} & \ldots & a_{1,h_p} \\ \cdot & \cdot & \cdot \\ a_{p,h_1} & \ldots & a_{p,h_p} \end{vmatrix} = \begin{vmatrix} a_{1,1} & a_{1,2} & \ldots & a_{1,n} \\ a_{2,1} & a_{2,2} & \ldots & a_{2,n} \\ \cdot & \cdot & \cdot & \cdot \\ \cdot & \cdot & \cdot & \cdot \\ a_{p,1} & a_{p,2} & \ldots & a_{p,n} \\ 0 \ 0 & \ldots & 1 \ldots & 0 \ldots & 0 \\ \cdot & \cdot & \cdot & \cdot \\ 0 & \ldots & 0 & \ldots & 1 & \ldots & 0 \end{vmatrix} (-1)^{1+2+\ldots+p+h_1+h_2+\ldots+h_p}$$

(l'élément 1 de la $(p+1)$ème ligne du second déterminant est dans la colonne de rang h'_1, celui de la $(p+2)$ème dans la colonne de rang h'_2, etc. Le signe extérieur du second membre de cette formule se détermine par exemple, par la règle de Laplace).

Le second déterminant du premier membre de la formule (15) se transforme de la même façon. Donc ce premier membre s'écrit:

$$\begin{vmatrix} a_{1,1} & a_{1,2} & \ldots & a_{1,n} \\ a_{2,1} & \ldots & \ldots & \ldots & a_{2,n} \\ \cdot & \cdot & \cdot & \cdot \\ a_{p,1} & \ldots & \ldots & \ldots & a_{p,n} \\ 0 & \ldots & 1 & \ldots & 0 \\ \cdot & \cdot & \cdot & \cdot \\ 0 & \ldots & 1 & \ldots & 0 \end{vmatrix}$$

$$\times \begin{vmatrix} x_{1,1} & \ldots & x_{1,n} \\ \cdot & \cdot & \cdot \\ x_{n-p,1} & \ldots & x_{n-p,n} \\ 0 & \ldots & 1 \ldots & 0 \\ 0 & \ldots & 1 & 0 \end{vmatrix} (-1)^{\frac{p(p+1)}{2}+\frac{(n-p)(n-p+1)}{2}+k'_1+k'_2+\ldots+k'_{n-p}}$$

ou en effectuant le produit des déterminants et tenant compte des relations (14)

$$(-1)^{\frac{p(p+1)}{2}+\frac{(n-p)(n-p+1)}{2}+k'_1+\ldots+k'_{n-p}} \begin{vmatrix} 0 & 0 & \ldots & 0 & a_{1,k_1} & \ldots & a_{1,k_p} \\ \cdot & \cdot & & \cdot & \cdot & & \cdot \\ 0 & 0 & \ldots & 0 & a_{p,k_1} & \ldots & a_{p,k_p} \\ x_{1,h'_1} & \ldots & x_{1,h'_{n-p}} & 0 & \ldots & & 0 \\ \cdot & & \cdot & & & & \\ x_{n-p,h'_2} & \ldots & x_{n-p,h'_{n-p}} & 0 & \ldots & & 0 \end{vmatrix}$$

ou enfin

$$(-1)^{\frac{p(p+1)}{2}+k'_1+k'_2+\ldots+k'_{n-p}} \begin{vmatrix} a_{1,k_1} & \ldots & a_{1,k_p} \\ \cdot & \cdot & \cdot \\ a_{p,k_1} & \ldots & a_{p,k_p} \end{vmatrix} \times \begin{vmatrix} x_{1,h'_1} & \ldots & x_{1,h'_{n-p}} \\ \cdot & \cdot & \cdot \\ x_{n-p,h'_1} & \ldots & x_{n-p,h'_{n-p}} \end{vmatrix}$$

De sorte que pour vérifier l'égalité (15) il ne reste plus qu'à vérifier que

$$(-1)^{\frac{p(p+1)}{2}+k'_1+k'_2+\ldots+k'_{n-p}} = (-1)^{k_1+k_2+\ldots+k_p}$$

ce qui est évident.

179. Généralisation de la multiplication des déterminants. — Soient deux tableaux de même type $(p, n.)$

$$a_{1,1}\ a_{1,2} \ldots a_{1,n} \qquad\qquad b_{1,1} \ldots b_{1,n}$$
$$\cdot \quad \cdot \quad \cdot \quad \cdot \qquad\qquad \cdot \quad \cdot \quad \cdot$$
$$a_{p,1} \ldots \quad\quad a_{p,n} \qquad\qquad b_{p,1} \ldots b_{p,n}$$

Supposons qu'on les multiplie ligne par ligne, on forme aussi un tableau carré et par suite un déterminant d'ordre p.

$$D = \begin{vmatrix} a_{1,1}b_{1,1}+a_{1,2}b_{1,2}+\ldots+a_{1,n}b_{1,n} \ldots\ldots a_{1,1}b_{p,1}+\ldots+a_{1,n}b_{p,n} \\ \cdot \quad \cdot \quad \cdot \quad \cdot \quad \cdot \quad \cdot \quad \cdot \quad \cdot \quad \cdot \quad \cdot \quad \cdot \quad \cdot \\ a_{p,1}b_{1,1}+\ldots\ldots\ldots+a_{p,n}b_{1,n} \ldots\ldots a_{p,1}b_{p,1}+\ldots+a_{p,n}b_{p,n} \end{vmatrix}$$

Je dis que : 1° Si $p > n$ ce déterminant est nul.

2° Si $p \leqslant n$ ce déterminant est égal à la somme des produits de *chaque déterminant de l'un des tableaux par le déterminant homologue de l'autre.* (Dans cet énoncé, on peut prendre chaque déterminant indifféremment avec ou sans son signe extérieur, puisque deux déterminants homologues ont le même signe extérieur.)

En effet, chacune des p colonnes de ce déterminant se décomposant en n colonnes partielles, ce déterminant est égal à la somme des déterminants de la forme :

$$(16) \begin{vmatrix} a_{1,h_1}b_{1,h_1} & \cdots & a_{1,h_p}b_{p,h_p} \\ \cdots & \cdots & \cdots \\ a_{p,h_1}b_{1,h_1} & \cdots & a_{p,h_p}b_{p,h_p} \end{vmatrix} = b_{1,h_1}b_{2,h_2}\ldots b_{p,h_p} \begin{vmatrix} a_{1,h_1} \cdots a_{1,h_p} \\ \cdots \cdots \\ a_{p,h_1} \cdots a_{p,h_p} \end{vmatrix}$$

$h_1,\ h_2,\ \ldots h_p$, étant p entiers pris de toutes les façons possibles dans la suite $1,\ 2,\ n$. Mais s'il y en a deux égaux, le déterminant (16) est nul parce qu'il a deux colonnes identiques. Il en résulte d'abord immédiatement le théorème annoncé pour $p > n$, car dans ce cas parmi les entiers $h_1,\ h_2,\ \ldots h_p$, il y en a forcément d'égaux.

Soit maintenant $p \leqslant n$. On a alors

$$D = \sum \begin{vmatrix} a_{1,h_1} \cdots a_{1,h_p} \\ \cdots \cdots \\ a_{p,h_1} \cdots a_{p,h_p} \end{vmatrix} b_{1,h_1}b_{2,h_2}\ldots b_{p,h_p}$$

$h_1,\ h_2,\ \ldots h_p$ étant un arrangement p à p des n entiers $1,\ 2,\ \ldots n$, et la somme s'étendant à tous ces arrangements. Soient $k_1,\ k_2,\ \ldots k_p$ les entiers $h_1,\ h_2,\ \ldots h_p$ rangés par ordre de grandeur croissante. On peut écrire

$$D = \sum (-1)^{I(h_1,h_2,\ldots h_p)}\ b_{1,h_1}b_{2,h_2}\ldots b_{p,h_p} \begin{vmatrix} a_{1,k_1} \cdots a_{1,k_p} \\ \cdots \cdots \\ a_{p,k_1} \cdots a_{p,k_p} \end{vmatrix}.$$

Prenons dans cette somme, les termes pour lesquels $k_1,\ k_2,\ \ldots k_p$ sont les mêmes et ne diffèrent que par leur ordre. La somme de ces termes est

$$\begin{vmatrix} a_{1,k_1} \cdots a_{1,k_p} \\ \cdots \cdots \\ a_{p,k_1} \cdots a_{p,k_p} \end{vmatrix} \sum{}' (-1)^{I(h_1,h_2,\ldots h_p)}\ b_{1,h_1}b_{2,h_2}\ldots b_{p,h_p}.$$

c'est-à-dire

$$\begin{vmatrix} a_{1,k_1} \ldots a_{1,k_p} \\ \cdot \quad \cdot \quad \cdot \\ \cdot \quad \cdot \quad \cdot \\ a_{p,k_1} \ldots a_{p,k_p} \end{vmatrix} \times \begin{vmatrix} b_{p,k_1} \ldots b_{1,k_p} \\ \cdot \quad \cdot \quad \cdot \\ \cdot \quad \cdot \quad \cdot \\ b_{p,k_1} \ldots b_{p,k_p} \end{vmatrix}$$

La somme totale est la somme de tous ces produits correspondant à toutes les combinaisons p à p possibles des indices $1, 2, \ldots n$. C'est bien le résultat annoncé.

Cas particulier. — Si $p = n$ on trouve la règle de multiplication des déterminants (n° **169**).

180. Compléments sur les équations linéaires. — Voici encore quelques théorèmes sur les équations du premier degré, que nous citons parce que nous retrouverons leurs analogues en théorie des nombres.

Etant donnée une équation, ou un système d'équations, on appelle *solution générale* des formules, contenant s'il est besoin des paramètres variables, et donnant *toutes les solutions* et *chacune une fois.*

Par exemple dans le système

$$2x - y = 1$$
$$x + 5y = 17$$

la solution générale (ici, la seule est)

$$x = 2, \quad y = 3.$$

Dans le système

$$6x + 2y - 5z = 3$$
$$12x - 5y + 7z = 14$$

la solution générale est

$$x = 1 + 11\lambda$$
$$y = 1 + 102\lambda$$
$$z = 1 + 54\lambda.$$

On démontre facilement le théorème suivant.

THÉORÈME. — *Pour avoir la solution générale d'une équation linéaire ou d'un système, il suffit d'en avoir une solution particulière et d'y ajouter la solution générale de l'équation ou du système privé de seconds membres.*

On est ainsi conduit à étudier spécialement les équations (ou des systèmes) homogènes.

181. Système fondamental de solutions d'une équation homogène. — Soit une équation linéaire homogène à coefficients non tous nuls

$$a_1 x_1 + a_2 x_2 + \ldots + a_n x_n = 0.$$

Soit pour fixer les idées $a_1 \neq 0$.

La solution générale est

$$(17) \quad \begin{cases} x_1 = -\dfrac{a_2}{a_1}\lambda_1 - \dfrac{a_3}{a_1}\lambda_2 \ldots - \dfrac{a_n}{a_1}\lambda_{n-1} \\ x_2 = \lambda_1. \\ x_3 = \qquad\qquad \lambda_2. \\ \vdots \\ x_n = \qquad\qquad\qquad\qquad \lambda_{n-1} \end{cases}$$

ces formules donnent toutes les solutions, et chacune une fois. On obtient une solution particulière en faisant l'un des λ égal à 1 et tous les autres égaux à 0. On a ainsi $n-1$ solutions particulières à savoir :

$$(18) \quad \begin{cases} -\dfrac{a_2}{a_1} \quad 1 \quad 0 \ldots 0. \\ -\dfrac{a_3}{a_1} \quad 0 \quad 1 \ldots 0 \\ \vdots \\ -\dfrac{a_n}{a_1} \quad 0 \ldots\ldots 1 \end{cases}$$

Soit un système de $n-1$ solutions particulières

$$\begin{array}{cccc} \xi_{1,1} & \xi_{1,2} & \ldots & \xi_{1,n} \\ \xi_{2,1} & \xi_{2,2} & \ldots & \xi_{2,n} \\ & & & \\ \xi_{n-1,1} & \xi_{n-1,2} & \ldots & \xi_{n-1,n}. \end{array}$$

Les formules

$$(19) \quad \begin{cases} x_1 = \xi_{1,1}\lambda_1 + \xi_{1,2}\lambda_2 + \ldots + \xi_{1,n-1}\lambda_{n-1} \\ x_2 = \xi_{2,1}\lambda_1 + \xi_{2,2}\lambda_2 + \ldots + \xi_{2,n-1}\lambda_{n-1} \\ \vdots \\ x_n = \xi_{n,1}\lambda_1 + \xi_{n,2}\lambda_2 + \ldots + \xi_{n,n-1}\lambda_{n-1} \end{cases}$$

donneront encore des solutions de l'équation quand on y donnera aux λ des valeurs quelconques.

Mais donneront-elles comme les formules (17) *toutes les solutions, et chacune une fois seulement*? Si oui, le système des ξ sera dit *système fondamental* de solutions. Nous avons trouvé un tel système, le système (18). Il s'agit maintenant de les trouver tous.

Théorème. — *Une condition nécessaire et suffisante pour qu'un système de n — 1 solutions soit fondamental est que les déterminants du tableau formé par ces n — 1 solutions ne soient pas tous nuls.*

Cette condition est nécessaire, car si elle n'était pas remplie, les expressions (19) donneraient la solution 0, 0, ... 0 pour une infinité de systèmes de valeurs des λ, ce qui est contraire à la définition d'un système fondamental.

Elle est suffisante. En effet supposons-la remplie et que par exemple le déterminant formé par les $n - 1$ premières lignes du tableau soit différent de zéro. Donnons-nous un système de solutions $x_1, x_2, \ldots x_n$; les $n - 1$ premières équations (19) déterminent les λ et la $n^{\text{ième}}$ se trouve satisfaite, car le déterminant caractéristique est

$$D = \begin{vmatrix} x_1 & \xi_{1,1} & \cdots & \xi_{1,n-1} \\ \cdot & \cdot & \cdot & \cdot \\ x_n & \xi_{n,1} & \cdots & \xi_{n,n-1} \end{vmatrix}.$$

Multipliant la première ligne par a_1, et lui ajoutant la seconde ligne multipliée par a_2, la troisième multipliée par a_3, etc., on trouve

$$a_1 D = 0$$

d'où puisque $a_1 \gtrless 0$ on déduit $D = 0$.

182. Théorème. — *Soit ξ un système fondamental de solutions* [1], *soit x le système qu'on en déduit par les formules* (19). *Pour que x soit aussi un système fondamental il faut et il suffit que le déterminant des λ soit différent de zéro.*

En effet ; un déterminant du tableau des ξ est égal au déterminant correspondant du tableau des x, multiplié par le déterminant du tableau des λ.

183. **Systèmes d'équations homogènes du premier degré.** — On a des résultats analogues pour un système de n équations homogènes du premier degré à p inconnues. Je suppose ces équations indépendantes

$$a_{1,1}x_1 + a_{1,2}x_2 + \ldots + a_{1,p}x_p + \ldots + a_{1,n}x_n = 0,$$
$$a_{2,1}x_1 + a_{2,2}x_2 + \ldots + a_{2,p}x_p + \ldots + a_{2,n}x_n = 0,$$
$$\cdot \quad \cdot \quad \cdot \quad \cdot \quad \cdot \quad \cdot$$
$$a_{p,1}x_1 + a_{p,2}x_2 + \ldots + a_{p,p}x_p + \ldots + a_{p,n}x_n = 0,$$

[1] Pour abréger, je représente un système par une seule lettre.

avec

$$\begin{vmatrix} a_{1,1} & a_{2,1} & \ldots & a_{1,p} \\ a_{2,1} & a_{2,2} & \ldots & a_{2,p} \\ \cdot & \cdot & \cdot & \cdot \\ a_{1,p} & a_{2,p} & \ldots & a_{p,p} \end{vmatrix} \neq 0.$$

Appelons D ce déterminant et $D_{i,j}$ celui qu'on obtient en y remplaçant la colonne de rang i par celle de rang j.

La solution générale du système est

$$\begin{cases} x_1 = \dfrac{-(D_{1,p+1}\,\lambda_1 + D_{1,p+2}\,\lambda_2 + \ldots + D_{1,n}\,\lambda_{n-p})}{D} \\[2mm] x_2 = \dfrac{-(D_{2,p+1}\,\lambda_1 + \ldots\ldots\ldots + D_{2,n}\,\lambda_{n-p})}{D} \\[2mm] x_p = \dfrac{-(D_{p,p+1}\,\lambda_1 + \ldots\ldots\ldots + D_{p,n}\,\lambda_{n-p})}{D} \\[2mm] x_{p+1} = \ldots\ldots .\lambda_1 \\ x_{p+2} = \ldots\ldots\ldots\ldots .\lambda_2 \\ x_n = \ldots\qquad\qquad\qquad\qquad \lambda_{n-p}. \end{cases}$$

On définira comme plus haut un système fondamental de solutions.

I. — *Pour qu'un système de $n-p$ solutions soit fondamental, il faut et il suffit que les déterminants du tableau formé par ces $n-p$ solutions ne soient pas tous nuls.*

II. — *D'un système fondamental ξ on déduit un système fondamental x par des λ dont le déterminant est différent de zéro et réciproquement.*

Ces théorèmes sont analogues aux théorèmes des n° **181** et **182** et se démontrent de la même façon.

NOTES ET EXERCICES

I. — Si l'on prend dans D_k (voir n° **174**) un mineur d'ordre h, soit δ et dans D_{n-k} le mineur complémentaire soit δ' ; on a $\dfrac{\delta'}{\delta} = D^{C^{k}_{n-1-h}}$. (Franke *J. r. a. M.* t. 61 (1863) p. 352.)

II. — Étant donnés deux déterminants D et D' de même ordre n, on prend dans D, k colonnes qu'on remplace par k colonnes prises dans D' et l'on obtient ainsi un déterminant qu'on désigne par $D_{l,m}$ en appelant l le rang de la combinaison des k colonnes prises dans D,

m celui de la combinaison des k colonnes prises dans D'. Démontrer que

$$| D_{l,m} | = D^{C_{n-2}^{k}} \cdot D'^{C_{n-1}^{k-1}}.$$

(Picquet *C. R. A. S.*, t. 86, p. 118 et *J. d. l'E. P.*, 45ᵉ cahier, t. 28 (1878) p. 214.)

Ce théorème peut se démontrer en s'appuyant sur celui de Franke. En supposant que les éléments de l'un des déterminants soient des o, sauf ceux de la diagonale principale qui seraient des 1, on retrouve le théorème de Franke.

En supposant que le second déterminant soit un mineur du premier, complété de façon que le mineur complémentaire ait des éléments tous nuls, sauf ceux de sa diagonale principale qui seraient des 1, on retrouve un théorème de Sylvester.

III. — Étant donnés deux déterminants D, D' de même ordre n; on efface dans D, k colonnes de rangs i_1, i_2, ... i_k qu'on remplace par k colonnes de D' de rangs j_1, j_2, . . j_k. On obtient ainsi un déterminant δ. Ensuite on efface dans D, les $n-k$ colonnes de rangs i'_1, i'_2, ... i'_{n-k} (les i' étant les entiers de la suite 1, 2, ... n. autres que les i) et on les remplace par les $n-k$ colonnes de D' de rangs j'_1, j'_2, ... j'_k (les j' étant les entiers de la suite 1, 2, ... n, autres que les j). On obtient ainsi un déterminant ε. On forme le produit $(-1)^{i_1+i_2+\ldots+i_k+j_1+j_2+\ldots+j_k}\delta\varepsilon$.

La somme de tous ces produits lorsque les i sont fixes, et que les j varient de toutes les façons possibles est égale à DD'. (Sylvester, *Philosop. Magazine*, série 4, tome 11 (1851) p. 142). En supposant que les éléments de l'un des déterminants soient des o, sauf ceux de la diagonale principale qui seraient des 1, on retrouve la règle de développement de Laplace.

IV. — Soient deux déterminants, D $= | a_{i,j} |$ d'ordre n et D' $= | a'_{i,j} |$ d'ordre n'. On forme un déterminant E d'ordre nn', dont l'élément général c est donné par la formule

$$a_{i,j}, a'_{i,j} = c_{i'+n'(i-1), j'+n'(j-1)}.$$

Démontrer que E $= D'^n D'^{n}$.

G. Rados *Mathem. naturwiss. Mitheil. aus Ungarn*, t. 4, p. 268 et aussi K. Hensel *A. M.*, 14 (1890-91), p. 317).

CHAPITRE XII

ÉTUDE DES ÉQUATIONS DIOPHANTIENNES DU PREMIER DEGRE ET DES SYSTÈMES DE TELLES ÉQUATIONS

184. — Dans le chapitre précédent les nombres que nous considérons n'étaient pas forcément entiers. Ils étaient seulement rationnels (1). Nous revenons maintenant aux nombres entiers.

Nous avons déjà fait l'étude de l'équation du premier degré d'une façon complète dans le cas de une et dans le cas de deux inconnues (chapitre IX). Ce sont les résultats obtenus que nous allons généraliser pour plus de deux inconnues.

La méthode pour résoudre l'équation a déjà été donnée (chapitre X). Soit l'équation

$$a_1 x_1 + a_2 x_2 + \ldots + a_n x_n = l,$$

$a_1, a_2, \ldots a_n$ n'étant pas tous nuls.

Nous avons vu (n^{os} **151** et **152**) *que l'équation est possible lorsque* $D(a_1, a_2, \ldots a_n)$ *divise* l *et dans ce cas seulement. De plus, la solution générale s'obtient en ajoutant à une solution particulière la solution générale de l'équation privée de second membre.*

Nous sommes donc amenés à étudier la solution générale de l'équation privée de second membre, c'est-à-dire de l'équation homogène

$$a_1 x_1 + a_2 x_2 + \ldots + a_n x_n = 0.$$

Nous avons vu que cette équation est possible et que les expressions de $x_1, x_2, \ldots x_n$ sont des expressions linéaires et homogènes de $(n - 1)$ entiers indéterminés $\lambda_1, \lambda_2, \ldots \lambda_{n-1}$ dits *paramètres*.

(1) D'ailleurs nous n'avons pas encore défini d'autres nombres

Soit

$$(1) \quad \begin{cases} x_1 = \alpha_{1,1}\lambda_1 + \alpha_{1,2}\lambda_2 + \ldots + \alpha_{1,n-1}\lambda_{n-1}, \\ \cdot \quad \cdot \quad \cdot \quad \cdot \quad \cdot \quad \cdot \quad \cdot \quad \cdot \\ x_n = \alpha_{n,1}\lambda_1 + \alpha_{n,2}\lambda_2 + \ldots + \alpha_{n,n-1}\lambda_{n-1}, \end{cases}$$

cette solution générale. Nous savons que ces formules 1° *donnent des solutions quand on donne aux paramètres des valeurs entières;* 2° *les donnent toutes, c'est-à-dire qu'à chaque solution correspond un système de valeurs des* λ; 3° *ne donnent chacune qu'une fois, c'est-à-dire qu'à chaque solution ne correspond qu'un système de valeurs des* λ,

En particulier on obtient une solution particulière en faisant un des λ égal à 1 et tous les autres égaux à zéro. On a ainsi $n-1$ solutions particulières, à savoir

$$\alpha_{1,1} \quad \alpha_{2,1} \quad \ldots \alpha_{n,1};$$
$$\cdot \quad \cdot \quad \cdot \quad \cdot \quad \cdot \quad \cdot \quad \cdot$$
$$\alpha_{1,n-1} \quad \alpha_{2,n-1} \quad \ldots \alpha_{n,n-1}.$$

185. Système fondamental de solutions. — Soient

$$\xi_{1,1} \quad \xi_{2,1} \quad \ldots \xi_{n,1};$$
$$\xi_{1,2} \quad \xi_{2,2} \quad \ldots \xi_{n,2};$$
$$\cdot \quad \cdot \quad \cdot \quad \cdot \quad \cdot \quad \cdot$$
$$\xi_{1,n-1} \quad \xi_{2n,-1} \quad \ldots \xi_{n,n-1};$$

$n-1$ solutions quelconques.

Les formules

$$(2) \quad \begin{cases} x_1 = \xi_{1,1}\lambda_1 + \xi_{1,2}\lambda_2 + \ldots + \xi_{1,n-1}\lambda_{n-1}, \\ \cdot \quad \cdot \quad \cdot \quad \cdot \quad \cdot \quad \cdot \quad \cdot \quad \cdot \\ x_n = \xi_{n,1}\lambda_1 + \xi_{n,2}\lambda_2 + \ldots + \xi_{n,n-1}\lambda_{n-1}, \end{cases}$$

(qui sont les formules (1) où on a remplacé les α par les ξ) donneront encore des solutions de l'équation quand on y donnera aux λ des valeurs entières quelconques.

Mais donneront-elles, comme les formules (1), toutes les solutions, chacune une fois seulement.

Si oui, le système des ξ sera dit système *fondamental* de solutions. Nous avons trouvé un tel système, le système des α. Il s'agit, maintenant, de les trouver tous. Pour cela, nous allons démontrer les propriétés suivantes de ces systèmes.

186. Théorème. — *Les déterminants du tableau*

$$\xi_{1,1} \quad \cdots \quad \xi_{1,n-1}$$
$$\cdots \cdots \cdots$$
$$\cdots \cdots \cdots$$
$$\xi_{n,1} \quad \cdots \quad \xi_{n,n-1}$$

formé par un système fondamental de solutions ne sont pas tous nuls. Car s'ils l'étaient, les formules (2) donneraient la solution 0, 0, ..., 0 pour des valeurs des λ non toutes nulles. Ces valeurs, à supposer qu'elles soient fractionnaires, en fourniraient d'entières, car elles ne sont définies qu'à un facteur près. Mais comme ces formules donnent aussi la solution 0, 0, ..., 0 pour

$$\lambda_1 = \lambda_2 = \ldots = \lambda_{n-1} = 0,$$

il en résulterait qu'une même solution serait fournie par plusieurs systèmes de valeurs entières des λ, ce qui est contraire à la définition des systèmes fondamentaux.

Remarque. — Les formules (2) déterminent les λ connaissant les x, puisque le déterminant des ξ est différent de zéro. Donc, non seulement une solution n'est donnée que par un système de valeurs entières des paramètres, mais même par un système de valeurs d'une façon absolue. Par conséquent, des valeurs fractionnaires données aux λ dans ces formules, ne peuvent donner des valeurs entières pour les x.

187. Théorème. — *Soit ξ un système fondamental de solutions, soit x le système qu'on en déduit par les formules (2). Pour que x soit aussi un système fondamental, il faut et il suffit que le déterminant des λ soit égal à + ou à — 1.*

1° *Cette condition est nécessaire.* — En effet, on a

$$(3) \quad x_{i,j} = \xi_{i,1}\lambda_{1,j} + \xi_{i,2}\lambda_{2,j} + \ldots + \xi_{i,n-1}\lambda_{n-1,j} \begin{pmatrix} i = 1, 2, \ldots, n \\ j = 1, 2, \ldots, n-1 \end{pmatrix}.$$

Mais, on a aussi, puisque par hypothèse le système des x est fondamental

$$(4) \quad \xi_{i,j} = x_{i,1}\mu_{1,j} + x_{i,2}\mu_{2,j} + \ldots + x_{i,n-1}\mu_{n-1,j} \begin{pmatrix} i = 1, 2, \ldots, n \\ j = 1, 2, \ldots, n-1 \end{pmatrix}.$$

D'autre part, on sait (n° **186**) que les déterminants du tableau des ξ ne sont pas tous nuls. Par exemple, le déterminant

$$\begin{vmatrix} \xi_{1,1} & \cdots & \xi_{1,n-1} \\ \cdot & \cdot & \cdot \\ \cdot & \cdot & \cdot \\ \cdot & \cdot & \cdot \\ \xi_{n-1,1} & \cdots & \xi_{n-1,n-1} \end{vmatrix}.$$

est différent de zéro.

Si dans ce déterminant nous remplaçons les ξ par les valeurs (4), on voit qu'on a :

$$(5) \quad \begin{vmatrix} \xi_{1,1} & \cdots & \xi_{n-1,1} \\ \cdot & \cdot & \cdot \\ \cdot & \cdot & \cdot \\ \xi_{1,n-1} & \cdots & \xi_{n-1,n-1} \end{vmatrix} = \begin{vmatrix} \mu_{1,1} & \cdots & \mu_{n-1,1} \\ \cdot & \cdot & \cdot \\ \cdot & \cdot & \cdot \\ \mu_{1,n-1} & \cdots & \mu_{n-1,n-1} \end{vmatrix} \times \begin{vmatrix} x_{1,1} & \cdots & x_{n-1,1} \\ \cdot & \cdot & \cdot \\ \cdot & \cdot & \cdot \\ x_{1,n-1} & \cdots & x_{n-1,n-1} \end{vmatrix}.$$

Maintenant, remplaçant les x par leurs valeurs (3), on obtient

$$\begin{vmatrix} \xi_{1,1} & \cdots & \xi_{1,n-1} \\ \cdot & \cdot & \cdot \\ \cdot & \cdot & \cdot \\ \xi_{n-1,1} & \cdots & \xi_{n-1,n-1} \end{vmatrix} =$$

$$\begin{vmatrix} \mu_{1,1} & \cdots & \mu_{n-1,1} \\ \cdot & \cdot & \cdot \\ \cdot & \cdot & \cdot \\ \mu_{1,n-1} & \cdots & \mu_{n-1,n-1} \end{vmatrix} \times \begin{vmatrix} \lambda_{1,1} & \cdots & \lambda_{n-1,1} \\ \cdot & \cdot & \cdot \\ \cdot & \cdot & \cdot \\ \lambda_{1,n-1} & \cdots & \lambda_{n-1,n-1} \end{vmatrix} \times \begin{vmatrix} \xi_{1,1} & \cdots & \xi_{1,n-1} \\ \cdot & \cdot & \cdot \\ \cdot & \cdot & \cdot \\ \xi_{n-1,1} & \cdots & \xi_{n-1,n-1} \end{vmatrix},$$

d'où, puisque le déterminant des ξ n'est pas nul :

$$1 = \begin{vmatrix} \mu_{1,1} & \cdots & \mu_{n-1,1} \\ \cdot & \cdot & \cdot \\ \cdot & \cdot & \cdot \\ \mu_{1,n-1} & \cdots & \mu_{n-1,n-1} \end{vmatrix} \times \begin{vmatrix} \lambda_{1,1} & \cdots & \lambda_{n-1,1} \\ \cdot & \cdot & \cdot \\ \cdot & \cdot & \cdot \\ \lambda_{1,n-1} & \cdots & \lambda_{n-1,n-1} \end{vmatrix},$$

Les deux déterminants qui figurent au second membre de cette égalité étant des entiers, et leur produit étant égal à 1, chacun d'eux est égal à + ou à — 1.

2° *Cette condition est suffisante.* — Car si elle est remplie, les équations (3) résolues par rapport aux ξ, donnent

$$\xi_{i,j} = \pm (\mathcal{L}_{j,1} x_{i,1} + \ldots + \mathcal{L}_{j,n-1} x_{i,n-1}),$$

$\mathcal{L}_{h,k}$ étant le mineur de $\lambda_{h,k}$ dans le déterminant des λ. (Le second membre de la formule est précédée du signe + ou — suivant que le déterminant des λ égale + ou — 1).

Les λ étant entiers, les $\mathcal{L}$ le sont aussi. Donc, toute solution s'exprimant par des fonctions homogènes des ξ à coefficients entiers, s'exprime aussi par des fonctions homogènes des x à coefficients entiers. D'ailleurs, une solution ne s'obtient qu'une fois par une telle formule. C'est-à-dire que si l'on a

$$l_1 x_{i,1} + l_2 x_{i,2} + \ldots + l_{n-1} x_{i,n-1} = m_1 x_{i,1} + m_2 x_{i,2} + \ldots + m_{n-1} x_{i,n-1}$$
$$(i = 1, 2, \ldots n),$$

les l sont identiques aux m. En effet, ces égalités peuvent s'écrire

$$(l_1 - m_1) x_{i,1} + (l_2 - m_2) x_{i,2} + \ldots + (l_n - m_n) x_{i,n-1} = 0,$$
$$(i = 1, 2, \ldots n).$$

Si l'on prend les $n — 1$ premières de ces équations, comme le déterminant des x est égal au déterminant des ξ multiplié par celui des λ, et que le déterminant des ξ n'est pas nul, et que celui des λ est égal à $\pm$ 1, celui des x n'est pas nul. Donc ces $n — 1$ équations donnent

$$l_1 - m_1 = l_2 - m_2 = \ldots = l_n - m_n = 0,$$

c'est-à-dire

$$l_1 = m_1, \ l_2 = m_2, \ \ldots l_n = m_n.$$

188. *Remarque.* — L'égalité (5) nous donne le théorème suivant :

Les valeurs absolues des déterminants du tableau formé par un système fondamental, sont les mêmes pour tous les systèmes fondamentaux.

En effet nous venons de voir que le déterminant des μ est égal à + ou à — 1.

Donc

$$
\begin{vmatrix}
\xi_{1,1} & \cdots & \xi_{n-1,1} \\
\cdot & \cdot & \cdot \\
\cdot & \cdot & \cdot \\
\xi_{1,n-1} & \cdots & \xi_{n-1,n-1}
\end{vmatrix}
=
\begin{vmatrix}
x_{1,1} & \cdots & x_{n-1,1} \\
\cdot & \cdot & \cdot \\
\cdot & \cdot & \cdot \\
x_{1,n-1} & \cdots & x_{n-1,n-1}
\end{vmatrix}
$$

et la même démonstration s'applique aux n déterminants du tableau.

D'ailleurs ceci sera précisé plus loin ; nous donnerons la valeur de ces déterminants (n° **190**).

189. Théorème. — *Pour qu'un système de $n-1$ solutions soit fondamental il faut et il suffit que les déterminants du tableau de ces solutions soient premiers dans leur ensemble* ([1]).

1° Cette condition est nécessaire. Il suffit de démontrer qu'elle est remplie pour *un* système fondamental de solutions ; puisqu'on vient de voir que pour tous les systèmes fondamentaux de solutions, les valeurs absolues des déterminants sont les mêmes.

Nous allons donc le montrer pour le système de solutions qu'on a obtenu par le calcul du n° **151**.

Ce calcul consiste en changements successifs d'inconnues.

Les premières inconnues étant

$$(6) \qquad x_1, \ x_2, \ \ldots \ x_{n-1}, \ x_n$$

les secondes sont

$$(7) \qquad
\begin{cases}
x'_1 = x_1, & x'_2 = x_2, & \ldots & x_{n-1} = x_{n-1}, \\
x'' = q_1 x_1 + q_2 x_2 + \ldots + q_{n-1} x_{n-1} + x_n.
\end{cases}
$$

Soit

$$(8) \qquad
\begin{matrix}
x_{1,1} & x_{2,1} & \cdots & x_{n,1} \\
x_{1,2} & & \cdots & x_{n,2} \\
\cdot & \cdot & \cdot & \cdot \\
x_{1,n-1} & & \cdots & x_{n,n-1}
\end{matrix}
$$

[1] G. Frœbenius. — *J. r. a. M.*, t. 86 (1879), p. 171.

un système fondamental de solutions, cela veut dire que :

$$x_1 = x_{1,1}\,\lambda_1 + \ldots + x_{1,n-1}\,\lambda_{n-1}$$

$$\cdot\ \cdot\ \cdot\ \cdot\ \cdot\ \cdot\ \cdot\ \cdot\ \cdot\ \cdot$$

$$x_{n-1} = x_{n-1,1}\,\lambda_1 + \ldots + x_{n-1,n-1}\,\lambda_{n-1}.$$

$$x_n = x_{n,1}\,\lambda_1 + \ldots + x_{n,n-1}\,\lambda_{n-1}$$

Donc les valeurs les plus générales des inconnues (7) sont données par les formules

$$x'_1 = x_{1,1}\,\lambda_1 + x_{1,2}\,\lambda_2 + \ldots + x_{1,n-1}\,\lambda_{n-1}$$

$$x'_2 = x_{2,1}\,\lambda_1 + x_{2,2}\,\lambda_2 + \ldots + x_{2,n-1}\,\lambda_{n-1}$$

$$\cdot\ \cdot\ \cdot\ \cdot\ \cdot\ \cdot\ \cdot\ \cdot\ \cdot\ \cdot$$

$$x'_{n-1} = x_{n-1,1}\,\lambda_1 + x_{n-1,2}\,\lambda_2 + \ldots + x_{n-1,n-1}\,\lambda_{n-1}$$

$$x'_n = (q_1 x_{1,1} + \ldots + q_{n-1} x_{n-1,1} + x_{n,1})\,\lambda_1 + \ldots$$

$$+ (q_1 x_{1,n-1} + \ldots + q_{n-1} x_{n-1,n-1} + x_{n,n-1})\lambda_{n-1}.$$

Cela veut dire que pour l'équation en $x'_1, x'_2, \ldots x'_n$ le système suivant est fondamental

$$(9)\ \begin{cases} x_{1,1} & x_{2,1} & \ldots x_{n-1,1} & q_1 x_{1,1} & + \ldots + q_{n-1} x_{n-1,1} & + x_{n,1} \\ x_{1,2} & x_{2,2} & \ldots x_{n-1,2} & q_1 x_{1,2} & + \ldots + q_{n-1} x_{n-1,2} & + x_{n,2} \\ \cdot & \cdot & \cdot & \cdot & \cdot & \cdot \\ x_{1,n-1} & x_{2,n-1} & \ldots x_{n-1,n-1} & q_1 x_{1,n-1} & + \ldots + q_{n-1} x_{n-1,n-1} & + x_{n,n-1}. \end{cases}$$

Or, soient

$$(10)\qquad\qquad D_1,\ D_2,\ \ldots D_{n-1},\ D_n.$$

les déterminants du tableau (8), D_h étant celui qu'on obtient par la suppression de la $h^{\text{ème}}$ colonne. On voit sans peine que ceux du tableau (9) sont :

$$(11)\ D_1 + (-1)^n\,q_1 D_n,\ D_2 + (-1)^{n-1}\,q_2 D_n,\ \ldots,\ D_{n-1} + q_{n-1} D_n,\ D_n.$$

Ensuite, on voit immédiatement que si les entiers (11) sont premiers dans leur ensemble, il en est de même des entiers (10).

Ainsi la démonstration du théorème annoncé pour l'équation proposée se trouve ramenée à la démonstration du même théorème pour l'équation transformée. On est donc ramené, de proche en proche, à la démontrer pour la dernière équation. Or, celle-ci ne contient plus qu'une inconnue, la première pour fixer les idées;

les coefficients de tous les autres étant nuls, c'est-à-dire qu'elle est de la forme

$$dx_1 = 0.$$

La solution générale est

$$x_1 = 0$$
$$x_2 = \lambda_1$$
$$x_3 = \lambda_2$$
$$\vdots$$
$$x_n = \lambda_{n-1}.$$

(Pour ne pas multiplier les notations, nous désignons les inconnues et les paramètres relatifs à cette équation, par les mêmes notations que les inconnues et les paramètres relatifs à la première équation, aucune confusion n'étant possible.)

D'où l'on voit qu'un système fondamental de solutions est

$$0 \quad 1 \quad 0 \ldots 0$$
$$0 \quad 0 \quad 1 \ldots 0$$
$$\cdot \quad \cdot \quad \cdot \quad \cdot$$
$$0 \quad 0 \quad 0 \ldots 1.$$

L'un des déterminants de ce tableau est égal à 1 (les autres sont nuls), donc ces déterminants sont premiers dans leur ensemble.

2°. *La condition est suffisante.* En effet soit (ξ) un système de solutions fondamentales, soit (x) un système de $n - 1$ solutions déduites du précédent par des valeurs des paramètres formant un système (λ).

On voit immédiatement que les déterminants du tableau des x sont égaux aux déterminants du tableau des ξ, multipliés par le déterminant des λ. Or le plus grand commun diviseur des déterminants du tableau des ξ est égal à 1. Donc celui des déterminants du tableau des x est égal à la valeur absolue du déterminant des λ. Donc si ce plus grand commun diviseur est 1, le déterminant des λ est égal à $+$ ou à $- 1$, donc le système des ξ est fondamental.

190. THÉORÈME. — *Dans l'équation*

$$a_1 x_1 + a_2 x_2 + \ldots + a_n x_n = 0$$

les déterminants avec leurs signes du tableau formé par un système fondamental de solutions sont égaux à

$$(12) \quad \varepsilon \frac{a_1}{D\,[a_1,\ a_2,\ \dots a_n]}, \quad \varepsilon \frac{a_2}{D\,[a_1,\ a_2,\ \dots a_n]}, \quad \dots \quad \varepsilon \frac{a_n}{D\,[a_1,\ a_2,\ \dots a_n]}$$

ε *étant égal à* $+$ *ou à* $-$ 1.

Car on a

$$\begin{cases} a_1 x_{1,1} + a_2 x_{2,1} + \dots + a_n x_{n,1} = 0 \\ a_1 x_{1,2} + a_1 x_{2,2} + \dots + a_n x_{n,2} = 0 \\ \\ a_1 x_{1,n-1} + a_2 x_{2,n-2} + \dots + a_n x_{n,n-1} = 0. \end{cases}$$

En considérant ces équations comme $n - 1$ équations homogènes en $a_1,\ a_2,\ \dots a_n$, on voit que les déterminants avec leurs signes du tableau des x, sont proportionnels à $a_1,\ a_2,\ \dots a_n$.

Comme, de plus, ils sont premiers dans leur ensemble, ils ont bien les valeurs (12) (n° **133**).

Remarque. — Comme vérification et comme exercice, le lecteur peut appliquer les résultats précédents au cas de $n = 2$ et constater qu'il retrouve des résultats connus.

191. Étude du système d'équations diophantiennes du premier degré. — La méthode pour résoudre un tel système a déjà été donnée (n° **153**).

Soit le système

$$\begin{aligned} a_{1,1} x_1 + a_{1,2} x_2 + \dots + a_{1,n} x_n &= l_1 \\ a_{2,1} x_1 + a_{2,2} x_2 + \dots + a_{2,n} x_n &= l_2 \\ \\ a_{p,1} x_1 + a_{p,2} x_2 + \dots + a_{p,n} x_n &= l_p. \end{aligned}$$

Je suppose ces équations algébriquement compatibles et distinctes, c'est-à-dire (n° **167**) que $p \leqslant n$ et que l'un au moins des déterminants du tableau des a est différent de zéro.

Nous avons vu (n° **154**) que *lorsque le système est possible, la solution générale s'obtient en ajoutant à une solution particulière, la solution générale du système sans second membre.*

Nous sommes ainsi amenés à étudier la solution générale du système sans seconds membres.

Nous avons vu (n° **154**) que ce système est possible, et que les expressions de x_1, x_2, ... x_n sont des expressions linéaires et homogènes par rapport à $n - p$ entiers indéterminés λ_1, λ_2, ... λ_{n-p}, dits paramètres.

$$(13)\quad \begin{cases} x_1 = \alpha_{1,1}\,\lambda_1 + \ldots + \alpha_{1,n-p}\,\lambda_{n-p} \\ \quad . \quad . \quad . \quad . \quad . \quad . \quad . \quad . \quad . \\ \quad . \quad . \quad . \quad . \quad , \quad . \quad . \quad . \quad . \\ x_n = \alpha_{n,1}\,\lambda_1 + \ldots + \alpha_{n,n-p}\,\lambda_{n-p}. \end{cases}$$

Nous savons que ces formules

1° donnent des solutions pour des valeurs entières des λ,

2° les donnent toutes,

3° ne donnent chacune qu'une fois.

En particulier on obtient une solution particulière en faisant un des λ égal à 1 et tous les autres égaux à zéro. On a ainsi $n - p$ solutions particulières ; à savoir :

$$(14)\quad \begin{cases} \alpha_{1,1} \quad\quad \alpha_{2,1} \quad\ \ldots\ \alpha_{n,1} \\ \alpha_{1,2} \quad\quad \alpha_{2,2} \quad\ \ldots\ \alpha_{n,2} \\ \quad . \quad . \quad . \quad . \quad . \quad . \quad . \quad . \\ \alpha_{1,n-p} \ \ \alpha_{2,n-p} \ \ldots\ \alpha_{n,n-p}. \end{cases}$$

Système fondamental de solutions. — Se définit comme pour une équation. En ayant un, par exemple le système (14). tous les autres s'obtiennent par les formules (13) les λ étant tels que leur déterminant soit égal à + ou à — 1.

192. Théorème. — *Les valeurs absolues des déterminants du tableau formé par un système fondamental sont les mêmes pour tous les systèmes fondamentaux.* Se démontre comme pour une équation. Se trouve précisé au n° **194**.

193. Théorème. — *Pour qu'un système de $n - p$ solutions soit fondamental, il faut et il suffit que les déterminants du tableau de ces solutions soient premiers dans leur ensemble* (¹).

1° La condition est nécessaire. Il suffit de le démontrer pour *un*

(¹) G. Frobenius. — *J. r. a. M.*, t. 86 (1879), p. 171.

système de solutions, par exemple pour celui qu'on obtient par le calcul du n° **155**, et l'on voit comme pour une équation qu'il suffit de le démontrer pour le système transformé auquel on aboutit finalement. Ce dernier est de la forme

$$a_{1,1}x_1 = 0$$
$$a_{2,1}x_1 + a_{2,2}x_2 = 0$$
$$\cdot \quad \cdot \quad \cdot \quad \cdot \quad \cdot \quad \cdot$$
$$a_{p,1}x_1 + a_{p,2}x_2 + \ldots + a_{p,p}x_p = 0.$$

La solution générale est

$$x_1 = 0$$
$$x_2 = 0$$
$$\vdots$$
$$x_p = 0$$
$$x_{p+1} = \lambda_1$$
$$x_{p+2} = \lambda_2$$
$$\vdots$$
$$x_n = \lambda_{n-p}.$$

Un système fondamental de solutions est

$$n - p \text{ colonnes}$$

$$\left.\begin{array}{ccccc}
0 & 0 & 0 & \ldots & 0 \\
0 & 0 & 0 & \ldots & 0 \\
\cdot & \cdot & \cdot & \cdot & \cdot \\
0 & 0 & 0 & \ldots & 0
\end{array}\right\} p \text{ lignes}$$

$$\left.\begin{array}{ccccc}
1 & 0 & 0 & \ldots & 0 \\
0 & 1 & 0 & \ldots & 0 \\
\cdot & \cdot & \cdot & \cdot & \cdot \\
0 & 0 & 0 & \ldots & 1
\end{array}\right\} n - p \text{ lignes}.$$

L'un des déterminants de ce tableau est égal à 1, etc.

2° *La condition est suffisante.* Comme pour une équation.

194. THÉORÈME. — *Les déterminants avec leurs signes du tableau formé par un système fondamental de solutions, sont égaux respectivement aux déterminants complémentaires sans leurs* *signes du tableau des coefficients, divisés par leur plus grand commun diviseur, ou à ces rapports tous changés de signe.*

Soit (x) un système fondamental de solutions. On a les $n\,(n-p)$ égalités

$$a_{h,1}x_{1,k} + a_{h,2}x_{2,k} + \ldots + a_{h,n}x_{n,k} = 0$$
$$\begin{cases} h = 1, 2, \ldots p \\ k = 1, 2, \ldots (n-p). \end{cases}$$

Il en résulte (n° **178**) que les déterminants avec leurs signes du tableau des x sont proportionnels aux déterminants complémentaires sans leurs signes du tableau des a. Mais d'ailleurs les déterminants du tableau des x sont premiers dans leur ensemble. Donc, etc.

195. — Reste à trouver pour les systèmes le théorème analogue de celui du n° **151** pour une équation. Quelle est la condition nécessaire et suffisante pour qu'un système soit possible ?

Nous savons qu'un système d'équations homogènes est toujours possible, mais il n'en est pas de même d'un système d'équations avec seconds membres.

THÉORÈME. — *Pour qu'un système d'équations linéaires diophantiennes algébriquement compatibles et distinctes admette des solutions, il faut et il suffit que le plus grand commun diviseur des déterminants du tableau des coefficients divise tous les déterminants déduits des précédents en y remplaçant successivement chaque colonne par la colonne des termes tout connus* (¹).

Exemple. — Pour que le système

$$ax + by + cz = d$$
$$a'x + b'y + c'z = d'$$

soit possible, il faut et il suffit que le plus grand commun diviseur de

$$\begin{vmatrix} a & b \\ a' & b' \end{vmatrix}, \quad \begin{vmatrix} a & c \\ a' & c' \end{vmatrix}, \quad \begin{vmatrix} b & c \\ b' & c' \end{vmatrix}$$

(¹) J. HEGER. — *Denkschriften. d. Kais. Akad. d. Wissensch. Mathem. Naturwissensch. Klasse*, t. 14 (1858), II, p. 1.

divise

$$\begin{vmatrix} a & d \\ a' & d' \end{vmatrix}, \quad \begin{vmatrix} b & d \\ b' & d' \end{vmatrix}, \quad \begin{vmatrix} c & d \\ c' & d' \end{vmatrix}.$$

Autre énoncé. — Posons la définition suivante :

Soit un système d'équations linéaires à coefficients entiers, indépendantes. Nous appelerons *module* de ce système *le plus grand commun diviseur des déterminants du tableau de ses coefficients* [1].

Dans un système d'équations non indépendantes nous dirons que le module est nul. Ainsi pour les systèmes à coefficients entiers les deux expressions « *système d'équations indépendantes* » et « *système à module différent de zéro* » sont équivalentes.

Nous emploierons aussi l'expression « *module d'un tableau* (pour les tableaux à éléments entiers) ». En supposant 1° que la hauteur p du tableau est inférieure ou égale à sa largeur; 2° que les déterminants de ce tableau ne soient pas tous nuls; nous appelons module du tableau, le plus grand commun diviseur de ces déterminants d'ordre p. Si la hauteur du tableau est supérieure à sa largeur, ou si les déterminants d'ordre p sont tous nuls, nous dirons que le module est nul [2].

Le module d'un système n'est autre chose que le module des coefficients des inconnues dans ce système. Ceci posé le théorème d'Héger, peut s'énoncer comme suit :

Pour qu'un système d'équations diophantiennes linéaires à module non nul, soit possible, il faut et il suffit que le module du tableau des coefficients soit égal à celui de ce même tableau complété par les termes tout connus.

Pour le démontrer nous considérons de nouveau la méthode du n° **155** et nous allons d'abord montrer que les modules dont parle l'énoncé ne changent pas, quand on fait sur les inconnues les changements indiqués dans cette méthode.

---

[1] Le nombre d'équations étant désigné par p, tous ces déterminants sont d'ordre p, puisque les équations sont indépendantes.

Dans le cas particulier où le nombre des inconnues est égal à p, le module du système n'est autre que la valeur absolue de son déterminant.

[2] Remarquer que les lignes et les colonnes ne jouent pas le même rôle dans cette définition (voir n° **371**).

Soit le système

$$a_{1,1}x_1 + \ldots + a_{1,n}x_n = l_1$$
$$\cdot \quad \cdot \quad \cdot \quad \cdot \quad \cdot \quad \cdot$$
$$a_{p,1}x_1 + \ldots + a_{p,n}x_n = l_p$$

et le changement d'inconnues

$$x'_1 = x_1, \ldots x'_{n-1} = x_{n-1}, \; x'_n = q_1 x_1 + q_2 x_2 + \ldots + q_{n-1}x_{n-1} + x_n$$

Pour simplifier nous remarquons que ce changement peut se faire en plusieurs fois. On peut d'abord introduire au lieu de l'inconnue x_n, l'inconnue $x'_n = q_1 x_1 + x_n$, puis au lieu de celle-ci l'inconnue $q_2 x_2 + x'_n$ et ainsi de suite. Nous allons montrer que les deux modules dont parle l'énoncé ne changent pas, quand on fait l'un de ces changements. Considérons par exemple le premier changement, il donne naissance au nouveau système

$$(a_{1,1} - q_1 a_{1,n}) x_1 + a_{1,2}x_2 + \ldots + a_{1,n}x_n = l_1$$
$$\cdot \quad \cdot \quad \cdot \quad \cdot \quad \cdot \quad \cdot \quad \cdot$$
$$(a_{p,1} - q_1 a_{p,n}) x_1 + a_{p,2}x_2 + \ldots + a_{p,n}x_n = l_n.$$

Faisons la démonstration pour les tableaux non complétés. Elle est évidemment la même pour les tableaux complétés. Le premier tableau est

(15)
$$\begin{array}{ccc} a_{1,1} & a_{1,2} \ldots a_{1,n} \\ \cdot \quad \cdot & \cdot \quad \cdot \quad \cdot \\ a_{p,1} & a_{p,2} \ldots a_{p,n} \end{array}$$

le second est

(16)
$$\begin{array}{cc} a_{1,1} - q_1 a_{1,n} & a_{1,2} \ldots a_{1,n} \\ \cdot \quad \cdot \quad \cdot & \cdot \quad \cdot \quad \cdot \\ a_{p,1} - q_1 a_{p,n} & a_{p,2} \ldots a_{p,n}. \end{array}$$

Les deux tableaux ne diffèrent que par leur première colonne.

Dans les déterminants du premier tableau on peut distinguer 1° ceux qui ne contiennent ni la première ni la dernière colonne appelons-les

$$D, \; D', \; D'', \ldots$$

2° ceux qui ne contiennent pas la première colonne, mais qui contiennent la dernière, appelons-les

$$E, E', E'', \ldots$$

3° ceux qui contiennent la première colonne mais non la dernière, appelons-les

$$F, F', F'', \ldots$$

4° enfin ceux qui contiennent la première et la dernière colonne, appelons les

$$G, G', G'', \ldots$$

Les déterminants qui occupent la même place dans le second tableau sont respectivement :

$$D, D', D'', \ldots$$
$$E, E', E'', \ldots$$
$$F - (-1)^{n-1} q_1 E, \quad F' - (-1)^{n-1} E', \quad F'' - (-1)^{n-1} E'', \ldots$$
$$G, G', G'', \ldots$$

On est donc ramené à démontrer que le plus grand commun diviseur des entiers

$$D, D', \ldots E, E', \ldots F - (-1)^{n-1} E, F - (-1)^{n-1} E', \ldots, G, G', \ldots$$

est le même que le plus grand commun diviseur des entiers

$$D, D', \ldots E, E', \ldots F, F', \ldots G, G', \ldots$$

ce qui est facile.

Ceci posé, pour démontrer le théorème annoncé il suffit donc de le démontrer pour le système transformé auquel on aboutit

$$a_{1,1}x_1 + \quad 0x_2 + 0x_3 + \ldots\ldots\ldots\ldots + 0x_n = l_1$$
$$a_{1,2}x_1 + a_{2,2}x_2 + 0x_3 + \ldots\ldots\ldots\ldots + 0x_n = l_2$$
$$\cdot \quad \cdot \quad \cdot \quad \cdot \quad \cdot \quad \cdot \quad \cdot \quad \cdot$$
$$a_{n,1}x_1 + a_{n,2}x_2 + \ldots + a_{p,p}x_p + \ldots + 0x_n = l_p.$$

(Pour simplifier les notations je désigne les coefficients de ce système par des lettres a et les inconnues par des lettres x, mais ce ne sont pas les mêmes que dans le système primitif. Quant aux seconds membres, ce sont les mêmes.)

On a d'ailleurs $a_{1,1}a_{2,2} \ldots a_{p,p} \neq 0$ puisque par hypothèse les équations données sont algébriquement indépendantes.

Le seul déterminant non nul du tableau du système est

$$\begin{vmatrix} a_{1,1} & 0 & 0 & \ldots & 0 \\ a_{1,2} & a_{2,2} & 0 & \ldots & 0 \\ \cdot & \cdot & \cdot & \cdot & \cdot \\ 0 & 0 & & \ldots & a_{p,p} \end{vmatrix}$$

appelons-le D, c'est le plus grand commun diviseur des déterminants de ce tableau.

Les déterminants non nuls du tableau complété sont d'abord D et ensuite les déterminants déduits de D en y remplaçant successivement la première, la seconde, ... colonne par la colonne des 0, appelons-les D_1, D_2 ... D_p.

Or les formules de Cramer donnent

$$x_1 = \frac{D_1}{D}, \quad x_2 = \frac{D_2}{D} \ldots x_p = \frac{D_p}{D}.$$

Donc la condition nécessaire et suffisante pour que le système soit possible est que D divise D_1, D_2, ... D_p, ce qui démontre le théorème.

Cas particulier. — Si le module du tableau des coefficients est 1, le système est possible quels que soient les seconds membres.

196. — On a supposé que les équations données sont algébriquement compatibles et distinctes. Ne faisons plus cette restriction. Pour avoir alors la condition de possibilité du système, il faut combiner la condition précédente avec celle du n° **168**.

On obtient ainsi le théorème suivant [1].

Pour qu'un système d'équations linéaires diophantiennes soit possible, il faut et il suffit que son tableau et son tableau complété aient même rang r et que leurs déterminants d'ordre r aient le même plus grand commun diviseur.

Pour y arriver, généralisons d'abord la démonstration par laquelle on voit que les déterminants des tableaux (15) et (16) ont même plus grand commun diviseur.

[1] FROBENIUS. — *J. r. a. M.*, t. 86 (1879), p. 171.

On démontre sans peine que leurs déterminants d'ordre k ont même plus grand commun diviseur, k étant un entier quelconque, mais non supérieur au rang r des tableaux.

Il suffit maintenant de démontrer le théorème pour le système transformé. Il est de la forme:

$$(17) \begin{cases} a_{1,1}x_1 + 0x_2 \quad + \ldots + 0x_r \quad + 0x_{r+1} + \ldots + 0x_n = l_1 \\ \cdot \qquad \cdot \qquad \cdot \qquad \cdot \\ a_{r,1}x_1 + a_{r,2}x_2 + \ldots + a_{r,r}x_r + 0x_{r+1} + \ldots + 0x_n = l_r \\ a_{r+1,1}x_1 + a_{r+1,2}x_2 + \ldots + a_{r+1,r}x_r + 0x_{r+1} + \ldots + 0x_n = l_{r+1} \\ \cdot \qquad \cdot \qquad \cdot \qquad \cdot \\ a_{p,1}x_1 + a_{p,2}x_2 + \ldots + a_{p,r}x_r + 0x_{r+1} + \ldots + 0x_n = l_p \end{cases}$$

avec

$$a_{1,1}a_{2,2} \ldots a_{r,r} \neq 0.$$

La première condition énoncée est nécessaire pour que le système soit algébriquement possible et la seconde pour que le système des r premières équations du système (17) soit possible en nombres entiers. Réciproquement si ces conditions sont remplies, le système (17) se déduit à celui des r premières équations, lequel est possible en nombres entiers.

197. Résolution géométrique d'une équation diophantienne du premier degré à trois inconnues. — Nous allons, pour une équation diophantienne à trois inconnues, faire ce que nous avons fait aux n^{os} **148** et suivants pour une équation à deux. Il nous faudra pour cela considérer des réseaux dans l'espace à trois dimensions. Mais avant cela, nous devons encore donner quelques résultats relatifs aux réseaux à deux dimensions.

Parallélogrammes élémentaires dans un réseau à deux dimensions. — Nous savons déjà ce que c'est qu'un parallélogramme élémentaire d'un réseau (n° **146**). Un réseau étant donné, il a une infinité de parallélogrammes élémentaires. Il est évident d'abord que, connaissant un parallélogramme élémentaire du réseau ABCD, on en obtient un autre par une translation parallèle à AB et égale à nAB, puis par une autre parallèle à AD à n'D; n, n' étant des entiers positifs négatifs ou nuls.

(Avec les notations vectorielles, on dira une translation égale à nAB + n'AD).)

Mais ce ne sont pas *tous* les parallélogrammes élémentaires qu'on obtient ainsi, comme nous allons le voir tout à l'heure.

198. Réseau contenu dans un autre. — Soient A, B, C, D, quatre points quelconques d'un réseau formant un parallélogramme. Il est évident que si sur ABCD comme parallélogramme élémentaire, on bâtit un nouveau réseau, tous les points de ce nouveau réseau appartiennent au premier. On dira qu'il y est contenu. Il peut d'ailleurs arriver qu'il coïncide avec lui. La condition nécessaire et suffisante pour qu'il en soit ainsi, est donnée par le théorème suivant :

THÉORÈME. — *La condition nécessaire et suffisante pour qu'un parallélogramme ayant pour sommets quatre points d'un réseau soit élémentaire, est qu'il ne contienne pas d'autre point du réseau à son intérieur ou sur son contour.*

Ce théorème est évident.

199. THÉORÈME. — *Les surfaces de tous les parallélogrammes élémentaires sont égales.*

Car en prenant pour unité la surface de celui qui a servi à construire le réseau, la surface de tout autre est égal à 1, d'après le théorème précédent et celui du n° **149**.

200. Trouver tous les parallélogrammes élémentaires d'un réseau. — On joint deux points du réseau A, B, tels que sur AB entre A et B il n'y en ait pas d'autre. Ensuite, on mène la parallèle à AB la plus rapprochée possible de AB, d'un côté où de l'autre, de façon qu'elle passe par un, et par suite par une infinité de points du réseau. On prend deux de ces points qui soient consécutifs : C, D ; *le parallélogramme ABCD est élémentaire.* En effet, il ne contient aucun point du réseau à son intérieur. D'ailleurs, tout parallélogramme élémentaire peut être obtenu de cette façon.

201. Représentation d'un système de trois entiers. — Il suffit de tracer trois axes de coordonnées rectangulaires dans l'espace et de représenter le système des trois entiers a, b, c, par le point de coordonnées a, b, c. L'ensemble des points à coordonnées entières forme un *réseau cubique* que nous appellerons R. Les diviseurs communs à trois entiers a, b, c, s'obtiennent d'une façon analogue à celle qu'on a développée au n° **147** dans le cas de deux entiers.

202. Réseau à trois dimensions. — En général, on appelle réseau à trois dimensions l'ensemble des points obtenus en menant trois séries de plans parallèles équidistants (tels que les plans de deux séries différentes ne soient pas parallèles entre eux, et que les plans d'une série ne soient pas parallèles à la droite d'intersection des plans des deux autres).

L'un quelconque des parallélépipèdes formé par trois couples de plans consécutifs dans chacune des séries, s'appelle *élémentaire*.

Le réseau est dit *cubique*, lorsque ce parallélépipède est un cube. C'est le cas examiné plus haut.

La définition des points *congruents* et des figures congruentes, se fait comme au n° **149**.

203. Théorème. — *Soit un parallélépipède ayant pour sommets huit points congruents du réseau. Le volume de ce parallélépipède, si l'on prend comme unité le volume du parallélépipède élémentaire, est mesuré par le nombre de points du réseau qu'il contient. Par points du réseau que le parallélépipède contient, nous entendons :*

1° *Les points qui sont à son intérieur :*

2° *Les points situés sur ses faces, comptés chacun pour $\frac{1}{2}$;*

3° *Les points situés sur ses arêtes, comptés chacun pour $\frac{1}{4}$;*

4° *Les points qui sont en ses sommets, comptés chacun pour $\frac{1}{8}$.*

La démonstration de ce théorème est tout à fait analogue à celle du théorème du n° **149**.

204. Théorème. — *Une condition nécessaire et suffisante pour qu'un parallélépipède ayant pour sommets huit points du réseau soit élémentaire est qu'il ne contienne pas de points du réseau à son intérieur, ni sur sa surface, ni sur ses arêtes.*

Analogue du théorème du n° **198**.

205. Théorème. — *Les volumes de tous les parallélépipèdes élémentaires, sont égaux.*

Analogue du théorème du n° **199**.

206. Problème. — *Trouver tous les parallélépipèdes élémentaires d'un réseau.*

Solution analogue à celle du n° **200**.

207. Résolution géométrique de $ax + by + cz = 0$. — Nous considérons le réseau cubique du n° **201**, soit R (¹).

_____

(¹) Ce réseau n'est pas dessiné sur la figure 5.

Nous supposons a, b, c, premiers dans leur ensemble. Soit I le point (a, b, c) (fig. 5). Il n'y a pas de point du réseau R sur OI entre O et I. Il faut construire le plan ((P)), dont l'équation est $ax + by + cz = 0$, et déterminer les points du réseau R par lesquels il passe. Ce plan est le plan perpendiculaire à OI menée par O.

Soit J la projection de I sur yOz ; la trace du plan ((P)) sur yOz est perpendiculaire à OJ. Elle passe donc par le point K, obtenu en faisant faire à J une rotation de $\frac{\pi}{2}$ autour de O dans le plan yOz (voir n° 148).

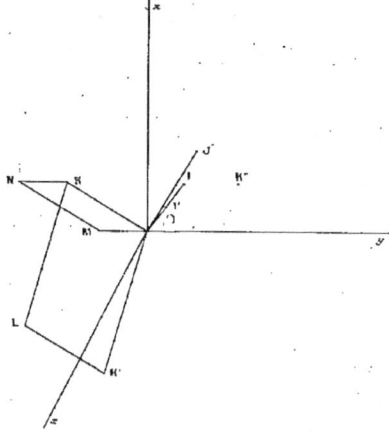

Fig 5.

On trouve de même un point K′ du réseau sur la trace du plan ((P)) sur zOx, et un point K″ sur la trace du plan sur xOy.

Les points K, K′, K″ étant, l'un dans le plan yOz, l'autre dans le plan zOx, le troisième dans le plan xOy ne sont pas en ligne droite avec le point O. Supposons, par exemple que K et K′ ne soient pas en ligne droite avec O.

Si sur OK et OK′ on construit un parallélogramme OKLK′, puis sur ce parallélogramme un réseau S à deux dimensions, il est évident que tous les points de ce réseau donnent des solutions de l'équation.

Maintenant, si à l'intérieur de OKLK′ il n'y a pas de point du réseau, il n'y en a pas non plus dans tout autre parallélogramme élémentaire de S, et par conséquent, les points de S constituent toutes les solutions.

Si à l'intérieur de OKLK' il y a un point du réseau R, soit M, on remplacera le parallélogramme OKLK' par OKNM, lequel a une surface plus petite (puisqu'il a même base et une hauteur plus petite), et par conséquent contient moins de points du réseau R à son intérieur. (En effet, en projetant sur xOy, les surfaces des projections, qui sont proportionnelles aux surfaces elles-mêmes, sont égales à ces nombres de points.) Cela ne peut continuer indéfiniment; donc on arrive à un parallélogramme, soit OKNM tel que si l'on construit sur ce parallélogramme un réseau r, les points de ce réseau donnent toutes les solutions de l'équation.

Les deux solutions correspondantes aux points K, M, seront dits former un système fondamental de solutions.

D'une façon générale, on appellera ainsi deux solutions correspondant à deux points, tels qu'en construisant le parallélogramme ayant ces deux points et l'origine comme sommets, puis un réseau sur ce parallélogramme les points de ce réseau donnent toutes les solutions.

On voit qu'on a les solutions fondamentales en prenant les parallélogrammes élémentaires du réseau r.

On voit que la surface du parallélogramme construit avec un système fondamental de solutions, est la même pour tous les systèmes fondamentaux.

Démontrons qu'elle est égale à OI. (Si a, b, c, n'étaient pas, comme on l'a supposé, premiers dans leur ensemble, cette surface serait égale à $\dfrac{\text{OI}}{\text{D}(a,\,b,\,c)}$).

En effet, évaluons de deux façons le volume du parallélépipède droit ayant pour base le parallélogramme élémentaire OKNM, et pour hauteur OI.

D'une part c'est $S \times$ OI, en appelant S la surface cherchée; d'autre part, c'est le nombre de points du réseau R contenus dans ce parallélépipède (n° 203), soit n. Donc :

$$S = \frac{n}{\text{OI}}.$$

Évaluons donc n. Or, si un plan coïncidant d'abord avec OKNM se déplace parallèlement à lui-même jusqu'à passer par A, son équation est

$$ax + by + cz = \delta,$$

δ variant de 0 à $a^2 + b^2 + c^2$ ou $\overline{\text{OI}}^2$.

Or, δ passe par une valeur entière chaque fois que le plan passe par un point du réseau contenu dans le parallélépipède.

Il ne passe d'ailleurs jamais par deux à la fois, car la section qu'il fait dans le parallélépidède, a toujours une surface égale à celle de OMKN et pas de points du réseau R sur son contour.

Donc :

$$n \leqslant \overline{\mathrm{OI}}^2.$$

Donc :

$$\mathrm{S} \leqslant \mathrm{OI}.$$

Démontrons maintenant que S = OI. (Traduction géométrique de l'énoncé du n° **190**.) Car, soit pour un instant S < OI. Prenons sur le segment OI un segment OI′ = S. Alors, les projections de S sur les trois plans de coordonnées seraient égales aux coordonnées de I′. D'ailleurs, elles sont évidemment égales à des nombres entiers. Il y aurait donc sur OI, entre O et I un point I′ dont les coordonnées seraient entières ; ce qui est contraire à l'hypothèse.

208. Résolution géométrique de l'équation $ax + by + cz = d$. — La résolution de cette équation et sa discussion, se font d'une façon analogue à celle dont se font celles de l'équation $ax + by = c$ (n° **150**).

209. Formation des déterminants égaux à ± 1. — Nous avons vu plus haut comment on forme les systèmes fondamentaux de solutions d'une équation ou d'un système. On en forme un (α), puis on en déduit tous les autres par les formules (1) ou (13), le déterminant des λ étant égal à ± 1. Si donc on veut former *tous* [1] les systèmes fondamentaux, il faut former tous les déterminants égaux à ± 1. Tel est le problème auquel nous sommes amenés :

PROBLÈME. — *Former, avec des éléments entiers, tous les déterminants d'ordre n, qui sont égaux à ± 1* [2].

210. 1ᵉ Méthode. — On considèrera tous les déterminants d'ordre n dont les éléments ne dépassent pas en valeur absolue un entier positif ω, et on ne gardera que ceux qui répondent à la question.

---

[1] Pour bien comprendre le sens du mot « tous » dans cette phrase, voir le n° **110**.
[2] HERMITE.— *J. m. p. a.*, XIV (1) (1849), p. 21 = Œuvres, t. I, p. 265. Pour $n = 3$, résolu déjà par EISENSTEIN, *J. r. a. M.*, 28 (1844), p. 327.

Le nombre des déterminants à considérer par cette méthode, est $(2\omega + 1)^{n^2}$. Pour $\omega = 5$, $n = 3$, c'est déjà $2\,357\,947\,691$, ce qui rend la méthode impraticable.

A priori, d'ailleurs, on ne sait pas si l'on trouvera des solutions. Mais on peut le voir de la façon suivante. Il y a une solution évidente : à savoir, le déterminant dont les éléments de la diagonale principale sont égaux à 1, et les autres égaux à 0. Si, partant de ce déterminant, on ajoute entre elles des lignes ou des colonnes, ou si l'on intervertit deux lignes ou deux colonnes, on en forme d'autres toujours égaux à ± 1 (théorèmes I et VI du n° **162**). Mais peut-on avoir ainsi toutes les solutions? (Voir n° **212**.)

211. 2e Méthode. *Cas de $n = 2$.* — On veut trouver tous les systèmes de quatre entiers λ, μ, λ', μ', tels que

$$\lambda\mu' - \lambda'\mu = \pm 1.$$

Il suffira évidemment de trouver tous les systèmes de quatre entiers tels que

(18) $$\lambda\mu' - \lambda'\mu = 1,$$

puis d'adjoindre aux résultats trouvés ceux qu'on en déduit en en changeant de signes λ et λ'.

Pour cela, on prendra λ arbitraire, puis λ' arbitraire mais premier à λ, ensuite on calculera μ et μ' par la condition (18) laquelle est résoluble puisque $D(\lambda, \lambda') = 1$.

On forme ainsi, évidemment, tous les systèmes de quatre entiers satisfaisant à la condition (18), et chacun une seule fois.

Relation avec la théorie des parallélogrammes élémentaires d'un réseau. — Soit un réseau. Prenons un point du réseau comme origine, et les deux droites du réseau qui passent par ce point comme axes de coordonnées. Cherchons les parallélogrammes élémentaires ayant l'origine comme sommet. Soient λ, μ; λ', μ'; les coordonnées de deux des sommets de ce parallélogramme autres que 0. L'aire de ce parallélogramme est égale à la valeur absolue de $\lambda\mu' - \lambda'\mu$ (en prenant comme unité d'aire, l'aire du parallélogramme élémentaire du réseau).

La condition nécessaire et suffisante pour qu'il soit élémentaire est est donc

$$\lambda \mu' - \lambda' \mu = \pm 1.$$

La question du n° **211** est donc ramenée à celle du n° **200**.

212. Cas de n quelconque. — Soit, pour fixer les idées, et pour simplifier l'écriture $n = 4$.

Dans ce cas encore, on peut se borner à chercher les dé-terminants

$$\begin{vmatrix} \lambda & \mu & \nu & \rho \\ \lambda' & \mu' & \nu' & \rho' \\ \lambda'' & \mu'' & \nu'' & \rho'' \\ \lambda''' & \mu''' & \nu''' & \rho''' \end{vmatrix}$$

égaux à 1.

Pour cela, on choisira d'abord quatre entiers λ, μ, ν, ρ, premiers dans leur ensemble. (On prendra λ, μ, ν arbitraires, puis ρ premier avec $D(\lambda, \mu, \nu)$.

Appelons $\mathfrak{L}, \mathfrak{M}, \mathfrak{N}, \mathfrak{R}$, les mineurs avec leurs signes de λ, μ, ν, ρ. On doit avoir :

(19) $$\lambda \mathfrak{L} + \mu \mathfrak{M} + \nu \mathfrak{N} + \rho \mathfrak{R} = 1.$$

Donc, ayant choisi λ, μ, ν, ρ; on résoudra cette équation qui est possible [puisque $D(\lambda, \mu, \nu, \rho) = 1$].

Soit $\mathfrak{L}, \mathfrak{M}, \mathfrak{N}, \mathfrak{R}$ une solution.

Il reste à déterminer $\lambda', \mu', \nu', \rho'. \lambda'', \ldots, \rho'''$, par la condition que les mineurs avec leurs signes

$$\begin{vmatrix} \mu' & \nu' & \rho' \\ \mu'' & \nu'' & \rho'' \\ \mu''' & \nu''' & \rho''' \end{vmatrix}, \ldots$$

aient comme valeurs $\mathfrak{L}, \mathfrak{M}, \mathfrak{N}, \mathfrak{R}$.

Or, ceci exige que

$$\mathfrak{L}\lambda' + \mathfrak{M}\mu' + \mathfrak{N}\nu' + \mathfrak{R}\rho' = 0,$$
$$\mathfrak{L}\lambda'' + \mathfrak{M}\mu'' + \mathfrak{N}\nu'' + \mathfrak{R}\rho'' = 0,$$
$$\mathfrak{L}\lambda''' + \mathfrak{M}\mu''' + \mathfrak{N}\nu''' + \mathfrak{R}\rho''' = 0.$$

Il faut donc que les trois systèmes d'entiers

$$\lambda', \mu', \nu', \rho' : \quad \lambda'', \mu'', \nu'', \rho'' ; \quad \lambda''', \mu''', \nu''', \rho''' ;$$

soient trois solutions de l'équation

$$\mathscr{L}x + \mathscr{M}y + \mathscr{N}z + \mathscr{R}t = 0.$$

De plus, comme $\mathscr{L}, \mathscr{M}, \mathscr{N}, \mathscr{R}$, doivent être égaux aux mineurs, avec leurs signes du tableau

$$\begin{array}{cccc} \lambda' & \mu' & \nu' & \rho' \\ \lambda'' & \mu'' & \nu'' & \rho'' \\ \lambda''' & \mu''' & \nu''' & \rho''' \end{array}$$

il faut que ces solutions forment un système fondamental, et réciproquement cela suffit pour que ces conditions soient satisfaites (n° **190**).

Donc, on est ramené à trouver tous les systèmes fondamentaux de l'équation (19). Or, on sait trouver tous ces systèmes fondamentaux, pourvu qu'on sache former tous les déterminants à éléments entiers, du troisième ordre et égaux à $\pm$ 1. On est donc ramené au même problème que celui posé, mais pour des déterminants dont l'ordre est inférieur d'une unité à celui proposé. De proche en proche on est ramené au second ordre, pour lequel la solution a été donnée.

213. Résolution en nombres rationnels des équations ou des systèmes d'équations linéaires à coefficients rationnels. — On résoudra l'équation ou le système proposé *algébriquement*. On aura les valeurs des inconnues en fonction linéaire de $n - r$ paramètres (n, nombre des inconnues ; r, rang du système). De plus, à chaque système de valeurs rationnelles des paramètres correspond un système de valeurs rationnelles des paramètres et réciproquement. Le problème est donc résolu.

Exemple. — Soit le système :

$$\begin{aligned} x + 2y - 3z + 5t + 1 &= 0, \\ 2x + 6y - 3z + 3t + 7 &= 0, \\ 9x + 10y + 9z - 10t - 2 &= 0. \end{aligned}$$

On peut, par exemple, exprimer les inconnues en fonction de t; on a :

$$x = \frac{-13t + 23}{8},$$

$$y = \frac{29t - 71}{32},$$

$$z = \frac{83t - 9}{48},$$

$$t = t.$$

D'ailleurs, $t = \dfrac{\lambda}{\mu}$, λ et μ étant deux entiers tels que $D(\lambda, \mu) = 1$. Alors

$$x = \frac{-13\lambda + 23\mu}{8\mu},$$

$$y = \frac{29\lambda - 71\mu}{32\mu},$$

$$z = \frac{83\lambda - 9\mu}{48\mu},$$

$$t = \frac{\lambda}{\mu}.$$

EXERCICES

I. — Soit un système d'équations diophantiennes linéaires homogènes à module non nul D. Soit D_i le module du tableau obtenu en supprimant dans le précédent les coefficients de x_i.

Démontrer que $\dfrac{D_i}{D}$ est le plus grand commun diviseur des valeurs de l'inconnue x_i dans les différentes solutions.

II. — Parmi toutes les solutions d'une équation ou d'un système d'équations diophantiennes linéaires homogènes, trouver celles qui sont telles que les valeurs des inconnues y soient premières dans leur ensemble. Montrer en particulier que les solutions appartenant à un système fondamental, jouissent de cette propriété. Montrer que, réciproquement, toute solution jouissant de cette propriété, peut faire partie d'un système fondamental.

III. — Même question pour une équation ou un système d'équations non homogènes que l'on suppose possibles. (Généralisation de l'exercice II du chapitre ix.)

IV. — Résoudre et discuter géométriquement le système

$$ax + by + cz = d,$$
$$a'x + b'y + c'z = d'.$$

V. — On a vu (note III du chapitre VIII) ce que c'est que le plus grand commun diviseur de plusieurs fractions. Cette notion admise, celle de module d'un tableau (n° **195**) se généralise pour un tableau à éléments fractionnaires. Démontrer le théorème suivant, généralisation de celui d'Heger : Pour qu'un système d'équations linéaires, à coefficients et à termes tout connus fractionnaires, et à module non nul, admette des solutions qui soient des nombres entiers, il faut et il suffit que le module du tableau de ses coefficients soit égal à celui de ce même tableau, complété par les termes tout connus.

CHAPITRE XIII

THÉORIE DES SUBSTITUTIONS LINÉAIRES HOMOGÈNES

214. Théorie des substitutions linéaires homogènes. — On dit qu'on effectue une substitution sur des variables, lorsqu'on les remplace par d'autres variables liées aux précédentes par certaines relations.

Lorsque ces relations sont telles que les anciennes variables x_1, x_2, ... x_n, sont des fonctions linéaires et homogènes des nouvelles x'_1, x'_2, ... x'_n, la substitution est dite *linéaire homogène*.

Comme dans tout ce qui va suivre il ne s'agira que de telles substitutions, il nous arrivera de dire simplement « *substitution* » en sous entendant les mots « *linéaire et homogène* ». D'ailleurs, dans toute la partie imprimée en petits caractères, il s'agit de substitutions à coefficients *quelconques*.

On peut toujours supposer que les nouvelles variables sont en même nombre que les anciennes. En effet, si cela n'était pas, deux cas seraient à distinguer :

1er Cas. *Les secondes variables sont en nombre inférieur aux premières.* — Soit, par exemple, la substitution

$$
\begin{aligned}
x &= \alpha x' + \beta y', \\
y &= \alpha' x' + \beta' y', \\
z &= \alpha'' x' + \beta'' y', \\
t &= \alpha''' x' + \beta''' y'.
\end{aligned}
$$

Rien n'empêche d'écrire cette substitution

$$
\begin{aligned}
x &= \alpha x' + \beta y'' + 0 z' + 0 t', \\
y &= \alpha' x' + \beta' y' + 0 z' + 0 t', \\
z &= \alpha'' x' + \beta'' y' + 0 z' + 0 t', \\
t &= \alpha''' x' + \beta''' y' + 0 z' + 0 t'.
\end{aligned}
$$

2ᵉ CAS. *Les secondes variables sont en nombre supérieur aux premières.*
— Par exemple :

$$x = \alpha x' + \beta y' + \gamma z' + \delta t',$$
$$y = \alpha' x' + \beta' y' + \gamma' z' + \delta' t'.$$

Rien n'empêche de compléter ces deux égalités par

$$z = \alpha'' x' + \beta'' y' + \gamma'' z' + \delta'' t',$$
$$t = \alpha''' x' + \beta''' y' + \gamma''' z' + \delta''' t',$$

les coefficients α'', β'', … δ''' étant d'ailleurs quelconques, puisque les variables z et t n'entrent pas en réalité dans le calcul.

En résumé, les substitutions considérées sont de la forme

$$(1) \quad \begin{cases} x_1 = \alpha_{1,1}\, x_1' + \alpha_{1,2}\, x_2' + \ldots + \alpha_{1,n} x_n' \\ x_2 = \alpha_{2,1}\, x_1' + \alpha_{2,2}\, x_2' + \ldots + \alpha_{2,n} x_n' \\ \cdot\ \cdot\ \cdot\ \cdot\ \cdot\ \cdot\ \cdot\ \cdot\ \cdot\ \cdot\ \cdot\ \cdot \\ x_n = \alpha_{n,1}\, x_1' + \alpha_{n,2}\, x_2' + \ldots + \alpha_{n,n} x_n' \end{cases}$$

Le déterminant formé par les coefficients des nouvelles variables dans ces relations, c'est-à-dire le déterminant

$$\begin{vmatrix} \alpha_{1,1} & \cdots & \alpha_{1,n} \\ \cdot & \cdot & \cdot \\ \alpha_{n,2} & \cdots & \alpha_{n,n} \end{vmatrix},$$

s'appelle *déterminant* (¹) de la substitution.

215. — Lorsque ce déterminant est différent de zéro, la substitution est dite *réversible*. Dans ce cas, les nouvelles variables peuvent s'exprimer en fonctions des anciennes. On tire en effet, dans ce cas, des équations (1)

$$(2) \quad \begin{cases} x_1' = \dfrac{\mathcal{A}_{1,1} x_1 + \mathcal{A}_{2,1} x_2 + \ldots + \mathcal{A}_{n,1} x_n}{M} \\[2mm] x_2' = \dfrac{\mathcal{A}_{1,2} x_1 + \mathcal{A}_{2,2} x_2 + \ldots + \mathcal{A}_{n,2} x_n}{M} \\[2mm] \cdot\ \cdot\ \cdot\ \cdot\ \cdot\ \cdot\ \cdot\ \cdot\ \cdot \\[2mm] x_n' = \dfrac{\mathcal{A}_{1,n} x_1 + \mathcal{A}_{2,n} x_2 + \ldots + \mathcal{A}_{n,n} x_n}{M} \end{cases}$$

(¹) On dit aussi *module*. Mais pour nous, *module*, dans le cas des substitutions à coefficients entiers, signifiera la *valeur absolue* du déterminant (nᵒˢ 195 et 242).

en désignant par M le déterminant de la substitution, par $\mathcal{A}_{ij}$ le mineur déterminant relatif à α_{ij}.

216. Inverse d'une substitution. — La substitution (2) par laquelle on passe des variables $x'_1, x'_2, \ldots x'_n$, aux variables $x_1, x_2, \ldots x_n$, est dite *inverse* de celle par laquelle on passe des variables $x_1, x_2, \ldots, x_n$, aux variables $x'_1, x'_2, \ldots x'_n$.

217. Notations. — Il arrive souvent que dans les raisonnements que l'on fait sur des substitutions, les variables n'interviennent pas. On peut alors, pour désigner une substitution se contenter de donner le tableau des coefficients (placé entre deux parenthèses). Ainsi la substitution (1) s'indique par

$$
\begin{pmatrix}
\alpha_{1,1} & \cdots & \alpha_{1,n'} \\
\cdot & \cdot & \cdot \\
\alpha_{n,1} & \cdots & \alpha_{n,n'}
\end{pmatrix}
$$

Ce tableau est carré quand $n = n'$. Dans ce cas, l'inverse de cette substitution est

$$
\begin{pmatrix}
\dfrac{\mathcal{A}_{1,1}}{M} & \cdots & \dfrac{\mathcal{A}_{n,1}}{M} \\
\cdot & \cdot & \cdot \\
\dfrac{\mathcal{A}_{1,n}}{M} & \cdots & \dfrac{\mathcal{A}_{n,n}}{M}
\end{pmatrix}
$$

On représentera aussi, quand ce sera plus commode (par exemple lorsque beaucoup des coefficients α seront nuls), la substitution (1) par

$$
(3) \qquad
\begin{array}{c|l}
x_1 & \alpha_{1,1}x'_1 + \ldots + \alpha_{1,n}x'_{n'} \\
x_2 & \alpha_{2,1}x'_1 + \ldots + \alpha_{2,n}x'_{n'} \\
\vdots & \cdot \quad \cdot \quad \cdot \quad \cdot \quad \cdot \\
x_n & \alpha_{n,1}x'_1 + \ldots + \alpha_{n,n}x'_{n'}
\end{array}
$$

Souvent aussi on désigne les nouvelles variables par les mêmes lettres que les premières. Alors, au lieu de (3), on écrira :

$$
(4) \qquad
\begin{array}{c|l}
x_1 & \alpha_{1,1}x_1 + \alpha_{1,2}x_2 + \ldots + \alpha_{1,n}x'_n \\
x_2 & \alpha_{2,1}x_1 + \alpha_{1,2}x_2 + \ldots + \alpha_{1,n}x'_n \\
\vdots & \cdot \quad \cdot \quad \cdot \quad \cdot \quad \cdot \\
x_n & \alpha_{n,1}x_1 + \alpha_{n,2}x_2 + \ldots + \alpha_{n,n}x'_n
\end{array}
$$

: Si un certain nombre de variables se trouvent remplacées par elles-mêmes, il sera plus simple de ne pas les écrire dans le tableau (4).

Ainsi, soient quatre variables x, y, z, t : la substitution

$$x \;\Big|\; 2x - y + 3z + t$$
$$y \;\Big|\; \qquad y$$
$$z \;\Big|\; \qquad\qquad z$$
$$t \;\Big|\; \qquad\qquad\qquad t$$

s'écrira simplement

$$x \;\big|\; 2x - y + 5z + t.$$

- Enfin il arrivera souvent, lorsque les coefficients d'une substitution n'importeront pas, qu'on représentera cette substitution par une seule lettre, et qu'on dira : la substitution S.

218. Transpositions. — On appelle *transposition* ou *échange*, la substitution qui consiste à échanger deux variables. Soient, par exemple, quatre variables x, y, z, t. La transposition de x et t est la substitution

$$\begin{pmatrix} 0 & 0 & 0 & 1 \\ 0 & 1 & 0 & 0 \\ 0 & 0 & 1 & 0 \\ 1 & 0 & 0 & 0 \end{pmatrix}$$

qui s'écrit aussi

$$\begin{array}{c|c} x & t \\ t & x \end{array}$$

ou plus simplement

$$x \parallel t.$$

219. Théorème. — *Le déterminant de l'inverse d'une substitution, est égal à l'inverse du déterminant de cette substitution.*

C'est-à-dire que :

$$\begin{vmatrix} \dfrac{\mathcal{A}_{1,1}}{M} & \dfrac{\mathcal{A}_{2,1}}{M} & \cdots & \dfrac{\mathcal{A}_{n,1}}{M} \\ \dfrac{\mathcal{A}_{1,2}}{M} & \dfrac{\mathcal{A}_{2,2}}{M} & \cdots & \dfrac{\mathcal{A}_{n,2}}{M} \\ \vdots & & & \\ \dfrac{\mathcal{A}_{1,n}}{M} & \dfrac{\mathcal{A}_{2,n}}{M} & \cdots & \dfrac{\mathcal{A}_{n,n}}{M} \end{vmatrix} \times \begin{vmatrix} a_{1,1} & a_{1,2} & \cdots & a_{2,n} \\ a_{2,1} & a_{2,2} & \cdots & a_{2,n} \\ \vdots & & & \\ a_{n,1} & a_{n,2} & \cdots & a_{n,n} \end{vmatrix} = 1.$$

Cela se vérifie immédiatement en effectuant le produit des deux déterminants; en multipliant les colonnes du premier par les lignes du second, on obtient

$$\begin{vmatrix} \dfrac{M}{M} & 0 & \ldots & 0 \\ 0 & \dfrac{M}{M} & \cdot & 0 \\ \cdot & \cdot & \cdot & \cdot \\ 0 & 0 & \ldots & \dfrac{M}{M} \end{vmatrix}$$

ce qui est égal à 1.

220. Substitution identique ou substitution un. — On appelle ainsi la substitution :

$$\begin{pmatrix} 1 & 0 & \ldots & 0 \\ 0 & 1 & \ldots & 0 \\ \ldots & \ldots & \ldots & 0 \\ \cdot & \cdot & \cdot & \cdot \\ 0 & 0 & 0 & \ldots & 1 \end{pmatrix}.$$

Elle consiste à substituer aux variables x_1, x_2, ... x_n ces variables elles-mêmes.

Nous désignerons la substitution identique par I ou par le chiffre 1, quand il n'y aura pas de confusion à craindre.

221. Egalité de deux substitutions. — Deux substitutions sont dites *égales*, lorsque les tableaux de leurs coefficients sont les mêmes, autrement dit lorsqu'elles ne forment qu'une seule et même substitution.

222. Produit de deux substitutions. — Supposons qu'on effectue sur des variables x_1, x_2, ... x_n une substitution S

$$(4) \quad \begin{cases} x_1 = \sigma_{1,1} x_1' + \sigma_{1,2} x_2' + \ldots + \alpha_{1,n} x_n' \\ x_2 = \sigma_{2,1} x_1' + \alpha_{2,2} x_2' + \ldots + \alpha_{2,n} x_n' \\ \cdot \quad \cdot \quad \cdot \quad \cdot \quad \cdot \quad \cdot \quad \cdot \quad \cdot \\ x_n = \sigma_{n,1} x_1' + \sigma_{n,2} x_2' + \ldots + \alpha_{n,n} x_n' \end{cases}$$

puis sur les variables x_1', x_2', ... x_n', une substitution T

$$(5) \quad \begin{cases} x_1' = \beta_{1,1} x + \beta_{1,2} x_2'' + \ldots + \beta_{1,n} x_n'' \\ x_2' = \beta_{2,1} x + \beta_{2,2} x_2'' + \ldots + \beta_{2,n} x_n'' \\ \cdot \quad \cdot \quad \cdot \quad \cdot \quad \cdot \quad \cdot \quad \cdot \quad \cdot \\ x_n' = \beta_{n,1} x_1'' + \beta_{n,2} x_2'' + \ldots + \beta_{n,n} x_n'' \end{cases}$$

On peut remplacer l'ensemble de ces deux substitutions par une seule, celle qui substitue directement les variables (x'') aux variables (x). Cette dernière substitution est dite *produit* de S par T, et nous la désignerons par ST. Les substitutions S et T sont dites les *facteurs* de ce produit. Pour obtenir les coefficients de ST, remplaçons dans (4) les variables (x') par leurs expressions (5). On obtient ainsi

$$x_1 = (\alpha_{1,1}\beta_{1,1} + \dots + \alpha_{1,n}\beta_{n,1})x_1'' + \dots + (\alpha_{1,1}\beta_{1,n} + \dots + \alpha_{1,n}\beta_{n,n})x_n''$$

$$x_n = (\alpha_{n,1}\beta_{1,1} + \dots + \alpha_{n,n}\beta_{n,1})x_1'' + \dots + (\alpha_{n,1}\beta_{1,n} + \dots + \alpha_{n,n}\beta_{n,n})x_n''$$

Ainsi le produit de

$$S = \begin{pmatrix} \alpha_{1,1} \dots \alpha_{1,n} \\ \cdot \quad \cdot \quad \cdot \\ \alpha_{n,1} \dots \alpha_{n,n} \end{pmatrix} \quad \text{par} \quad T = \begin{pmatrix} \beta_{1,1} \dots \beta_{1,n} \\ \cdot \quad \cdot \quad \cdot \\ \beta_{n,1} \dots \beta_{n,n} \end{pmatrix}$$

est

$$ST = \begin{pmatrix} \alpha_{1,1}\beta_{1,1} + \dots + \alpha_{1,n}\beta_{n,1} \dots \alpha_{1,1}\beta_{1,n} + \dots + \alpha_{1,n}\beta_{n,n} \\ \cdot \quad \cdot \quad \cdot \quad \cdot \quad \cdot \quad \cdot \quad \cdot \quad \cdot \quad \cdot \\ \alpha_{n,1}\beta_{1,1} + \dots + \alpha_{n,n}\beta_{n,1} \dots \alpha_{n,1}\beta_{1,n} + \dots + \alpha_{n,n}\beta_{n,n} \end{pmatrix}$$

Il faut retenir la formation de ce tableau. Il se forme avec les tableaux des coefficients des substitutions S et T, en *multipliant les lignes du premier par les colonnes du second.* On en déduit immédiatement le théorème suivant :

THÉORÈME. — *Le déterminant du produit de deux substitutions est égal au produit des déterminants des deux facteurs.*

Remarque. — *La multiplication des substitutions n'est pas commutative.* En effet le produit TS est

$$\begin{pmatrix} \beta_{1,1}\alpha_{1,1} + \dots + \beta_{1,n}\alpha_{n,1} \dots \beta_{1,1}\alpha_{1,n} + \dots + \beta_{1,n}\alpha_{n,n} \\ \cdot \quad \cdot \quad \cdot \quad \cdot \quad \cdot \quad \cdot \quad \cdot \quad \cdot \quad \cdot \\ \beta_{n,1}\alpha_{1,1} + \dots + \beta_{n,n}\alpha_{n,1} \dots \beta_{n,1}\alpha_{1,n} + \dots + \beta_{n,n}\alpha_{n,n} \end{pmatrix}$$

On voit qu'il n'est pas identique au produit ST.

Il en résulte qu'on doit distinguer entre la multiplication à *droite* et la multiplication à *gauche*.

Multiplier S par T à droite, c'est former ST, tandis que multiplier S par T à gauche, c'est former TS.

223. Produit d'un nombre quelconque de substitutions.
— On appelle produit des substitutions S, T, U, ... W, la substitution obtenue en multipliant S par T, le résultat par V, etc.

Ce produit se désigne par STU ... W. Les substitutions S, T, ... W s'appellent les facteurs de ce produit.

THÉORÈME. — *Le déterminant du produit d'un nombre quelconque de substitutions est égal au produit des déterminants des facteurs.*

Se déduit immédiatement du théorème du n° **222** pour deux facteurs.

Le produit dépend, en général, de l'ordre des facteurs.

224. La multiplication des substitutions est une opération associative. — C'est-à-dire (n° **20**) que

$$(ST)\,U = S\,(TU).$$

En effet soient

$x_1, x_2, \ldots x_n$ les premières variables.

$x'_1, x'_2, \ldots x'_n$ celles qu'on leur substitue par la substitution S

$x''_1, x''_2, \ldots x''_n$ celles qu'on substitue aux précédentes par la substitution T

$x'''_1, x'''_2, \ldots x'''_n$ celles qu'on substitue aux précédentes par la substitution U

Il est facile de voir que les deux substitutions (ST) U et S (TU) auront toutes deux comme effet de substituer les variables $x_1, x'''_2, \ldots x'''_n$ aux variables $x_1, x_2, \ldots x_n$.

Remarquons d'ailleurs que (ST) U n'est autre chose que ce que nous avons appelé plus haut le produit des trois substitutions et désigné par STU.

225. — Il en résulte (n° **21**) que dans un produit de substitutions on peut remplacer plusieurs facteurs consécutifs par leur produit effectué.

Par exemple :

$$STUVW = (ST)(UV)W = S\,(TUW)\,W = \ldots..$$

226. Substitutions permutables. — On dit que deux substitutions S, T, sont permutables lorsque ST = TS. Cela arrive quand T = S ; mais ce n'est pas le seul cas.

Cherchons par exemple les conditions pour que deux substitutions sur deux variables soient permutables. Soit

$$S = \begin{pmatrix} \alpha & \beta \\ \gamma & \delta \end{pmatrix} \quad S' = \begin{pmatrix} \alpha' & \beta' \\ \gamma' & \delta' \end{pmatrix}.$$

On a

$$SS' = \begin{pmatrix} \alpha\alpha' + \beta\gamma' & \alpha\beta' + \beta\delta' \\ \gamma\alpha' + \delta\gamma' & \gamma\beta' + \delta\delta' \end{pmatrix}$$

$$S'S = \begin{pmatrix} \alpha'\alpha + \beta'\gamma & \alpha'\beta + \beta'\delta \\ \gamma'\alpha + \delta'\gamma & \gamma'\beta + \delta'\delta \end{pmatrix}$$

Les conditions pour qu'elles soient permutables, se réduisent à deux,

$$\frac{\beta'}{\beta} = \frac{\gamma'}{\gamma} = \frac{\alpha' - \delta'}{\alpha - \delta}.$$

Ceci arrive en particulier lorsque $\beta' = \gamma' = \alpha' - \delta' = 0$ ou lorsque $\beta = \gamma = \alpha - \delta = 0$.

Ceci peut se généraliser. Quel que soit n, la substitution sur n variables

$$\begin{array}{c|c} x_1 & kx_1 \\ x_2 & kx_2 \\ \vdots & \vdots \\ x_n & kx_n \end{array}$$

est permutable avec n'importe quelle autre.

227. THÉORÈME. — *Le produit d'une substitution par son inverse est la substitution identique.*

En effet remplacer des variables x par des variables x', puis ces dernières par les variables x, revient évidemment à ne faire aucune substitution.

D'ailleurs le théorème se vérifie facilement en effectuant le produit.

228. Puissances d'une substitution. *Puissances à exposant positif.* — La puissance $m^{ème}$ (m entier > 1) d'une substitution S est le produit de m facteurs tous identiques à S. Elle se désigne par S^m.

Soit par exemple

$$S = \begin{pmatrix} \alpha & \beta \\ \gamma & \delta \end{pmatrix}$$

on a

$$S^2 = \begin{pmatrix} \alpha^2 + \beta\gamma & \alpha\beta + \beta\delta \\ \alpha\gamma + \gamma\delta & \beta\gamma + \delta^2 \end{pmatrix}$$

$$S^3 = \begin{pmatrix} \alpha^3 + 2\alpha\beta\gamma + \beta\gamma\delta & \alpha^2\beta + \beta^2\gamma + \alpha\beta\delta + \beta\delta^2 \\ \alpha^2\gamma + \alpha\gamma\delta + \beta\gamma^2 + \gamma\delta^2 & \alpha\beta\gamma + 2\beta\gamma\delta + \delta^3 \end{pmatrix}$$

etc.

Quant à la puissance d'exposant 1 d'une substitution ce n'est autre chose que cette substitution elle-même.

Puissances à exposant négatif. — La puissance d'exposant — 1 d'une substitution S, *est l'inverse de cette substitution.* Elle se désigne par S^{-1}.

La puissance d'exposant — m (m entier $>$ 1), est la puissance même de S ^{1}

$$S^{-m} = (S^{-1})^{m}.$$

Puissance à exposant nul. — Enfin la puissance d'exposant nul d'une substitution, c'est la substitution identique (n° **220**).

THÉORÈME. —

$$S^m \cdot S^{m'} = S^{m+m'}$$

quels que soient les exposants m et m'.

1er *cas.* — Supposons d'abord m et m' positifs.

L'égalité à démontrer s'écrit

$$\underbrace{(S \cdot S \dots S)}_{m \text{ facteurs}} \underbrace{(S \cdot S \dots S)}_{m' \text{ facteurs}} = \underbrace{S \cdot S \dots S}_{m + m' \text{ facteurs}}.$$

Elle est donc vraie d'après ce qu'on a dit au n° **225**.

2e *cas.* — Supposons que l'un des exposants ou même que tous les deux soient nuls. L'égalité est évidente dans ce cas.

3e *cas.* — Supposons que les deux exposants soient négatifs. Posons $m = -n$ et $m' = -n'$.

L'égalité à démontrer est la même que dans le 1er cas, si ce n'est que S est remplacé par S^{-1}.

4e *cas.* — Supposons enfin que l'un des exposants m soit positif et l'autre m' négatif. Posons $m' = -n'$.

Ce cas se subdivise en trois.

$1°$ $m > n'$.

L'égalité à démontrer s'écrit

$$\underbrace{(SS \dots S)}_{m \text{ facteurs}} \cdot \underbrace{(S^{-1} S^{-1} \dots S^{-1})}_{n' \text{ facteurs}} = \underbrace{SS \dots S}_{m - n' \text{ facteurs}}$$

ou

$$\underbrace{(SS \dots S)}_{m - n' \text{ facteurs}} \underbrace{(SS^{-1})(SS^{-1}) \dots (SS^{-1})}_{n' \text{ facteurs}} = \underbrace{SS \dots S}_{m - n' \text{ facteurs}}$$

ce qui est évident puisque $SS^{-1} = 1$.

$2°$ $m < n'$.

Démonstration analogue

3° $m = n'$.

L'égalité à démontrer est

$$\underbrace{(SS \ldots S)}_{m \text{ facteurs}} \underbrace{(S^{-1} S^{-1} \ldots S^{-1})}_{m \text{ facteurs}} = S^0$$

ou

$$(SS^{-1}) (SS^{-1}) \ldots (SS^{-1}) = 1.$$

Elle est évidente.

Corollaire. — Deux puissances d'une même substitution sont permutables.

229. Théorème. — *Le déterminant de la puissance* ᵐᵉ *d'une substitution est égal à la puissance* ᵐᵉ *du déterminant de cette substitution.*

Si $m > 0$, ce théorème est un cas particulier du théorème du n° **222**.

Si $m < 0$, il se déduit de celui-là et de celui du n° **219**.

Si $m = 0$, il est évident.

230. Rapport de deux substitutions. — On appelle *premier* rapport de la substitution S à la substitution T, une substitution Q telle que

$$TQ = S.$$

Supposons T réversible, multiplions les deux membres de l'égalité précédente à gauche par T^{-1}, il vient

$$Q = T^{-1}S.$$

On appelle *deuxième* rapport de S à T, une substitution Q' telle que

$$Q'T = S.$$

On voit de même que

$$Q' = ST^{-1}.$$

Le fait qu'on ne trouve qu'un premier et qu'un deuxième rapport, montre que la multiplication, soit à droite, soit à gauche est une opération *unipare*.

A quelle condition les deux rapports sont-ils identiques, c'est-à-dire

$$T^{-1}S = ST^{-1} ?$$

Multiplions les deux membres de cette égalité, à droite et à gauche, par T il vient

$$ST = TS.$$

Donc *pour que les deux rapports de deux substitutions soient identiques, il faut et il suffit qu'elles soient permutables.* Cela arrive en particulier lorsque l'une d'elles est la substitution identique.

Les deux rapports d'une substitution S à la substitution identique sont tous deux égaux à S; et les deux rapports de la substitution identique à une substitution S sont tous deux égaux à S^{-1}.

231. Remarque sur la substitution inverse d'un produit. — Pour former la substitution inverse d'un produit il faut *remplacer chacun des facteurs par son inverse et renverser leur ordre.*

Ainsi la substitution inverse de STU est $U^{-1}T^{-1}S^{-1}$.

Celle de $S^2T^{-3}U^4$ est $U^{-4}T^3S^{-2}$.

Cela résulte immédiatement des définitions.

THÉORÈME. — *Le premier rapport de deux substitutions S et T ne change pas si l'on multiplie ces deux substitutions à gauche, par une même substitution U. De même le second rapport ne change pas si l'on multiplie les deux substitutions à droite, par une même substitution.*

C'est-à-dire que

$$T^{-1}S = (UT)^{-1}US \qquad \text{ou} \qquad T^{-1}S = T^{-1}U^{-1}US$$
$$ST^{-1} = (SU)(TU)^{-1} \qquad \text{ou} \qquad ST^{-1} = SUU^{-1}T^{-1}$$

ce qui est évident.

Remarque. — Mais le premier rapport change en général, si on multiplie les deux substitutions à *droite* par une même substitution, ou le second rapport, si on multiplie les deux substitutions à *gauche.* Alors $T^{-1}S$ se trouve remplacé par $U^{-1}T^{-1}SU$, et ST^{-1} par $UST^{-1}U^{-1}$.

Cas particulier. — Si les deux substitutions S et T sont permutables elles n'ont qu'un rapport et l'on peut dire que :

Le rapport de deux substitutions permutables ne change pas, quand on les multiplie toutes les deux à droite ou toutes les deux à gauche par une même substitution.

232. Transformée d'une substitution par une autre. — On appelle *transformée* d'une substitution S par une substitution U, la substitution USU^{-1}.

THÉORÈME. — *La transformée par U du produit (dans un certain ordre) de deux substitutions S, T, est égale au produit (dans le même ordre) des transformées par U de S et T.*

C'est-à-dire que

$$U(ST)U^{-1} = (USU^{-1})(UTU^{-1})$$

ce qui est évident.

Comme corollaire :

Si deux substitutions sont permutables il en est de même de leurs transformées par une même substitution.

233. — *La transformée par U de l'inverse de S est égale à l'inverse de la transformée de S.*

C'est-à-dire que

$$US^{-1}U^{-1} = (USU^{-1})^{-1}.$$

C'est ce qui résulte de la règle du n° **231**.

234. — *La transformée par U du rapport (premier ou deuxième) de deux substitutions S, T, est égale au rapport (premier ou deuxième) des transformées par U de S et T.*

C'est-à-dire que

$$U(T^{-1}S)U^{-1} = (UTU^{1})^{-1}(USU^{-1})$$

et que

$$U(ST^{-1})U^{-1} = (USU^{-1})(UTU^{-1})^{-1}$$

ce qui se vérifie facilement.

235. — *Les deux rapports d'une substitution S à une substitution T sont liés par cette relation que le second est le transformé du premier par la substitution T.*

C'est-à-dire que

$$ST^{-1} = T(T^{-1}S)T^{-1}$$

ce qui est évident.

236. THÉORÈME. — *Quand deux substitutions sont permutables, chacune d'elles est identique à sa transformée par l'autre et réciproquement.*

C'est-à-dire que

$$ST = TS$$

entraîne

$$S = TST^{-1}$$

et réciproquement. Ce qui est évident.

Enfin la remarque faite après le théorème du n° **231** peut se préciser comme il suit :

Si on multiplie deux substitutions S et T, à droite par une même substitution U, le premier rapport de S à T se trouve remplacé par sa transformée par la substitution U⁻¹.

Si on multiplie deux substitutions S et T, à gauche par une même substitution U, le second rapport de S à T se trouve remplacé par sa transformée par la substitution U.

237. Groupes de substitutions. — Un ensemble de substitutions est appelé un *groupe* lorsque les deux conditions suivantes sont remplies :

I. — *Le produit de deux substitutions de l'ensemble appartient à l'ensemble.*

II. — *L'inverse d'une substitution de l'ensemble appartient à l'ensemble.*

On distingue les groupes *finis* qui contiennent un nombre fini de substitutions. Un groupe non fini est dit *infini*. Dans un groupe fini on appelle *ordre* du groupe le nombre de substitutions qu'il contient.

THÉORÈME. — *Tout groupe de substitutions contient la substitution identique.*

Soit S une substitution du groupe. Le groupe contient aussi S^{-1}, et par suite SS^{-1} c'est-à-dire la substitution identique.

THÉORÈME. — *Pour qu'un ensemble d'un nombre fini de substitutions forme un groupe, il suffit qu'il satisfasse à la condition I.*

C'est-à-dire que dans le cas d'un nombre fini de substitutions, la condition I entraîne la condition II.

En effet soit S une substitution de l'ensemble. Considérons la suite des puissances de S à partir de S^0.

$$S^0, \ S, \ S^2, \ S^3, \ \ldots$$

Elles appartiennent toutes à l'ensemble. Mais le nombre des substitutions de l'ensemble étant limité, on trouve dans la suite des termes égaux. Soit

$$S^h = S^{h+m} \qquad (m > 0).$$

On en déduit

$$S^m = 1$$

d'où

$$S^{-1} = S^{m-1}.$$

Donc S^{-1} appartient à la suite et par conséquent à l'ensemble.

238. Exposant auquel appartient une substitution dans un groupe fini. — On vient de voir que S désignant une substitution quelconque d'un groupe limité, il y a un entier positif m tel que

$$S^m = 1.$$

Supposons que m soit le plus petit exposant positif qui jouisse de cette propriété; m est alors dit l'*exposant* auquel appartient la substitution.

Exemples de groupes. — I. La substitution identique forme à elle seule un groupe.

II. Les puissances (à exposants tant négatifs ou nuls que positifs) d'une substitution forment un groupe.

239. Sous-groupes. — Lorsque toutes les substitutions d'un groupe H appartiennent à un autre G, on dit que H est un *sous-groupe* de G.

Inversement G est dit un *sur-groupe* de H.

Exemples. — I. La substitution identique est un sous-groupe de tout autre.

II. Tout groupe peut être considéré à la fois comme un sous-groupe et comme un sur-groupe de lui-même.

III. Dans le groupe formé par les puissances d'une même substitution S, celles de ces puissances dont l'exposant est divisible par un entier donné n, forment un sous-groupe (qui n'est d'ailleurs pas distinct du groupe tout entier, lorsque l'exposant auquel appartient S est premier avec n).

240. — Soit un groupe G limité, d'ordre n et H un sous-groupe de G d'ordre m.

Soient

$$(6) \qquad S_1, S_2, \ldots S_m$$

les substitutions de H.

Si H coïncide avec G nous n'avons rien de plus à dire.

Si H ne coïncide pas avec G, on peut trouver une substitution de G qui ne soit pas dans H, soit T cette substitution.

Considérons les substitutions:

$$(7) \qquad TS_1, TS_2, \ldots TS_m.$$

Elles appartiennent au groupe G. Elles sont différentes entre elles, car si l'on avait

$$TS_h = TS_k$$

il en résulterait

$$S_h = S_k$$

ce qui n'est pas.

Elles sont d'ailleurs différentes des substitutions (6), car si l'on avait

$$TS_h = S_k$$

il en résulterait

$$T = S_k S_h^{-1}$$

Or $S_k S_h^{-1}$ est une des substitutions de H, tandis que T n'en est pas une.

Il se peut que les substitutions (6) et (7) constituent tout le groupe G.

Sinon soit U une substitution de G qui ne soit ni une des substitutions (6) ni une des substitutions (7). Considérons les substitutions

(8) $US_1, US_2, \ldots US_m$.

Elles appartiennent à G.

On voit de la même façon que plus haut qu'elles sont différentes entre elles et qu'elles ne sont ni des substitutions (6) ni des substitutions (7).

Il se peut que les substitutions (6), (7) et (8) constituent tout le groupe G. Sinon on continuera de la même façon, et dans tous les cas, on parviendra à placer les substitutions de G dans un tableau de la façon suivante :

(9)
$$\left\{ \begin{array}{l} S_1, S_2, \ldots S_m \\ TS_1, TS_2, \ldots TS_m \\ US_1, US_2, \ldots US_m \\ \cdot \quad \cdot \quad \cdot \quad \cdot \quad \cdot \\ WS_1, WS_2, \ldots WS_m \end{array} \right.$$

Si l'on appelle k le nombre des lignes de ce tableau, on a

$$n = km.$$

Donc : *l'ordre d'un groupe est un multiple de l'ordre de l'un quelconque de ses sous-groupes.*

Cas particulier. — Soit S une substitution d'un groupe G. Considérons

$$1, S, S^2, \ldots S^{m-1}$$

m étant l'exposant auquel appartient S. Ces substitutions forment un sous-groupe de G. Donc :

L'ordre d'un groupe est un multiple de l'exposant auquel appartient une quelconque de ses substitutions.

Remarque. — Au lieu de placer les substitutions de G dans un tableau tel que le tableau (9), on peut les placer dans un tableau tel que

$$(10) \quad \begin{cases} S_1 & S_2 & \dots & S_m \\ S_1 T' & S_2 T' & \dots & S_m T' \\ S_1 U' & S_2 U' & \dots & S_m U' \\ \vdots \\ S_1 W' & S_2 W' & \dots & S_m W' \end{cases}$$

le nombre des lignes de ce tableau étant évidemment le même que celui du tableau précédent.

Remarque. — D'ailleurs les mêmes considérations s'appliquent à un groupe infini. En appelant S_1, S_2, ... les substitutions d'un sous-groupe, celles du groupe entier peuvent se ranger dans un tableau

$$\begin{matrix} S_1 & S_2 & \dots \\ TS_1 & TS_2 & \dots \\ US_1 & US_2 & \dots \\ \cdots & \cdots & \cdots \end{matrix}$$

ou dans un tableau

$$\begin{matrix} S_1 & S_2 & \dots \\ S_1 T' & S_2 T' & \dots \\ S_1 U' & S_2 U' & \dots \\ \cdots & \cdots & \cdots \end{matrix}$$

mais bien entendu le nombre des lignes du tableau, ou celui des colonnes, ou tous les deux sont infinis.

241. Transformé d'un groupe par une substitution. Théorème. — *Si on transforme toutes les substitutions d'un groupe G par une même substitution U, l'ensemble des substitutions obtenues constitue aussi un groupe G'.*

En effet le produit de deux substitutions de cet ensemble, et l'inverse d'une substitution de cet ensemble appartiennent à l'ensemble d'après les théorèmes des n⁰ˢ **232** et **233** respectivement.

Ce groupe G' s'appellera *transformé du groupe G par la substitution* U.

242. Substitutions à coefficients entiers. — Dans ce qui précède les coefficients des substitutions considérées étaient quelconques. Nous considérons maintenant les *substitutions à coeffi-*

cients entiers. Nous appellerons *module* d'une telle substitution la valeur absolue de son déterminant.

Lorsqu'on considère une substitution il faut souvent considérer son inverse, nous sommes donc amenés à chercher *les substitutions à coefficients entiers, dont les inverses soient aussi à coefficients entiers*.

Nous voyons immédiatement que le déterminant d'une telle substitution doit être un entier dont l'inverse soit un entier. Il doit donc être égal à + ou à — 1.

Autrement dit le module doit être égal à 1.

Réciproquement, une telle substitution a comme inverse une substitution à coefficients entiers, d'après la formule (2).

243. — Les substitutions de module 1 s'appellent *substitutions unités*. En particulier celles de déterminant égal à + 1, s'appellent *modulaires*.

Les substitutions unités sur n variables (n déterminé) forment un groupe. Dans ce groupe les substitutions modulaires, forment un sous-groupe appelé *groupe modulaire*.

Mais existe-t-il de telles substitutions ? Autrement dit existe-t-il des déterminants à coefficients entiers et égaux à + ou — 1 ? Cette question a déjà été résolue (n° **209** et suivants) par l'affirmative.

244. Représentation géométrique des substitutions sur deux variables. — Soit la substitution $\begin{pmatrix} \alpha & \beta \\ \gamma & \delta \end{pmatrix}$. Traçons deux axes de coordonnées Ox, Oy. Il n'est pas forcé que les abscisses et les ordonnées soient mesurées avec la même unité. Soient OA l'unité d'abscisse, OB celle d'ordonnée. Marquons le point C (α, γ) et le point D (β, δ). Considérons un second système de coordonnées $x'oy'$ dans lequel OC soit ox' et OD soit oy'. Supposons de plus que OC soit l'unité d'abscisse et OD l'unité d'ordonnée dans ce nouveau système.

Ceci posé soit M un point de coordonnées x, y, dans xoy et M' le point correspondant dans $x'oy'$. On reconnaît facilement que les coordonnées de M' dans xoy sont $\alpha x + \beta y$, $\gamma x + \delta y$. Donc la substitution $\begin{pmatrix} \alpha & \beta \\ \gamma & \delta \end{pmatrix}$ a pour effet de remplacer un point M par le point correspondant M'.

Le déterminant de la substitution est la surface du parallélogramme OCFD prise positive ou négative suivant que le sens OCFD est direct ou inverse (le sens direct est celui qui amène Ox sur Oy par la rotation la plus petite possible en valeur absolue) ; l'unité de surface étant celle de OAEB.

La substitution inverse a pour effet de remplacer M′ par M.

Soit une seconde substitution $\begin{pmatrix} \alpha'\beta' \\ \gamma'\delta' \end{pmatrix}$. Si on marque de même le point G de coordonnées α', γ' et le point H de coordonnées β', δ', dans le ystème $x'oy'$, on arrive de même à représenter cette substitution par le remplacement de M′ par M″. Alors le produit $\begin{pmatrix} \alpha, \beta \\ \gamma\ \delta \end{pmatrix} \begin{pmatrix} \alpha'\beta' \\ \gamma'\delta' \end{pmatrix}$ est représenté par le remplacement de M par M″.

En se bornant aux points à coordonnées entières, le point M appartient au réseau construit sur OAEB ; le point M′ à celui construit sur OCFD. On peut dire que la substitution $\begin{pmatrix} \alpha\beta \\ \gamma\delta \end{pmatrix}$ a pour effet de remplacer le premier réseau par le second.

Si α, β, γ, δ sont entiers, le second réseau est contenu dans le premier. Si de plus la substitution est une substitution unité, le parallélogramme OCFD a pour surface $\pm$ 1. C'est donc un parallélogramme élémentaire du premier réseau. Dans ce cas, les deux réseaux coïncident.

Des considérations tout à fait analogues s'appliquent à la représentation dans l'espace des substitutions sur trois variables.

CHAPITRE XIV

—

THÉORIE ALGÉBRIQUE
DES FORMES LINÉAIRES

245. — Nous utiliserons dans ce chapitre (n° **262**) la notion de dérivée. Nous la supposons acquise. Nous pouvons d'ailleurs remarquer qu'il ne s'agit que de dérivée d'un polynôme entier, et qu'elle n'intervient que pour déduire certaines identités. Pour ne pas mêler à l'étude qui nous occupe une théorie absolument étrangère (celle des dérivées considérées comme rapport d'accroissements), on peut supposer qu'on ait procédé de la façon suivante :

On appelle *dérivée* par rapport à x du polynôme

$$a_0 x^m + a_1 x^{m-1} + \ldots + a_{m-1} x + a_m$$

le polynôme

$$m a_0 x^{m-1} + (m-1) a_1 x^{m-2} + \ldots + a_{m-1}.$$

La dérivée d'un polynôme f par rapport à x se désignera par f'_x, ou par $\dfrac{df}{dx}$, ou simplement par f' quand il n'y aura pas d'ambiguïté à craindre.

On obtient sans peine les propositions suivantes dont les démonstrations se réduisent à des vérifications d'identités.

I. *La dérivée d'une constante est zéro et réciproquement.*

II. *La dérivée de $f + g — h \ldots + l$ est $f' + g' — h' \ldots + l'$.*

III. *La dérivée de fg est $fg' + f'g$. Plus généralement la dérivée de $fg \ldots k$ est $f'g \ldots k + fg' \ldots k + \ldots + fg \ldots k'$.*

IV. *Comme cas particulier du précédent, la dérivée de f^m (m entier > 0) est $m f^{m-1} f'$.*

V. Si $\frac{f}{g}$ est indépendant de x, on a

$$fg_2' - gf_2' = 0$$

et réciproquement.

246. — On appelle *forme* un polynôme homogène.

On distingue les formes suivant leur degré. Il y a celles du *premier degré* ou *linéaires*, celles du *second degré* ou *quadratiques*, celles du *troisième degré* ou *cubiques*, celles du *quatrième degré*, etc.

Nous ne voulons étudier ici que les formes linéaires. Néanmoins, certaines des notions que nous allons développer tout d'abord s'appliquent aux formes de n'importe quel degré.

Avant de traiter la théorie arithmétique des formes nous devons dire quelques mots de la théorie algébrique. Les formes et les substitutions dont il va s'agir tout d'abord sont donc à coefficients quelconques.

Quand on effectue sur les variables qui entrent dans une forme une substitution linéaire, on obtient une autre forme du même degré. On dit que la première *contient algébriquement* la seconde. La forme obtenue en appliquant à une forme *f*, une substitution S, sera souvent désignée par *f*S.

Si la substitution est réversible, il arrive en même temps que la seconde forme contient la première. On dit dans ce cas que les deux formes sont *équivalentes algébriquement*. (Comme dans ce qui va suivre, il ne s'agira que d'équivalence *algébrique* nous supprimerons l'épithète « *algébrique* »).

Cette définition de l'équivalence satisfait aux deux conditions suivantes qui sont nécessaires pour que le mot « *équivalent* » puisse être employé.

I. *Toute forme est équivalente à elle-même.* Car elle se déduit d'elle-même par la transformation identique.

II. *Deux formes équivalentes à une troisième sont équivalentes entre elles.*

En effet, soit la forme *f* équivalente à la forme *g* et à la forme *h*. Soit S la substitution pour laquelle on passe de *f* à *g*, et T celle par laquelle on passe de *f* à *h*. Les substitutions S et T sont réversibles. On passe de *g* à *h* par la substitution S⁻¹T et de *h* à *g* par la substitution T⁻¹S. Donc *g* et *h* sont équivalentes.

247. Théorème. — *Si une forme f est contenue dans une forme g contenue elle-même dans une forme h, la forme f est contenue dans la forme h.*

Soit S la substitution par laquelle on passe de h à g, T celle par laquelle on passe de g à f. On passe de h à f par la substitution ST. Donc f est contenue dans h.

Exemple. — I. Sur la forme

$$x^2 + \frac{y^2}{2}$$

on fait la substitution réversible

$$\begin{pmatrix} 1 & \dfrac{3}{2} \\ 2 & \dfrac{5}{3} \end{pmatrix}$$

on obtient

$$3x^2 + 8xy + \frac{43}{8}\, y^2.$$

Ces deux formes sont équivalentes algébriquement.

II. Sur la forme

$$x^2 + \frac{y^2}{2} + \frac{z^2}{3};$$

on fait la substitution non réversible

$$\begin{pmatrix} 1 & 1 & 0 \\ -1 & 1 & 0 \\ 1 & -1 & 0 \end{pmatrix}$$

On obtient

$$\frac{11}{6}\, x^2 + \frac{1}{3}\, xy + \frac{11}{6}\, y^2.$$

La première forme contient la seconde.

248. Définition. — On appelle substitution *automorphe* d'une forme, une substitution qui transforme cette forme en elle-même. En particulier, toute forme admet comme substitution automorphe, la substitution identique ; mais elle peut en avoir d'autres.

THÉORÈME. — *Les substitutions automorphes d'une forme constituent un groupe.*

Car il est bien évident que si une substitution ne change pas une forme, son inverse ne la change pas non plus. De même si deux substitutions ne changent pas une forme, leur produit ne la change pas non plus.

249. — Un problème fondamental de la théorie algébrique des formes est : *étant données deux formes reconnaître si elles sont équivalentes ; ou si l'une contient l'autre ; et trouver les substitutions linéaires transformant l'une dans l'autre.*

Pour résoudre ces problèmes on peut essayer de procéder de la façon suivante : *Appliquer à l'une des formes une substitution linéaire à coefficients indéterminés et chercher à déterminer ces coefficients de façon à retrouver l'autre forme.* Le problème est ainsi ramené à la résolution d'un système d'équations.

Dans le cas où les formes proposées sont linéaires, ces équations le sont aussi, et le calcul peut être poussé jusqu'au bout.

Notation. — Il nous arrivera quelquefois de désigner la forme linéaire $a_1 x_1 + a_2 x_2 + \dots + a_n x_n$ par $(a_1, a_2, \dots a_n)$.

250. THÉORÈME. — *Toute forme linéaire non identiquement nulle*

$$a_1 x_1 + a_2 x_2 + \dots + a_n x_n$$

est équivalente algébriquement à x_1.

En effet, $a_1, a_2, \dots a_n$ n'étant pas tous nuls, soit pour fixer les idées $a_1 \neq 0$. On voit alors immédiatement une substitution réversible qui transforme x_1 en $a_1 x_1 + a_2 x_2 + \dots + a_n x_n$.

C'est la substitution

$$\begin{pmatrix} a_1 & a_2 & \dots & a_n \\ 0 & 1 & 0 \dots & 0 \\ 0 & 0 & 1 \dots & 0 \\ \cdot & \cdot & \cdot & \cdot \\ 0 & 0 & 0 \dots & 1 \end{pmatrix}$$

dont le déterminant est a_1 qui est $\neq 0$.

A ce point de vue x_1 peut s'appeler forme *réduite* de toute forme linéaire.

Conséquence. — *Deux formes linéaires quelconques, non identiquement nulles, sont équivalentes entre elles.*

251. — Il est d'ailleurs facile de déterminer toutes les substitutions par lesquelles on passe d'une forme linéaire f à une autre g.

On a en effet déterminé une certaine substitution S par laquelle on passe de x_1 à f et une certaine substitution T par laquelle on passe de x_1 à g. Soit V une substitution automorphe quelconque de x_1. Toute substitution de la forme

$$\text{S}^{-1}\text{VT}$$

répond à la question.

Réciproquement toute substitution U répondant à la question est de cette forme. Car U transformant f en g ; SUT^{-1} transforme x_1 en x_1. Donc c'est une substitution U automorphe de x_1, appelons-la V, de sorte que

$$SUT^{-1} = V.$$

Multipliant les deux membres de cette égalité, à droite par T à gauche par S^{-1} il vient

$$U = S^{-1}VT.$$

Reste à trouver les substitutions automorphes de x_1. Or elles sont évidentes. Ce sont celles dans lesquelles x_1 est remplacé par x_1 et $x_2, x_3 \ldots x_n$ par des fonctions linéaires homogènes quelconques de $x_1, x_2, \ldots x_n$.

Exemple. — Soient les formes

$$x - \frac{y}{2} + \frac{z}{3}$$

$$2x + \frac{y}{6} - z$$

S est ici

$$\begin{pmatrix} 1 & -\dfrac{1}{2} & \dfrac{1}{3} \\ 0 & 1 & 0 \\ 0 & 0 & 1 \end{pmatrix}$$

T est

$$\begin{pmatrix} 2 & \dfrac{1}{6} & -1 \\ 0 & 1 & 0 \\ 0 & 0 & 1 \end{pmatrix}$$

U est de la forme

$$\begin{pmatrix} 1 & 0 & 0 \\ \lambda & \mu & \nu \\ \lambda' & \mu' & \nu' \end{pmatrix}.$$

L'expression générale des substitutions cherchées est

$$\begin{pmatrix} 1 & -\dfrac{1}{2} & \dfrac{1}{3} \\ 0 & 1 & 0 \\ 0 & 0 & 1 \end{pmatrix}^{-1} \times \begin{pmatrix} 1 & 0 & 0 \\ \lambda & \mu & \nu \\ \lambda' & \mu' & \nu' \end{pmatrix} \times \begin{pmatrix} 2 & \dfrac{1}{6} & -1 \\ 0 & 1 & 0 \\ 0 & 0 & 1 \end{pmatrix}$$

ou

$$\begin{pmatrix} 1 & \dfrac{1}{2} & -\dfrac{1}{3} \\ 0 & 1 & 0 \\ 0 & 0 & 1 \end{pmatrix} \times \begin{pmatrix} 1 & 0 & 0 \\ \lambda & \mu & \nu \\ \lambda' & \mu' & \nu' \end{pmatrix} \times \begin{pmatrix} 2 & \dfrac{1}{6} & -1 \\ 0 & 1 & 0 \\ 0 & 0 & 1 \end{pmatrix}$$

ou en effectuant

$$\begin{pmatrix} 2 + \lambda - \dfrac{2\lambda'}{3} & \dfrac{1}{6} + \dfrac{\lambda}{12} - \dfrac{\lambda'}{18} + \dfrac{\mu}{2} - \dfrac{\mu'}{3} & -1 - \dfrac{\lambda}{2} + \dfrac{\lambda'}{3} + \dfrac{\nu}{2} - \dfrac{\nu'}{3} \\ 2\lambda & \dfrac{\lambda}{6} + \mu & -\lambda + \nu \\ 2\lambda' & \dfrac{\lambda'}{6} + \mu' & -\lambda' + \nu' \end{pmatrix}$$

λ, μ, ... ν' étant arbitraires.

Remarque. — *Toute forme non identiquement nulle contient la forme identiquement nulle, mais n'est pas contenue par elle.*

252. Systèmes de formes. — On a souvent à considérer des *systèmes de formes.*

Dans un système de formes nous tiendrons compte de l'ordre dans lequel sont rangées ces formes. Deux systèmes ne seront considérés comme identiques que s'ils contiennent les mêmes formes dans le même ordre.

On définit comme pour une seule forme les expressions « *système contenu dans un autre* » et « *systèmes équivalents* ». Les théorèmes des nᵒˢ **246** et **247** s'appliquent aux systèmes de formes.

Exemple. — Soit le système

$$\begin{cases} x + 2y - z\sqrt{2} \\ x^2 + y^3 + z^2. \end{cases}$$

Si l'on effectue la substitution réversible

$$\begin{pmatrix} \dfrac{5 + 3\sqrt{2}}{7} & 2 & 0 \\ \dfrac{2\left(5 + 3\sqrt{2}\right)}{7} & -1 & \dfrac{1}{\sqrt{2}} \\ \dfrac{3\left(5 + 3\sqrt{2}\right)}{7} & 0 & 1 \end{pmatrix}$$

on obtient le système équivalent algébriquement

$$\begin{cases} x \\ \frac{2}{7}\left(43 + 30\sqrt{2}\right)x^2 + 5y^2 + \frac{3}{2}z^2 - \sqrt{2}\,yz + 2\left(2\sqrt{2}+3\right)zx. \end{cases}$$

Si sur le même système on fait la substitution non réversible

$$\begin{pmatrix} 1 & -1 & 2 \\ -2 & 3 & -3 \\ 0 & 1 & 1 \end{pmatrix}$$

on obtient le système

$$-3x + \left(5 - \sqrt{2}\right)y - \left(4 + \sqrt{2}\right)z$$
$$5x^2 + 11y^2 + 14z^2 - 20yz + 16zx - 14xy$$

qui est contenu algébriquement dans le premier.

Les substitutions automorphes d'un système se définissent comme pour une forme. Le théorème du n° **248** a son analogue pour les systèmes.

Problème fondamental. — Énoncé et solution identiques à ceux du n° **249**.

Cherchons un énoncé analogue à ceux du n° **250** et un système *réduit.* Auparavant, rappelons les notions suivantes, qui sont classiques.

253. Formes linéaires dépendantes ou indépendantes. — Des formes linéaires sont dites *dépendantes linéairement* lorsqu'il existe entre elles une relation *identique, linéaire, homogène, à coefficients non tous nuls.*

Des formes linéaires sont dites *indépendantes linéairement,* lorsqu'une telle relation n'existe pas.

Lorsque des formes linéaires sont indépendantes linéairement on peut donner aux variables des valeurs telles que ces formes acquièrent des valeurs quelconques données à l'avance.

Il en résulte que des formes indépendantes linéairement sont indépendantes d'une façon absolue ; il ne peut exister entre elles de relation identique d'aucune sorte. Pour cette raison nous les appellerons simplement « *indépendantes* ».

De même nous dirons formes « *dépendantes* » au lieu de formes « *linéairement dépendantes* ».

Considérons des formes linéaires et supposons leurs coefficients écrits en tableau rectangulaire, les coefficients d'une même forme étant sur une même ligne, ceux d'une même variable sur une même colonne.

THÉORÈME. — *La condition nécessaire et suffisante pour que des formes linéaires soient indépendantes est que : 1° ces formes soient en nombre non supérieur aux variables ; 2° que les déterminants du tableau de leurs coefficients ne soit pas tous nuls.* Ce théorème est classique.

Rang d'un système de formes linéaires. — C'est le rang du tableau des coefficients de ces formes (n° **168**). Le théorème précédent a comme conséquence immédiate :

Le rang d'un système de formes linéaires est égal au nombre maximum de formes indépendantes qu'on y peut trouver.

Il en résulte qu'il ne change pas par une substitution réversible.

Notation. — Nous désignerons quelquefois un système de formes linéaires par le tableau de ses coefficients, par exemple

$$ \begin{matrix} ax + by + cz \\ a'x + b'y + c'z \end{matrix} \quad \text{par} \quad \begin{pmatrix} a & b & c \\ a' & b' & c' \end{pmatrix}. $$

Ces notions étant rappelées voici l'énoncé analogue à celui du n° **250**.

254. THÉORÈME. — *Tout système de p formes linéaires indépendantes est équivalente au système*

$$ (1) \qquad \left\{ \begin{matrix} x_1 \\ \quad x_2 \\ \qquad \ddots \\ \qquad\quad x_p \end{matrix} \right. $$

Soit le système

$$ (2) \qquad \left\{ \begin{matrix} a_{1,1}x_1 + \ldots + a_{1,p}x_p + \ldots + a_{1,n}x_n \\ \cdots \cdots \cdots \cdots \cdots \cdots \\ a_{p,1}x_1 + \ldots + a_{p,p}x_p + \ldots + a_{p,n}x_n \end{matrix} \right. $$

Puisqu'il se compose de formes indépendantes on a $n \geqslant p$ et l'un au moins des déterminants du tableau n'est pas nul. Supposons, pour fixer les idées, que ce soit celui formé par les p premières colonnes. On voit alors une substitution réversible qui transforme le système (1) dans le système (2) : c'est la substitution

$$(2) \qquad \begin{pmatrix} a_{1,1} \dots a_{1,p} \dots\dots a_{1,n} \\ \cdot \quad \cdot \quad \cdot \quad \cdot \quad \cdot \\ a_{p,1} \dots a_{p,p} \dots\dots a_{p,n} \\ 0 \dots\dots 0 \quad 1 \quad 0 \dots 0 \\ \cdot \quad \cdot \quad \cdot \quad \cdot \quad \cdot \\ 0 \dots\dots 0 \quad 0 \quad 0 \dots 1 \end{pmatrix}$$

dont le déterminant est le déterminant supposé différent de zéro. Le théorème est donc démontré.

A ce point de vue le système (1) peut s'appeler système *réduit*.

Conséquence. — *Deux systèmes de p formes indépendantes, sont équivalents entre eux.*

Il est d'ailleurs facile de déterminer toutes les substitutions par lesquelles on passe de l'un à l'autre. On voit par un raisonnement analogue à celui du n° **251** que cela revient à trouver les substitutions automorphes du système (1).

Or elles sont évidentes. Ce sont celles dans lesquelles x_1 est remplacé par x_1, x_2 par x_2, ... x_p par x_p, et x_{p+1}, x_{p+2}, ... x_n par des fonctions linéaires homogènes quelconques de x_1, x_2, ... x_n.

Exemples. — Soient les systèmes

$$\begin{cases} 2x - \dfrac{y}{2} \\ x + 2y \end{cases} \qquad \begin{cases} \dfrac{x}{6} + y \\ x - \dfrac{y}{2} \end{cases}$$

S est ici

$$\begin{pmatrix} 2 & -\dfrac{1}{2} \\ 1 & 2 \end{pmatrix}$$

et T est

$$\begin{pmatrix} \dfrac{1}{6} & 1 \\ 1 & -\dfrac{1}{2} \end{pmatrix}$$

Quant aux substitutions U il n'y en a ici qu'une

$$\begin{pmatrix} 1 & 0 \\ 0 & 1 \end{pmatrix}.$$

Donc il n'y a qu'une substitution répondant à la question et c'est

$$\begin{pmatrix} 2 & -\dfrac{1}{2} \\ 1 & 2 \end{pmatrix}^{-1} \times \begin{pmatrix} 1 & 0 \\ 0 & 1 \end{pmatrix} \times \begin{pmatrix} \dfrac{1}{6} & 1 \\ 1 & -\dfrac{1}{2} \end{pmatrix}$$

ou

$$\begin{pmatrix} \dfrac{4}{9} & \dfrac{1}{9} \\ -\dfrac{2}{9} & \dfrac{4}{9} \end{pmatrix} \times \begin{pmatrix} 1 & 0 \\ 0 & 1 \end{pmatrix} \times \begin{pmatrix} \dfrac{1}{6} & 1 \\ 1 & -\dfrac{1}{2} \end{pmatrix}$$

ou en effectuant

$$\begin{pmatrix} \dfrac{5}{27} & \dfrac{7}{18} \\ \dfrac{11}{27} & -\dfrac{4}{9} \end{pmatrix}$$

255. — Cherchons maintenant des énoncés, généralisations des précédents pour des systèmes de formes non forcément indépendantes.

THÉORÈME. — *Tout système de formes linéaires est équivalent à un système de formes constitué de la façon suivante :*

La première forme se réduit à x_1.

Ensuite il y a un certain nombre (pouvant d'ailleurs être zéro) de formes qui ne contiennent que x_1.

Ensuite une forme qui se réduit à x_2.

Puis un certain nombre (pouvant être nul) de formes qui ne contiennent que x_1 et x_2.

Puis une forme qui se réduit à x_3. etc.

Le nombre des variables dans ce système réduit est égal au rang du système ('),

Un tel système sera dit *réduit*.

Voici par exemple un système réduit :

$$(3) \qquad \left\{ \begin{array}{l} x_1 \\ 2x_1 \\ x_2 \\ x_1 + x_2 \\ x_3 \\ x_4 \\ -3x_1 + x_2 - x_3 - x_4 \end{array} \right.$$

('́) Autrement dit, dans le tableau des coefficients, la largeur = le rang.

Démonstration. — Nous pouvons par une substitution linéaire réduire la première forme à x_1 (n° **250**).

S'il arrive alors que toutes les autres formes du système ne contiennent plus que la variable x_2, le système est réduit. Sinon considérons la première des formes pour laquelle cela n'a pas lieu.

Soit $ax_1 + bx_2 + cx_3 + ..$, cette forme.

Nous ne touchons plus à x_1 de façon à ne pas modifier les formes précédentes, mais par une substitution linéaire opérée sur x_2, x_3, ... nous réduisons $bx_2 + cx_3 + ...$ à x_2. Par suite la forme

$$ax_1 + bx_2 + cx_3 + ...$$

devient

$$ax_1 + x_2.$$

Faisons maintenant la substitution

$$x_2 \mid -ax_1 + x_2.$$

Alors les premières formes qui ne contiennent que x_1 restent inchangées, mais la suivante devient x_2.

S'il arrive alors que toutes les autres formes du système ne contiennent plus que x_1 et x_2 le système est réduit. Sinon considérons la première des formes pour lesquelles cela n'a pas lieu. Soit

$$dx_1 + ex_2 + fx_3 + gx_4 + ...$$

cette forme. Nous ne touchons plus à x_1 ni à x_2 de façon à ne pas modifier les formes précédentes, mais par une substitution opérée sur x_3, x_4, ... nous réduisons $fx_3 + gx_4 + ...$ à x_3. Par suite

$$dx_1 + ex_2 + fx_3 + gx_4 + ...$$

devient

$$dx_1 + ex_2 + x_3.$$

Faisant maintenant la substitution

$$x_3 \mid - dx_1 - ex_2 + x_3$$

cette forme devient x_3, tandis que les précédentes ne changent pas. Et ainsi de suite.

Le rang du système est égal au nombre des variables du système réduit. En effet, il est bien évident que les formes x_1, x_2, ... du système réduit sont indépendantes, mais que les autres dépendent de celles-là.

256. Théorème. — *Deux systèmes réduits ne peuvent être équivalents que s'ils sont identiques.* Considérons par exemple le système (3), et cherchons une substitution réversible S qui le transforme en un autre système réduit (3'). Comme (3') est réduit, sa première forme est x_1; donc S transforme x_1 en x_1. Mais alors la seconde forme de (3) qui est $2x_1$ se transforme en $2x_1$; donc la seconde forme de (3') est aussi $2x_1$.

Ensuite, on voit que la troisième forme de (3') est x_2. En effet, sinon, comme (3') est réduit, elle serait de la forme ax_1; alors S qui transforme déjà x_1 en x_1 devrait en plus transformer x_2 en ax_1, de sorte qu'elle ne serait pas réversible.

La troisième forme de (3') étant x_2, cela prouve que S transforme aussi x_2 en x_2.

Et ainsi de suite. Finalement, on voit que S transforme x_1 en x_1, x_2 en x_2, x_3 en x_3 et x_4 en x_4. Donc (3') est identique à (3).

Conséquence. — Pour voir si deux systèmes F et G sont équivalents, on forme leurs systèmes réduits et l'on voit s'ils sont identiques.

Supposons cette condition remplie et soit H ce système réduit. En même temps on a une substitution S transformant H en F, c'est celle qui transforme x_1, x_2, ... en les formes de même rang dans F_1; et de même une substitution T transformant H en G. Quant aux substitutions automorphes de H elles sont évidentes, et le problème de trouver les substitutions transformant F en G est résolu.

Remarque. — Nous avons dit (n° **252**) que l'ordre des formes d'un système importe. Mais pour comparer deux systèmes, on peut changer cet ordre *de la même façon* dans les deux systèmes. C'est pourquoi on suppose en général que dans un système de rang r les r *premières* formes sont indépendantes. Alors dans ce système une fois réduit les r premières formes sont x_1, x_2, ... x_r, et les suivantes ne dépendent que de x_1, x_2, ... x_r.

257. Conditions nécessaires et suffisantes pour qu'un système en contienne un autre. — On voit immédiatement qu'il *faut* que le rang du premier soit égal ou supérieur à celui du second. Car le rang d'un système ne peut augmenter par une transformation linéaire, puisque les relations qui existent entre les formes de ce système existent encore après la transformation. On en conclut que deux systèmes équivalents ont le même rang. Mais la condition précédente n'est pas suffisante. Cherchons des conditions nécessaires et suffisantes.

Soient les systèmes, que nous représentons par les tableaux de leurs coefficients

$$\begin{pmatrix} a_{1,1} \ldots a_{1,n} \\ \cdot \quad \cdot \quad \cdot \\ \cdot \quad \cdot \quad \cdot \\ a_{p,1} \ldots a_{p,n} \end{pmatrix} \quad \text{et} \quad \begin{pmatrix} b_{1,1} \ldots b_{1,n'} \\ \cdot \quad \cdot \quad \cdot \\ \cdot \quad \cdot \quad \cdot \\ b_{p,1} \ldots b_{p,n'} \end{pmatrix}$$

Pour écrire que le premier contient le second, je vais écrire qu'en appliquant au premier une substitution :

$$\begin{pmatrix} \alpha_{1,1} \ldots \alpha_{1,n} \\ \cdot \quad \cdot \quad \cdot \\ \alpha_{n,1} \ldots \alpha_{n,n} \end{pmatrix}$$

on trouve le second. Il vient ainsi pn' équations dont les p premières sont

$$\begin{cases} a_{1,1}\alpha_{1,1} + a_{1,2}\alpha_{2,1} + \ldots + a_{1,n}\alpha_{n,1} = b_{1,1} \\ a_{2,1}\alpha_{1,1} + a_{2,2}\alpha_{2,1} + \ldots + a_{2,n}\alpha_{n,1} = b_{2,1} \\ \cdot \quad \cdot \quad \cdot \quad \cdot \quad \cdot \quad \cdot \quad \cdot \quad \cdot \quad \cdot \\ a_{p,1}\alpha_{1,1} + a_{p,2}\alpha_{2,1} + \ldots + a_{p,n}\alpha_{n,1} = b_{n,1} \end{cases}$$

et forment un système où les inconnues sont $\alpha_{1,1}, \alpha_{2,1}, \ldots \alpha_{n,1}$.

Les p suivantes se déduiraient de celles-ci en remplaçant les inconnues $\alpha_{1,1}, \alpha_{2,1} \ldots \alpha_{n,1}$ par les inconnues $\alpha_{1,2}, \alpha_{2,2} \ldots \alpha_{n,2}$ et les termes tout connus $b_{1,1}, b_{2,1} \ldots, b_{n,1}$ par $b_{1,2}, b_{2,2}, \ldots, b_{n,2}$. Elles forment un système où les inconnues sont $\alpha_{1,2}, \alpha_{2,2}, \ldots \alpha_{n,2}$.

Et ainsi de suite; on a ainsi n' systèmes. Il faut exprimer qu'ils sont possibles. On obtient ainsi (n° **167**) les conditions suivantes : Il faut et il suffit *ou bien que le premier système ne se compose que de formes indépendantes entre elles*; ou bien sinon, *que tous les déterminants obtenus en bordant le déterminant principal du premier système par une ligne qui n'y entre pas et par une colonne empruntée au second système soient nuls.*

On obtient ainsi $(p - r)n'$ conditions distinctes, qui sont nécessaires et suffisantes pour que le premier système contienne le second ($r =$ rang du premier système).

On peut remplacer cet énoncé par un autre plus simple de forme mais qui donne des conditions surabondantes. D'après ce qu'on a dit au n° **168**, on peut dire : *Pour que le système* (a) *contienne le système* (b) *il faut et il suffit que le tableau des a, et les tableaux obtenus en le bordant par une colonne quelconque du tableau des b aient tous même rang.*

Mais on peut encore simplifier la forme de cet énoncé et dire : *Pour que le système (a) contienne le système (b) il faut et il suffit que le système (a) et le système (ab) obtenu en juxtaposant horizontalement le système (a) et le système (b) aient le même rang.*

Si $r = p$ le théorème est évident.

Si $r < p$, pour le démontrer il suffit évidemment de démontrer que :

S'il y a dans le tableau (a) un déterminant d'ordre r, différent de zéro, si tous les déterminants d'ordre $r + 1$ du tableau (a) sont nuls; s'il en est de même de tous les déterminants d'ordre $r + 1$, qu'on peut former en remplaçant dans l'un des précédents une colonne de (a) par une colonne de (b); il en sera de même de tous les déterminants d'ordre $r + 1$ du tableau (ab).

En effet il suffit d'après ce qu'on a dit au nº **168** de le démontrer pour ceux de ces déterminants qui admettent comme mineur le déterminant principal du tableau (a). Alors cela résulte du théorème énoncé au nº **176**.

Comme cas particulier, si on considère un système (a) et le système (b) obtenu en supprimant dans (a) certaines colonnes, le système (a) contient le système (b). Ainsi le système

$$\frac{2}{3}x + 3y + 2z + t$$
$$5x - y + \frac{6}{5}z - t$$
$$3x - 10y + \frac{36}{5}z - 4t$$

contient le système

$$\frac{2}{3}x + 3y$$
$$5x - y$$
$$3x - 10y$$

car le second se déduit du premier par la substitution

$$\begin{pmatrix} 1 & 0 & 0 & 0 \\ 0 & 1 & 0 & 0 \\ 0 & 0 & 0 & 0 \\ 0 & 0 & 0 & 0 \end{pmatrix}$$

258. Invariants d'une forme. — On appelle *invariant* d'une forme, une fonction rationnelle $I(a, b, \ldots)$, des coefficients $a, b, \ldots$ de cette forme, telle que si l'on effectue sur les variables une substitution linéaire quelconque, et qu'on appelle a', b' ... les coefficients de la forme transformée, on ait

$$(4) \qquad\qquad I(a', b', ...) = M \times I(a, b, ...)$$

M ne dépendant que des coefficients de la substitution.

L'intérêt que présentent les invariants consiste en ceci : *un invariant égalé à zéro exprime une propriété de la forme qui subsiste après toute substitution.*

En effet si $I(a, b, ...)$ est nul, $I(a', b', ...)$ l'est aussi d'après la relation (4).

Exemple. — Soit la forme

$$ax^2 + bxy + cy^2.$$

Par la substitution $\begin{pmatrix} \alpha & \beta \\ \gamma & \delta \end{pmatrix}$ elle devient

$$a'x^2 + b'xy + c'y^2$$

en posant

$$a' = a\alpha^2 + b\alpha\gamma + c\gamma^2$$
$$b' = 2a\alpha\beta + b'(\alpha\delta + \beta\gamma) + 2c'\gamma\delta$$
$$c' = a\beta^2 + b\beta\gamma + c\delta^2$$

On trouve facilement que

$$4a'c' - b'^2 = (\alpha\delta - \beta\gamma)^2 (4ac - b^2).$$

Donc $4ac - b^2$ est un invariant. En l'égalant à zéro, on exprime que la forme est un carré parfait algébrique.

Invariants absolus. — Lorsque M se réduit à 1 c'est-à-dire lorsque

$$I(a', b', ...) = I(a, b, ...)$$

$I(a, b, ...)$ est dit invariant *absolu*.

259. Invariants d'un système de formes. — Tout ce que nous venons de dire d'une forme s'applique à un système de formes. Soit par exemple le système

$$ax + by$$
$$cx + dy.$$

Par la substitution $\begin{pmatrix} \alpha & \beta \\ \gamma & \delta \end{pmatrix}$ il devient

$$a'x + b'y$$
$$c'x + d'y$$

en posant

$$a' = a\alpha + b\gamma \quad b' = a\beta + b\delta \quad c' = c\alpha + d\gamma \quad d' = c\beta + d\delta.$$

Or

$$a'd' - b'c' = (\alpha\delta - \beta\gamma)(ad - bc).$$

Donc $ad - bc$ est un invariant. En l'égalant à zéro, on exprime que les deux formes du système sont dépendantes.

Remarque. — Toute constante peut être regardée comme un invariant absolu d'une forme ou d'un système de formes quelconques. Mais cet invariant n'ayant aucun intérêt, il sera la plupart du temps supposé dans la suite qu'il ne s'agit pas d'un tel invariant.

Nous nous proposons de chercher les invariants des formes linéaires ou des systèmes de formes linéaires.

260. Théorème. — *Un système de formes linéaires indépendantes dans lequel le nombre de formes est inférieur au nombre de variables n'a pas d'invariant* (autre qu'une constante).

Pour simplifier l'écriture, nous allons considérer un système de deux formes à trois variables, mais la démonstration est générale.

Soit le système

$$ax + by + cz \qquad \left(\begin{vmatrix} a & b \\ a' & b' \end{vmatrix} \neq 0 \right)$$
$$a'x + b'y + c'z$$

qui par la substitution

$$\begin{pmatrix} \alpha & \beta & \gamma \\ \alpha' & \beta' & \gamma' \\ \alpha'' & \beta'' & \gamma'' \end{pmatrix}$$

se transforme en

$$Ax + By + Cz$$
$$A'x + B'y + C'z$$

en posant :

$$A = a\alpha + b\alpha' + c\alpha''$$
$$B = a\beta + b\beta' + c\beta''$$
$$\cdot \quad \cdot \quad \cdot \quad \cdot \quad \cdot \quad \cdot$$
$$C' = a'\gamma + b'\gamma' + c'\gamma''$$

et supposons une fonction des coefficients a, b, ... c'

$$\mathrm{I} \begin{pmatrix} a\,b\,c \\ a'b'c' \end{pmatrix}$$

et une fonction des coefficients α, β, ... γ''

$$\varphi \begin{pmatrix} \alpha\ \beta\ \gamma \\ \alpha'\ \beta'\ \gamma' \\ \alpha''\ \beta''\ \gamma'' \end{pmatrix}$$

telle que :

$$(5) \qquad \mathrm{I} \begin{pmatrix} \mathrm{A\ B\ C} \\ \mathrm{A'B'C'} \end{pmatrix} = \varphi \begin{pmatrix} \alpha\ \beta\ \gamma \\ \alpha'\ \beta'\ \gamma' \\ \alpha''\ \beta''\ \gamma'' \end{pmatrix} \mathrm{I} \begin{pmatrix} a\,b\,c \\ a'b'c' \end{pmatrix}.$$

Faisons dans cette identité

$$a = 1, \quad b = 0, \quad c = 0 \;, \quad a' = 1, \quad b' = 0, \quad c' = 0$$

il vient

$$\mathrm{I} \begin{pmatrix} \alpha\ \beta\ \gamma \\ \alpha'\ \beta'\ \gamma' \end{pmatrix} = \varphi \begin{pmatrix} \alpha\ \beta\ \gamma \\ \alpha'\ \beta'\ \gamma' \\ \alpha''\ \beta''\ \gamma'' \end{pmatrix} \mathrm{I} \begin{pmatrix} 1\ 0\ 0 \\ 1\ 0\ 0 \end{pmatrix}$$

Puisque, par hypothèse, $\mathrm{I} \begin{pmatrix} \alpha\ \beta\ \gamma \\ \alpha'\ \beta'\ \gamma' \end{pmatrix}$ n'est pas une constante, cette quantité n'est pas nulle. L'égalité précédente montre donc que

$$\varphi \begin{pmatrix} \alpha\ \beta\ \gamma \\ \alpha'\ \beta'\ \gamma' \\ \alpha''\ \beta''\ \gamma'' \end{pmatrix}$$

est indépendante de α'', β'', γ''.

On verrait de même qu'elle est indépendante de α', β', γ', et aussi de α, β, γ; c'est donc une constante.

Cette constante est égale à 1, comme on le voit en faisant dans l'égalité (5) $\alpha = \beta' = \gamma'' = 1$ et $\beta = \gamma = \alpha' = \gamma' = \alpha'' = \beta'' = 0$.

On a donc

$$(6) \qquad \mathrm{I} \begin{pmatrix} \mathrm{A,\ B,\ C,} \\ \mathrm{A',B',C',} \end{pmatrix} = \mathrm{I} \begin{pmatrix} a,\ b,\ c, \\ a',b',c', \end{pmatrix}$$

Mais on peut déterminer α, β, ... γ'' de façon que A, B, C, A', B', C', aient les valeurs que l'on veut, car en écrivant

$$a\alpha + b\alpha' + c\alpha'' = A$$
$$a'\alpha + b'\alpha' + c'\alpha'' = A'$$
$$a\beta + b\beta' + c\beta'' = B$$
$$a'\beta + b'\beta' + c'\beta'' = B'$$
$$a\gamma + b\gamma' + c\gamma'' = C$$
$$a'\gamma + b'\gamma' + c'\gamma'' = C'$$

le premier système de deux équations en α, α', α'', est possible puisque $ab' - ba' \neq 0$, et de même les deux autres systèmes.

L'égalité (6) signifie donc que I est une constante.

261. Invariant d'un système de n formes linéaires à n variables. — Pour simplifier l'écriture nous allons considérer un système de trois formes à trois variables, mais les calculs s'appliquent au cas de n quelconque.

THÉORÈME. — *Le déterminant d'un système de n formes linéaires à n variables est un invariant.*

Soit le système

$$a_{1,1}x_1 + a_{1,2}x_2 + a_{1,3}x_3$$
$$a_{2,1}x_2 + a_{2,2}x_2 + a_{2,3}x_3$$
$$a_{3,1}x_2 + a_{3,2}x_2 + a_{3,3}x_3$$

qui par la substitution

$$\begin{pmatrix} \alpha_{1,1} & \alpha_{1,2} & \alpha_{1,3} \\ \alpha_{2,1} & \alpha_{2,2} & \alpha_{2,3} \\ \alpha_{3,1} & \alpha_{3,2} & \alpha_{3,3} \end{pmatrix}$$

se transforme en

$$A_{1,1}x_1 + A_{1,2}x_2 + A_{1,3}x_3$$
$$A_{2,1}x_2 + A_{2,2}x_2 + A_{2,3}x_3 \qquad (A_{i,j} = a_{i,1}\alpha_{1,j} + a_{i,2}\alpha_{2,j} + a_{i,3}\alpha_{3,j})$$
$$A_{3,1}x_2 + A_{3,3}x_2 + A_{3,3}x_3$$

On voit immédiatement que le déterminant des A est égal au produit de celui des a par celui des α, ce qui démontre le théorème.

De cet invariant D on déduit immédiatement une infinité d'autres invariants, à savoir : cD^m, c et m étant deux constantes quelconques.

262. — Nous allons démontrer qu'*il n'y en a pas d'autres* en général, c'est-à-dire si les coefficients a sont quelconques.

Soit

$$I \begin{pmatrix} a_{1,1} \ldots a_{1,3} \\ \cdot \quad \cdot \quad \cdot \\ a_{3,1} \ldots a_{3,3} \end{pmatrix}$$

un invariant, tel que

$$(7) \qquad I \begin{pmatrix} A_{1,1} \ldots A_{1,3} \\ \cdot \quad \cdot \quad \cdot \\ A_{3,1} \ldots A_{3,3} \end{pmatrix} = \varphi \begin{pmatrix} \alpha_{1,1} \ldots \alpha_{1,3} \\ \cdot \quad \cdot \quad \cdot \\ \alpha_{3,1} \ldots \alpha_{3,3} \end{pmatrix} I \begin{pmatrix} a_{1,1} \ldots a_{1,3} \\ \cdot \quad \cdot \quad \cdot \\ a_{3,1} \ldots a_{3,3} \end{pmatrix}$$

Faisons dans cette égalité $a_{1,1} = a_{2,2} = a_{3,3} = 1$ et tous les autres a égaux à 0; il vient :

$$(8) \qquad I \begin{pmatrix} \alpha_{1,1} \ldots \alpha_{1,3} \\ \cdot \quad \cdot \quad \cdot \\ \alpha_{3,1} \ldots \alpha_{3,3} \end{pmatrix} = \varphi \begin{pmatrix} \alpha_{1,1} \ldots \alpha_{1,3} \\ \cdot \quad \cdot \quad \cdot \\ \alpha_{3,1} \ldots \alpha_{3,3} \end{pmatrix} I \begin{pmatrix} 1 & 0 & 0 \\ 0 & 1 & 0 \\ 0 & 0 & 1 \end{pmatrix}$$

En introduisant une fonction des coefficients J liée à I par la relation

$$I \begin{pmatrix} \alpha_{1,1} \ldots \alpha_{1,3} \\ \cdot \quad \cdot \quad \cdot \\ \alpha_{3,1} \ldots \alpha_{3,3} \end{pmatrix} = I \begin{pmatrix} 1 & 0 & 0 \\ 0 & 1 & 0 \\ 0 & 0 & 1 \end{pmatrix} J \begin{pmatrix} \alpha_{1,1} \ldots \alpha_{1,3} \\ \cdot \quad \cdot \quad \cdot \\ \alpha_{3,1} \ldots \alpha_{3,3} \end{pmatrix}$$

la relation (8) devient

$$J \begin{pmatrix} \alpha_{1,1} \ldots \alpha_{1,3} \\ \cdot \quad \cdot \quad \cdot \\ \alpha_{3,1} \ldots \alpha_{3,3} \end{pmatrix} = \varphi \begin{pmatrix} \alpha_{1,1} \ldots \alpha_{1,3} \\ \cdot \quad \cdot \quad \cdot \\ \alpha_{3,1} \ldots \alpha_{3,3} \end{pmatrix}$$

et alors l'équation (7) devient

$$(9) \qquad J \begin{pmatrix} A_{1,1} \ldots A_{1,3} \\ \cdot \quad \cdot \quad \cdot \\ A_{3,1} \ldots A_{3,3} \end{pmatrix} = J \begin{pmatrix} \alpha_{1,1} \ldots \alpha_{1,3} \\ \cdot \quad \cdot \quad \cdot \\ \alpha_{3,1} \ldots \alpha_{3,3} \end{pmatrix} J \begin{pmatrix} a_{1,1} \ldots a_{1,3} \\ \cdot \quad \cdot \quad \cdot \\ a_{3,1} \ldots a_{3,3} \end{pmatrix}$$

Telle est l'équation qui doit déterminer la fonction J.

Prenons les dérivées de cette équation successivement par rapport à chacun des α, puis dans les résultats faisons $a_{1,1} = a_{2,2} = a_{3,3} = 1$ et tous les autres a égaux à 0; nous obtenons 9 équations.

$$a_{1,1}\frac{dJ}{da_{1,1}} + a_{2,1}\frac{dJ}{da_{2,1}} + a_{3,1}\frac{dJ}{da_{3,1}} = K_{1,1}J$$

$$a_{1,2}\frac{dJ}{da_{1,1}} + a_{2,2}\frac{dJ}{da_{2,1}} + a_{3,2}\frac{dJ}{da_{3,1}} = K_{2,1}J$$

$$a_{1,3}\frac{dJ}{da_{1,1}} + a_{2,3}\frac{dJ}{da_{2,1}} + a_{3,3}\frac{dJ}{da_{3,1}} = K_{3,1}J$$

$$a_{1,1}\frac{dJ}{da_{1,2}} + a_{2,1}\frac{dJ}{da_{2,2}} + a_{3,1}\frac{dJ}{da_{3,2}} = K_{1,2}J$$

$$. \quad . \quad . \quad . \quad . \quad . \quad . \quad .$$

$$a_{1,3}\frac{dJ}{da_{1,3}} + a_{2,3}\frac{dJ}{da_{2,3}} + a_{3,3}\frac{dJ}{da_{3,3}} = K_{3,3}J$$

en posant pour abréger

$$K_{i,j} = \frac{dJ}{d\alpha_{i,j}}\begin{pmatrix} 1 & 0 & 0 \\ 0 & 1 & 0 \\ 0 & 0 & 1 \end{pmatrix}.$$

Nous avons rangé ces équations dans un ordre tel que les trois premières ne contiennent que les dérivées

$$\frac{dJ}{da_{1,1}}, \qquad \frac{dJ}{da_{2,1}}, \qquad \frac{dJ}{da_{3,1}},$$

les trois suivantes ne contiennent que les dérivées

$$\frac{dJ}{da_{1,2}}, \qquad \frac{dJ}{da_{2,2}}, \qquad \frac{dJ}{da_{3,2}},$$

les trois dernières ne contiennent que les dérivées

$$\frac{dJ}{da_{1,3}}, \qquad \frac{dJ}{da_{2,3}}, \qquad \frac{dJ}{da_{3,3}}.$$

Nous pouvons donc facilement tirer de ces équations les valeurs de ces dérivées et nous trouverons par exemple

$$\frac{dJ}{da_{1,2}} = \frac{J \times [K_{1,2}\mathcal{A}_{1,1} + K_{2,2}\mathcal{A}_{1,2} + K_{3,2}\mathcal{A}_{1,3}]}{D}$$

en désignant par D le déterminant des a et par $\mathcal{A}_{i,j}$ le mineur de $a_{i,j}$ dans ce déterminant.

Reprenons maintenant l'équation (9), et dérivons-la cette fois-ci, successivement par rapport à chacun des a, puis dans les résultats faisons $a_{1,1} = a_{2,2} = a_{3,3} = 1$ et tous les autres a égaux à o. Nous obtenons neuf équations, ne contenant plus que les variables z. Comme ce sont des variables indépendantes nous pouvons changer la notation et les appeler α. Ces neuf équations, traitées comme les précédentes nous donnent

$$\frac{dJ}{da_{1,2}} = \frac{J \times K_{1,1}b_{1,2} + K_{1,2}b_{2,2} + K_{1,3}b_{3,2}}{D}.$$

Égalant les deux valeurs trouvées pour $\dfrac{dJ}{da_{i,j}}$ il vient :

$$K_{1,2}b_{1,1} + K_{2,2}b_{1,2} + K_{3,2}b_{1,3} = K_{1,1}b_{1,2} + K_{1,2}b_{2,2} + K_{1,3}b_{3,2}.$$

Cette égalité a lieu quels que soient les α. Mais les z étant arbitraires, les b le sont aussi (n° **177**). On a donc

$$K_{2,2} = K_{1,1}$$

et

$$K_{1,2} = K_{3,2} = K_{1,3} = o.$$

On trouverait de même

$$K_{3,3} = K_{1,1}$$

et

$$K_{2,1} = K_{2,3} = K_{3,1} = o.$$

Posons la valeur commune de $K_{1,1}$, $K_{2,2}$, $K_{3,3}$ égale à m.
La valeur de $\dfrac{dJ}{da_{2,1}}$ devient alors

$$\frac{dJ}{da_{2,1}} = \frac{m.b_{2,1}J}{D}$$

ce qui peut s'écrire

$$\frac{dJ}{da_{2,1}}.D^m - J.mD^{m-1}.b_{2,1} = o.$$

Or $b_{2,1}$ est la dérivée de D par rapport à $a_{2,1}$; donc $mD^{m-1}.b_{2,1}$ est la dérivée de D^m. Donc l'identité précédente exprime que $\dfrac{J}{D^m}$ est indépendant de $a_{1,2}$ (n° **245**). On verrait de même que ce rapport est indépendant des huit autres variables a. C'est donc une constante. Il en est de même de $\dfrac{I}{D^m}$, puisque I et J ne diffèrent que par un facteur

constant. On voit donc finalement que I est de la forme annoncée
cD^m, c et m étant des constantes.

En particulier le système n'a pas d'autre invariant absolu qu'une
constante.

En ne considérant pas comme distincts des invariants dont l'annula-
tion est équivalente, on peut dire que le système n'a qu'un invariant,
à savoir D.

La condition $D = 0$ exprime que le système n'est pas indépendant.

**263. Invariants d'un système de formes linéaires non in-
dépendantes.** — Soit p formes à n variables. Supposons que le déterminant principal D, soit d'ordre $r < p$ et pour fixer les idées, supposons qu'il soit formé des r premiers coefficients des r premières formes.

Considérons les $r(p - r)$ déterminants déduits de celui-là en y
remplaçant une de ses r lignes par une des $p - r$ suivantes. Les rapports de ces $r(p - r)$ déterminants au déterminant principal sont des
invariants absolus du système, et il n'y en a pas d'autres indépendants
de ceux-là non plus que d'invariants non absolus.

Désignons pour abréger les formes par $X_1, X_2, \ldots X_r, X_{r+1}, \ldots X_p$.
D'après les hypothèses on a des identités de la forme

$$(10) \quad \begin{cases} X_{r+1} = \lambda_{1,r+1}X_1 + \lambda_{2,r+1}X_2 + \ldots + \lambda_{r,r+1}X_r \\ \ldots \ldots \ldots \ldots \ldots \ldots \ldots \ldots \ldots \ldots \ldots \ldots \ldots \ldots \\ X_p = \quad \lambda_{1,p}X_1 + \quad \lambda_{2,p}X_2 + \ldots + \quad \lambda_{r,p}X_r \end{cases}$$

les λ étant des coefficients qui sont justement égaux aux rapports pré-
cités, à savoir

$$\lambda_{i,j} = \frac{D_{i,j}}{D}$$

en appelant $D_{i,j}$ le déterminant déduit de D en remplaçant la $i^{ème}$
ligne par la $j^{ème}$.

Or il est bien évident que les relations (10) subsistent entre les
formes X quelles que soient les variables en fonction desquelles elles
sont exprimées. Les valeurs de λ sont donc des invariants absolus. Il
n'y en a pas d'autres absolus, indépendants de ceux-là, car le système
réduit est

$$\begin{array}{l} x_1 \\ \quad x_2 \\ \qquad \ddots \\ \qquad\qquad x_r \\ \lambda_{1,r+1}x_1 + \lambda_{2,r+1}x_2 + \ldots + \lambda_{r,r+1}x_r \\ \lambda_{1,p}x_1 + \quad \lambda_{2,p}x_2 + \ldots + \quad \lambda_{r,p}x_r \end{array}$$

Les seuls invariants absolus qui existent doivent donc s'exprimer en fonction des coefficients de ce système réduit, c'est-à-dire des λ.

Il n'y a pas d'ailleurs d'invariant non absolu, car s'il y en avait un, ce serait aussi un invariant non absolu pour les systèmes de n formes qu'on peut extraire du système des p formes données. (Si $p < n$, on adjoint des formes identiquement nulles).

Or ces systèmes n'ont chacun qu'un invariant qui est leur déterminant, mais qui ici est nul.

264. Système complet d'invariants absolus. — On appelle *système complet* d'invariants absolus pour un système de formes (système pouvant se réduire à une seule forme), un ensemble d'invariants de ce système jouissant des propriétés suivantes :

1° Ils sont indépendants.

2° Deux systèmes de formes pour lesquels ces invariants sont les mêmes, sont équivalents.

Les invariants absolus que nous venons de signaler pour un système de formes linéaires forment un système complet. En effet ils sont indépendants, et deux systèmes de formes pour lesquels ils sont les mêmes sont équivalents, puisqu'ils ont même système réduit.

CHAPITRE XV

—

THEORIE ARITHMÉTIQUE DES FORMES
LINÉAIRES
A COEFFICIENTS ENTIERS

265. — Dans ce qui va suivre, sauf avis contraire, il s'agira de *formes à coefficients entiers*. Quand les variables recevront des valeurs particulières ce seront des valeurs entières. Enfin les substitutions seront aussi à coefficients entiers.

Une forme à coefficients entiers, dans laquelle on donne aux variables x, y, ... des valeurs entières x_0, y_0, ... prend une valeur entière a. On dit que la forme *représente* cet entier a pour des valeurs x_0, y_0, ... des variables.

Par exemple la forme $2x + 3y - 5z$ représente l'entier 13, pour les valeurs $x = 4$, $y = -5$, $z = -4$ des variables.

De même la forme

$$x^3 + 2y^3$$

représente l'entier 6 pour les valeurs $x = 2$, $y = -1$.

C'est un des problèmes fondamentaux de la théorie qui nous occupe de trouver les entiers représentables par une forme.

On voit donc le rapport intime qu'il y a entre cette théorie et l'analyse diophantienne. Car, savoir si un entier a est représentable par une forme $f(x, y, z, ...)$ revient à savoir si l'équation diophantienne

$$f(x, y, z, ...) = a$$

est résoluble.

266. Représentation propre et représentation impropre.
— La représentation d'un entier par une forme est dite *propre*
quand elle a lieu pour des valeurs des variables premières dans
leur ensemble ; *impropre*, dans le cas contraire.

Par exemple la forme

$$2x + 3y - 5z$$

représente l'entier 13 pour les valeurs $x = 4$, $y = -5$, $z = -4$
c'est une représentation *propre*.

Elle représente l'entier -34 pour les valeurs $x = 2$, $y = -6$,
$z = 4$, c'est une représentation *impropre*.

On peut se borner à l'étude des représentations *propres*, car
pour connaître les entiers que représente une forme quand on y
donne aux variables des valeurs ayant un plus grand commun
diviseur d ; il suffit de connaître les entiers qu'elle représente proprement et de les multiplier par d^m, m étant le degré de la forme.

267. Formes primitives et formes non primitives. —
Une forme est dite primitive quand ses coefficients sont premiers
dans leur *ensemble*. Par exemple

$$2x + 3y - 5z$$

est une forme primitive.
De même

$$2x^2 + 3xy + 5y^2.$$

En tout cas tout diviseur commun aux coefficients d'une forme
s'appelle *diviseur* de la forme et le plus grand s'appelle le *plus
grand diviseur* de la forme.

Par exemple la forme

$$6x - 18y + 30z$$

a pour plus grand diviseur 6 ;
la forme

$$4x^2 - 2xy + 2y^2,$$

a pour plus grand diviseur 2.

Toute forme non primitive est évidemment identique au produit de son plus grand diviseur par une forme primitive. Ainsi

$$6x - 18y + 3oz = 6(x - 3y + 5z).$$

Il en résulte que l'étude des formes non primitives se ramène à celle des formes primitives.

268. Forme contenue arithmétiquement dans une autre. — On dit qu'une forme est *contenue arithmétiquement* dans une autre lorsqu'elle s'en déduit par une substitution linéaire à coefficients entiers.

Comme dans ce qui va suivre, il ne s'agira que d'équivalence arithmétique nous supprimerons l'épithète « *arithmétique* ».

Par exemple si dans la forme

$$2x + 3y - 5z$$

on fait la substitution

$$\begin{aligned}
x &= x' + 3y' - z' \\
y &= 2x' - 9y' + 8z' \\
z &= -4x' + 9y' + 3z'
\end{aligned}$$

on obtient

$$28x' - 66y' + 7z'.$$

La première forme *contient* la seconde.

De même si dans $x^3 + 2y^3 - z^3$ on fait la substitution

$$\begin{array}{c|c}
x & x + y + z \\
y & x + y - z \\
z & -x + y
\end{array}$$

on obtient

$$4x^3 + 2y^3 - z^3 + 6x^2y + 12xy^2 - 3x^2z + 9xz^2 - 3y^2z + 9yz^2 - 6xyz$$

la première forme contient la seconde.

L'origine de cette dénomination se trouve dans le théorème suivant

THÉORÈME. — *Si une forme en contient une autre, tous les entiers représentables par la seconde le sont aussi par la première.*

Autrement dit : *l'ensemble des entiers représentables par la première forme contient l'ensemble des entiers représentables par l'autre.*

En effet, soit $f(x, y, \ldots)$ une forme et $g(x, y, \ldots)$ celle qui s'en déduit par la substitution

$$\begin{pmatrix} \alpha & \beta & \ldots \\ \alpha' & \beta' & \ldots \\ & \ldots & \end{pmatrix}$$

de sorte que

$$g(x, y, \ldots) = f(\alpha x + \beta y + \ldots, \alpha' x + \beta' y + \ldots, \ldots)$$

Si a est un entier représentable par g pour les valeurs x, y,... des variables, a est représentable par f pour les valeurs $\alpha x + \beta y + \ldots$, $\alpha' x + \beta' y + \ldots$, ... des variables. Ces deux représentations sont dites correspondantes.

Par exemple la forme $28 x' - 66 y' + 7 z'$ représente $- 114$ pour

$$x' = 2 \quad y' = 3 \quad z' = 4 ;$$

la forme $2x + 3y - 5z$ représente le même nombre pour

$$x = 7 \quad y = 9 \quad z = 31.$$

269. — D'ailleurs l'étude des entiers représentables par une forme f, rentre comme cas particulier dans celle des formes contenues dans f. En effet dire que $f(x, y, z)$ représente q, pour $x = x_0, y = y_0, z = z_0$; c'est dire que, par la substitution

$$x = x_0 t$$
$$y = y_0 t$$
$$z = z_0 t$$

elle se transforme en la forme à une variable $a t^m$ (m étant le degré de f)

270. Formes équivalentes. — En général, si une forme f contient une forme g, le contraire n'est pas vrai ; g ne contient pas f. Car les relations

$$x = \alpha x' + \beta y' + \ldots$$
$$y = \alpha' x' + \beta' y' + \ldots$$
$$\ldots \ldots \ldots \ldots$$

ne donnent pas en général des valeurs entières pour x', y', z',... quand x, y, z,... ont des valeurs entières. Cherchons la condition pour qu'il en soit ainsi.

On a

(1)
$$\begin{cases} x' = \dfrac{\mathcal{A}x + \mathcal{A}'y + \cdots}{M} \\[2mm] y' = \dfrac{\mathcal{B}x + \mathcal{B}'y + \cdots}{M} \\[2mm] \cdots \cdots \cdots \cdots \end{cases}$$

M étant le déterminant de la substitution, $\mathcal{A}$ étant le mineur de α, $\mathcal{A}'$ celui de α', etc.

Faisons $x = 1$ et y, z, ... égaux à zéro, les valeurs correspondantes de x', y', z', ... sont

$$\frac{\mathcal{A}}{M}, \qquad \frac{\mathcal{B}}{M}, \qquad \frac{\mathcal{C}}{M}, \cdots$$

elles doivent être entières.

On voit de même que tous les coefficients des formules (1) doivent être entiers. D'ailleurs cette condition est évidemment suffisante.

On sait (n° **242**) qu'elle revient à ceci : *la substitution*

$$\begin{pmatrix} \alpha & \ell & \cdots \\ \alpha' & \ell' & \cdots \\ \cdot & \cdot & \cdot \end{pmatrix}$$

est une substitution unité.

Dans ce cas chacune des formes contient l'autre, on dit qu'elles sont *équivalentes*; elles représentent les mêmes entiers.

Exemple. — Si sur la forme $x^2 + y^2$ on fait la substitution unité

$$\begin{pmatrix} 2 & -1 \\ 5 & -3 \end{pmatrix}$$

on obtient la forme équivalente : $29\,x^2 - 34\,xy + 10\,y^2$.

La question se pose de savoir si la réciproque est vraie, c'est-à-dire :

Si deux formes représentent les mêmes entiers, sont-elles équi-

valentes, c'est-à-dire : se déduisent-elles l'une de l'autre par une subtitution unité ?

Plus généralement : *Si une forme représente tous les entiers que représente une autre, la première contient-elle la seconde, c'est-à-dire : peut-on déduire la seconde de la première par une substitution linéaire à coefficients entiers ?*

Il sera répondu plus loin à ces questions pour les formes linéaires.

THÉORÈME. — *Toute forme est équivalente à elle-même.* Car elle se déduit d'elle-même par la substitution identique.

THÉORÈME. — *Deux formes équivalentes à une troisième sont équivalentes entre elles.*

Soit la forme f équivalente à la forme g et à la forme h. Soit S la substitution unité par laquelle on passe de f à g, et T celle par laquelle on passe de f à h. On passe de g à h par $S^{-1}T$ qui est aussi une substitution unité. Donc g et h sont équivalentes.

271. — THÉORÈME. — *Les représentations correspondantes d'un même entier par deux formes équivalentes sont propres en même temps.*

Plus généralement : *les deux représentations ont le même diviseur*, en appelant : *diviseur d'une représentation*, le plus grand commun diviseur des valeurs des variables pour lesquelles a lieu la représentation. En effet les valeurs des variables x, y, ... ; x' y', ... pour lesquelles ont lieu les deux représentations sont liées par des relations

$$x = \alpha x' + \beta y' + \dots$$
$$y = \alpha' x' + \beta' y' + \dots$$
$$z = \alpha'' x' + \beta'' y' + \dots$$
$$\dots \dots \dots \dots \dots$$

qui donnent d'ailleurs

$$\pm x' = \mathcal{A}x + \mathcal{A}'y + \dots$$
$$\pm y' = \mathcal{B}x + \mathcal{B}'y + \dots$$
$$\pm z' = \mathcal{C}x + \mathcal{C}'y + \dots$$
$$\dots \dots \dots \dots \dots$$

les premiers membres des secondes formules ayant le signe + ou

le signe — suivant que le déterminant de la substitution égale
+ ou — 1.

Les premières formules montrent que tout diviseur commun à
x', y', z', ... divise x, y, z, ... ; les secondes que tout diviseur
commun à x, y, z, ... divise x', y', z', ... Donc le plus grand
commun diviseur de x, y, z, ... est le même que le plus grand
commun diviseur de x', y', z', ...

272. — Deux formes équivalentes sont dites *proprement* équivalentes lorsqu'elles se déduisent l'une de l'autre par une substitution *modulaire* (n° **243**).

Exemple. — Les formes $x^2 + y^2$ et $29\,x^2 + 34\,xy + 10\,y^2$ sont proprement équivalentes car on déduit la seconde de la première par la

substitution $\begin{pmatrix} 2 & 1 \\ 5 & 3 \end{pmatrix}$ qui est modulaire.

Au contraire si sur la forme

$$3\,x^2 - 2\,xy + 4\,y^2$$

on fait la substitution

$$\begin{pmatrix} 1 & 3 \\ 1 & 2 \end{pmatrix}$$

qui est une substitution unité mais qui n'est pas modulaire, on obtient
la forme

$$5\,x^2 + 24\,xy + 31\,y^2$$

qui lui est équivalente. Mais on peut démontrer qu'elle ne lui est pas
proprement équivalente (¹).

THÉORÈME. — *Deux formes proprement équivalentes à une troisième sont proprement équivalentes entre elles.* La démonstration
est complètement analogue à celle du n° **270**.

(¹) Cela n'est pas évident, car il peut arriver que deux formes se déduisent
l'une de l'autre par plusieurs substitutions, dont les unes aient un déterminant
égal à + 1, et les autres un déterminant égal à — 1. Par exemple la forme
$2x + 3y$ se déduit de la forme $x + y$ par la substitution $\begin{pmatrix} 1 & 1 \\ 1 & 2 \end{pmatrix}$ qui a comme
déterminant + 1 mais aussi par la substitution $\begin{pmatrix} -1 & -1 \\ 3 & 4 \end{pmatrix}$ qui a comme déterminant — 1.

273. — Théorème. — *Quand une forme en contient une autre, le diviseur de la seconde est un multiple de celui de la première.*

Soit la forme $f(x, y, z)$ qui contient la forme

$$f(\alpha x + \beta y + \gamma z, \quad \alpha' x + \beta' y + \gamma' z, \quad \alpha'' x + \beta'' y + \gamma'' z).$$

Si on ordonne cette dernière par rapport aux variables x, y, z, il est évident que les coefficients sont des fonctions linéaires et homogènes des coefficients de la première; les coefficients étant des polynômes entiers en α, β, γ, ... γ''.

Par exemple si la première forme est

$$ax + by + cz$$

la seconde est

$$(a\alpha + b\alpha' + c\alpha'') x + (a\beta + b\beta' + c\beta'') y + (a\gamma + b\gamma' + c\gamma'') z.$$

Si la première est

$$ax^2 + a'y^2 + a''z^2 + byz + b'zx + b''xy$$

la seconde est

$$(a\alpha^2 + a'\alpha'^2 + a''\alpha''^2 + b\alpha'\alpha'' + b'\alpha''\alpha + b''\alpha\alpha') x^2 + \dots$$

On conclut de là que tout diviseur commun aux coefficients de la première forme, divise tous les coefficients de la seconde, d'où résulte le théorème annoncé.

Cas particulier. — *Si une forme représente un entier, cet entier est divisible par le diviseur de la forme.* Cela résulte de ce qu'on a dit au n° **269.** D'ailleurs cela se voit sans peine directement.

Corollaire. — *Quand une forme contient une forme primitive, elle est elle-même primitive.*

274. Théorème. — *Deux formes équivalentes ont le même plus grand diviseur.* Car chacune des formes étant contenue dans l'autre, leurs plus grands diviseurs se divisent mutuellement. Ils sont donc égaux.

Cas particulier. — *Toute forme équivalente à une forme primitive est elle-même primitive.*

275. Systèmes de formes. — Les notions précédentes s'appliquent aux systèmes de formes. On dit qu'un système de formes f, g, h, ... représente un système d'entiers a, b, c, ... pour les valeurs x, y, z, ... des variables, lorsqu'on a

$$f(x, y, z, \dots) = a$$
$$g(x, y, z, \dots) = b$$
$$h(x, y, z, \dots) = c$$
$$\cdot \quad \cdot \quad \cdot \quad \cdot \quad \cdot \quad \cdot$$

On distingue encore les représentations propres, et les représentations impropres, suivant que x, y, z, ... sont premiers dans leur ensemble ou non.

On dit qu'un système de formes est contenu dans un autre lorsqu'il s'en déduit par une substitution linéaire.

L'étude des systèmes d'entiers représentés par un système de formes, rentre comme cas particulier dans celle des systèmes qui y sont contenus (n° **269**.)

Exemple. — Le système

$$4x - 6y + z$$
$$4x + y - 4z$$

par la substitution

$$x = 3x' - y' + 2z'$$
$$y = -x' + 8y' + 7z'$$
$$z = 2x' + 3y' - 2z'$$

devient

$$20x' - 49y' - 36z'$$
$$3x' - 8y' + 23z'$$

On voit comme au n° **268** que :

Si un système de formes en contient un autre, tous les systèmes d'entiers représentables par le second, le sont aussi par le premier.

Quand deux systèmes de formes se déduisent l'un de l'autre par une substitution unité, ils sont dits *équivalents*.

Ils représentent les mêmes systèmes d'entiers.

De plus *les représentations correspondantes ont le même diviseur*.

Les questions analogues à celles du n° **269** se posent aussi pour les systèmes. Il y sera répondu pour les systèmes de formes linéaires.

276. — *Tout système est équivalent à lui-même.*

Deux systèmes équivalents à un troisième sont équivalents entre eux.

Les représentations correspondantes d'un même système d'entiers par deux systèmes équivalents de formes, sont propres en même temps. Plus généralement *ces représentations ont le même diviseur*.

277. — Les systèmes *proprement* équivalents sont ceux qui se déduisent l'un de l'autre par une substitution modulaire. On voit sans peine que :

Deux systèmes proprement équivalents à un troisième sont proprement équivalents entre eux.

278. — Considérons un système de formes. Supposons-les toutes de même degré, ce qu'on peut d'ailleurs toujours réaliser en complétant les formes de moindre degré avec des termes à coefficients nuls. Les coefficients de ces formes, constituent un tableau qu'on appellera *tableau du système*.

Théorème. — *Quand un système en contient un autre, le plus grand commun diviseur des déterminants du tableau du second, est un multiple de celui des déterminants du premier.*

En effet les coefficients de chaque forme du second système sont des fonctions linéaires et homogènes des coefficients des formes correspondantes du premier système, les coefficients étant des polynômes entiers par rapport aux coefficients de la substitution, les mêmes pour les différentes formes.

Par exemple si le premier système est

$$ax^2 + bxy + cy^2$$
$$a'x^2 + b'xy + c'y^2$$

et la substitution

$$\begin{pmatrix} \alpha & \beta \\ \gamma & \delta \end{pmatrix}$$

le second système est

$$(ax^2 + b\alpha\gamma + c\gamma^2)x^2 + [2a\alpha\beta + b(\alpha\delta + \beta\gamma) + 2c\gamma\delta]xy + (a\beta^2 + b\beta\delta + c\delta^2)y^2$$
$$(a'x^2 + b'\alpha\gamma + c'\gamma^2)x^2 + [2a'\alpha\beta + b'(\alpha\delta + \beta\gamma) + 2c'\gamma\delta]xy + (a'\beta^2 + b'\beta\delta + c'\delta^2)y^2.$$

Considérons un déterminant du tableau des coefficients du second système, par exemple

$$\begin{vmatrix} ax^2 + b\alpha\gamma + c\gamma^2 & 2a\alpha\beta + b(\alpha\delta + \beta\gamma) + 2c\gamma\delta \\ a'x^2 + b'\alpha\gamma + c'\gamma^2 & 2a'\alpha\beta + b'(\alpha\delta + \beta\gamma) + 2c'\gamma\delta \end{vmatrix}$$

Il se décompose en 3^2 déterminants partiels, qui sont ou bien nuls, ou bien égaux à des déterminants du premier système multipliés par des expressions en α, β, γ, δ. Il en résulte que tout diviseur commun aux déterminants du premier système divise tous les déterminants du second, d'où résulte le théorème annoncé.

Corollaire. — Pour deux systèmes équivalents les déterminants extraits de leurs tableaux ont même plus grand commun diviseur.

279. Remarque. — Ces théorèmes s'appliquent non seulement au système donné lui-même, mais aux systèmes formés en ne prenant que certaines des formes qui y sont contenues. Si le système donné contient p formes, il y a p de ces systèmes composés d'une seule forme, il y en a C_p composés de deux formes, etc.

On a ainsi le théorème : *Quand un système en contient un autre le plus grand commun diviseur des déterminants du tableau d'un système partiel extrait du premier est un multiple de celui des déterminants du tableau du système partiel correspondant extrait du deuxième.*

Comme corollaire : *le plus grand commun diviseur de tous les déterminants d'ordre k extraits du second tableau est un multiple de celui de tous les déterminants d'ordre k extraits du premier.*

Pour deux systèmes équivalents : 1° *le plus grand commun diviseur des déterminants du tableau d'un système partiel extrait de l'un est égal au plus grand commun diviseur du tableau du système partiel correspondant extrait de l'autre.*

2° *Le plus grand commun diviseur des déterminants d'ordre k extraits de l'un des tableaux, est égal à celui des déterminants d'ordre k extraits de l'autre.*

280. Problèmes fondamentaux. — *Etant données deux formes, reconnaître si elles sont équivalentes, ou si l'une contient l'autre. Trouver les substitutions par lesquelles on peut passer de l'une à l'autre.*

Mêmes problèmes pour deux systèmes.

Pour voir si une forme (un système) contient une autre forme (un autre système) on peut essayer de procéder de la façon suivante : *Appliquer à la première forme (premier système) une substitution linéaire à coefficients indéterminés, et chercher à déterminer ces coefficients de façon à obtenir l'autre forme (ou système).* Le problème est ainsi ramené à la résolution d'équations diophantiennes.

Dans le cas où les formes (ou systèmes) proposées sont linéaires, ces équations le sont aussi et le calcul peut être poussé jusqu'au bout.

Si l'on veut voir par cette méthode si les formes (ou systèmes) sont équivalentes, il faudra voir si parmi les substitutions trouvées il y en a qui aient un déterminant égal à $+$ ou à $-$ 1, ce qui conduit à des équations de degré supérieur au premier.

On peut aussi exprimer que la première forme (ou système) contient la seconde, et que la seconde contient la première. Cela est nécessaire pour que les deux formes (ou systèmes) soient équivalentes, mais nous ne savons si cela est suffisant. Nous verrons que cela est suffisant pour les formes ou systèmes linéaires (n° **292**).

Pour le moment, nous allons, pour les formes et systèmes linéaires, résoudre ces problèmes par la considération des formes et systèmes *réduits*.

281. Résolution des problèmes fondamentaux pour deux formes linéaires. THÉORÈME. — *Toute forme linéaire*

(1) $$a_1 x_1 + a_2 x_2 + \ldots + a_n x_n$$

est équivalente à

$$dx_1$$

d étant le plus grand commun diviseur de

$$a_1, a_2, \ldots a_n.$$

c'est-à-dire le *plus grand diviseur de la forme* (n° **267**). [Se rappeler que $d > 0$ (n° **97**)].

dx_1 est la forme *réduite* ou *canonique*.

En effet il n'y a qu'à refaire le calcul du n° **151** mais en l'interprétant d'une autre façon.

Soit pour fixer les idées

$$|a_1| \geqslant |a_2| \ldots \geqslant |a_n|.$$

Divisons $a_1, a_2, \ldots a_{n-1}$ par a_n. Soit

$$a_1 = a_n q_1 + a_1'$$
$$a_2 = a_n q_2 + a_2'$$
$$\cdot \quad \cdot \quad \cdot \quad \cdot \quad \cdot \quad \cdot$$
$$a_{n-1} = a_n q_{n-1} + a'_{n-1}$$

de sorte que la forme (1) s'écrit

$$a_1' x_1 + a_2' x_2 \ldots + a'_{n-1} x_{n-1} + a_n(q_1 x_1 + q_2 x_2 + \ldots + q_{n-1} x_{n-1} + x_n).$$

Faisons la substitution modulaire

$$x_n \mid - q_1 x_1 - q_2 x_2 \ldots - q_{n-1} x_{n-1} + x_n,$$

la forme (1) se transforme en

$$(2) \qquad a_1' x_1 + a_2' x_2 + \ldots + a'_{n-1} x_{n-1} + a_n x_n.$$

Or dans la forme (1), le coefficient qui a la plus petite valeur absolue est a_n; tandis que dans la forme (2), le coefficient qui a la plus petite valeur absolue en a une plus petite que celle de a_n.

En continuant comme au n° **151** on arrive à l'une des formes

$$\pm dx_i.$$

Si l'on arrive à la forme $- dx_i$, on fera la substitution

$$x_i \,|\, - x_i$$

et l'on obtiendra

$$dx_i.$$

Si $i \neq 1$ on fera la transposition $x_i \,\|\, x_1$, et l'on arrivera finalement à la forme

$$dx_1.$$

D'ailleurs toutes les substitutions qu'on a faites sont de déterminant égal à $+$ ou à $- 1$, et elles se composent en une seule de déterminant égal aussi à $+$ ou à $- 1$. Le théorème est donc démontré.

282. *Corollaire*. — *Pour que deux formes linéaires soient équivalentes il faut et il suffit que leurs plus grands diviseurs soient les mêmes.*

Nous savons déjà (n° **274**) que cette condition est nécessaire. Elle est suffisante, puisque si elle est remplie les deux formes en question sont équivalentes à une même forme réduite.

En particulier, deux formes linéaires primitives sont équivalentes entre elles, et équivalentes à la forme x_i.

283. — *Trouver toutes les substitutions par lesquelles on peut passer d'une forme f à une forme de même plus grand diviseur, g.*

On vient d'apprendre à trouver une substitution S par laquelle on passe de f à la forme réduite dx_1, et une substitution T par laquelle on passe de g à la même forme réduite. Soit alors V une substitution automorphe de dx_1. On démontre comme au n° **251** que toutes les substitutions répondant à la question sont de la forme

$$SVT^{-1}.$$

Reste à trouver les substitutions automorphes de dx_1. Ce sont les substitutions

$$V = \begin{pmatrix} 1 & 0 & \ldots & 0 \\ \sigma_{2,1} & \alpha_{2,2} & \ldots & \sigma_{2,n} \\ \cdot & \cdot & \cdot & \cdot \\ \cdot & \cdot & \cdot & \cdot \\ \alpha_{n,1} & \sigma_{n,1} & \ldots & \sigma_{n,n} \end{pmatrix}$$

les α étant quelconques.

On voit que, sauf le cas de $n = 1$, il y a une infinité de substitutions linéaires transformant f en g. Si l'on ne veut que les substitutions unités, il faut choisir les α de façon que

$$\begin{vmatrix} \alpha_{2,2} \cdots \alpha_{2,n} \\ \cdots \cdots \\ \alpha_{n,2} \cdots \alpha_{n,n} \end{vmatrix} = \pm 1.$$

Si l'on ne veut que les substitutions modulaires, il faut considérer les substitutions S et T. Soit ε le déterminant de la première et ε' celui de la seconde. Il faut choisir les α de façon que

$$\begin{vmatrix} \alpha_{2,2} \cdots \alpha_{2,n} \\ \cdots \cdots \\ \alpha_{n,2} \cdots \alpha_{n,n} \end{vmatrix} = \varepsilon\varepsilon'.$$

On voit que, sauf le cas de $n = 1$, la distinction entre formes *proprement* et formes *improprement* équivalentes est sans intérêt, puisque deux formes improprement équivalentes le sont en même temps proprement.

Exemple. — Soient les deux formes primitives :

$$3x - 5y + 8z + 13t$$

et

$$15x + 4y + 5z - 11t.$$

La première forme s'écrit :

$$3(x - 2y + 3z + 4t) + y - z + t.$$

Par la substitution

$$\begin{pmatrix} 1 & 2 & -3 & -4 \\ 0 & 1 & 0 & 0 \\ 0 & 0 & 1 & 0 \\ 0 & 0 & 0 & 1 \end{pmatrix}$$

elle devient

$$3x + y - z + t$$

CAUËN. — Théorie des nombres, t. I.   16

et celle-ci par la substitution

$$\begin{pmatrix} 0 & 1 & 0 & 0 \\ 1 & -3 & 1 & -1 \\ 0 & 0 & 1 & 0 \\ 0 & 0 & 0 & 1 \end{pmatrix}$$

devient x.

La seconde forme s'écrit

$$4\,(4\,x + y + z - 3\,t) - x + z + t.$$

Par la substitution

$$\begin{pmatrix} 1 & 0 & 0 & 0 \\ -4 & 1 & -1 & 3 \\ 0 & 0 & 1 & 0 \\ 0 & 0 & 0 & 1 \end{pmatrix}$$

elle devient

$$- x + 4y + z + t$$

et celle-ci par la substitution

$$\begin{pmatrix} -1 & 4 & 1 & 1 \\ 0 & 1 & 0 & 0 \\ 0 & 0 & 1 & 0 \\ 0 & 0 & 0 & 1 \end{pmatrix}$$

devient x.

La substitution désignée plus haut par S est ici

$$\begin{pmatrix} 2 & -5 & -1 & -6 \\ 1 & -3 & 1 & -1 \\ 0 & 0 & 1 & 0 \\ 0 & 0 & 0 & 1 \end{pmatrix}$$

celle désignée par T est

$$\begin{pmatrix} -1 & 4 & 1 & 1 \\ 4 & -15 & -5 & -1 \\ 0 & 0 & 1 & 0 \\ 0 & 0 & 0 & 1 \end{pmatrix}$$

De sorte que T^{-1} est

$$\begin{pmatrix} 15 & 4 & 5 & -11 \\ 4 & 1 & 1 & -3 \\ 0 & 0 & 1 & 0 \\ 0 & 0 & 0 & 1 \end{pmatrix}$$

L'expression générale des substitutions à coefficients entiers qui transforment

$$3x - 5y + 8z + 13t \quad \text{en} \quad 15x + 4y + 5z - 11t$$

est donc

$$\begin{pmatrix} 2 & -5 & -1 & -6 \\ 1 & -3 & 1 & -1 \\ 0 & 0 & 1 & 0 \\ 0 & 0 & 0 & 1 \end{pmatrix} \times \begin{pmatrix} 1 & 0 & 0 & 0 \\ \alpha & \beta & \gamma & \delta \\ \alpha' & \beta' & \gamma' & \delta' \\ \alpha'' & \beta'' & \gamma'' & \delta'' \end{pmatrix} \times \begin{pmatrix} 15 & 4 & 5 & -11 \\ 4 & 1 & 1 & -3 \\ 0 & 0 & 1 & 0 \\ 0 & 0 & 0 & 1 \end{pmatrix}$$

produit qu'il est facile d'effectuer.

Les substitutions unités s'obtiennent en choisissant les β, γ et δ de façon que

$$\begin{vmatrix} \beta & \gamma & \delta \\ \beta' & \gamma' & \delta' \\ \beta'' & \gamma'' & \delta'' \end{vmatrix} = \pm 1$$

les substitutions modulaires s'obtiennent en choisissant les β, γ, δ de façon que

$$\begin{vmatrix} \beta & \gamma & \delta \\ \beta' & \gamma' & \delta' \\ \beta'' & \gamma'' & \delta'' \end{vmatrix} = + 1.$$

284. — *Réponse à la première question du n° **270** pour deux formes linéaires.*

Deux formes linéaires qui représentent les mêmes entiers sont équivalentes c'est-à-dire se déduisent l'une de l'autre par une substitution unité.

En effet soit une forme linéaire, et soit dx sa forme réduite.

Le coefficient d est le plus petit entier positif représenté par la forme.

Donc si deux formes représentent les mêmes entiers, le coeffi-cient d sera le même pour les deux formes. Donc elles ont même forme réduite, donc elles sont équivalentes.

Remarque. — *Le plus grand diviseur d'une forme linéaire est le plus grand diviseur commun à tous les entiers qu'elle représente.*

285. PROBLÈME. — *Reconnaître si une forme linéaire f en con-tient une autre g et trouver les substitutions par lesquelles on passe de la première à la seconde.*

Nous savons que pour qu'une forme en contienne une autre, il *faut* que le diviseur de la seconde soit un multiple de celui de la première.

Pour les formes linéaires cette condition est suffisante.

En effet supposons-la remplie. Soit d le diviseur de la première forme, kd celui de la seconde, la forme réduite de la première est dx_1, celle de la seconde kdx_1. Or on passe de dx_1 à kdx_1 par la substitution $x_1 \mid dx_1$.

Soit S la substitution par laquelle on est passé de f à dx_1 et T la substitution par laquelle on est passé de g à kdx_1.

Soit V une substitution transformant dx_1 en kdx_1. On démontre facilement que toutes les substitutions transformant f en g sont de la forme

$$\text{SVT}^{-1}.$$

Reste à trouver toutes les substitutions V. Ce sont les substitu-tions

$$(3) \qquad \text{V} = \begin{pmatrix} k & 0 & \dots & 0 \\ \alpha_{2,1} & \alpha_{2,2} & \dots & \alpha_{2,n} \\ \cdot & \cdot & \cdot & \cdot \\ \cdot & \cdot & \cdot & \cdot \\ \alpha_{n,1} & \alpha_{n,2} & \dots & \alpha_{n,n} \end{pmatrix}$$

les α étant quelconques.

Il y en a une infinité sauf le cas où $n = 1$.

Le déterminant de la substitution (3) est

$$k \begin{vmatrix} \alpha_{2,2} & \dots & \alpha_{2,n} \\ \cdot & \cdot & \cdot \\ \alpha_{n,2} & \dots & \alpha_{n,n} \end{vmatrix}$$

On aura les substitutions de plus petit déterminant possible, à savoir $\pm k$, en choisissant les α de façon que

$$\begin{vmatrix} \sigma_{2,2} & \dots & \alpha_{2,n} \\ \cdot & \cdot & \cdot \\ \sigma_{n,2} & \dots & \sigma_{n,n} \end{vmatrix} = \pm 1.$$

Réponse à la seconde question du n° 270.

Si une forme linéaire représente tous les entiers que représente une autre, la première contient la seconde; c'est-à-dire qu'on peut déduire la seconde de la première par une substitution linéaire.

En effet soit dx_1 la forme réduite de la première, $d'x_1$ la forme réduite de la seconde. Puisque la première forme représente tous les entiers que représente la seconde, elle représente d'. Donc d' est un multiple de d. Donc la première forme contient la seconde.

286. Résolution des problèmes fondamentaux pour deux systèmes de formes linéaires. Systèmes réduits imparfaits et systèmes parfaits. — Soit un système de p formes à n variables et de rang r. Pour simplifier l'écriture, supposons que ce soient les r premières formes qui sont indépendantes. (Remarque du n° **256**).

Théorème. — *Ce système est équivalent à un système constitué comme suit* :

$$\begin{cases} \delta_{1,1}x_1 \\ \delta_{2,1}x_1 + \delta_{2,2}x_2 \\ \cdot \quad \cdot \quad \cdot \quad \cdot \\ \delta_{r,1}x_1 + \delta_{r,2}x_2 + \dots + \delta_{r,r}x_r \\ \delta_{r+1,1}x_1 + \delta_{r+1,2}x_2 + \dots + \delta_{r+1,r}x_r \\ \cdot \quad \cdot \quad \cdot \quad \cdot \quad \cdot \quad \cdot \\ \delta_{p,1}x_1 + \delta_{p,2}x_2 + \dots \delta_{p,r}x_r \end{cases}$$

avec

$$\delta_{1,1} > 0 \quad \delta_{2,2} > 0 \dots \delta_{r,r} > 0.$$

Les coefficients positifs $\delta_{1,1}, \delta_{2,2}, \dots \delta_{r,r}$ s'appellent coefficients *principaux*.

En effet on sait trouver une substitution unité qui ramène la première forme à $\delta_{1,1}x_1$ $(\delta_{1,1} > 0)$.

Alors la seconde forme est devenue

$$\delta_{2,1}x_1 + \varepsilon_{2,2}x_2 + \ldots + \varepsilon_{2,n}x_n.$$

Les cooefficients $\varepsilon_{2,2}$, $\varepsilon_{2,3}$, $\ldots$ $\varepsilon_{2,n}$ ne sont pas tous nuls, puisque la seconde forme est indépendante de la première.

Ne touchant plus à la variable x_2, on sait trouver une substitution unité qui ramène $\varepsilon_{2,2}x_2 + \ldots + \varepsilon_{2,n}x_n$ à $\delta_{2,2}x_2$. ($\delta_{2,2} > 0$).

La seconde forme du système est donc devenue

$$\delta_{2,1}x_1 + \delta_{2,2}x_2.$$

Maintenant on ne touchera plus à x_1 ni à x_2, on transformera la troisième forme et ainsi de suite, jusqu'à ce qu'on ait transformé les r premières formes. A ce moment les formes suivantes ne contiennent plus que x_1, x_2, $\ldots$ x_r. En effet, le système étant de rang r, et les r premières formes étant indépendantes, chacune des formes suivantes s'exprime en fonction de celles-la, et par conséquent ne contient pas d'autres variables qu'elles.

On obtient donc finalement un système tel qu'on l'a dit. Nous appellerons un tel système : *réduit imparfait*, parce que nous pouvons trouver un système réduit plus particulier. C'est un système de même forme que le précédent mais dans lequel les coefficients satisfont en plus aux conditions suivantes :

$$(4) \quad \begin{cases} 0 \leqslant \delta_{2,1} < \delta_{2,2} \\ 0 \leqslant \delta_{3,1} < \delta_{3,3} \quad 0 \leqslant \delta_{3,2} < \delta_{3,3} \\ \cdot \quad \cdot \quad \cdot \quad \cdot \quad \cdot \quad \cdot \quad \cdot \\ 0 \leqslant \delta_{r,1} < \delta_{r,r} \quad 0 \leqslant \delta_{r,2} < \delta_{r,r} \ldots 0 \leqslant \delta_{r,r-1} < \delta_{r,r} \end{cases}$$

c'est-à-dire que : *dans chacune des r premières formes du système, les coefficients autres que le coefficient principal sont positifs ou nuls et plus petits que le coefficient principal.*

En effet si ces conditions ne sont pas remplies dans la seconde forme du système ; soit q le quotient et $\delta'_{2,1}$ le reste de la division de $\delta_{2,1}$ par $\delta_{2,2}$; cette forme s'écrit

$$(q\delta_{2,2} + \delta'_{2,1})\, x_1 + \delta_{2,2}x_2$$

ou

$$\delta'_{2,1}x_1 + \delta_{2,2}\,(qx_1 + x_2).$$

Par la substitution modulaire

$$\begin{array}{c|c} x_1 & x_1 \\ qx_1 + x_2 & x_2 \end{array}$$

elle devient

$$\delta'_{2,1}x_1 + \delta_{2,2}x_2$$

les coefficients $\delta^V_{2,1}$, $\delta_{2,2}$ satisfaisant aux conditions (4).

Pour ne pas compliquer les notations, je désignerai ce nouveau coefficient $\delta^V_{2,1}$ par $\delta_{2,1}$.

Considérons maintenant la troisième forme du système. Elle sera devenue

$$\delta'_{3,1}x_1 + \delta'_{3,2}x_2 + \delta_{3,3}x_3$$

(d'ailleurs $\delta'_{3,2} = \delta_{3,2}$).

Si les conditions (4) ne sont pas remplies pour cette forme, soient q' le quotient et $\delta^V_{3,1}$ le reste de la division de $\delta'_{3,1}$ par $\delta_{3,3}$, q'' le quotient et $\delta^V_{3,2}$ le reste de la division de $\delta'_{3,2}$ par $\delta_{3,3}$, la forme s'écrit

$$(q'\delta_{3,3} + \delta''_{3,1})\, x_1 + (q''\delta_{3,3} + \delta''_{3,2})\, x_2 + \delta_{3,3}x_3$$

ou

$$\delta''_{3,1}x_1 + \delta''_{3,2}x_2 + \delta_{3,3}\,(q'x_1 + q''x_2 + x_3)$$

et par la substitution modulaire

$$\begin{array}{c|c} x_1 & x_1 \\ x_2 & x_2 \\ x_3 & - q'x_1 - q''x_2 + x_3 \end{array}$$

elle devient :

$$\delta''_{3,1}x_1 + \delta''_{3,2}x_2 + \delta_{3,3}x_3$$

ou par un changement de notation

$$\delta_{3,1}x_1 + \delta_{3,2}x_2 + \delta_{3,3}$$

les coefficients δ satisfaisant maintenant aux conditions (4). Et ainsi de suite, jusqu'à ce qu'on obtienne un système dans lequel les coefficients des r premières formes satisfassent aux conditions (4).

À l'avenir, sauf avertissement contraire, « *système réduit* » voudra dire « *système réduit parfait* ».

287. Théorème. — *Pour que deux systèmes soient équivalents, il faut et il suffit que leurs systèmes réduits soient identiques.*

Cette condition est évidemment suffisante. Pour démontrer qu'elle est nécessaire, nous allons démontrer que *deux systèmes réduits ne peuvent être équivalents que s'ils sont identiques.*

En effet appelons δ les coefficients du premier système, ε ceux du second; appelons (δ) le premier système, (ε) le second.

Puisque la première forme du système (δ) qui est $\delta_{1,1}x_1$ doit se transformer en la première forme du système (ε) qui est $\varepsilon_{1,1}x_1$, il faut que dans les formules de substitution, l'expression de x_1 en fonction des nouvelles variables ne contienne que la première d'entre elles. Cette substitution est de la forme

$$\begin{pmatrix} \alpha_{1,1} & 0 & \cdots & 0 \\ \alpha_{2,1} & \alpha_{2,3} & \cdots & \alpha_{2,n} \\ \cdot & \cdot & \cdot & \cdot \\ \cdot & \cdot & \cdot & \cdot \\ \alpha_{n,1} & \alpha_{n,2} & \cdots & \alpha_{n,n} \end{pmatrix}$$

Comme ce doit être une substitution unité, il faut que

$$\alpha_{1,1} \begin{vmatrix} \alpha_{2,2} & \cdots & \alpha_{2,n} \\ \cdot & \cdot & \cdot \\ \alpha_{n,1} & \cdots & \alpha_{n,n} \end{vmatrix} = \pm 1$$

Or, quand le produit de deux entiers est égal à + ou à — 1, chacun de ces entiers est égal à + ou à — 1.

$$\alpha_{1,1} = \pm 1$$

alors

$$\varepsilon_{1,1} = \alpha_{1,1}\delta_{1,1}.$$

Comme $\delta_{1,1}$ et $\varepsilon_{1,1}$ sont > 0, il s'ensuit que

$$\alpha_{1,1} = +1$$

et que

$$\delta_{1,1} = \varepsilon_{1,1}.$$

Donc les premières formes des deux systèmes sont identiques et toute substitution par laquelle on passe du premier système au second, transforme x_1 en lui-même.

Passons aux secondes formes. Puisque

$$\delta_{2,1} x_1 + \delta_{2,2} x_2$$

doit se transformer en

$$\varepsilon_{2,1} x_1' + \varepsilon_{2,2} x_2',$$

et que déjà l'expression de x_1 dans les formules de substitution ne contient que x_1', il faut aussi que l'expression de x_2 ne contienne que x_1' et x_2'. La substitution est donc de la forme

$$\begin{pmatrix} 1 & 0 & 0 & \dots & 0 \\ \alpha_{2,1} & \alpha_{2,2} & 0 & \dots & 0 \\ \alpha_{3,1} & \alpha_{3,2} & \alpha_{3,3} & \dots & \alpha_{3,n} \\ \cdot & \cdot & \cdot & & \cdot \\ \cdot & \cdot & \cdot & & \cdot \\ \alpha_{n,1} & \alpha_{n,2} & \alpha_{n,3} & \dots & \alpha_{n,n} \end{pmatrix}$$

Comme ce doit être une substitution unité, il faut que

$$\alpha_{2,2} \begin{vmatrix} \alpha_{3,3} & \dots & \alpha_{3,n} \\ \cdot & \cdot & \cdot \\ \cdot & \cdot & \cdot \\ \alpha_{n,3} & \dots & \alpha_{n,n} \end{vmatrix} = \pm 1$$

d'où

$$\alpha_{2,2} = \pm 1.$$

Alors $\delta_{2,1} x_1 + \delta_{2,2} x_2$ devient

$$\delta_{2,1} x_1' + \delta_{2,2} (\alpha_{2,1} x_1' + \alpha_{2,2} x_2')$$

qui doit être identique à

$$\varepsilon_{2,1} x_1 + \varepsilon_{2,2} x_2.$$

Donc

(5)
$$\delta_{2,1} + \alpha_{2,1} \delta_{2,2} = \varepsilon_{2,1}$$
$$\alpha_{2,2} \delta_{2,2} = \varepsilon_{2,2}.$$

Comme $\delta_{2,2}$ et $\varepsilon_{2,2}$ sont positifs, il s'ensuit que

$$\alpha_{2,2} = + 1$$

-et

$$\delta_{2,2} = \varepsilon_{2,2}.$$

L'égalité (5) donne

(6) $$\delta_{2,1} = \varepsilon_{2,1} - \alpha_{2,1}\delta_{2,2}.$$

En écrivant que

$$0 \leqslant \delta_{2,1} < \delta_{2,2}$$

on obtient, en remplaçant $\delta_{2,2}$ par $\varepsilon_{2,2}$

$$0 \leqslant \varepsilon_{2,1} - \alpha_{2,1}\varepsilon_{2,2} < \varepsilon_{2,2}$$

ou

$$\frac{\varepsilon_{2,1} - \varepsilon_{2,2}}{\varepsilon_{2,2}} < \alpha_{2,1} \leqslant \frac{\varepsilon_{2,1}}{\varepsilon_{2,2}}$$

d'après les hypothèses faites sur $\varepsilon_{2,1}$ et $\varepsilon_{2,2}$ le premier membre de cette double inégalité, à savoir $\frac{\varepsilon_{2,1} - \varepsilon_{2,2}}{\varepsilon_{2,2}}$ est plus grand que -1, tandis que le troisième $\frac{\varepsilon_{2,1}}{\varepsilon_{2,2}}$ est plus petit que 1. Il en résulte que $\alpha_{2,1} = 0$ et alors l'égalité (6) donne

$$\delta_{2,1} = \varepsilon_{2,1}.$$

Donc les deux premières formes de l'un des systèmes sont identiques aux deux premières formes de l'autre ; et toute substitution par laquelle on passe du premier système au second transforme x_1 et x_2 respectivement en eux-mêmes.

Et ainsi de suite. Supposant démontré que les k premières formes de l'un des systèmes sont identiques aux k premières formes de l'autre ($k < r$) et que toute substitution par laquelle on passe du premier système au second transforme x_1, x_2, ... x_k respectivement en eux-mêmes ; on démontre facilement que ces propriétés subsistent pour les $k + 1$ premières variables.

Elles sont donc vraies pour $k = r$.

Alors les $p - r$ dernières formes de l'un des systèmes sont évidemment identiques aux $p - r$ dernières formes de l'autre, et le théorème est démontré.

288. — Reste à trouver *toutes les substitutions par lesquelles on peut passer d'un système* F *à un système équivalent* G.

On vient de trouver une substitution S par laquelle on passe du système F au système réduit, et une substitution T par laquelle on passe du système G au même système réduit. On démontre comme plus haut, que toutes les substitutions répondant à la question sont de la forme

$$ \text{SVT}^{-1} $$

V étant une substitution automorphe du système réduit.

D'autre part on vient de voir que ces substitutions automorphes sont de la forme

$$
\begin{pmatrix}
1 & 0 & \ldots\,0 \\
0 & 1 & \ldots\,0 \\
\cdot & \cdot & \cdot\;\;\cdot\;\;\cdot \\
\alpha_{r+1,1} & \alpha_{r+1,2} & \ldots\,\alpha_{r+1,n} \\
\cdot & \cdot & \cdot\;\;\cdot\;\;\cdot \\
\alpha_{n,1} & \alpha_{n,2} & \ldots\,\alpha_{n,n}
\end{pmatrix}
$$

les α étant quelconques.

On voit que *sauf le cas de* $r = n$, il y a une *infinité* de substitutions linéaires transformant F en G.

Si l'on ne veut que les substitutions unités il faut choisir les α de façon que le déterminant

$$
\begin{vmatrix}
\alpha_{r+1,r+1} & \ldots & \alpha_{r+1,n} \\
\cdot & \cdot\;\;\cdot\;\;\cdot & \cdot \\
\cdot & \cdot\;\;\cdot\;\;\cdot & \cdot \\
\alpha_{n,r+1} & \ldots\ldots & \alpha_{n,n}
\end{vmatrix}
$$

soit égal à + ou à — 1.

Si l'on ne veut que les substitutions modulaires il faut choisir les α de façon que le même déterminant soit égal à $\varepsilon\varepsilon'$, ε étant le déterminant de la substitution S et ε' celui de la substitution T.

Sauf le cas de $r = n$ la distinction entre systèmes *proprement* et *improprement* équivalents est sans intérêt, parce que deux systèmes équivalents le sont des deux façons. Mais si $r = n$ cela n'est plus vrai. Deux systèmes qui sont équivalents le sont alors proprement ou improprement, mais non les deux. La substitution par laquelle on passe de l'un à l'autre est déterminée.

Exemple. — Soient les deux systèmes

$$
\begin{array}{ll}
2x + 2y - 5z & x + 2y + 3z \\
3x - 11y - 4z & 33x + 45y + 43z \\
4x - 4y + 7z & 95x + 148y + 193z
\end{array}
$$

La première forme du premier système s'écrit

$$2(x + y - 2z) - z.$$

Par la substitution

$$x \mid x - y + 2z$$

elle devient

$$2x - z.$$

Cette dernière par la substitution

$$
\begin{array}{l}
x \mid z \\
z \mid -x + 2z
\end{array}
$$

devient x.

Le produit des deux substitutions précédentes est

$$
(7) \qquad
\begin{pmatrix}
-2 & -1 & 5 \\
0 & 1 & 0 \\
-1 & 0 & 2
\end{pmatrix}
$$

qui appliqué au premier système le transforme en

$$
\begin{array}{l}
x \\
- 2x - 14y + 7z \\
- 15x - 8y + 34z.
\end{array}
$$

Il faut maintenant opérer sur

$$- 14y + 7z$$

qui par la substitution

$$
(8) \qquad
\begin{array}{l}
y \mid z \\
z \mid y + 2z
\end{array}
$$

se transforme en $7y$.

Le produit de la substitution (7) par la substitution (8) est

(9)
$$\begin{pmatrix} -2 & 5 & 9 \\ 0 & 0 & 1 \\ -1 & 2 & 4 \end{pmatrix}$$

qui appliqué au système en question le transforme en

$$\begin{aligned} & x \\ -\; & 2x + 7y \\ -\; & 15x + 34y + 60z. \end{aligned}$$

Enfin la substitution

(10) $y \mid x + y$

transforme ce dernier en

$$\begin{aligned} & x \\ & 5x + 7y \\ & 19x + 34y + 60z \end{aligned}$$

qui est réduit

Le produit de (9) par (10) est

$$\begin{pmatrix} 3 & 5 & 9 \\ 0 & 0 & 1 \\ 1 & 2 & 4 \end{pmatrix}$$

On trouvera de même comme substitution réduisant le deuxième système donné, la substitution

$$\begin{pmatrix} -4 & 3 & 7 \\ 4 & -3 & -8 \\ -1 & 1 & 3 \end{pmatrix}.$$

D'ailleurs les systèmes réduits sont identiques. Donc les systèmes proposés sont équivalents. D'ailleurs le rang du système est égal au nombre de variables. Il n'y a donc qu'une substitution transformant le premier système en le second, c'est

$$\begin{pmatrix} 3 & 5 & 9 \\ 0 & 0 & 1 \\ 1 & 2 & 4 \end{pmatrix} \begin{pmatrix} -4 & 3 & 7 \\ 4 & -3 & -8 \\ -1 & 1 & 3 \end{pmatrix}$$

ou après calcul

$$\begin{pmatrix} 14 & 22 & 29 \\ -4 & -1 & 0 \\ 5 & 8 & 11 \end{pmatrix}.$$

Le déterminant de cette substitution est $+1$. Les deux systèmes sont *proprement* équivalents.

289. — *Deux systèmes de formes linéaires tels que pour tous les systèmes partiels qu'on peut en extraire, les déterminants du tableau des coefficients aient le même plus grand commun diviseur sont-ils équivalents ?*

La réponse est affirmative, quand les systèmes ne se composent que d'une forme (n° **282**).

Dans le cas général la condition est nécessaire pour l'équivalence (n° **279**) mais elle n'est pas suffisante. Pour le montrer, il suffit de montrer que deux systèmes réduits peuvent satisfaire à ces conditions sans être identiques.

Soient par exemple les deux systèmes réduits

$$\delta_{1,1} x_1$$
$$\delta_{1,2} x_1 + \delta_{2,2} x_2$$

et

$$\varepsilon_{1,1} x_1$$
$$\varepsilon_{1,2} x_1 + \delta_{2,2} x_2.$$

Il suffit que

$$D(\delta_{1,2}, \delta_{2,2}) = D(\varepsilon_{1,2}, \delta_{2,2})$$

pour que les conditions en question soient remplies. Mais ceci n'entraîne pas que $\delta_{1,2} = \varepsilon_{1,2}$. Donc les deux systèmes ne sont pas forcément identiques.

Exemple. — Les deux systèmes

$$x_1 \qquad\qquad x_1$$
$$x_1 + 3x_2 \qquad 2x_1 + 3x_2.$$

290. *Réponse à la première question du n° **270** pour deux systèmes de formes linéaires.* — Deux systèmes de formes linéaires

qui représentent les mêmes entiers, sont équivalents ; c'est-à-dire
se déduisent l'un de l'autre par une substitution unité.

Soit un système de formes linéaires, et soit

$$\delta_{1,1} x_1$$
$$\delta_{2,1} x_1 \quad + \delta_{2,2} x_2$$
$$\cdots \cdots$$
$$\delta_{r,1} x_1 \quad + \delta_{r,2} x_2 \quad + \ldots + \delta_{r,r} x_r$$
$$\delta_{r+1,1} x_1 + \delta_{r+1,2} x_2 + \ldots + \delta_{r+1,r} x_r$$
$$\cdots \cdots$$
$$\delta_{p,1} x_1 \quad + \delta_{p,2} x_2 \quad + \ldots + \delta_{p,r} x_r$$

son système réduit.

On voit sans peine que le coefficient $\delta_{1,1}$ est le plus petit entier
positif représenté par la première forme.

Le coefficient $\delta_{2,2}$ est le plus petit entier positif représenté par
la seconde forme quand la première est nulle.

Le coefficient $\delta_{1,2}$ est le plus petit entier représenté par la seconde
forme quand la première a une valeur égale à $\delta_{1,1}$ …

Le coefficient $\delta_{k,k}$ $(k \leqslant r)$ est le plus petit entier positif représenté par la $k^{\text{ème}}$ forme quand les $k - 1$ premières sont nulles.
Le coefficient $\delta_{k,k-1}$ est le plus petit entier positif représenté par la
$k^{\text{ème}}$ forme quand les $k - 2$ premières sont nulles et que la
$(k - 1)^{\text{ème}}$ est égale à $\delta_{k,k-1}$ … Le coefficient $\delta_{k,h}$ $(0 < h < k)$
est le plus petit entier positif représenté par la $k^{\text{ème}}$ forme quand les
$h - 1$ premières sont nulles, que la $h^{\text{ème}}$ est égale à $\delta_{k,h}$, la
$(h + 1)^{\text{ème}}$ à $\delta_{h+1,h}$ … la $(k - 1)^{\text{ème}}$ à $\delta_{k-1,h}$.

Enfin $\delta_{k,h}$ $(k > r)$ est la valeur que prend la $k^{\text{ème}}$ forme, lorsque
les $h - 1$ premières sont nulles et que la $h^{\text{ème}}$, la $(h + 1)^{\text{ème}}$, …
la $r^{\text{ème}}$ ont des valeurs respectivement égales à

$$\delta_{h,h}, \delta_{h+1,h} \ldots, \delta_{r,h}.$$

Donc si deux systèmes de formes linéaires représentent les
mêmes systèmes d'entiers, les coefficients de leurs systèmes
réduits sont les mêmes. Donc ils sont équivalents.

**291. Conditions nécessaires et suffisantes pour qu'un sys-
tème en contienne arithmétiquement un autre.** (Comparer
avec le n° **257**). On voit immédiatement qu'il *faut* que le plus

grand commun diviseur des déterminants du tableau de tout système partiel extrait du second, soit un multiple de celui des déterminants du tableau du système partiel correspondant extrait du premier (n° **279**). Mais cette condition n'est pas suffisante. Cherchons les conditions nécessaires et suffisantes ([1]). Soient les systèmes que je représente par les tableaux de leurs coefficients :

$$
\begin{pmatrix}
a_{1,1} \ldots a_{1,n} \\
\cdot \quad \cdot \quad \cdot \\
a_{p,1} \ldots a_{p,n}
\end{pmatrix}
\quad \text{et} \quad
\begin{pmatrix}
b_{1,1} \ldots b_{1,n'} \\
\cdot \quad \cdot \quad \cdot \\
b_{p,1} \ldots b_{p,n'}
\end{pmatrix}
$$

Pour écrire que le premier contient le second, je vais écrire qu'en appliquant au premier une substitution

$$
\begin{pmatrix}
\alpha_{1,1} \ldots \alpha_{1,n'} \\
\cdot \quad \cdot \quad \cdot \\
\alpha_{n,1} \ldots \alpha_{n,n'}
\end{pmatrix}
$$

on trouve le second. Il vient ainsi pn' équations, dont les p premières sont

$$
\begin{aligned}
a_{1,1}\alpha_{1,1} + a_{1,2}\alpha_{2,1} + \ldots + a_{1,n}\alpha_{n,1} &= b_{1,1} \\
a_{2,1}\alpha_{1,1} + a_{2,2}\alpha_{2,1} + \ldots + a_{2,n}\alpha_{n,1} &= b_{2,1} \\
\cdot \quad \cdot \quad \cdot \quad \cdot \quad \cdot \quad \cdot \quad \cdot \quad & \\
a_{p,1}\alpha_{1,1} + a_{p,2}\alpha_{2,1} + \ldots + a_{p,n}\alpha_{n,1} &= b_{p,1}
\end{aligned}
$$

et forment un système diophantien où les inconnues sont $\alpha_{1,1}, \alpha_{2,1}, \ldots \alpha_{n,1}$.

Les p suivantes se déduisent de celles-ci en remplaçant les inconnues $\alpha_{1,1}, \alpha_{2,1}, \ldots \alpha_{n,1}$ par les inconnues $\alpha_{1,2}, \alpha_{2,2}, \ldots \alpha_{n,2}$ et les termes tout connus $b_{1,1}, b_{2,1}, \ldots b_{n,1}$ par $b_{1,2}, b_{2,2}, \ldots b_{n,2}$. Elles forment un système où les inconnues sont $\alpha_{1,2}, \alpha_{2,2}, \ldots \alpha_{n,2}$.

Et ainsi de suite; on a ainsi n' systèmes. Il faut exprimer qu'ils sont possibles. On obtient ainsi les conditions suivantes (n°ˢ **195** et **196**). 1° *Si le premier système se compose de p formes indépendantes, il faut et il suffit que le module du système* (a) *soit le même*

([1]) FROBENIUS. *J. r. a. M.*, 86 (1879), p. 195.

*que celui de chaque système (d) obtenu en bordant le système (a)
par une colonne empruntée au système (b).* (On appelle module d'un
système de formes indépendantes, le module du tableau de ses coefficients (n° **195**).

2° *Si le rang du premier système est $r < p$, il faut et il suffit que
ce soit aussi le rang de chacun des systèmes (d), et de plus que dans
le système (a) et dans chaque système (d), le plus grand commun
diviseur des déterminants d'ordre r soit le même.*

292. — Mais on peut simplifier la forme de cet énoncé et dire :
Pour que le système (a) contienne le système (b),

1° *Si le premier système se compose de p formes indépendantes,
il faut et il suffit que le module du système (a) soit égal à celui du
système (ab) obtenu en juxtaposant horizontalement le système (a)
et le système (b).*

2° *Si le rang du premier système est $r < p$, il faut et il suffit
que ce soit aussi le rang du système (ab), et de plus, que le plus grand
commun diviseur des déterminants d'ordre r du système (a) soit le
le même que celui des déterminants d'ordre r du système (ab).*

Démontrons la première partie. Que la condition soit suffisante,
cela résulte immédiatement de ce que, si elle est remplie, celle
énoncée au n° **291** l'est aussi.

Elle est nécessaire. En effet, le tableau (ab) s'écrit

$$\begin{pmatrix} a_{11} \ldots a_{1n} & a_{11}\alpha_{11} + \ldots + a_{1n}\sigma_{n1} \ldots a_{11}\alpha_{1n'} + \ldots + a_{1n}\alpha_{m'} \\ \cdot \quad \cdot \quad \cdot \quad \cdot \quad \cdot \quad \cdot \\ a_{p1} \ldots a_{pn} & a_{p1}\alpha_{11} + \ldots + a_{pn}\sigma_{n1} \ldots a_{p1}\alpha_{1n'} + \ldots + \sigma_{pn}\alpha_{m'} \end{pmatrix}$$

Appelons D le plus grand commun diviseur des déterminants du
tableau (a), F celui des déterminants du tableau (ab).

On voit alors que les déterminants du tableau (ab) sont des fonctions linéaires homogènes à coefficients entiers de ceux du tableau
(a). Donc tout diviseur commun aux déterminants du tableau (a)
divise ceux du tableau (ab). Donc D divise F. Mais d'autre part F
divise D puisque les déterminants du tableau (a) font partie de
ceux du tableau (ab). Donc D = F.

Remarque 1. — D'après la remarque du n° **275** (voir aussi
n° **269**), le résultat précédent est une généralisation de celui du
n° **195**.

Remarque II. — Si un système de formes indépendantes a pour module 1, il contient tous les systèmes de même hauteur.

292. *Corollaire.* — Pour que les deux systèmes soient équivalents il faut que chacun soit contenu dans l'autre. D'ailleurs cela est suffisant, puisqu'alors ils représentent les mêmes systèmes d'entiers (voir n°ˢ **280** et **290**). La condition pour que les deux systèmes soient équivalents est donc D = E = F, en appelant E le module du système (*b*).

La seconde partie du théorème annoncé, le cas où $r < p$ se traiterait d'une façon analogue.

Remarque. — Si l'on applique cette condition à deux systèmes réduits, on voit en particulier que pour qu'un système réduit en contienne un autre, il *faut* que les coefficients principaux du second (n° **286**) soient des multiples de ceux de même rang du premier. La démonstration directe serait facile.

Réponse à la seconde question du n° 275 pour deux systèmes de formes linéaires. — Si un système de formes représente tous les systèmes d'entiers que représente un autre, le premier contient le second ; c'est-à-dire qu'on peut déduire le second du premier par une substitution linéaire.

En effet soit

$$\begin{pmatrix} a & b & c \\ a' & b' & c' \end{pmatrix}$$

le premier système,

$$\begin{pmatrix} d & e & f \\ d' & e' & f' \end{pmatrix}$$

le second.

Puisque le premier représente tous les systèmes d'entiers que représente le second, il représente en particulier le système d, d'.

On a donc

$$a\alpha + b\beta + c\gamma = d$$
$$a'\alpha + b'\beta + c'\gamma = d'.$$

On a de même

$$a\alpha' + b\beta' + c\gamma' = e$$
$$a'\alpha' + b'\beta' + c'\gamma' = e'$$

et

$$a x'' + b \beta'' + c \gamma'' = f$$
$$a' x'' + b' \beta'' + c' \gamma'' = f'.$$

Donc le second système se déduit du premier par la substitution

$$\begin{pmatrix} x & x' & x'' \\ \beta & \beta' & \beta'' \\ \gamma & \gamma' & \gamma'' \end{pmatrix}$$

294. Invariants arithmétiques. — Dans la théorie arithmétique des formes et des systèmes de formes, on appelle *invariant* une fonction quelconque $I(a, b, c, \ldots)$ des coefficients $a, b, c, \ldots$, d'une forme ou d'un système, telle que *si l'on effectue sur les variables une substitution linéaire unité, et qu'on appelle $a', b', c', \ldots$ les coefficients de la forme transformée, on ait*

$$I(a, b, c, \ldots) = \pm I(a', b', c', \ldots).$$

On voit que tout invariant algébrique, qui se reproduit après substitution, multiplié par une puissance du déterminant de la substitution, est un invariant arithmétique ; par exemple le déterminant d'un système de n formes linéaires à n variables.

Mais il y a d'autres invariants arithmétiques que ceux-là, par exemple le plus grand diviseur des coefficients d'une forme (n° **274**) ; les plus grands communs diviseurs des déterminants d'un certain ordre extraits du tableau des coefficients communs diviseurs d'un système de formes (n° **279**).

Système complet d'invariants arithmétiques d'une forme ou d'un système de formes. — Se définit comme pour les invariants algébriques (n° **264**).

C'est un système d'invariants jouissant des deux propriétés suivantes :

1° Ils sont indépendants.

2° Deux systèmes de formes pour lesquelles ces invariants sont les mêmes sont équivalents.

THÉORÈME. — *Pour un système de formes linéaires les coefficients du système réduit forment un système complet d'invariants.*

En effet ils sont indépendants car les conditions auxquelles ils

ils sont soumis n'en déterminent aucun quand on connaît les autres ; de plus deux systèmes pour lesquels ils sont les mêmes sont équivalents puisqu'ils ont même système réduit.

295. Problème. — *Mettant dans une même classe tous les systèmes équivalents entre eux, trouver toutes les classes de systèmes de n formes linéaires indépendantes de module donné* D (D > o) *et, le nombre de ces classes.* — Je rappelle qu'on appelle classe de systèmes, l'ensemble des systèmes équivalents entre eux. Toute classe peut se représenter par un système réduit, et réciproquement. Il suffit donc de trouver tous ces systèmes réduits. Soit

$$\begin{array}{l} \delta_{1,1} \\ \delta_{2,1} \quad \delta_{2,2} \\ \cdots \cdots \\ \delta_{n,1} \quad \delta_{n,2} \ldots \delta_{n,n} \end{array}$$

l'un d'eux, représenté par le tableau de ses coefficients. On a

$$(13) \qquad \qquad \delta_{1,1}\, \delta_{2,2} \ldots \delta_{n,n} = D.$$

Il faut donc décomposer de toutes les façons posssibles D en un produit de n facteurs > o, ce qui est facile. (On décompose d'abord D de toutes les façons possibles en un produit de deux facteurs, puis dans chacun de ces produits, on décompose de toutes les façons possibles le premier de ces facteurs en deux autres et ainsi de suite).

Ayant obtenu une décomposition telle que (13), on prendra successivement pour $\delta_{2,1}$ tous les entiers satisfaisant à

$$o \leqslant \delta_{2,1} < \delta_{2,2}$$

puis pour $\delta_{3,1}$ et $\delta_{3,2}$ tous les entiers satisfaisant à

$$o \leqslant \delta_{3,1} < \delta_{3,3}$$
$$o \leqslant \delta_{3,2} < \delta_{3,3}$$

etc. On aura ainsi tous les systèmes réduits cherchés.

Exemple. — $n = 3 \quad D = 6$.
Les décompositions de 6 en deux facteurs sont

$$6 = 1 \times 6 = 2 \times 3 = 3 \times 2 = 6 \times 1.$$

Par suite celles en trois facteurs sont

$$6 = 1 \times 1 \times 6 = 1 \times 2 \times 3 = 2 \times 1 \times 3 = 1 \times 3 \times 2 = 3 \times 1 \times 2$$
$$= 1 \times 6 \times 1 = 2 \times 3 \times 1 = 3 \times 2 \times 1 = 6 \times 1 \times 1.$$

Si l'on prend

$$\delta_{2,2} = 1 \qquad \delta_{3,3} = 6$$

il faut prendre $\delta_{2,1}$ égal à 0, et $\delta_{3,1}$ et $\delta_{3,2}$ égaux à l'une des valeurs 0, 1, 2, 3, 4, 5 ce qui donnera 36 combinaisons possibles, etc. On trouvera en tout 91 classes.

D'une façon générale D ayant été décomposé en un produit

$$\delta_{11} \; \delta_{22} \; \ldots \; \delta_{nn}$$

cherchons combien il y a de systèmes réduits correspondant à cette décomposition.

On peut pour $\delta_{2,1}$ choisir l'une quelconque des $\delta_{2,2}$ valeurs

$$0, \; 1, \; \ldots \; (\delta_{2,2} - 1).$$

Pour $\delta_{3,1}$ et $\delta_{3,2}$ on peut choisir l'une quelconques de $\delta_{3,3}$ valeurs

$$0, \; 1, \; \ldots \; \delta_{3,3} - 1,$$

cela fait $(\delta_{3,3})^2$ systèmes de valeurs.

Etc.

Finalement le nombre des classes cherché est

$$\sum \delta_{2,2} (\delta_{3,3})^2 \; \ldots \; (\delta_{n,n})^{n-1}$$

la somme étant étendue à toutes les décompositions de D en n facteurs (voir n° **405**).

296. Représentation géométrique des systèmes de formes linéaires.

— Soit un système de formes indépendantes au nombre de r. Supposons qu'on ait ramené ces formes à ne contenir que r variables ce qui est possible. Dans le cas de $r = 1, 2$ ou 3, il y a une représentation géométrique simple des systèmes d'entiers représentés par le système de formes. Soit $r = 3$ et le système

$$X = ax + by + cz$$
$$Y = a'x + b'y + c'z$$
$$Z = a''x + b''y + c''z.$$

On voit immédiatement que les points X, Y, Z forment un réseau ayant comme parallélépipède élémentaire le parallélépipède, dont un sommet est le point O, et les trois sommets adjacents les points

$$A(a, a', a''), \quad B(b, b', b''), \quad C(c, c', c'').$$

A deux systèmes équivalents correspond un même réseau.

Tous les sommets d'un tel réseau sont des points à coordonnées entières.

Réciproquement, à un réseau de points à coordonnées entières correspond une infinité de systèmes de formes linéaires à coefficients entiers, tous équivalents entre eux. Chacun de ces systèmes correspond à un parallélépipède élémentaire du réseau. Il y a un parallélépipède élémentaire correspondant au système réduit. Il est facile d'énoncer les conditions géométriques qui définissent ce parallélépipède.

EXERCICE

Vérifier que le système

$$x$$
$$4x + 5y$$
$$7x + 8y + 9z$$

contient le système

$$2x$$
$$3x + 10y$$
$$-12x + 52y + 27z$$

et trouver la substitution qui transforme le premier dans le second

CHAPITRE XVI

—

THÉORIE DES FORMES BILINÉAIRES

297. Théorie algébrique des formes bilinéaires. — Une forme bilinéaire est de la forme

$$\sum_{i,j} a_{j,i} x_i y_j \quad \begin{pmatrix} i = 1, 2, \dots n \\ j = 1, 2, \dots p \end{pmatrix}.$$

On peut l'ordonner par rapport aux y et l'écrire

$$y_1 (a_{1,1} x_1 \dots + a_{1,n} x_n) + \dots + y_p (a_{p,1} x_1 \dots + a_{p,n} x_n)$$

ou par rapport aux x, et l'écrire

$$x_1 (a_{1,1} y_1 \dots + a_{p,1} y_p) + \dots + x_n (a_{1,n} y_1 + \dots + a_{p,n} y_p).$$

On représente souvent cette forme par le tableau de ses coefficients

$$(1) \qquad \begin{pmatrix} a_{1,1} & a_{1,2} \dots a_{1,n} \\ a_{2,1} & a_{2,2} \dots a_{2,n} \\ \cdot & \cdot \quad \cdot \quad \cdot \\ \cdot & \cdot \quad \cdot \quad \cdot \\ a_{p,1} & a_{p,2} \dots a_{p,n} \end{pmatrix}$$

Dans les calculs qui vont suivre les x et les y forment deux séries de variables séparées. On effectue des substitutions sur les x, ou sur les y. On pourra effectuer deux telles substitutions en même temps; mais on ne fera jamais de substitutions dans lesquelles les variables x s'exprimeraient en fonction des nouvelles variables y ou inversement. D'ailleurs une telle substitution ne donnerait plus naissance en général à une autre forme bilinéaire.

A la forme bilinéaire (1) est attaché un système de formes linéaires en x, à savoir le système représenté par le tableau (1), et un système de formes linéaires en y, à savoir le système représenté par le tableau.

$$\begin{pmatrix} a_{1,1} & a_{2,1} & \dots & a_{p,1} \\ a_{1,2} & a_{2,2} & \dots & a_{p,2} \\ \cdot & \cdot & \cdot & \cdot \\ \cdot & \cdot & \cdot & \cdot \\ a_{1,n} & a_{2,n} & \dots & a_{p,n} \end{pmatrix}$$

Les coefficients de la forme bilinéaire, quand on fait une substitution sur les x, subissent la même transformation que ceux du système en x attaché; quand on fait une substitution sur les y, ils subissent la même transformation que ceux du système en y attaché.

298. Forme réduite. — Au point de vue algébrique, toute forme bilinéaire est équivalente à une forme *réduite* :

$$x_1 y_1 + x_2 y_2 + \dots + x_r y_r.$$

En effet, soit la forme

$$\begin{pmatrix} a_{1,1} & a_{1,2} & \dots & a_{1,n} \\ a_{2,1} & a_{2,2} & \dots & a_{2,n} \\ \cdot & \cdot & \cdot & \cdot \\ \cdot & \cdot & \cdot & \cdot \\ a_{p,1} & a_{p,2} & \dots & a_{p,n} \end{pmatrix}$$

Les coefficients étant supposés n'être pas tous nuls, je peux supposer (en faisant s'il est nécessaire une transposition entre y_1 et une autre variable y), que les coefficients de la première ligne ne sont pas tous nuls. Soit $a_{1,1} \gtrless 0$; en faisant la substitution

$$x_1 \left| \frac{x_1}{a_{1,1}} - \frac{a_{1,2}}{a_{1,1}} x_2 \dots - \frac{a_{1,n}}{a_{1,1}} x_n \right.$$

la forme devient

$$\begin{pmatrix} 1 & 0 & \dots & 0 \\ b_{2,1} & b_{2,2} & \dots & b_{2,n} \\ \cdot & \cdot & \cdot & \cdot \\ b_{p,1} & b_{p,2} & \dots & b_{p,n} \end{pmatrix}$$

Maintenant la substitution

$$y_1 \left| y_1 - b_{2,1} y_1 \dots - b_{p,1} y_p \right.$$

transforme la forme en

$$\begin{pmatrix} 1 & 0 & \dots & 0 \\ 0 & b_{2,2} & \dots & b_{2,n} \\ \vdots & \cdot & \cdot & \cdot \\ & \cdot & \cdot & \cdot \\ 0 & b_{p,2} & \dots & b_{p,n} \end{pmatrix}$$

Si les b sont tous nuls elle se réduit à $x_1 y_1$, elle est réduite.

Si les b ne sont pas tous nuls, on recommence comme on vient de faire, mais en faisant porter les substitutions sur $x_2, \dots x_n$, $y_2 \dots y_p$ seulement. La forme devient

$$\begin{pmatrix} 1 & 0 & 0 & \dots & 0 \\ 0 & 1 & 0 & \dots & 0 \\ 0 & 0 & c_{3,3} & \dots & c_{3,n} \\ \vdots & \vdots & \vdots & & \\ 0 & 0 & c_{n,3} & \dots & c_{n,n} \end{pmatrix}$$

et ainsi de suite.

Le nombre r s'appelle *rang* de la forme bilinéaire. *Il est égal au rang du tableau des coefficients.*

En effet on passe de la forme primitive, à la forme réduite par une suite de substitutions réversibles sur les x ou sur les y.

Or une substitution réversible sur les x n'altère pas le rang (n° **257**). Il en est de même d'une substitution réversible sur les y. (Car rien ne distingue à ce point de vue les x des y).

Le rang de la forme bilinéaire primitive est donc égal au rang de la forme réduite

$$x_1 y_1 + x_2 y_2 + \dots + x_r y_r.$$

Or dans le tableau des coefficients de cette forme il est évident qu'il y a un déterminant d'ordre r qui n'est pas nul (celui formé par les r premières lignes et les r premières colonnes, mais que tous les déterminants d'ordre supérieur sont nuls; le rang du système est donc bien égal à r.

Il en résulte qu' *une forme bilinéaire n'a qu'une forme réduite.*

299. THÉORÈME. — *Pour que deux formes bilinéaires soient équivalentes algébriquement, il faut et il suffit qu'elles aient même rang.*

En effet si elles ont mêmes rang r elles ont même forme réduite $x_1 y_1 + x_2 y_2 + \dots + x_r y_r$, elles sont équivalentes; et réciproquement.

PROBLÈME. — *Trouver toutes les substitutions par lesquelles on peut passer d'une forme bilinéaire à une autre équivalente.*

On voit comme on l'a déjà fait plusieurs fois, par exemple au n° **251**, que ce problème se ramène à celui de trouver les substitutions automorphes de la forme réduite. Soit n le nombre de variables (Nous pouvons supposer qu'il y ait dans chaque forme n variables x et n variables y, car nous pouvons au besoin compléter par des termes nuls). Soit r le rang commun des deux formes.

La substitution cherchée se compose d'une substitution sur les x soit V_x et d'une sur les y soit W_y.

Nous avons à écrire :

$$(x_1 y_1 + x_2 y_2 + \dots + x_n y_n)\, V_x W_y = x_1 y_1 + x_2 y_2 + \dots + x_r y_r$$

ou

$$(x_1 y_1 + x_2 y_2 + \dots + x_r y_r)\, V_x = (x_1 y_1 + x_2 y_2 + \dots x_r y_r)\, W_y^{-1}$$

Appelons α les coefficients de la substitution V_x et β ceux de la substitution W_y^{-1}.

Il faut que

$$(\alpha_{1,1} x_1 + \alpha_{1,2} x_2 + \dots \alpha_{1,n} x_n) y_1 + (\alpha_{2,1} x_1 + \alpha_{2,2} x_2 + \dots + \alpha_{2,n} x_n) y_2$$
$$+ \dots \qquad + (\alpha_{r,1} x_1 + \alpha_{r,2} x_2 + \dots + \alpha_{r,n} x_n) y_r$$
$$= x_1 (\beta_{1,1} y_1 + \beta_{1,2} y_2 + \dots + \beta_{1,n} y_n) + x_2 (\beta_{2,1} y_1 + \beta_{2,2} y_2 + \dots + \beta_{2,n} y_n)$$
$$+ \dots \qquad + x_r (\beta_{r,1} y_1 + \beta_{r,2} y_2 + \dots + \beta_{r,n} y_n).$$

En identifiant on en tire :

$$\alpha_{1,1} = \beta_{1,1} \quad \alpha_{1,2} = \beta_{2,1} \quad \dots \quad \alpha_{1,r} = \beta_{r,1} \quad \alpha_{1,r+1} = 0 \dots \alpha_{1,n} = 0$$
$$\alpha_{2,1} = \beta_{1,2} \quad \alpha_{2,2} = \beta_{2,2} \quad \dots \quad \alpha_{2,r} = \beta_{r,2} \quad \alpha_{2,r+1} = 0 \dots \alpha_{2,n} = 0$$
$$\dots$$
$$\alpha_{r,1} = \beta_{1,r} \quad \alpha_{r,2} = \beta_{2,r} \quad \dots \quad \alpha_{r,r} = \beta_{r,r} \quad \alpha_{r,r+1} = 0 \dots \alpha_{r,n} = 0$$
$$0 = \beta_{1,r+1} \quad 0 = \beta_{2,r+1} \quad \dots \quad 0 = \beta_{r,r+1}$$
$$\dots$$
$$0 = \beta_{1,n} \quad 0 = \beta_{2,n} \quad \dots \quad 0 = \beta_{r,n} .$$

Autrement dit :

pour $i > r$, les $\alpha_{i,j}$ et les $\beta_{i,j}$ sont indéterminés,

pour $i \leqslant r, j > r$, les $\alpha_{i,j}$ et les $\beta_{i,j}$ sont nuls,

pour $i \leqslant r, j \leqslant r$ les $\alpha_{i,j}$ sont indéterminés et $\beta_{i,j} = \alpha_{j,i}$.

300. Théorème. — *Pour qu'une forme bilinéaire en contienne algébriquement une autre, il faut et il suffit que le rang de la première soit égal ou supérieur à celui de la seconde.*

La condition est nécessaire d'après ce qu'on a vu au n° **257**. Elle est suffisante, car en la supposant remplie, la première forme est équivalente à une forme réduite

$$x_1 y_1 + x_2 y_2 + \ldots + x_r y_r$$

et la seconde, à une forme réduite

$$x_1 y_1 + x_2 y_2 + \ldots + x_{r'} y_{r'}$$

avec

$$r \geqslant r'.$$

Or on voit immédiatement une substitution qui transforme la première dans la seconde c'est

x_1	x_1	y_1	y_1
x_2	x_2	y_2	y_2
$\vdots$	$\vdots$	$\vdots$	$\vdots$
$x_{r'}$	$x_{r'}$	$y_{r'}$	$y_{r'}$
$x_{r'+1}$	0	$y_{r'+1}$	0
$\vdots$	$\vdots$	$\vdots$	$\vdots$
x_r	0	y_r	0

On trouve facilement *toutes* les substitutions qui transforment une forme bilinéaire en une autre contenue dans elle.

301. Théorème. — *La forme bilinéaire*

$$\sum_{i,j} a_{j,i} x_i y_j \quad \begin{pmatrix} i = 1, 2, \ldots n \\ j = 1, 2, \ldots n \end{pmatrix}$$

dans laquelle il y a autant de variables x que de variables y, admet le déterminant de ses coefficients comme invariant.

Si l'on fait sur les x une substitution de déterminant M, le déterminant des coefficients de la forme est multiplié par M (n° **261**) ; de même si l'on fait sur les y une substitution de déterminant M', le déterminant des coefficients est multiplié par M'. Le théorème est donc démontré. Il n'y a d'ailleurs pas d'autre invariant de la forme bilinéaire que les expressions cD^m (c et m étant des constantes), car un invariant de la forme bilinéaire est aussi un invariant du système de formes linéaires en x qui lui est attaché (n° **262**).

Remarque. — Dans une forme bilinéaire dans laquelle le nombre des variables x n'est pas égal à celui des variables y mais est par exemple plus petit, on peut, comme on l'a déjà dit (n° **299**), ajouter des termes à coefficients nuls, de façon à rétablir l'égalité de ces deux nombres. Le théorème précédent est vrai encore dans ce cas, le déterminant des coefficients de la forme étant nul.

302. Théorie arithmétique des formes bilinéaires à coefficients entiers. Forme réduite imparfaite. Théorème. — *Toute forme bilinéaire à coefficients entiers est équivalente à une forme*

$$k_1 x_1 y_1 + k_2 x_2 y_2 + \ldots + k_r x_r y_r.$$

Soit la forme

$$\sum_{i,j} a_{j,i} x_i y_j$$

On peut supposer que la valeur absolue du coefficient $a_{1,1}$ est inférieure ou au plus égale aux valeurs absolues des autres coefficients, car si cette propriété appartient à un autre coefficient $a_{j,i}$ on fera les transpositions $x_i \| x_1$, $y_j \| y_1$. Ensuite on peut supposer $a_{1,1} > 0$ car sinon on changerait $x_{1,1}$ de signe. Ceci posé si $a_{1,1}$ ne divise pas tous les coefficients de la première ligne et de la première colonne, on peut encore le remplacer par un autre coefficient positif et plus petit que lui, de la façon suivante.

Soit $a_{h,1}$ le coefficient de $x_1 y_h$ non divisible par $a_{1,1}$ on fera la substitution

$$\begin{array}{c|c} x_1 & q x_1 + x_h \\ x_h & x_1 \end{array}.$$

Alors le coefficient de $x_1 y_1$ devient $a_{h,1} + q a_{1,1}$ et l'on peut déterminer q par la condition que

$$0 \leqslant a_{h,1} + q a_{1,1} < a_{1,1}.$$

Comme cette diminution du coefficient de $x_1 y_1$ ne peut se poursuivre indéfiniment, il arrive un moment où ce coefficient divise tous ceux de la première ligne, et de la première colonne. Désignons encore par $\sum a_{j,i} x_i y_j$ la forme obtenue (les a n'étant plus les mêmes qu'au début).

La substitution

$$x_1 \ \Big|\ x_1 - \frac{a_{1,2}}{a_{1,1}} x_2 - \dots - \frac{a_{1,n}}{a_{1,1}} x_n$$

$$y_1 \ \Big|\ y_1 - \frac{a_{2,1}}{a_{1,1}} y_2 - \dots - \frac{a_{n,1}}{a_{1,1}} y_n$$

fait que les coefficients des termes en

$$x_1 y_2, \ x_1 y_3, \ \dots \ x_1 y_n ; \ x_2 y_1, \ x_3 y_1 \ \dots \ x_n y_1$$

sont nuls. La forme bilinéaire donnée est alors ramenée à la forme

$$k_1 x_1 y_1 + F(x_2 x_3 \dots y_2 y_3 \dots)$$

F étant une forme bilinéaire qui ne contient plus ni x_1 ni y_1. On opèrera de la même façon sur la forme F de façon à ramener cette dernière à

$$k_2 x_2 y_2 + G(x_3 \dots y_3 \dots)$$

G étant une forme bilinéaire qui ne contient plus x_1, y_1, x_2, y_2, et ainsi de suite.

On arrive ainsi à une forme réduite

$$k_1 x_1 y_1 + k_2 x_2 y_2 + \dots + k_r x_r y_r.$$

Le nombre r est d'ailleurs le rang de la forme bilinéaire.

Mais nous appelons cette forme *réduite imparfaite*, parce que nous pouvons trouver une forme réduite plus particulière.

303. Forme réduite parfaite. — *Toute forme bilinéaire à coefficients entiers est équivalente à une forme réduite*

$$e_1 x_1 y_1 + e_2 x_2 y_2 + \dots + e_r x_r y_r$$

e_1, e_2, ... e_r *étant des entiers positifs, dont chacun divise le suivant. De plus cette forme est unique* ([1]).

Nous allons supposer le théorème vrai pour une forme bilinéaire contenant une variable x et une variable y de moins que la pro-

([1]) Ce théorème est de M. Frœbenius, *J. r. a. M.*, t. 86 (1879), p. 146, la démonstration du texte est de Kronecker, id. t. 107 (1891), p. 135.

posée. Ramenons d'abord, comme nous venons de le dire, cette dernière à

$$k_1 x_1 y_1 + F(x_2, x_3 \ldots y_2, y_3 \ldots).$$

Si l'un des coefficients de F n'est pas divisible par k_1, on peut encore remplacer le coefficient de $x_1 y_1$ par un autre positif et plus petit que lui, de la façon suivante. Soit $a_{j,i}$ le coefficient de $x_i y_j$ non divisible par k_1 ($i > 1$ $h > 1$). En faisant la substitution unité $x_i \mid x_1 + x_i$, on ne change pas le terme en $x_1 y_1$, mais on introduit un terme en $x_1 y_j$ qui a comme coefficient $a_{j,i}$ non divisible par k_1, et en opérant alors comme plus haut, on mettra de nouveau la forme bilinéaire sous la forme

$$k_1' x_1 y_1 + F_1(x_2, x_3, \ldots y_2, y_3 \ldots)$$

k_1' étant positif et $< k_1$. Comme cette diminution du coefficient de $x_1 y_1$ ne peut se prolonger indéfiniment, on arrivera à la forme

$$(2) \qquad e_1 x_1 y_1 + G(x_2, x_3, \ldots y_2, y_3, \ldots)$$

dans laquelle e_1 divise tous les coefficients de G.

Maintenant puisque nous supposons le théorème vrai pour la forme G, l'expression peut se transformer en

$$(3) \qquad e_1 x_1 y_1 + e_2 x_2 y_2 + \ldots + e_r x_r y_r$$

e_2 divisant e_3, e_3 divisant e_4, etc. ... e_{r-1} divisant e_r.

Je dis d'ailleurs que e_1 divise e_2 [1]. En effet dans le calcul qu'on vient de faire le plus grand commun diviseur des coefficients de la forme ne change pas (n° **274**). Or sous la forme (2) on voit que ce plus grand commun diviseur est e_1, donc e_1 divise encore tous les coefficients de (3), en particulier e_2.

Pour démontrer que la forme réduite parfaite est unique nous allons donner la signification des coefficients e_1, e_2, ... e_r en fonction des coefficients de la forme primitive.

304. — *L'entier e_1 est le plus grand commun diviseur des coefficients de la forme.*

---

[1] Il n'est même pas nécessaire de le démontrer, car si on avait la forme (3) où e_1 ne divisait pas e_2 il suffirait de recommencer les mêmes calculs qu'on vient de faire, le coefficient e_1 serait remplacé par un coefficient positif plus petit, etc.

*Le produit $e_1 e_2$ est le plus grand commun diviseur des détermi-
nants du deuxième ordre extraits du tableau des coefficients de la
forme.* D'une façon générale : *le produit $e_1 e_2 \ldots e_k$ est le plus
grand commun diviseur des déterminants du k^e ordre, extraits de ce
tableau.*

On a vu en effet (n° **279**) que lorsqu'on fait une substitution
unité sur les x, le plus grand commun diviseur des déterminants
d'ordre k qu'on peut former avec k certaines lignes du tableau,
ne change pas. Donc le plus grand commun diviseur de tous les
déterminants d'ordre k extraits du tableau ne change pas non plus.

De la même façon ce plus grand commun diviseur ne change
pas non plus par une substitution sur les y. Donc il est le même
pour le système proposé et pour le système réduit. Or pour ce
système réduit les seuls déterminants d'ordre k non nuls extraits
du tableau des coefficients sont les produits k à k des nombres e.

Or parmi ces produits, $e_1 e_2 \ldots e_k$ divise tous les autres. C'est
donc bien le plus grand commun diviseur en question.

Conséquence. — Si l'on appelle D_k, ce plus grand commun
diviseur, on a

(4)
$$\begin{cases} D_1 = e_1 \\ D_2 = e_1 e_2 \\ \cdot \quad \cdot \quad \cdot \quad \cdot \quad \cdot \quad \cdot \\ D_k = e_1 e_2 \ldots e_k \\ \cdot \quad \cdot \quad \cdot \quad \cdot \quad \cdot \quad \cdot \\ D_r = e_1 e_2 \ldots e_r. \end{cases}$$

D'où l'on déduit

(5)
$$\begin{cases} e_1 = D_1 \\ e_2 = \dfrac{D_2}{D_1} \\ \cdot \quad \cdot \quad \cdot \quad \cdot \\ e_k = \dfrac{D_k}{D_{k-1}} \\ \cdot \quad \cdot \quad \cdot \quad \cdot \\ e_r = \dfrac{D_r}{D_{r-1}}. \end{cases}$$

Les formules (4) mettent en évidence que D_k est divisible par
D_{k-1} ce qui est à peu près évident *a priori*.

Mais les formules (5) montrent de plus, puisque l'on sait que e_k est divisible par e_{k-1}, que

$$\frac{D_k\,D_{k-2}}{(D_{k-1})^2}$$

est un nombre entier. Ainsi :

THÉORÈME. — D_k *désignant le plus grand commun diviseur des déterminants d'ordre k extraits d'un tableau à éléments entiers, $D_k\,D_{k-2}$ est divisible par $(D_{k-1})^2$.*

Posons

$$e_1 = d_1$$
$$e_2 = d_1 d_2$$
$$\vdots$$
$$e_k = d_1 d_2 \ldots d_k$$
$$\cdot \quad \cdot \quad \cdot \quad \cdot \quad \cdot$$
$$e_r = d_1 d_2 \ldots d_r$$

on aura

$$D_1 = d_1$$
$$D_2 = (d_1)^2\, d_2$$
$$\cdot \quad \cdot \quad \cdot \quad \cdot \quad \cdot \quad \cdot \quad \cdot$$
$$D_k = (d_1)^k\, (d_2)^{k-1} \ldots d_k$$
$$\cdot \quad \cdot \quad \cdot \quad \cdot \quad \cdot \quad \cdot \quad \cdot$$
$$D_r = (d_1)^r\, (d_2)^{r-1} \ldots (d_{r-1})^2\, d_r.$$

Remarque. — La forme réduite étant

$$e_1 x_1 y_1 + e_2 x_2 y_2 + \ldots + e_r x_r y_r$$

on peut la compléter par des termes $e_{r+1} x_{r+1} y_{r+1} + \ldots$ jusqu'à un terme de rang quelconque, pourvu qu'on suppose

$$e_{r+1} = e_{r+2} = \ldots = 0.$$

Les formules (4) sont encore vraies, pourvu qu'on suppose $D_{r+1}, \ldots D_n$ tous nuls; ce qui est possible, car ils sont indéterminés. (Le plus grand commun diviseur d'entiers tous nuls est indéterminé.)

Définition. — Les nombres c_1, c_2, ... c_r s'appellent les *diviseurs élémentaires* de la forme bilinéaire ou du tableau

$$\begin{pmatrix} \sigma_{1,1} \ldots a_{1,n} \\ \vdots \\ a_{p,1} \ldots a_{p,n} \end{pmatrix}.$$

Lorsque $c_1 = 1$ la forme est primitive et réciproquement.

305. THÉORÈME. — *Pour que deux formes bilinéaires à coefficients entiers soient équivalentes arithmétiquement, il faut et il suffit que* D_1, D_2, ... D_r *soient les mêmes pour ces deux formes; ou encore que leurs diviseurs élémentaires soient les mêmes.*

En effet nous savons que cette condition est nécessaire (n° **304**). Elle est d'ailleurs suffisante, car si elle est remplie, les deux formes ont même forme réduite.

306. PROBLÈME. — *Trouver toutes les substitutions par lesquelles on peut passer d'une forme bilinéaire à une autre équivalente.* Nous supposerons que dans les deux formes données il y a un même nombre n de variables x et de variables y ; en complétant au besoin par des termes nuls.

On démontre comme toujours qu'il suffit d'obtenir les substitutions automorphes de la forme réduite.

Une telle substitution se compose d'une substitution sur les x, soit V_x et d'une substitution sur les y, soit W_y, et nous avons à écrire que

(6) $\quad (e_1 x_1 y_1 + e_2 c_2 y_2 + \ldots + e_r x_r y_r)\, V_x W_y = e_1 x_1 y_1 + \ldots + e_r x_r y_r$

c'est-à-dire

$(d_1 x_1 y_1 + \ldots + d_1 d_2 \ldots d_r x_r y_a)\, V_x = (d_1 x_1 y_1 + \ldots + d_1 d_2 \ldots d_r x_r y_r)\, V_y^{-1}.$

Soient α les coefficients de V_x, β ceux de W_y^{-1} (comparer avec le n° **299**).

Nous avons à écrire que

(7) $\quad d_1(\alpha_{1,1}x_1 \ldots + \alpha_{1,n}x_n)y_1 \ldots + d_1 d_2 \ldots d_r(\alpha_{r,1}x_1 + \ldots + \alpha_{r,n}x_n)y_r$
$= d_1 x_1(\beta_{1,1}y_1 \ldots + \beta_{1,n}y_n)\ldots + d_1 d_2 \ldots d_r x_r(\beta_{r,1}y_1 + \ldots + \beta_{r,n}y_n).$

En identifiant nous trouvons que :

1° les $\alpha_{i,j}$ et $\beta_{i,j}$ où $i > r$ n'entrent pas dans le calcul et restent indéterminés.

2° Les $\alpha_{i,j}$ et les $\beta_{i,j}$ sont nuls pour $i \leqslant r$, $j > r$.

3° Enfin les $\alpha_{i,j}$ et $\beta_{i,j}$ pour $i \leqslant r$, $j \leqslant r$ sont liés par les relations

$$(8) \begin{cases} \alpha_{1,1} = \beta_{1,1} & \alpha_{1,2} = d_2\beta_{2,1} \dots \alpha_{1,r} = d_2 \dots d_r\beta_{r,1} \\ d_2\alpha_{2,1} = \beta_{1,2} & \alpha_{2,2} = \beta_{2,2} \dots \alpha_{2,r} = d_3 \dots d_r\beta_{r,2} \\ \dots \\ d_2 \dots d_r\alpha_{r,1} = \beta_{1,r} & d_3 \dots d_r\alpha_{r,2} = \beta_{2,r} \dots \alpha_{r,r} = \beta_{r,r}. \end{cases}$$

En résumé on peut se borner à chercher des substitutions V_x, W_y^{-1} (et par suite W_y), portant seulement sur les variables $x_1, x_2, \dots x_r$; $y_1, y_2, \dots y_r$. On complètera les tableaux des coefficients de ces substitutions par $n - r$ colonnes de coefficients nuls, puis par $n - r$ lignes de coefficients quelconques.

L'identité (6) montre alors, d'après le théorème du n° **301** que le produit des déterminants de V_x et de V_y est égal à 1. Donc chacune de ces substitutions est une substitution unité, et il en est de même de W_y^{-1}.

Le problème est donc ramené à trouver des entiers α et β qui satisfassent aux conditions (8) et tels que les déterminants $|\alpha|$ et $|\beta|$ satisfassent aux conditions :

$$| \alpha | = | \beta | = \pm 1.$$

Mais la condition (6) donne $| \alpha | = | \beta |$.

Il suffit donc de déterminer les α par les conditions que $| \alpha | = \pm 1$ et que les valeurs de β tirées des équations (7) soient entières. Cette dernière condition revient à ce que :

$$(9) \begin{cases} \alpha_{1,2} \text{ soit divisible par } d_2 \\ \alpha_{1,3} \quad \dots \quad d_2 d_3 \\ \dots \\ \alpha_{1,j} \quad \dots \quad d_{i+1} d_{i+2} \dots d_j \ (i < j) \end{cases}$$

Pour cela on pourra écrire tous les déterminants égaux à $+$ ou $- 1$ (n° **212**), et ne garder que ceux qui satisfont aux conditions (9).

307. THÉORÈME. — *Pour qu'une forme bilinéaire à coefficients entiers f, en contienne arithmétiquement une autre g, il faut et il* *suffit que le rang de f soit égal ou supérieur à celui de g, et que chaque diviseur élémentaire de f divise celui de même indice de g* [1].

D'ailleurs, en convenant comme on l'a déjà fait que les diviseurs d'un indice supérieur au rang sont nuls, *la première de ces conditions est contenue dans la seconde.*

Ces conditions sont suffisantes. En effet, supposons qu'elles soient remplies. La forme réduite de f étant

$$e_1 x_1 y_1 + e_2 x_2 y_2 + \ldots + e_n x_n y_n$$

celle de g est

$$m_1 e_1 x_1 y_1 + m_2 e_2 x_2 y + \ldots + m_n e_n x_n y_n.$$

De plus m_n peut être nul; ou bien m_n et m_{n-1}, … ou bien m_n, m_{n-1}, …, m_2 peuvent être nuls [2], de sorte que le rang de g peut être inférieur à n.

Ceci posé f_1 contient g_1, car f_1 se transforme en g_1 par la substitution

$$\begin{array}{c|c} x_1 & m_1 x_1 \\ x_2 & m_2 x_2 \\ \vdots & \vdots \\ x_n & m_n x_n \end{array}$$

D'autre part f contient f_1 et g_1 contient g. Donc f contient g

Ces conditions sont nécessaires. — Nous voulons démontrer que si à une forme bilinéaire f, on applique une substitution S_x puis une substitution T_y; le rang de la forme ne peut augmenter et que ses diviseurs élémentaires seront multipliés par des facteurs. Mais il suffit de démontrer la seconde partie de cette proposition, puisque la première y est comprise.

Il suffit évidemment de la démontrer en supposant qu'on applique la seule substitution S_x; car la démonstration donnée s'appliquera aussi à la forme obtenue et à la substitution T_y.

Le théorème est évident pour les diviseurs élémentaires d'indice 1, d'après le théorème du n° **278**.

Pour les diviseurs élémentaires d'ordre supérieur, nous nous

[1] FROBENIUS. — *J. r. a. M.*, t. 88 (1880), p. 114.
[2] Et même m_n, m_{n-1}, … m_2, m_1. Seulement dans ce cas la seconde forme serait identiquement nulle et le théorème évident.

bornerons ici au cas de $n = 2$, le cas général sera traité plus loin (n° **384**).

Soit

$$f = \begin{pmatrix} a & b \\ c & d \end{pmatrix} \quad \text{et} \quad S_x = \begin{pmatrix} \alpha & \beta \\ \gamma & \delta \end{pmatrix}$$

de sorte que

$$f S_x = \begin{pmatrix} a\alpha + b\gamma & a\beta + b\delta \\ c\alpha + d\gamma & c\beta + d\delta \end{pmatrix}$$

Il faut vérifier que le rapport du déterminant de $f S_x$ au plus grand commun diviseur de ses éléments est divisible par le rapport analogue pour f; c'est-à-dire que

$$\frac{(ab - cd)(\alpha\delta - \beta\gamma)}{D(a\alpha + b\gamma,\ a\beta + b\delta,\ c\alpha + d\gamma,\ c\beta + d\delta)}$$

est divisible par

$$\frac{ab - cd}{D(a,\ b,\ c,\ d)}$$

ou encore que

$$(\alpha\delta - \beta\gamma)\, D\,(a,\ b,\ c,\ d)$$

est divisible par

$$D(a\alpha + b\gamma,\ a\beta + b\delta,\ c\alpha + d\gamma,\ c\beta + b\delta)$$

En effet, ce dernier nombre divisant $a\alpha + b\gamma$ et $a\beta + b\delta$, divise $(a\alpha + b\gamma)\,\delta - (a\beta + b\delta)\,\gamma$, c'est-à-dire $(\alpha\delta - \beta\gamma)\,a$. On voit de même qu'il divise $(\alpha\delta - \beta\gamma)\,b$, $(\alpha\delta - \beta\gamma)\,c$ et $(\alpha\delta - \beta\gamma)\,d$. Donc il divise

$$(\alpha\delta - \beta\gamma)\, D\,(a,\ b,\ c,\ d).$$

308. — *Mettant dans une même classe toutes les formes équivalentes entre elles, trouver toutes les classes de formes bilinéaires de rang r et de déterminant donné* D.

On peut supposer $D > 0$, puisque si dans une forme bilinéaire de déterminant D, on change de signe l'une des variables, on obtient une forme équivalente de déterminant $-$ D.

Toute classe peut se représenter par sa forme réduite. Il suffit donc de trouver les formes réduites. Soit $e_1 x_1 y_1 + \ldots + e_r x_r y_r$ une telle forme. On a

$$e_1 e_2 \ldots e_r = D.$$

ou en posant

$$e_1 = d_1$$
$$e_2 = d_1 d_2$$
$$. \quad . \quad .$$
$$e_r = d_1 d_2 \dots d_r$$

il vient

$$(d_1)^r (d_2)^{r-1} \dots (d_{r-1})^2 d_r = D.$$

Il faut décomposer D de toutes les façons possibles en un produit de cette forme.

Pour cela on choisira de toutes les façons possibles d_1 de façon que $(d_1)^r$ divise D. Ce choix fait, on a

$$(d_2)^{r-1} \dots (d_{r-1})^2 d_r = \frac{D}{(d_1)^r}.$$

Il reste donc à résoudre un problème analogue, mais où r est remplacé par $r - 1$.

Exemple. — Soit $r = 3$, $D = 72$.

Les valeurs possibles de d_1 sont 1 et 2.

Pour $d_1 = 1$, il reste à déterminer d_2 et d_3 par

$$(d_2)^2 d_3 = 72.$$

Pour $d_1 = 2$ il reste à déterminer d_2 et d_3 par

$$(d_2)^2 d_3 = 9.$$

etc.

On trouve les solutions suivantes

$$[1, 1, 72], [1, 2, 36], [1, 3, 24], [1, 6, 12], [2, 2, 18], [2, 6, 6]$$

en représentant pour abréger par $[e_1 e_2 \dots e_r]$ la forme

$$e_1 x_1 y_1 + e_2 x_2 y_2 + \dots e_r x_r y_r.$$

Résolution de l'équation bilinéaire diophantienne ([1]). — Une telle équation est de la forme

$$f(x_1, x_2, \dots x_r, y_1, y_2, \dots y_r) = a$$

[1] G. Froebenius. — *J. r. u. m.* 86 (1879), p. 151.

le premier membre étant une forme bilinéaire à coefficients entiers. Par une substitution modulaire sur les x et une sur les y on la ramène à la forme réduite

$$d_1 x_1 y_1 + d_1 d_2 x_2 y_2 + \ldots + d_1 d_2 \ldots d_r x_r y_r = a.$$

Si d_1 ne divise pas a, l'équation est impossible.

Si d_1 divise a, l'équation s'écrit

$$x_1 y_1 + d_2 x_2 y_2 + \ldots + d_2 d_3 \ldots d_r x_r y_r = \frac{a}{d_1}.$$

On peut prendre arbitrairement

$$x_2, y_2, x_3, y_3, \ldots x_r, y_r, \ldots x_n, y_n$$

et en déduire toutes les valeurs de x_1 et y_1, en décomposant en deux facteurs de toutes les façons possibles le nombre

$$\frac{a}{d_1} - d_2 x_2 y_2 - d_2 d_3 x_3 y_3 \ldots - d_2 d_3 \ldots d_r x_r y_r.$$

309. Applications de la réduction des formes bilinéaires.

I. — *Résolution d'un système d'équations linéaires diophantiennes.*

Si on multiplie la première des équations du système par y_1, la seconde par y_2 ... et qu'on ajoute, on obtient une équation

$$f(x_1, x_2 \ldots y_1, y_2 \ldots) = b_1 y_1 + b_2 y_2 + \ldots$$

qui doit être satisfaite quels que soient y_1, y_2, ...

Le premier membre est une forme bilinéaire. Par une double substitution modulaire, on le ramène à une forme réduite qui peut être imparfaite (¹). L'équation prend alors la forme :

$$k_1 x_1 y_1' + k_2 x_2' y_2' + \ldots = c_1 y_1' + c_2 y_2' + \ldots$$

et puisque cette équation doit être satisfaite quels que soient y_1', y_2' ... on en déduit

$$k_1 x_1' = c_1$$
$$k_2 x_2' = c_2$$

. . . .

_____

(¹) Dans tout calcul où la forme réduite imparfaite suffit, c'est elle qu'il faut employer, puisque son calcul est plus court que celui de la forme réduite parfaite.

Sous cette forme on voit immédiatement si le système est possible et quelle est sa solution.

II. — *Pour qu'un système de formes linéaires puisse représenter un système d'entiers premiers dans leur ensemble, il faut et il suffit que les coefficients de ce système de formes soient premiers dans leur ensemble.*

Cette condition est évidemment nécessaire; démontrons qu'elle est suffisante. Soient $f_1, f_2, \ldots f_p$ les formes du système. La condition en question peut s'énoncer ainsi : l'invariant e_1 de la forme bilinéaire $f_1 y_1 + f_2 y_2 + \ldots + f_p y_p$ est égal à 1. Donc l'équation diophantienne $f_1 y_1 + f_2 y_2 + \ldots f_p y_p = 1$ est possible. Or pour les valeurs des x qui satisfont à cette équation, il est évident que les valeurs prises par les formes f sont premières dans leur ensemble.

310. Forme bilinéaire alternée [1]. — C'est une forme

$$\sum_{i,j} a_{j,i} x_i y_j \begin{pmatrix} i = 1, 2, \ldots, n \\ j = 1, 2, \ldots n \end{pmatrix}$$

où

$$a_{j,i} = - a_{i,j}.$$

Remarquons qu'il résulte de là que

$$a_{i,i} = 0.$$

Ainsi *le tableau des coefficients d'une forme bilinéaire alternée est un tableau carré tel que les éléments de la diagonale principale sont nuls, et que deux éléments symétriques par rapport à cette diagonale sont égaux mais de signes contraires.* Un tel tableau s'appelle *symétrique gauche.*

Définition. — On appelle substitutions *cogrédientes* deux substitutions faites sur deux séries différentes de variables, mais dans lesquelles les tableaux des coefficients sont identiques.

Théorème. — *Si on fait sur les x, et sur les y, deux substitutions cogrédientes, une forme alternée restera alternée.*

En effet soient $a_{j,i}$ les coefficients de la forme, $\alpha_{j,i}$ ceux de la

[1] Frœbenius. — *J. r. a. M.*, t. 86 (1879), p. 165.

substitution. On voit facilement que les coefficients de la forme obtenue par la substitution sont donnés par la formule

$$A_{j,i} = (a_{1,1}x_{1,j} + a_{1,2}x_{2,j} + \ldots)x_{1,i} + (a_{2,1}x_{1,j} + a_{2,2}x_{2,j} + \ldots)x_{2,i} + \ldots$$
$$+ (a_{n,1}x_{1,j} + a_{n,2}x_{2,j} + \ldots)x_{n,i}$$

d'où résulte facilement

$$A_{ji} = - A_{ij}.$$

311. Forme réduite particulière aux formes bilinéaires alternées. — Soit la forme alternée

$$\begin{pmatrix} 0 & a_{1,2} \ldots a_{1,n} \\ a_{2,1} & 0 & \ldots a_{2,n} \\ \cdot & \cdot & \cdot & \cdot \\ \cdot & \cdot & \cdot & \cdot \\ a_{n,1} & & \ldots & 0 \end{pmatrix}$$

(D'ailleurs toutes les formes que nous allons considérer maintenant sont alternées et nous ne le dirons plus).

Les coefficients étant supposés non tous nuls, on peut supposer (en faisant s'il est nécessaire la transposition entre y_1 et une autre variable y_h, suivie de la transposition entre x_1 et x_h), que les coefficients de la première ligne ne sont pas tous nuls. On sait alors qu'on peut trouver une substitution unité sur x_2, x_3, ... x_n qui transforme

$$a_{1,2}x_2 + \ldots + a_{1,n}x_n$$

en

$$b_{1,2}x_2$$

$b_{1,2}$ étant le plus grand commun diviseur de $a_{1,2}$, $a_{1,3}$, ... $a_{1,n}$.

Je fais d'ailleurs suivre cette substitution de la substitution cogrédiente, de sorte que la forme devient

$$\begin{pmatrix} 0 & b_{1,2} & 0 & \ldots & 0 \\ b_{2,1} & 0 & b_{2,3} \ldots b_{1,n} \\ 0 & b_{3,2} & \ldots b_{3,n} \\ \vdots & \vdots & & \ddots \\ \vdots & \vdots & & \\ 0 & b_{n,2} & & 0 \end{pmatrix}$$

Maintenant ne touchant plus à la variable x_1 ni à la variable y_1, on opérera de manière à ce que la forme devienne

$$
\begin{pmatrix}
0 & c_{1,2} & 0 & 0 & \cdots & 0 \\
c_{2,1} & 0 & c_{2,3} & 0 & \cdots & 0 \\
0 & c_{3,2} & 0 & c_{3,4} & \cdots & c_{3,n} \\
0 & 0 & c_{4,3} & 0 & \cdots & c_{4,n} \\
\cdot & \cdot & \cdot & \cdot & & \cdot \\
\cdot & \cdot & \cdot & \cdot & & \cdot \\
0 & 0 & c_{n,3} & c_{n,4} & \cdots & 0
\end{pmatrix}
$$

($c_{1,2}$ et $c_{2,1}$ ne sont d'ailleurs autres que $b_{1,2}$ et $b_{2,1}$).

Maintenant ne touchant plus aux variables x_1, x_2, y_1, y_2 on opérera sur les autres de manière à ce que la forme devienne

$$
(10) \qquad
\begin{pmatrix}
0 & d_{1,2} & 0 & 0 & 0 & \cdots & 0 \\
d_{2,1} & 0 & 0 & 0 & 0 & \cdots & 0 \\
0 & 0 & 0 & g_{3,4} & 0 & \cdots & 0 \\
0 & 0 & g_{4,3} & 0 & 0 & \cdots & 0 \\
0 & 0 & 0 & 0 & 0 & \cdots & g_{5,n} \\
\cdot & \cdot & \cdot & \cdot & \cdot & & \cdot \\
\cdot & \cdot & \cdot & \cdot & \cdot & & \cdot \\
0 & 0 & 0 & 0 & g_{n,5} & \cdots & 0
\end{pmatrix}
$$

$d_{1,2}$ et $d_{2,1}$ ne sont d'ailleurs autres que $c_{1,2}$ et $c_{2,1}$.

Nous allons montrer que si $g_{3,4}$ n'est pas divisible par $d_{1,2}$ on peut transformer la forme en une autre faite de la même façon, mais dans laquelle cette circonstance se présente. Pour cela on fait les substitutions cogrédientes $\quad x_3 \mid x_1 + x_3 \qquad y_3 \mid y_1 + y_3$.

La forme devient

$$
\begin{pmatrix}
0 & d_{1,2} & 0 & g_{3,4} & 0 & \cdots & 0 \\
d_{2,1} & 0 & 0 & 0 & 0 & \cdots & 0 \\
0 & 0 & 0 & g_{3,4} & 0 & \cdots & 0 \\
g_{4,3} & 0 & g_{4,3} & 0 & 0 & \cdots & 0 \\
0 & 0 & 0 & 0 & 0 & \cdots & g_{5,n} \\
\cdot & \cdot & \cdot & \cdot & \cdot & & \cdot \\
\cdot & \cdot & \cdot & \cdot & \cdot & & \cdot \\
\cdot & \cdot & \cdot & \cdot & \cdot & & \cdot \\
0 & 0 & 0 & 0 & g_{n,5} & \cdots & 0
\end{pmatrix}
$$

identique à la forme (10) si ce n'est que le quatrième élément de la première ligne et le quatrième élément de la première colonne sont respectivement $g_{3,4}$ et $g_{4,3}$ au lieu de zéro.

On refera sur cette dernière forme toutes les opérations qu'il faut pour la ramener à la forme (10). La première de ces opérations sera de transformer $d_{1,2}x_2 + g_{3,4}x_4$ et $d_{2,1}y_2 + g_{4,3}y_4$ par des substitutions cogrédientes respectivement en $q_{1,2}x_2$ et $q_{2,1}y_2$; $q_{1,2}$ étant le plus grand commun diviseur de $d_{1,2}$ et $g_{3,4}$. Ce nombre $q_{1,2}$ est donc positif et plus petit que $d_{1,2}$ puisque $d_{1,2}$ ne divise pas $g_{3,4}$. On arrivera finalement à

$$\begin{pmatrix}
0 & q_{1,2} & 0 & 0 & 0 & \ldots & 0 \\
q_{2,1} & 0 & 0 & 0 & 0 & \ldots & 0 \\
0 & 0 & 0 & q_{3,4} & 0 & \ldots & 0 \\
0 & 0 & q_{4,3} & 0 & 0 & \ldots & 0 \\
0 & 0 & 0 & 0 & 0 & \ldots & q_{5,n} \\
\cdot & \cdot & \cdot & \cdot & \cdot & & \cdot \\
\cdot & \cdot & \cdot & \cdot & \cdot & & \cdot \\
\cdot & \cdot & \cdot & \cdot & \cdot & & \cdot \\
0 & 0 & 0 & 0 & q_{n,5} & \ldots & 0
\end{pmatrix}$$

$q_{1,2}$ étant plus petit que $g_{1,2}$.

En continuant ce procédé qui ne peut se poursuivre indéfiniment, on arrive à la forme suivante

$$(11) \quad \begin{pmatrix}
0 & f_1 & 0 & 0 & . & . & 0 \\
-f_1 & 0 & 0 & 0 & . & . & 0 \\
0 & 0 & 0 & f_2 & . & . & 0 \\
0 & 0 & -f_2 & 0 & . & . & 0 \\
. & . & . & . & . & . & 0 \\
. & . & . & . & . & . & \vdots \\
. & . & . & . & . & 0 & f_s \\
. & . & . & . & -f_s & . & 0
\end{pmatrix}$$

c'est-à-dire :

$$(12) \quad f_1(x_2y_1 - x_1y_2) + f_2(x_4y_3 - x_3y_4) + \ldots + f_s(x_{2s}y_{2s-1} - x_{2s-1}y_{2s})$$

$f_1, f_2, \ldots f_s$ étant des entiers positifs dont chacun divise le suivant.

312. — On en déduit les conséquences suivantes :

I. — D'abord on voit que le tableau réduit est d'ordre $2s$. Donc

Tout déterminant symétrique gauche d'ordre impair à éléments entiers est nul ([1]).

II. — Cherchons des diviseurs élémentaires. Dans le tableau (11) les éléments non nuls sont

$$f_1, f_2, \ldots f_s,$$

dont le plus grand commun diviseur est f_1. Donc

$$c_1 = f_1.$$

Les déterminants du deuxième ordre non nuls sont

$$(f_1)^2, \quad f_1 f_2, \ldots f_{s-1} f_s, \quad (f_s)^2$$

c'est-à-dire les produits deux à deux des quantités $f_1 f_2, \ldots f_s$, une d'entre elles pouvant être prise deux fois. Leur plus grand commun diviseur est $(f_1)^2$.

Donc

$$c_1 c_2 = (f_1)^2$$

d'où

$$c_2 = f_1.$$

Les déterminants du troisième ordre non nuls, sont les produits trois à trois des quantités $f_1, f_2 \ldots f_s$, une d'entre elles pouvant être prise deux fois. Leur plus grand commun diviseur est $(f_1)^2 f_2$.

Donc

$$c_1 c_2 c_3 = (f_1)^2 f_2.$$

Donc

$$c_3 = f_2.$$

D'une façon générale on trouve que

$$c_{2h-1} = c_{2h} = f_h.$$

III. — On vient de voir que le plus grand commun diviseur des déterminants d'ordre deux est $(f_1)^2$; on verrait de même que le

_____

([1]) Ce théorème s'applique à tout déterminant symétrique gauche, que les éléments soient entiers ou non (n° **164**).

plus grand diviseur commun aux déterminants d'ordre quatre est $(f_1 f_2 \ldots f_h)^2$. D'une façon générale, le plus grand commun diviseur des déterminants d'ordre $2h$ est $(f_1 f_2 \ldots f_h)^2$. C'est donc un carré parfait. En particulier :

Tout déterminant symétrique gauche à éléments entiers est un carré parfait.

Exemple :

$$\begin{vmatrix} 0 & 5 & 1 & 4 \\ -5 & 0 & 1 & 2 \\ -1 & -1 & 0 & 8 \\ -4 & -2 & -8 & 0 \end{vmatrix} = (42)^2.$$

IV. — Il résulte aussi des expressions de $f_1, f_2, \ldots f_s$ en fonction des plus grands diviseurs communs aux déterminants de même ordre extraits du tableau que *la forme réduite* (12) *équivalente à une forme bilinéaire alternée donnée est unique.*

V. — Enfin nous venons de voir qu'on peut passer d'une forme bilinéaire alternée donnée à sa forme réduite (12) par des substitutions cogrédientes; donc : *Quand deux formes bilinéaires alternées sont équivalentes on peut passer de l'une à l'autre par des substitutions cogrédientes.*

EXERCICE

Le diviseur élémentaire e_h d'un tableau est le plus grand commun diviseur des quotients qu'on obtient en divisant chaque déterminant d'ordre h du tableau par ses mineurs. (H.-J. Smith, *Philosoph. transac.*, 151 (1861), p. 318 = Papers 1, p. 397 et *Procéd. Lond. Math. Soc.* 1 (4) 1871-73, p. 244 = Papers 2, p. 275.

CHAPITRE XVII

—

ÉLÉMENTS
DE LA THÉORIE DES CONGRUENCES.
CONGRUENCES LINÉAIRES

313. Définitions. — Deux entiers sont dits *congrus suivant un certain module m*, lorsque leur différence est divisible par m. Ainsi 20 et — 8 sont congrus suivant le module 7 car leur différence 28 est divisible par 7. Pour indiquer que deux entiers a, b sont congrus suivant le module m on écrit

(1) $$a \equiv b \ (\text{mod. } m)$$

qu'on énonce : « a congru à b, module m ». La relation (1) s'appelle une *congruence*.

Il nous arrivera souvent de supprimer l'indication du module et d'écrire simplement $a \equiv b$, lorsqu'il n'en pourra résulter d'ambiguïté, par exemple quand le module restera le même pendant toute la durée d'un calcul. C'est Gauss qui a employé le premier cette notation. Elle met en évidence l'analogie qu'il y a entre les congruences et les égalités et qui ressortira de ce qui suit ([1]).

Deux entiers qui divisés par m donnent le même reste sont congrus (mod. m) et réciproquement.

Deux entiers qui ne sont pas congrus (mod. m) sont dits *incongrus* (mod. m) et cela s'indique par la notation

$$a \not\equiv b \ (\text{mod. } m).$$

([1]) Legendre emploie plus simplement le signe ordinaire de l'égalité et écrit $a = b$ (mod. m). La notation de Legendre est à certains égards préférable à celle de Gauss, mais cette dernière est passée dans l'usage.

Deux entiers incongrus (mod. m), divisés par m donnent des restes différents et réciproquement.

314. Ensemble complet (mod. m). — Considérons les entiers

$$(1) \qquad\qquad 0,\ 1,\ 2,\ \dots\ m-1$$

Ils jouissent des deux propriétés suivantes :

I. — *Deux d'entre eux sont incongrus* (mod. m).

II. — *Tout entier est congru* (mod. m) *à l'un d'eux.*

Tout ensemble d'entiers jouissant de ces deux propriétés s'appelle un *ensemble complet* (mod. m).

Exemples. — 0, 1, 2, 3, 4, 5 forment un ensemble complet (mod. 6). Il en est de même des entiers 13, — 3, — 12, 2, 29, — 2.

Remarque. — Dans un ensemble complet (mod. m), il y a m entiers. Si l'on a m entiers, pour démontrer qu'ils forment un ensemble complet (mod. m), il suffit de démontrer qu'ils satisfont à une seule des deux propriétés I ou II.

315. Théorème. — *m entiers consécutifs forment un ensemble complet* (mod. m).

Généralisation. — *m termes consécutifs d'une progression arithmétique dont la raison est première avec m, forment un ensemble complet* (mod. m).

Soient les entiers

$$(2) \qquad a,\quad a+r,\quad a+2r,\ \dots\ a+(m-1)r$$

r étant premier à m.

Puisque ces entiers sont au nombre de m, il suffit de démontrer qu'ils satisfont à la propriété I, à savoir.

Deux de ces entiers sont incongrus (mod. m). En effet la différence

$$(a+hr)-(a+kr)=(h-k)r$$

ne peut être divisible par m, car m étant premier à r, ne pourrait diviser $(h - k)r$ que s'il divisait $h - k$. Or h et k étant deux termes différents de la suite (1) on a

$$0 < | h - k | < m.$$

Donc $h - k$ ne peut être divisible par m.

Exemples.

$$- 3, - 2, - 1, 0, 1, 2, 3$$
$$- 4, - 1, 2, 5, 8, 11, 14,$$

forment des ensembles complets (mod. 7).

316. Addition des congruences. Théorème. — *De*

$$(3) \qquad \left. \begin{array}{l} a \equiv b' \\ b \equiv b' \\ \vdots \\ l \equiv l' \end{array} \right\} \text{(mod. } m)$$

on déduit

$$a + b + \dots + l \equiv a' + b' + \dots + l' \text{ (mod. } m).$$

En effet les congruences (3) reviennent aux égalités :

$$a = a' + m\alpha$$
$$b = b' + m\beta$$
$$\cdot \quad \cdot \quad \cdot \quad \cdot \quad \cdot$$
$$l = l' + m\lambda.$$

$\alpha, \beta, \dots \lambda$, étant certains entiers. On en tire

$$a + b + \dots + l = a' + b' + \dots + l' + m(\alpha + \beta + \dots + \lambda)$$

c'est-à-dire

$$a + b + \dots + l \equiv a' + b' + \dots + l' \text{ (mod. } m).$$

Autrement dit : *On peut ajouter membre à membre des congruences de même module comme des égalités.*

En particulier *on peut ajouter un même entier aux deux membres d'une congruence.*

317. Soustraction des congruences. — On verrait de même que : *de*

$$a \equiv a' \text{ (mod. } m)$$
$$b \equiv b' \text{ (mod. } m)$$

on déduit

$$a - b \equiv a' - b' \ (\text{mod. } m).$$

Autrement dit. *On peut soustraire membre à membre des congruences de même module comme des égalités.*

En particulier *on peut soustraire un même entier aux deux membres d'une congruence.*

318. Multiplication des congruences. THÉORÈME. — *De*

$$(4) \qquad \left. \begin{array}{l} a \equiv a' \\ b \equiv b' \\ \cdots \\ l \equiv l' \end{array} \right\} (\text{mod. } m)$$

on déduit

$$ab \ldots l \equiv a'b' \ldots l' \ (\text{mod. } m).$$

En effet les congruences (4) reviennent aux égalités :

$$a = a' + m\alpha$$
$$b = b' + m\beta$$
$$\cdots$$
$$l = l' + m\alpha.$$

En les multipliant membre à membre on obtient

$$ab \ldots l = a'b' \ldots l' + \text{des termes contenant } m \text{ en facteur.}$$

Donc

$$ab \ldots l \equiv a'b' \ldots l' \ (\text{mod. } m).$$

Cas particulier. — *De*

$$a \equiv a' \ (\text{mod. } m)$$

on déduit

$$ka \equiv ka' \ (\text{mod. } m).$$

C'est-à-**dire** qu'*on peut multiplier les deux membres d'une congruence par un même entier.*

Remarque. — On peut même dire que : *de la congruence*

$$a \equiv a' \ (\text{mod. } m)$$

on déduit

$$ka \equiv ka' \ (\mathrm{mod}. \ km).$$

Ainsi *on peut multiplier les deux membres d'une congruence et le module par un même entier.*

Autre cas particulier. — *De*

$$a \equiv a' \ (\mathrm{mod}. \ m)$$

on déduit

$$a^k \equiv a'^k \ (\mathrm{mod}. \ m)$$

k étant un entier $\geqslant 0$ *quelconque.*

319. Théorème. — *De*

$$\left.\begin{array}{l} a \equiv a' \\ b \equiv b' \\ \ \cdot \ \cdot \ \cdot \\ l \equiv l' \end{array}\right\} (\mathrm{mod}. \ m)$$

on déduit

$$f(a, \ b, \ \dots \ l) \equiv f(a', \ b', \ \dots \ l') \ (\mathrm{mod}. \ m)$$

f étant un polynôme entier en a, b, … l, à coefficients entiers.

Ce théorème se déduit des précédents, et les comprend tous comme cas particuliers. Pour le démontrer, il suffit de remarquer que la valeur de $f(a, b, \dots l)$ se calcule en effectuant une suite d'additions, de soustractions et de multiplications sur $a, b, \dots l$, et sur certains coefficients entiers; il suffit donc d'appliquer plusieurs fois de suite les théorèmes précédents.

320. **Division des congruences.** — Un théorème analogue aux précédents s'applique-t-il à la division ? Peut-on diviser membre à membre deux congruences de même module telles que

$$\left.\begin{array}{l} a \equiv a' \\ b \equiv b' \end{array}\right\} (\mathrm{mod}. \ m) \ ?$$

D'abord l'opération en question n'a de sens que si a est divisible par b et a' par b'; ensuite, même si cela a lieu, on n'a pas en général

$$\frac{a}{b} \equiv \frac{a'}{b'} \ (\mathrm{mod}. \ m).$$

Exemple

$$12 \equiv -28 \ (\text{mod. } 10)$$
$$4 \equiv 14 \ (\text{mod. } 10).$$

Mais $\dfrac{12}{4}$ ou 3 n'est pas congru à $-\dfrac{28}{14}$ ou -2 (mod. 10 .

Nous reviendrons sur cette question plus loin (n° **331**).

Pour le moment bornons-nous à la question suivante : *Peut-on diviser les deux membres d'une congruence par un même entier* (en supposant bien entendu que les divisions se fassent exactement)?

Ainsi de

(5) $ka \equiv kb \ (\text{mod. } m)$

peut-on déduire

(6. $a \equiv b \ (\text{mod. } m).$

La congruence (5) exprime que m divise $ka - kb$, c'est-à-dire $k (a - b)$.

De ce que $k (a - b)$ est divisible par m, on conclut que $k (a - b)$ est un multiple commun de k et de m, c'est-à-dire (n° **111**, qu'il est divisible par $\dfrac{km}{D(k, m)}$ d'où l'on voit que $a - b$ est divisible par $\dfrac{m}{D(k, m)}$. Donc de (6) on peut déduire seulement que

$$a \equiv b \left(\text{mod. } \dfrac{m}{D(k, m)} \right).$$

Dans le cas particulier où k est premier à m, la congruence (5) donne la congruence (6). En résumé : *on peut diviser les deux membres d'une congruence par un facteur commun, premier au module. On peut aussi diviser les deux membres d'une congruence par un facteur commun, non premier au module ; mais dans ce cas il faut diviser le module par le plus grand commun diviseur du facteur et du module.*

Exemple. — De

$$10a \equiv 10b \ (\text{mod. } 21),$$

on déduit

$$a \equiv b \ (\text{mod. } 21);$$

mais de

$$10a \equiv 10b \ (\text{mod. } 15),$$

on déduit seulement

$$a \equiv b \ (\text{mod. } 3).$$

321. Congruences avec inconnues. — De même qu'on distingue entre les égalités en général et les équations, on peut distinguer entre les congruences en général et les *congruences avec inconnues*. On pourra aussi considérer des *systèmes de congruences*. On classera les congruences et les systèmes de congruences, comme les équations et systèmes d'équations : 1° d'après la façon dont les inconnues y entrent ; 2° d'après le nombre d'inconnues et le nombre de congruences.

En particulier on appellera congruences *algébriques* celles qui sont de la forme

$$f(x, y, z, \ldots) \equiv g(x, y, z \ldots)$$

x, y, ... étant les inconnues ; f et g étant deux polynômes entiers à coefficients entiers. (On suppose toujours quand il s'agit de congruences que les coefficients sont entiers ; cette condition sera sous-entendue dans la suite).

Toute congruence se ramène à une équation diophantienne. Car la congruence $f(x, y, z, \ldots) \equiv g(x, y, z, \ldots) \ (\text{mod. } m)$, est évidemment équivalente à l'équation diophantienne

$$f(x, y, z, \ldots) \equiv g(x, y, z, \ldots) + mv,$$

v étant une nouvelle inconnue. Mais le fait que l'inconnue v entre au premier degré donne à ces équations un caractère particulier. Par exemple pour les congruences algébriques et pour les systèmes de telles congruences on a les théorèmes suivants qui sont fondamentaux.

322. Théorème. — *Si une congruence algébrique* (mod. m) *à une inconnue admet une solution* x_0, *elle admet aussi pour solution tout entier congru à* x_0 (mod. m).

Ce théorème résulte immédiatement de celui du n° **319**.

Conséquence. Pour résoudre une congruence algébrique de module m, il suffit d'essayer m entiers formant un ensemble complet (mod. m). Si aucun essai ne réussit, la congruence n'a pas de solution. Sinon on trouve certaines solutions x_0, x_1, ... et on aura toutes les solutions par les formules $x_0 + \lambda m$, $x_1 + \mu m$, ... λ, μ, ... étant des entiers arbitraires. Si on ne considère pas comme distinctes deux solutions congrues (mod. m); x_0, x_1, ... sont toutes les solutions.

Exemples I. — Soit la congruence

$$3x \equiv 4 \ (\text{mod. } 5).$$

En essayant les valeurs — 2, — 1, 0, 1, 2, on trouve que — 2 satisfait seule à la congruence. La solution générale est donc — 2 + 5λ.

En ne considérant pas comme distinctes deux solutions congrues (mod. 5), la congruence proposée n'a qu'une solution $x \equiv - 2$.

II. — Soit la congruence

$$x^2 \equiv 3 \ (\text{mod. } 7).$$

En essayant les valeurs — 3, — 2, — 1, 0, 1, 2, 3 ; on trouve qu'aucune ne satisfait à cette congruence. Celle-ci est donc impossible.

III. — Soit la congruence

$$x^5 \equiv x \ (\text{mod. } 5).$$

En essayant les valeurs — 2, — 1, 0, 1, 2 ; on trouve que toutes satisfont à la congruence. Celle-ci admet donc pour solution n'importe quel entier.

323. — Considérons maintenant une congruence ou un système de congruences à plusieurs inconnues. Donnons d'abord les définitions suivantes :

Définition. — On dit que deux systèmes d'entiers

$$a, \ b, \ ... \ l; \quad a', \ b', \ ... \ l'$$

sont *congrus* (mod. m) lorsque

$$\left. \begin{array}{l} a \equiv a' \\ b \equiv b' \\ \cdots \\ l \equiv l' \end{array} \right\} (\text{mod. } m).$$

Si l'on considère des systèmes de n entiers, on dit que ces systèmes forment un *ensemble complet* lorsque

I. — *Deux d'entre eux sont incongrus* (mod. m).

II. — *Tout système de n entiers est congru à l'un d'eux.*

Pour $n = 1$ on retrouve la définition du n° **314**.

Pour former un ensemble complet (mod. m) de systèmes de n entiers, on donnera à chacun de ces entiers successivement m valeurs formant un système complet d'entiers (mod. m) ; puis on associera de toutes les façons possibles ces valeurs. On obtient ainsi m^n systèmes incongrus (mod. m) formant un système complet (mod. m).

Exemple. — Soit $m = 3$, $n = 2$, on a les 9 systèmes

$$-1, -1 ; \quad -1, 0 ; \quad -1, 1 ; \quad 0, -1 ; \quad 0, 0 : \quad 0, 1 : \quad 1, -1 ;$$
$$1, 0 ; \qquad 1, 1.$$

324. THÉORÈME. — *Si une congruence algébrique* (mod. m), *ou un système de telles congruences à n inconnues admet une solution* $x_0, y_0, \dots u_0$, *elle admet aussi pour solution tout système de n entiers congru* (mod. m) *au système* $x_0, y_0, \dots u_0$.

Ce théorème, qui est une généralisation de celui du n° **322**, est comme lui une conséquence immédiate de celui du n° **319**.

Conséquence. — *Pour résoudre une congruence algébrique* (mod. m) *à n inconnues ou un système de telles congruences, on essayera m^n systèmes de n entiers formant un ensemble complet* (mod. m). *Si aucun essai ne réussit, la congruence, ou le système de congruences n'a pas de solution. Sinon, on trouve certaines solutions*

$$x_0, y_0, \dots u_0$$
$$x_1, y_1, \dots u_1.$$
$$\cdots \cdots$$

Ce sont *toutes* les solutions, si on ne considère pas comme distinctes deux solutions congrues (mod. m). Sinon *on aura toutes les solutions par les formules*

$$x_0 + \lambda m \qquad y_0 + \lambda' m \dots u_0 + \lambda^{(n-1)} m$$
$$x_1 + \mu m \qquad y_1 + \mu' m \dots u_1 + \mu^{(n-1)} m$$
$$\cdots \cdots \cdots$$

les entiers $\lambda, \lambda', \dots \mu, \dots$ *étant arbitraires.*

Exemple. — Soit la congruence

$$3x + 4y \equiv 5 \pmod{6}.$$

En essayant les 36 systèmes de deux entiers formant un ensemble complet, on trouve les 6 solutions

$$
\begin{aligned}
x &= 1 & y &= -1 \\
x &= 1 & y &= 2 \\
x &= -1 & y &= 2 \\
x &= -1 & y &= -1 \\
x &= 3 & y &= -1 \\
x &= 3 & y &= 2
\end{aligned}
$$

d'où les solutions

$$
\begin{aligned}
x &= 1 + 6\lambda & y &= -1 + 6\lambda' \\
x &= 1 + 6\mu & y &= 2 + 6\mu'
\end{aligned}
$$

. . . .

λ, λ', μ, μ', ... étant des entiers arbitraires.

325. *Remarque* I. — Il ne faut pas oublier que ces principes ne s'appliquent qu'aux congruences *algébriques*. Car le théorème du n° **319** ne s'applique qu'aux fonctions *entières*.

Ainsi de

$$x_0 \equiv x_1 \pmod{m}$$

on ne peut pas déduire

$$a^{x_0} \equiv a^{x_1} \pmod{m}.$$

Par exemple on a

$$3 \equiv 8 \pmod{5}$$

mais on n'a pas

$$2^3 \equiv 2^8 \pmod{5}.$$

Il en résulte qu'une solution x_0 de la congruence

$$a^x \equiv b \pmod{m}$$

n'en donne pas une infinité comprise dans la formule $x_0 + \lambda m$.

Remarque II. — Dans les théorèmes précédents relatifs aux systèmes de congruences on a supposé que les congruences du système ont toutes même module. On verra en effet tout à l'heure (n° **328**) qu'on peut toujours supposer qu'il en est ainsi.

326. — Des théorèmes **316** et **317** on déduit immédiatement *qu'on peut aux deux membres d'une congruence avec inconnues ajouter ou retrancher une même expression. On obtient une congruence équivalente, c'est-à-dire qui a les mêmes solutions.*

Conséquence. — Toute congruence peut se mettre sous la forme

$$f(x, y, \dots u) \equiv 0.$$

327. — Des théorèmes **318** et **320** résulte que, en multipliant les deux membres d'une congruence pour une même expression on obtient une nouvelle congruence qui admet les solutions de la première, mais la réciproque n'est pas vraie.

En particulier si on multiplie les deux membres par un même *entier*, la nouvelle congruence n'est équivalente à la première que si cet entier est premier avec le module.

328. THÉORÈME. — *En multipliant les deux membres d'une congruence par un même entier, on obtient une congruence équivalente, pourvu qu'on multiplie en même temps le module par cet entier.*

C'est-à-dire que les deux congruences

$$f(x, y, \dots u) \equiv 0 \ (\text{mod. } m)$$

et

$$kf(x, y, \dots u) \equiv 0 \ (\text{mod. } km)$$

sont équivalentes. Il est en effet évident que si pour certaines valeurs de x, y, $\dots u$; l'expression $f(x, y, \dots u)$ est divisible par m; pour ces mêmes valeurs de x, y, $\dots u$, l'expression $kf(x, y, \dots u)$ est divisible par km et réciproquement.

Réduction de plusieurs congruences à un module commun. — On en déduit, comme on l'a annoncé au n° **325**) qu'on peut toujours réduire plusieurs congruences au même module.

Soient les congruences

$$f \equiv 0 \; (\text{mod. } m)$$
$$g \equiv 0 \; (\text{mod. } n)$$
$$h \equiv 0 \; (\text{mod. } p).$$

Soit M un multiple commun de m, n, p (on choisira en général le plus petit). Les congruences précédentes sont équivalentes aux suivantes :

$$\frac{M f}{m} \equiv 0 \; (\text{mod. } M)$$
$$\frac{M g}{n} \equiv 0 \; (\text{mod. } M)$$
$$\frac{M h}{p} \equiv 0 \; (\text{mod. } M)$$

qui ont le même module.

329. Congruence du premier degré à une inconnue. — Aux n^{os} **322** et **323**, on a donné la résolution de toute congruence où tout système de congruences algébriques, donné numériquement. Il ne nous reste plus qu'à chercher à simplifier cette solution qui peut être longue, et aussi à discuter. Commençons par la congruence du premier degré à une inconnue

$$(7) \qquad\qquad a x \equiv b \; (\text{mod. } m).$$

Elle s'écrit sous forme d'équation diophantienne

$$(8) \qquad\qquad a x = b + m y.$$

On sait donc d'après ce qu'on a dit au n° **139** que
1° Si $D(a, m)$ ne divise pas b, l'équation (8) et par suite la congruence (7) est impossible ;
2° Si $D(a, m)$ divise b, l'équation (8) a des solutions, x_0 étant la valeur de x dans l'une d'elles, les autres sont comprises dans la formule

$$(9) \qquad\qquad x = x_0 + \frac{m}{D(a, m)} \lambda.$$

Ce sont les solutions de la congruence (7).

En particulier la congruence est toujours possible si $b \equiv 0$ (mod. m), et les solutions sont comprises dans la formule

$$\frac{m}{\mathrm{D}(a,\,m)}\lambda.$$

330. Nombre de solutions. — En ne considérant pas comme distinctes deux solutions congrues (mod. m), quel est le nombre de solutions de la congruence (7)? Or on voit facilement que dans la formule (9) pour que deux valeurs de x soient congrues (mod. m), il faut et il suffit que les deux valeurs correspondantes de λ soient congrues [mod. $\mathrm{D}(a,\,m)$]. On aura donc toutes les solutions distinctes (mod. m), en donnant à λ des valeurs formant un ensemble complet [mod. $\mathrm{D}(a,\,m)$]. Le nombre de ces solutions est donc $\mathrm{D}(a,\,m)$.

Remarquons que c'est le nombre de valeurs incongrues que peut prendre le premier membre quand on donne à x toutes les valeurs possibles.

Cas particulier. — *Si a est premier à m, la congruence*

$$ax \equiv b \ (\text{mod. } m)$$

est possible et a une seule solution (mod. m).

Cette solution peut s'appeler *rapport de b à a* (mod. m) et s'indiquer par la notation $\dfrac{b}{a}$. *Elle ne dépend pas de a et b eux-mêmes, mais seulement de leurs restes par rapport au module m.*

En effet si l'on a

$$ax_0 \equiv b \ (\text{mod. } m)$$

et

$$a' \equiv a \qquad b' \equiv b \ (\text{mod. } m)$$

on a évidemment

$$a'x_0 \equiv b' \ (\text{mod. } m).$$

331. — On peut alors généraliser le théorème du n° **320**. On y a vu que l'on peut diviser les deux membres d'une congruence par un même entier premier au module, *lorsque cet entier divise* *les deux membres de la congruence.* Maintenant cette dernière restriction peut être négligée. *Etant donnée une congruence*

$$b \equiv b' \text{ (mod. } m),$$

on peut, dans tous les cas, *diviser les deux membres par un même entier a premier au module.* On peut même généraliser davantage :
Etant données deux congruences de même module

$$b \equiv b' \text{ (mod. } m)$$
$$a \equiv a' \text{ (mod. } m)$$

on peut les diviser membre à membre et écrire

$$\frac{b}{a} \equiv \frac{b'}{a'} \text{ (mod. } m).$$

pourvu que a (et par suite a') soit premier au module m.

Nous voyons cependant que cette analogie n'est pas parfaite, la division étant soumise à cette restriction que le diviseur soit premier au module.

Nous verrons plus tard l'analogie devenir complète pour certains modules (n° **362**).

Ainsi commence à se trouver mise en évidence l'analogie des congruences avec les équations ordinaires de l'algèbre.

D'autre part, les congruences présentent aussi des analogies avec les équations diophantiennes. Pour les faire ressortir donnons les définitions suivantes :

Nous dirons que *a divise b* (mod. *m*), lorsque la congruence $ax \equiv b$ (mod. *m*) est possible.

Nous appellerons *plus grand diviseur* (mod. *m*) d'un entier *a*, l'entier $D(a, m)$ (¹).

On a alors l'énoncé suivant : *Pour que $ax \equiv b$ (mod. m), soit possible, il faut et il suffit que le plus grand diviseur (mod. m) de a divise celui de b.*

En effet, on a vu (n° **329**) qu'il faut et qu'il suffit que $D(a, m)$ divise *b*. Or cette condition est équivalente à celle annoncée.

(¹) Ce plus grand diviseur ne varie pas lorsque *a* varie en restant congru à lui-même (mod. m_i). Mais lui-même est défini d'une façon absolue, et non pas au module *m* près.

Sous cette forme, on a bien un énoncé analogue à celui de l'analyse diophantienne ordinaire ; car le plus grand diviseur (au sens ordinaire du mot) d'un entier a étant a lui-même, on peut dire : Pour que l'équation diophantienne $ax = b$ soit possible, il faut et il suffit que le plus grand diviseur de a divise celui de b.

332. Congruence du premier degré à plus d'une inconnue.
— Soit la congruence à n inconnues

$$(10) \qquad a_1 x_1 + a_2 x_2 + \ldots + a_n x_n \equiv l \pmod{m}.$$

Première méthode. — On remplace cette congruence par l'équation diophantienne à $n + 1$ variables

$$(11) \qquad a_1 x_1 + a_2 x_2 + \ldots + a_n x_n + mu = l$$

qu'on résout. On obtient ainsi x_1, x_2, ... x_n, en fonction de n entiers arbitraires. Resterait à voir comment il faut prendre ces entiers pour avoir toutes les solutions incongrues deux à deux (mod. m), et combien il y a de ces solutions. On peut y arriver en donnant aux n entiers arbitraires les m^n systèmes possibles de valeurs incongrus deux à deux (mod. m). Mais cette méthode ne vaut rien, car il aurait été plus simple alors de procéder immédiatement par tâtonnements et de résoudre la congruence (10) en donnant aux n inconnues, les m^n systèmes possibles de valeurs incongrus deux à deux (mod. m).

Deuxième méthode. — On obtient par le même calcul qu'au n° **151**, une substitution unité qui ramène la congruence (10) à la forme

$$(12) \qquad D(a_1, a_2, \ldots a_n) y_1 \equiv l \pmod{m}$$

(y_1, y_2, ... y_n étant les nouvelles variables) [1].

D'ailleurs à deux systèmes de valeurs des x, congrus (mod. m) correspondent deux systèmes de valeurs des y, congrus (mod. m) et réciproquement. Donc on aura toutes les solutions en x connaissant toutes les solutions en y.

Les deux méthodes nous donnent immédiatement la condition

----

[1] Cette seconde méthode donne évidemment les mêmes calculs que la première.

de possibilité, à savoir que $D(a_1, a_2, \ldots a_n, m)$ divise l. Alors
la congruence (12) donne pour y_1, $D(a_1, a_2, \ldots, m)$ valeurs incongrues (mod. m). Quant à y_2, y_3, $\ldots y_n$ ils sont complètement
indéterminés (mod. m) ; c'est-à-dire que chacun peut recevoir m
valeurs différentes. On trouve donc en tout

$$m^{n-1} D(a_1, a_2, \ldots a_n, m)$$

solutions incongrues (mod. m).

Exemple. — Soit la congruence

$$2x - 3y + 5z \equiv 47 \ (\text{mod. } 11).$$

La substitution unité

$$
\begin{array}{c|c}
x & 5x' - y' - 2z' \\
y & y' \\
z & -2x' + y' + z'
\end{array}
$$

ramène la congruence à la forme

$$z' \equiv 47 \ (\text{mod. } 11)$$

dont la solution générale est

$$
\left.
\begin{array}{l}
x' \equiv \lambda \\
y' \equiv \mu \\
z' \equiv 3
\end{array}
\right\} \ (\text{mod. } 11)
$$

λ et μ étant arbitraires.
   Alors

$$
\begin{array}{l}
x \equiv 5\lambda - \mu - 6 \\
y \equiv \mu \\
z \equiv -2\lambda + \mu + 3
\end{array}
$$

est la solution générale de la congruence proposée.
   Les entiers arbitraires λ, μ, peuvent recevoir chacun 11 valeurs, cela
fait 121 solutions incongrues (mod. 11).

   La condition de possibilité de la congruence (10) peut encore
se donner de façon à obtenir un énoncé analogue à celui de l'analyse diophantienne. Posons la définition suivante : On appelle *plus
grand commun diviseur* (mod. m) *de plusieurs entiers le plus grand*

commun diviseur (au sens ordinaire du mot) (¹) de ces entiers et du module m. Alors pour que la congruence (10) soit possible, *il faut et il suffit que le plus grand commun diviseur* (mod. m) *de* a_1, a_2, ... a_n, *divise* l.

333. Système de congruences du premier degré à plusieurs inconnues. — Pour la résolution on peut aussi employer plusieurs méthodes.

Première méthode. — On remplace les congruences par des équations diophantiennes en introduisant une nouvelle inconnue dans chaque congruence.

Par exemple le système

$$(13) \qquad \begin{array}{l} 3x + 5y - 9z \equiv 2 \\ 11x - 9y + 10z \equiv 13 \end{array} \Bigg\} \ (\text{mod. } 18)$$

s'écrit

$$\begin{array}{l} 3x + 5y - 9z + 18t \qquad = 2 \\ 11x - 9y + 10z \qquad + 18u = 13. \end{array}$$

La solution générale est, en se bornant aux valeurs de x, y, z,

$$\begin{array}{l} x = -17\lambda - 60\mu + 18\nu - 217 \\ y = 3\lambda - 8 \\ z = -2\lambda - 6\mu - 237. \end{array}$$

Pour avoir toutes les solutions incongrues (mod. 18), on peut donner au système des paramètres λ, μ, ν, les 18^3 systèmes possibles de valeurs incongrues (mod. 18), mais dans ces conditions il aurait mieux valu essayer ces 18^3 systèmes de valeurs sur les inconnues x, y, z dans les congruences (13).

Deuxième méthode. — On obtient par le même calcul qu'au n° **155** une substitution unité qui ramène le système à un autre dans lequel la première congruence ne contient que la première inconnue, la seconde ne contient que les deux premières, ,.. la r^{me}

(¹) Il ne varie pas quand ces entiers varient en restant congrus à eux-mêmes (mod. m). Mais lui-même est défini d'une façon absolue et non pas seulement au mod. m près.

congruence et les suivantes ne contiennent que les r premières inconnues.

Si la première congruence est impossible, le système est impossible, sinon elle donne les valeurs de la première inconnue. On porte ces valeurs dans les autres congruences, etc.

Par exemple le système (13) par la substitution

$$\begin{pmatrix} - & 31 & 2 & 8 \\ - & 129 & - 1 & 33 \\ - & 82 & - 0 & 21 \end{pmatrix}$$

devient

$$\left. \begin{aligned} y' &\equiv 8 \\ -5y' + z' &\equiv 11 \end{aligned} \right\} \;(\text{mod. } 18)$$

d'où la solution

$$\left. \begin{aligned} x' &\equiv \lambda \\ y' &\equiv 8 \\ z &\equiv -3 \end{aligned} \right\} \quad (\text{mod. } 18)$$

et par suite

$$\begin{aligned} x &\equiv -31\lambda - 8 \\ y &\equiv -129\lambda - 107 \\ z &\equiv -82\lambda - 63 \end{aligned}$$

ou plus simplement

$$\left. \begin{aligned} x &\equiv 5\lambda - 8 \\ y &\equiv -3\lambda + 1 \\ z &\equiv 8\lambda + 9 \end{aligned} \right\} \;(\text{mod. } 18)$$

Le nombre des solutions est le nombre des valeurs de λ c'est-à-dire 18.

334. — Cherchons la condition de possibilité d'un système de congruences linéaires, et le nombre de solutions [1].

Soit le système

$$(14) \quad \left. \begin{aligned} a_{1,1}x_1 + a_{1,2}x_2 + \ldots + a_{1,n}x_n &\equiv l_1 \\ \cdots \cdots \cdots \cdots \cdots \cdots \cdots \cdots \\ a_{p,1}x_1 + a_{p,2}x_2 + \ldots + a_{p,n}x_n &\equiv l_p \end{aligned} \right\} \;(\text{mod. } m).$$

[1] H.-J. Smith. *Proc. Lond. Math. Soc.* (1) 1871-73, p. 244 = *Papers* 2 p. 75.

Écrivons-les sous la forme d'équations diophantiennes

$$(15) \begin{cases} a_{1,1}x_1 + a_{1,2}x_2 + \ldots + a_{1,n}x_n + mu_1 \hspace{3em} = l_1 \\ a_{2,1}x_1 + \ldots \ldots + a_{2,n}x_n \hspace{2em} + mu_2 \hspace{2em} = l_2 \\ \ldots \ldots \ldots \ldots \ldots \ldots \ldots \ldots \\ a_{p,1}x_1 + \ldots \ldots + a_{p,n}x_n + \ldots \ldots \ldots + mu_p = l_p \end{cases}$$

Nous remarquons d'abord que le rang de ce système est égal à p. En effet il y a au moins un déterminant d'ordre p formé avec les coefficients des inconnues qui n'est pas nul. C'est le déterminant formé par les coefficients de u_1, u_2, ... u_p, lequel est égal à m^p.

Alors, d'après le théorème du n° **195** la condition cherchée est que le plus grand commun diviseur des déterminants du tableau des coefficients soit égal à celui des déterminants de ce tableau complété par la colonne des termes tout connus.

Cherchons le plus grand commun diviseur des déterminants du tableau des coefficients.

335. — Supposons d'abord $p \leqslant n$.

Considérons les différents déterminants d'ordre p qu'on peut extraire de ce tableau. Il y a d'abord le déterminant des coefficients des u qui est égal à m^p.

Il y a ensuite les déterminants contenant $p - 1$ colonnes de coefficients des u, et une colonne autre, par exemple

$$\begin{vmatrix} a_{1,1} & 0 & \ldots & 0 \\ a_{2,1} & m & \ldots & 0 \\ \ldots & \ldots & \ldots & \ldots \\ a_{p,1} & 0 & \ldots & m \end{vmatrix}$$

Il est égal à $m^{p-1}a_{1,1}$. Il y a en tout pn de ces déterminants qui sont égaux à

$$m^{p-1}a_{i,j} \quad \begin{pmatrix} i = 1, 2, \ldots p \\ j = 1, 2, \ldots n \end{pmatrix}.$$

Leur plus grand commun diviseur est $m^{p-1}e_1$, e_1 étant le premier diviseur élémentaire du tableau des a (n° **304**).

Il y a ensuite les déterminants contenant $p - 2$ colonnes de coefficients des u, et deux colonnes autres. On voit de même que le plus grand commun diviseur de ceux-là est $m^{p-2}e_1e_2$, etc. Finalement le plus grand diviseur du tableau des coefficients des équations (15) est

$$D(m^p, m^{p-1}e_1, m^{p-2}e_1e_2, \ldots me_1e_2 \ldots e_{p-1}, e_1e_2 \ldots e_p).$$

Si l'on appelle de même $\varepsilon_1, \varepsilon_2, \ldots, \varepsilon_p$ les diviseurs élémentaires du tableau des a complété avec la colonne des l le plus grand commun diviseur des déterminants du tableau des coefficients des équations (15) complété avec la colonne des l sera

$$D(m^p, m^{p-1}\varepsilon_1, m^{p-2}\varepsilon_1\varepsilon_2, \ldots, m\varepsilon_1\varepsilon_2 \ldots \varepsilon_{p-1}, \varepsilon_1\varepsilon_2 \ldots \varepsilon_p).$$

La condition de possibilité cherchée est donc

$$(16) \quad \left\{ \begin{aligned} & D(m^p, m^{p-1}e_1, m^{p-2}e_1e_2, \ldots me_1e_2 \ldots e_{p-1}, e_1e_2 \ldots e_p) \\ & = D(m^p, m^{p-1}\varepsilon_1, m^{p-2}\varepsilon_1\varepsilon_2, \ldots m\varepsilon_1\varepsilon_2 \ldots \varepsilon_{p-1}, \varepsilon_1\varepsilon_2 \ldots \varepsilon_p). \end{aligned} \right.$$

Cette condition peut s'exprimer autrement. On va démontrer que le premier membre peut s'écrire

$$D(m, e_1) D(m, e_2) \ldots D(m, e_p).$$

C'est évident pour $p = 1$. Supposons-le vrai pour une valeur de cet indice que nous appellerons $p - 1$ et démontrons-le pour la valeur p. On a

$$D(m^p, m^{p-1}e_1, m^{p-2}e_1e_2, \ldots, me_1e_2 \ldots e_{p-1}, e_1e_2 \ldots e_p)$$
$$= D[D(m^p, m^{p-1}e_1, m^{p-2}e_1e_2, \ldots, me_1e_2 \ldots e_{p-1}), e_1e_2 \ldots e_p]$$
$$= D[mD(m^{p-1}, m^{p-2}e_1, m^{p-3}e_1e_2, \ldots, e_1e_2 \ldots e_{p-1}), e_1e_2 \ldots e_p]$$
$$= D[mD(m, e_1) D(m, e_2) \ldots D(m, e_{p-1}), e_1e_2 \ldots e_p]$$
$$= D(m,e_1)D(m,e_2)\ldots D(m,e_p)D\left[\frac{m}{D(m,e_p)}, \frac{e_1}{D(m,e_1)} \frac{e_2}{D(m,e_2)} \cdots \frac{e_p}{D(m,e_p)}\right]$$

Reste à démontrer que les deux entiers

$$D\left(m, \overset{m}{e_p}\right)$$

et

$$D\overset{e_1}{(m, e_1)} \cdot D\overset{e_2}{(m, e_2)} \cdots D\overset{e_p}{(m, e_p)}$$

sont premiers entre eux. Pour cela il suffit de montrer (n° **108**) que $D\overset{m}{(m, e_p)}$ est premier à chaque facteur

$$D\overset{e_k}{(m, e_k)} \quad (k = 1, 2, \ldots p).$$

Or $\dfrac{e_k}{D\,(m,\,e_k)}$ est premier à $\dfrac{m}{D\,(m,\,e_k)}$ (n° **100**).

Donc il est premier à $\dfrac{m}{D\,(m,\,e_p)}$ qui est un diviseur de $\dfrac{m}{D\,(m,\,e_k)}$. [En effet le rapport du second de ces entiers au premier est $\dfrac{D\,(m,\,e_p)}{D\,(m,\,e_k)}$. Or $D\,(m,\,e_k)$ divise $D\,(m,\,e_p)$ puisque e_k divise e_p.]

On verra de même que le second membre de la condition (16) est égal à

$$D\,(m,\,\varepsilon_1)\,D\,(m,\,\varepsilon_2)\,\ldots\,D\,(m,\,\varepsilon_p).$$

Donc, en définitive, la condition de possibilité peut s'écrire

$$D\,(m,\,e_1)\,D\,(m,\,e_2)\,\ldots\,D\,(m,\,e_p)=D\,(m,\,\varepsilon_1)\,D\,(m,\,\varepsilon_2)\,\ldots\,D\,(m,\,\varepsilon_p)$$

les e étant les diviseurs élémentaires du tableau des coefficients des congruences, les ε étant les diviseurs élémentaires de ce tableau complété par les termes tout connus.

336. — Soit maintenant $p > n$.

On trouve de même que la condition de possibilité est

$$D\,(m^p,\,m^{p-1}e_1,\,m^{p-2}e_1e_2,\,\ldots\,m^{p-n}e_1e_2\,\ldots\,e_n)$$
$$=D\,(m^p,\,m^{p-1}\varepsilon_1,\,m^{p-2}\varepsilon_1\varepsilon_2,\,\ldots\,m^{p-n}\varepsilon_1\varepsilon_2\,\ldots\,\varepsilon_n,\,m^{p-n-1}\varepsilon_1\varepsilon_2\,\ldots\,\varepsilon_n\varepsilon_{n+1})$$

ou

$$m\,D\,(m^n,\,m^{n-1}e_1,\,m^{n-2}e_1e_2,\,\ldots\,e_1e_2\,\ldots\,e_n)$$
$$=D\,(m^{n+1},\,m^n\varepsilon_1,\,m^{n-1}\varepsilon_1\varepsilon_2,\,\ldots\,m\varepsilon_1\varepsilon_2\,\ldots\,\varepsilon_n,\,\varepsilon_1\varepsilon_2\,\ldots\,\varepsilon_{n+1})$$

ce qui peut s'écrire :

$$(17)\quad \begin{cases} m\,D\,(m^n,\,m^{n-1}e_1,\,m^{n-2}e_1e_2,\,\ldots\,e_1e_2\,\ldots\,e_n) \\ =D\,[m\,D\,(m^n,\,m^{n-1}\varepsilon_1,\,m^{n-2}\varepsilon_1\varepsilon_2,\,\ldots\,\varepsilon_1\varepsilon_2\,\ldots\,\varepsilon_n),\,\varepsilon_1\varepsilon_2\,\ldots\,\varepsilon_{n+1}]. \end{cases}$$

Cette condition équivaut à deux autres. En effet remarquons que ε_1 est un diviseur de e_1, $\varepsilon_1\varepsilon_2$ un diviseur de e_1e_2, $\ldots$ $\varepsilon_1\varepsilon_2\,\ldots\,\varepsilon_n$ un diviseur de $e_1e_2\,\ldots\,e_n$. Donc

$$m\,D\,(m^n,\,m^{n-1}\varepsilon_1,\,m^{n-1}\varepsilon_1\varepsilon_2\,\ldots\,\varepsilon_1\varepsilon_2\,\ldots\,\varepsilon_n)$$

est un diviseur de

$$m\,D\,(m^n,\,m^{n-1}e_1,\,m^{n-2}e_1e_2\,\ldots\,e_1e_2\,\ldots\,e_n).$$

Donc l'égalité (17) exige que

$$(18) \quad \begin{cases} D\,(m^n,\ m^{n-1}e_1,\ m^{n-2}e_1e_2,\ \dots\ e_1e_2\dots e_n) \\ = D\,(m^n,\ m^{n-1}\varepsilon_1,\ m^{n-2}\varepsilon_1\varepsilon_2,\ \dots\ \varepsilon_1\varepsilon_2\dots\varepsilon_n) \end{cases}$$

et que

$$(19) \quad mD\,(m^n,\ m^{n-1}\varepsilon_1,\ m^{n-2}\varepsilon_1\varepsilon_2,\ \dots\ \varepsilon_1\varepsilon_2\dots\varepsilon_n) \text{ divise } \varepsilon_1\varepsilon_2\dots\varepsilon_n\varepsilon_{n+1}\,;$$

et réciproquement ces deux conditions entraînent l'égalité (17).

Maintenant la première de ces deux conditions s'écrit aussi

$$(20) \quad D\,(m,\ e_1)\,D\,(m,\ e_2)\,\dots\,D\,(m,\ e_n) = D\,(m,\ \varepsilon_1)\,D\,(m,\ \varepsilon_2)\,\dots\,D\,(m,\ \varepsilon_n)$$

et quant à la seconde, nous allons voir qu'elle se réduit à la suivante :

$$(21) \quad\quad\quad \varepsilon_{n+1} \equiv 0 \ (\text{mod. } m).$$

D'abord il est évident que la condition (21) entraîne la condition (19). Pour démontrer la réciproque ; écrivons la condition (19) sous la forme

$$(22) \quad mD\,(m,\ \varepsilon_1)\,D\,(m,\ \varepsilon_2)\,\dots\,D\,(m,\ \varepsilon_n) \text{ divise } \varepsilon_1\varepsilon_2\dots\varepsilon_n\varepsilon_{n+1}$$

d'où

$$\frac{m}{D\,(m,\ \varepsilon_1)} \text{ divise } \frac{\varepsilon_1}{D\,(m,\ \varepsilon_1)}\,\frac{\varepsilon_2}{D\,(m,\ \varepsilon_2)}\,\cdots\,\frac{\varepsilon_n}{D\,(m,\ \varepsilon_n)}\cdot\frac{\varepsilon_{n+1}}{D\,(m,\ \varepsilon_1)}.$$

$\Big($Ne pas oublier que ε_{n+1} étant divisible par ε_1 est aussi divisible par $D\,(m,\ \varepsilon_1)\Big)$.

Or $\dfrac{m}{D\,(m,\ \varepsilon_1)}$ est premier avec $\dfrac{\varepsilon_1}{D\,(m,\ \varepsilon_1)}$, donc il divise

$$\frac{\varepsilon_2}{D\,(m,\ \varepsilon_2)}\,\cdots\,\frac{\varepsilon_n}{D\,(m,\ \varepsilon_n)}\cdot\frac{\varepsilon_{n+1}}{D\,(m,\ \varepsilon_1)}$$

d'où

$$mD\,(m,\ \varepsilon_2)\,D\,(m,\ \varepsilon_3)\,\dots\,D\,(m,\ \varepsilon_n) \text{ divise } \varepsilon_2\varepsilon_3\dots\varepsilon_n\varepsilon_{n+1}$$

condition de même forme que la condition (22) mais avec un ε de moins.

De proche en proche, on arrive à la condition (21). Finalement les deux conditions sont les conditions (20) et (21).

On peut résumer les deux énoncés en un, à savoir.

Pour que le système soit possible il faut et il suffit que

$$\left\{ \begin{array}{l} D\ (m,\ e_1)\ D\ (m,\ e_2)\ ...\ D\ (m,\ e_q) = D\ (m,\ \varepsilon_1)\ D\ (m,\ \varepsilon_2)...\ D\ (m,\ \varepsilon_q) \\ \varepsilon_{q+1} \equiv o\ (\text{mod. } m). \end{array} \right.$$

q étant celui des deux entiers n et p qui n'est pas supérieur à l'autre.

On remarquera en effet que dans le cas où $p \leqslant n$, on a $\varepsilon_{p+1} = 0$ quels que soient les seconds membres. La seconde condition est donc satisfaite dans ce cas ([1]).

Remarque. — Si les seconds membres des congruences sont nuls, les ε sont respectivement égaux aux e de même indice. Donc *un système de congruences linéaires homogènes est toujours possible.*

337. — Proposons-nous maintenant de trouver le nombre de solutions incongrues (mod. m).

Faisons sur les congruences le calcul qui a été fait au n° **309** sur des équations et employons en particulier la forme réduite *parfaite.*

Le système de congruences supposé possible prend la forme :

$$e_1 x_1' \equiv l_1'$$
$$e_2 x_2 \equiv l_2'$$
$$\cdot \quad \cdot \quad \cdot \quad \cdot$$
$$e_1 x_r' \equiv l_r'$$

r étant le rang du tableau des coefficients.

La première inconnue a $D\ (e_1,\ m)$ valeurs
la seconde   « $D\ (e_2,\ m)$ «

$\cdot \quad \cdot \quad \cdot \quad \cdot \quad \cdot \quad \cdot$

la $r^{\text{ème}}$ « $D\ (e_r,\ m)$
la $(r + 1)^{\text{ème}}$ est arbitraire, elle a m valeurs

$\cdot \quad \cdot \quad \cdot \quad \cdot \quad \cdot \quad \cdot$

la $n^{\text{ème}}$ « m valeurs.

<hr/>

([1]) Par analogie avec ce qui a été dit aux n°s **331** et **332**, on aurait pu croire que la condition de possibilité d'un système de congruences linéaires (mod. m), se déduit de celle du n° **195** (théorème d'Heger), en remplaçant les

Le nombre des solutions est donc

$$D(e_1, m) D(e_2, m) \ldots D(e_r, m) m^{n-r}.$$

Si l'on remarque que

$$e_{r+1} = e_{r+2} = \ldots = e_n = 0$$

et que

$$m = D(0, m)$$

on voit que l'expression précédente peut s'écrire

$$D(e_1, m) D(e_2, m) \ldots D(e_n, m).$$

338. — Ce qui précède ne fait pas ressortir le vrai caractère des congruences, à savoir leur analogie avec les équations, telle qu'on l'a remarquée au n° **330** pour la congruence

$$ax \equiv b \pmod{m}$$

lorsque a est premier à m.

Dans cet ordre d'idées bornons-nous ici au cas suivant. Considérons un système de n congruences du premier degré à n inconnues :

$$(23) \qquad \left\{ \begin{array}{l} a_{1,1}x_1 + \ldots + a_{1,n}x_n \equiv l_1 \\ \cdot \quad \cdot \quad \cdot \quad \cdot \quad \cdot \quad \cdot \\ a_{n,1}x_1 + \ldots + a_{n,n}x_n \equiv l_n \end{array} \right\} \pmod{m}.$$

Soit D le déterminant des a et soit comme à l'ordinaire $A_{i,j}$ le mineur avec son signe relatif à $a_{i,j}$.

En multipliant la première congruence du système par $A_{1,j}$, la seconde par $A_{2,j}$, ... la $n^{\text{ème}}$ par $A_{n,j}$, on obtient

$$(24) \qquad \qquad Dx_j \equiv D_j \pmod{m}$$

D_j étant D où on a remplacé la $j^{\text{ème}}$ colonne par celle des termes tout connus.

---

déterminants de l'énoncé par leurs plus grands diviseurs (mod. m). Mais cela n'est pas; on obtient seulement ainsi une condition nécessaire; comme on s'en convaincra facilement sur l'exemple suivant :

$$\begin{array}{l} 2x \equiv a \\ 2y \equiv b \end{array} \pmod{10}.$$

Si l'on suppose D *premier à* m, on déduit de (24)

$$(25) \qquad\qquad x_j \equiv \frac{D_j}{D} \text{ (mod. } m)$$

$\frac{D_j}{D}$ ayant la signification expliquée au n° **330**.

D'ailleurs on voit immédiatement que les valeurs (25) satisfont aux congruences (23). On a donc un résultat absolument analogue à celui du n° **165** relatif aux équations.

Nous verrons plus tard l'analogie devenir complète pour certains modules (n° **364**).

On peut aussi reprendre la théorie des substitutions et celle des formes linéaires et bilinéaires (mod. m).

339. Théorie des substitutions linéaires (mod. m). — Deux substitutions linéaires à coefficients entiers seront dites congrues (mod. m) lorsque leurs coefficients homologues le sont.

Ainsi

$$\begin{pmatrix} \alpha & \beta \\ \gamma & \delta \end{pmatrix} \quad \text{et} \quad \begin{pmatrix} \alpha' & \beta' \\ \gamma' & \delta' \end{pmatrix}$$

sont congrues (mod. m) si

$$\left.\begin{array}{l} \alpha \equiv \alpha' \\ \beta \equiv \beta' \\ \gamma \equiv \gamma' \\ \delta \equiv \delta' \end{array}\right\} \text{(mod. } m).$$

Pour un module donné m il y a m^4 substitutions à deux variables incongrues deux à deux, à savoir toutes celles qu'on obtient en donnant à chacun des 4 coefficients les m valeurs possibles incongrues deux à deux (mod. m). De même il y a m^{n^2} substitutions à n variables incongrues deux à deux.

On peut multiplier (mod. m) les substitutions. Cela résulte du théorème suivant, qui se démontre facilement :

Si
$$\left.\begin{array}{l} S \equiv S' \\ T \equiv T' \end{array}\right\} \text{(mod. } m)$$
et

alors
$$ST \equiv S'T' \text{ (mod. } m).$$

D'une façon générale tous les théorèmes relatifs aux produits de substitutions se généralisent, mais il n'en est pas de même de ceux qui ont trait au rapport. Si l'on veut que cette dernière notion s'applique sans trop de difficultés il ne faut admettre comme dénominateurs que des substitutions *dont le déterminant soit premier au module m* ou encore dont le déterminant *soit un diviseur de l'unité* (mod. m) ([1]).

Soit S une telle substitution. On voit d'abord qu'il y a une substitution inverse. En effet soit $S = \begin{pmatrix} \alpha & \beta \\ \gamma & \delta \end{pmatrix}$ et soit $\begin{pmatrix} \alpha' & \beta' \\ \gamma' & \delta' \end{pmatrix}$ une inverse. (Nous raisonnons sur des substitutions à deux variables pour simplifier l'écriture, mais le raisonnement serait le même pour des substitutions à n variables). En écrivant que le produit des substitutions est congru à 1 (mod. m), on obtient les conditions

$$\left. \begin{array}{l} \alpha\alpha' + \beta\gamma' \equiv 1 \\ \gamma\alpha' + \delta\gamma' \equiv 0 \\ \alpha\beta' + \beta\delta' \equiv 0 \\ \gamma\beta' + \delta\delta' \equiv 1 \end{array} \right\} \text{(mod. } m\text{).}$$

Les deux premières donnent α' et γ', les deux autres donnent β' et δ', puisque $\alpha\delta - \beta\gamma$ est par hypothèse premier à m (n° **338**).

Connaissant S^{-1} on obtient sans peine les deux rapports TS^{-1} et $S^{-1}T$ d'une substitution T à la substitution S.

Ces substitutions, dont le déterminant est premier avec m, pourront être appelées *réversibles*.

Les substitutions *unités* (mod. m) sont celles dont le déterminant est congru à ± 1; les substitutions *modulaires* (mod. m) celles dont le déterminant est congru à $+1$. Elles sont réversibles, car leur déterminant étant congru à ± 1 (mod. m) est premier avec m. L'inverse (mod. m) d'une substitution unité est une substitution unité; l'inverse (mod. m) d'une substitution modulaire est une substitution modulaire.

Il faut d'ailleurs remarquer que : *parmi toutes les substitutions congrues (mod. m) à une substitution unité (mod. m), il y en a une*

([1]) Tout entier D, premier à m est un diviseur de l'unité (mod. m) (n° **331**), car la congruence $Dx \equiv 1$ (mod. m) est possible. Réciproquement, si cette congruence est possible, il s'ensuit que D est premier à m.

qui est une substitution unité au sens ordinaire du mot [1], et un énoncé analogue est valable pour les substitutions modulaires. C'est-à-dire que si l'on a

$$\begin{vmatrix} \alpha & \beta & \gamma \\ \alpha' & \beta' & \gamma' \\ \alpha'' & \beta'' & \gamma'' \end{vmatrix} = 1 + km$$

on peut remplacer les entiers α, β, γ, ... γ'' par des entiers qui leur soient respectivement congrus (mod. m) de façon que leur déterminant devienne égal à 1. (Nous supposons les déterminants du troisième ordre, uniquement pour simplifier l'écriture). Nous démontrerons ce théorème plus loin (n° **393**).

340. — Puisque les substitutions à déterminant premier à m, ont des inverses, elles sont réversibles, et l'on dira que deux formes sont *équivalentes* (mod. m) lorsqu'elles se déduisent l'une de l'autre par une telle substitution. De même pour deux systèmes de formes. Plus généralement si, appliquant à un système (ou à une forme) une substitution, on trouve un second système (ou forme) on dira que le premier contient le second.

Considérons d'abord des formes. Bornons-nous à celles dans lesquelles le plus grand commun diviseur des coefficients (au sens ordinaire du mot) est premier avec le module m. *Une telle forme est équivalente à* x_1 (comparer au n° **250** et au n° **281**).

Il en résulte que deux de ces formes sont équivalentes entre elles. — En effet soit d ce plus grand commun diviseur. On peut trouver une substitution unité qui réduise la forme à dx_1 (n° **281**).

Ensuite on peut déterminer un entier α par la condition

$$d\alpha \equiv 1 \ (\text{mod. } m).$$

Après quoi il ne reste plus qu'à faire la substitution réversible $x_1 \mid \alpha x_1$ pour réduire la forme à x_1. (La substitution $x_1 \mid \alpha x_1$ est réversible, elle a une inverse et une seule qui est $x_1 \mid dx_1$).

Pour les systèmes, bornons-nous aux systèmes de p formes linéaires à n variables ($p \leqslant n$) dans lesquelles le module est premier avec n.

----

[1] FROBENIUS. — *J. r. a. M.*, t. 88 (1880, p. 113).

Un tel système est équivalent au système :

$$x_1$$

$$x_2$$

$$\cdot$$

$$x_p$$

Il en résulte que deux de ces systèmes sont équivalents entre eux. — En effet on peut trouver une substitution unité qui réduise le système à

$$\delta_{1,1}x_1$$

$$\delta_{2,1}x_1 + \delta_{2,2}x_2$$

$$\cdot \quad \cdot \quad \cdot \quad \cdot$$

$$\delta_{p,1}x_1 + \delta_{p,2}x_2 + \ldots + \delta_{p,p}x_p.$$

Le module du système est $\delta_{1,1}\,\delta_{2,2}\ldots\delta_{p,p}$. Puisqu'il est premier avec le module m, c'est que chacun des coefficients principaux $\delta_{1,1}, \delta_{2,2}, \ldots \delta_{p,p}$ l'est aussi. Ceci posé il existe une substitution à déterminant premier avec m, qui réduit la première forme à x_1. Le système devient

$$x_1$$

$$\delta'_{2,1}x_1 + \delta'_{2,2}x_2$$

$$\cdot \quad \cdot \quad \cdot \quad \cdot$$

$$\delta'_{p,1}x_1 + \delta'_{p,2}x_2 + \ldots + \delta'_{p,p}x_p.$$

Le module de ce nouveau système qui est $\delta'_{2,2}, \delta'_{3,3} \ldots \delta'_{p,p}$ est encore premier au module. En effet, il est égal au produit du module du système primitif par le module de la substitution. Donc chacun des coefficients $\delta'_{2,2}, \delta'_{3,3}, \ldots \delta'_{p,p}$ l'est aussi. Ceci posé déterminons un entier α par la condition

$$\alpha\delta'_{2,2} \equiv 1 \ (\text{mod. } m)$$

puis un entier β par la condition

$$\delta'_{2,1} + \beta\delta'_{2,2} \equiv 0 \ (\text{mod. } m)$$

puis faisons la substitution réversible

$$x_2 \mid \beta x_1 + \alpha x_2.$$

Cette substitution est réversible ; car son déterminant est α qui est premier à m ; son inverse est

$$x_2 \mid -\beta\delta'_{2,2}x_1 + \delta'_{2,2}x_2$$

Par cette substitution, la seconde forme devient x_1, etc.

Pour les formes bilinéaires, si l'on se borne à celles dans les-quelles les diviseurs élémentaires sont premiers avec le module ([1]) on voit sans difficulté que toute forme de rang r est équivalente à $x_1y_1 + \ldots + x_ry_r$. Deux quelconques d'entres elles sont donc équi-valentes (mod. m).

341. — Une autre question intéressante est la suivante :

Etant donné un système de formes linéaires, combien de systèmes de valeurs incongrues (mod. m), ce système peut-il recevoir.

Dans le cas d'une forme ax, ce nombre est $\dfrac{m}{D(a,m)}$.

Pour le cas général soit le système des formes

$$(26) \qquad \begin{aligned} f_h &= a_{h,1}x_1 + \ldots + a_{h,n}x_n \\ (h &= 1, 2, \ldots p). \end{aligned}$$

Le nombre cherché ne change évidemment pas si on fait sur les x une substitution modulaire. Mais il ne change pas non plus si on fait une telle substitution sur les f. En effet au lieu du système donné, considérons le système

$$(27) \qquad \left\{ \begin{aligned} &\lambda_{1,1}f_1 + \ldots + \lambda_{1,p}f_p \\ &\cdots\cdots\cdots\cdots \\ &\lambda_{p,1}f_1 + \ldots + \lambda_{p,p}f_p \end{aligned} \right.$$

en supposant $\mid \lambda_{i,j} \mid = 1$. On sait (n° **338**) que les congruences obtenues en égalant ces formes à zéro (mod. m) entraînent

$$f_1 \equiv f_2 \equiv \ldots \equiv f_p \equiv 0 \ (\text{mod. } m).$$

On en conclut facilement que le nombre cherché est le même pour le système (27) que pour le système (26).

---

[1] D'ailleurs pour que $e_1, e_2, \ldots e_r$ soient tous premiers avec le module, il suffit évidemment que e_r le soit, puisque $e_1, e_2, \ldots e_{r-1}$ sont diviseurs de e_r.

. Ceci posé, on peut déterminer les deux substitutions, celle sur les x, et celle sur les f, de façon que le système (27) soit :

$$e_1 x_1$$
$$e_2 x_2$$
$$\vdots$$
$$e_r x_r$$

$e_1, e_2, \ldots e_r$ étant les diviseurs élémentaires du tableau des a (n° **309**).

La première forme peut prendre $\dfrac{m}{\mathrm{D}(e_1, m)}$ valeurs incongrues deux à deux la seconde peut en prendre $\dfrac{m}{\mathrm{D}(e_2, m)}$ indépendamment de la première, etc; le nombre cherché est donc

$$\frac{m}{\mathrm{D}(e_1, m)} \times \frac{m}{\mathrm{D}(e_2, m)} \cdots \times \frac{m}{\mathrm{D}(e_r, m)}$$

ou

$$\frac{m^r}{\mathrm{D}(e_1, m)\, \mathrm{D}(e_2, m) \ldots \mathrm{D}(e_r, m)}.$$

Comme corollaire, comparant avec la condition de possibilité d'un système de congruences trouvée au n° **335** on peut dire :

Pour qu'un système de congruences

$$a_{h,1} x_1 + \ldots + a_{h,n} x_n \equiv l_h \ (\mathrm{mod.}\ m)$$
$$(h = 1, 2, \ldots p)$$

ait des solutions, il faut et il suffit que le nombre des systèmes de valeurs incongrues (mod. m) que peut prendre le système des formes

$$a_{h,1} x_1 + \ldots + a_{h,n} x_n$$

soit égal au nombre analogue pour le système

$$a_{h,1} x_1 + \ldots + a_{h,n} x_n + a_{h,n+1} x_{n+1}\ (^1).$$

(¹) Frobenius. — *J. r. a. M.*, t. 86 (1879), p. 183.

EXERCICES

I. — Un système de congruences linéaires homogènes à n inconnues, admet n solutions, dont le déterminant est égal à

$$\frac{m^r}{D(m,e_1)\, D(m,e_2)\, \ldots\, D(m,e_r)}.$$

Si on les combine linéairement on obtient toutes les solutions du système. (Il s'agit dans cet énoncé de *toutes* les solutions, incongrues ou non).

En appelant s l'entier positif le plus grand, tel que e_s soit premier avec m, il y a $n - s$ solutions, dont la combinaison linéaire donne toutes les solutions. (On peut démontrer ces théorèmes en ramenant le système à la forme employée au n° **340**).

II. — Etant donné un système de congruences linéaires homogènes (mod. m), à n inconnues, une condition nécessaire et suffisante pour qu'il ait une solution dans laquelle les valeurs des inconnues soient premières dans leur ensemble est $e_n \equiv 0$ (mod. m).

III. — Pour que deux systèmes de p formes linéaires indépendantes (a) et (b) soient équivalents, il faut et suffit 1° que le tableau des coefficients a et celui des coefficients b, aient le même $p^{\text{ème}}$ diviseur élémentaire e_p, 2° que les deux systèmes de congruences

$$\sum_j a_{ij} z_j \equiv 0, \qquad \sum_j b_{ij} z_j \equiv 0 \pmod{e_p}$$

aient les mêmes solutions.

IV. — Toute forme bilinéaire $\Sigma a_{j,i} x_i y_j$ est équivalente (mod. m) à une forme réduite $\Sigma e_h x_h y_h$, les coefficients e_h étant tels que e_{h+1} soit divisible par e_h, les coefficients e étant de plus tous des diviseurs de m.

D'ailleurs e_h est le plus grand commun diviseur de m et du h^e diviseur élémentaire (au sens ordinaire du mot) de la forme. Les quantités e_h peuvent être appelés *les diviseurs élémentaires* (mod. m) de la forme ; le nombre de ces diviseurs qui ne sont pas nuls, le *rang* (mod. m) de la forme. Deux formes qui ont les mêmes diviseurs élémentaires (mod. m) sont équivalentes (mod. m) et réciproquement. On passe de l'une à l'autre par une double substitution sur les x et les y. On peut toujours faire que l'une de ces substitutions soit modulaire (l'autre ayant d'ailleurs un déterminant premier à m). Si une forme en contient (mod. m) une autre, les diviseurs élémentaires (mod. m) de la première divisent (mod. m) ceux de la seconde, et réciproquement.

(Tous ces théorèmes sont tirés des deux mémoires de M. Frœbenius déjà souvent cités t. 86 et 88 du *J. r. a. M.*).

CHAPITRE XVIII

—

CALCUL DES TABLEAUX [1]

342. — Tous les calculs que nous avons fait sur les formes linéaires et bilinéaires, sont en réalité des calculs sur leurs coefficients. Les variables n'y ont jamais reçu de valeurs particulières. Ces coefficients sont d'ailleurs disposés en tableau. Il en est de même des coefficients d'une substitution.

Cela donne l'idée de constituer d'une façon indépendante un *calcul des tableaux*, lequel pourra s'appliquer soit à la théorie des formes linéaires, soit à celle des formes bilinéaires, soit à celle des substitutions, soit à d'autres encore [2].

Nous allons d'abord parler des tableaux à éléments quelconques (dont la théorie n'appartient pas spécialement à la Théorie des Nombres) nous nous occuperons ensuite des tableaux à éléments entiers.

Définitions. — Deux tableaux sont dits *égaux* lorsqu'ils sont identiques.

Dans deux tableaux de même type (n° **168**), deux éléments situés à la même place sont dits *homologues*.

343. Addition des tableaux. — Des tableaux étant supposés de même type, on appelle *somme* de ces tableaux, celui obtenu en ajoutant aux éléments de l'un les éléments homologues de l'autre. Ainsi :

$$\begin{pmatrix} a & b & c \\ a' & b' & c' \end{pmatrix} + \begin{pmatrix} d & e & f \\ d' & e' & f' \end{pmatrix} + \begin{pmatrix} g & h & k \\ g' & h' & k' \end{pmatrix}$$
$$= \begin{pmatrix} a+d+g & b+e+h & c+f+k \\ a'+d'+g' & b'+e'+h' & c'+f'+k' \end{pmatrix}.$$

---

[1] Au lieu du mot « *tableau* » on emploie quelquefois le mot « *matrice* ».
[2] Cette idée est de A. CAYLEY, *J. r. a. M.*, t. 5o (1855), p. 282.

Théorème. — *L'addition des tableaux est une opération associative et commutative.* Ce théorème se vérifie immédiatement.

Tableau zéro. — Parmi les tableaux d'un type déterminé on appelle *tableau zéro* celui dont tous les éléments sont nuls. Ajouté à un tableau quelconque, il ne le change pas, et c'est le seul jouissant de cette propriété.

344. Tableaux égaux mais de signes contraires. — Ce sont deux tableaux de même type dans lesquels les éléments homologues sont égaux mais de signes contraires. On dit encore que l'un d'eux est égal à l'autre changé de signe. Leur somme est nulle.

Un tableau étant désigné par A, le tableau changé de signe sera désigné par — A.

Soustraction des tableaux. — La différence entre un tableau A et un tableau B de même type, est par définition la somme du tableau A et du tableau — B.

Il jouit de cette propriété que ajouté à A il donne B, et c'est le seul jouissant de cette propriété.

On l'obtient en soustrayant de chaque élément du tableau A l'élément homologue du tableau B.

345. Produit d'un tableau par un nombre. — On est naturellement conduit à appeler produit d'un tableau A par un entier positif m, la somme de m tableaux identiques à A. Et comme ce produit s'obtient évidemment en multipliant chaque élément du tableau par m, on est conduit à généraliser la définition et à appeler *produit d'un tableau* A *par un nombre quelconque* a, le tableau obtenu en multipliant chacun des éléments de A par ce nombre a.

C'est aussi, par définition, le produit de a par A.

De sorte que

$$aA = Aa.$$

346. Multiplication. Produit de deux tableaux. — C'est le tableau obtenu en multipliant les lignes du premier, par les colonnes du second. Pour que cela puisse se faire, il faut que *le nombre des colonnes du premier soit égal au nombre des lignes du second*, ce qu'on exprimera en disant que leurs types sont *multipliables*.

Exemple :

$$\begin{pmatrix} a & b \\ a' & b' \end{pmatrix} \times \begin{pmatrix} c & d \\ c' & d' \end{pmatrix} = \begin{pmatrix} ac + bc' & ad + bd' \\ a'c + b'c' & a'd + b'd' \end{pmatrix}$$

$$\begin{pmatrix} a & b \\ a' & b' \\ a'' & b'' \end{pmatrix} \times \begin{pmatrix} c & d & e & f \\ c' & d' & e' & f' \end{pmatrix} =$$

$$\begin{pmatrix} ac + bc' & ad + bd' & ae + be' & af + bf' \\ a'c + b'c' & a'd + b'd' & a'e + b'e' & a'f + b'f' \\ a''c + b''c' & a''d + b''d' & a''e + b''e' & a''f + b''f' \end{pmatrix}.$$

Si le premier tableau est de type $\left(\dfrac{p}{n}\right)$ et le second de type $\left(\dfrac{n}{q}\right)$, le produit est de type $\left(\dfrac{p}{q}\right)$. Si les deux tableaux sont carrés et de même ordre, leur produit est carré et de même ordre.

La multiplication des tableaux est identique à celle des substitutions (n° **222**), ou bien à l'opération effectuée sur un système de formes linéaires pour lui appliquer une substitution.

Soit $a_{i,j}$ l'élément général du premier tableau, $b_{i,j}$ celui du second, $c_{i,j}$ celui de leur produit, on a :

$$(1) \qquad c_{i,j} = a_{i,1}b_{1,j} + a_{i,2}b_{2,j} + \dots + a_{i,n}b_{n,j}$$

(n est le nombre de colonnes du premier tableau, ou des lignes du second).

347. — On appelle *déterminant* d'un tableau carré le déterminant formé par ses éléments.

Le déterminant du produit de deux tableaux carrés est égal au produit des déterminants de ces tableaux. C'est le théorème du n° **223**.

348. La multiplication des tableaux n'est pas commutative. — Remarquons d'abord que la question de la commutativité de la multiplication de deux tableaux A, B ne se pose que si les expressions AB et BA ont toutes les deux un sens, ce qui exige d'abord que si le premier tableau est de type $\left(\dfrac{p}{n}\right)$ le second soit de type $\left(\dfrac{n}{p}\right)$. Mais alors le produit AB est carré d'ordre p, et le produit BA carré d'ordre n. Donc en définitive la question ne se pose que si $p = n$, c'est-à-dire si les deux facteurs sont carrés de même ordre.

La multiplication de deux tableaux carrés de même ordre n'est pas commutative. On l'a vu pour les substitutions.

Deux tableaux carrés de même ordre A, B sont dits *permutables* lorsque AB = BA.

La multiplication des tableaux est associative. Soient plusieurs tableaux A, B, C, D, E. La question de l'associativité de leur multiplication ne se pose que si *le nombre de lignes de chacun est égal au nombre de colonnes du précédent*. En particulier les tableaux peuvent être carrés d'un même ordre.

La multiplication de tels tableaux est associative. Par exemple

$$\left\{ [(AB)C] D \right\} E = (ABCD) E = (AB)(CD) E.$$

La valeur commune de ces expressions est ce qu'on appelle le produit des tableaux A, B, C, D, E et se désigne par ABCDE.

Il résulte de ce qui précède que les opérations sur les tableaux sont soumises à des restrictions de type, qui disparaissent lorsqu'on suppose que *tous les tableaux sur lesquels on opère sont carrés et de même ordre*. D'ailleurs il arrive souvent dans les applications que l'on peut changer le type d'un tableau, et que des tableaux non carrés peuvent être remplacés par des tableaux carrés ([1]).

349. Tableau diagonal. — On appelle ainsi un tableau carré dans lequel les éléments de la diagonale principale sont égaux entre eux et les autres nuls. Un tel tableau est *permutable avec n'importe quel autre carré du même ordre*.

Ainsi on a, (en prenant comme exemple des tableaux du troisième ordre)

$$\begin{pmatrix} m & o & o \\ o & m & o \\ o & o & m \end{pmatrix} \times \begin{pmatrix} a & b & c \\ a' & b' & c' \\ a'' & b'' & c'' \end{pmatrix} = \begin{pmatrix} a & b & c \\ a' & b' & c' \\ a'' & b'' & c'' \end{pmatrix} \times \begin{pmatrix} m & o & o \\ o & m & o \\ o & o & m \end{pmatrix}$$

$$= \begin{pmatrix} ma & mb & mc \\ ma' & mb' & mc' \\ ma'' & mb'' & ma'' \end{pmatrix}$$

([1]) Par exemple si un tableau représente p formes linéaires à n variables, on peut lui adjoindre des colonnes de zéros, cela revient à introduire dans les formes de nouveaux termes tous nuls. De même on peut lui adjoindre des lignes de zéro, car cela revient à introduire dans le système des formes identiquement nulles. Des considérations analogues s'appliquent aux substitutions et aux formes bilinéaires.

Ce résultat est aussi le produit du tableau

$$\begin{pmatrix} a & b & c \\ a' & b' & c' \\ a'' & b'' & c'' \end{pmatrix}$$

par le nombre m.

Le tableau diagonal dont les éléments de la diagonale principale sont tous égaux à m sera appelé *tableau* m, et désigné lorsqu'il n'y aura pas de confusion à craindre par m. En particulier le tableau 1 est tel que

$$A \times 1 = 1 \times A = A.$$

On voit aussi que le tableau o est tel que

$$A \times o = o \times A = o.$$

350. — *Le tableau o est le seul qui jouisse de la propriété que son produit par A soit o quel que soit A.*

De même le tableau 1 *est le seul qui jouisse de la propriété que son produit par A soit A, quel que soit A.*

En effet soit

$$\begin{pmatrix} a & b & c \\ a' & b' & c' \\ a'' & b'' & c'' \end{pmatrix} \times \begin{pmatrix} l & m & n \\ l' & m' & n' \\ l'' & m'' & n'' \end{pmatrix} = \begin{pmatrix} o & o & o \\ o & o & o \\ o & o & o \end{pmatrix}$$

quels que soient $a, b, \ldots c''$. On a

$$al + bl' + cl'' = o$$
$$\cdot \quad \cdot \quad \cdot \quad \cdot \quad \cdot \quad \cdot$$
$$a''n + b''n' + c''n' = o$$

quels que soient $a, b, \ldots c''$. Donc $l = l' = \ldots = n'' = o$.

Même démonstration pour le second théorème.

351. — *Mais un produit de tableaux peut être nul sans qu'aucun facteur soit nul.*

Par exemple

$$\begin{pmatrix} a & b \\ ac & bc \end{pmatrix} \begin{pmatrix} b & bd \\ -a & -ad \end{pmatrix} = \begin{pmatrix} o & o \\ o & o \end{pmatrix}$$

On démontrera facilement que pour qu'un produit de deux tableaux dont aucun n'est nul soit nul, il *faut* que les modules des deux facteurs soient tous les deux nuls ; mais cette condition n'est pas suffisante.

De même, la condition $AB = A$, n'exige ni que $A = 0$ ni que $B = 1$. En effet, en vertu de ce qu'on va voir au n° **353**, elle revient à $A(B - 1) = 0$.

352. Puissances à exposant positif d'un tableau. — De la définition d'un produit de tableaux, s'ensuit sans difficulté celle de puissance à exposant positif d'un tableau carré.

Deux puissances d'un même tableau sont permutables.

353. Théorème. — *L'addition des tableaux est une opération distribu-tive par rapport à leur multiplication. Il en est de même de la soustraction.* Par exemple on a

$$(A + B - C + D) E = AE + BE - CE + DE$$

et

$$E (A + B - C + D) = EA + EB - EC + ED$$

on le vérifie facilement.

D'ailleurs cela n'exige pas que les tableaux soient carrés, cela exige seulement que les tableaux qu'on ajoute ou soustrait soient de même type, et que ceux qu'on multiplie soient de types multipliables.

354. Division des tableaux. — Il y a deux espèces de division. Etant donnés les tableaux A et B, on peut chercher un tableau Q tel que

$$BQ = A$$

ou un tableau Q' tel que

$$Q'B = A$$

Q sera dit *premier* rapport de A à B et Q' sera dit *second* rapport (voir n° **230**).

La première espèce de division suppose que A et B ont la même hauteur ; alors si A est de type (p, n) et B de type (p, n') Q est de type (n', n).

La deuxième espèce de division suppose que A et B ont la même largeur ; si A est de type (p, n) et B de type (p', n) Q' est de type (p, p').

Si deux tableaux sont de même type, on peut les diviser des deux façons.

Premier cas particulier. — *On suppose que les deux tableaux sont carrés de même ordre, le dividende A est égal à* 1, *et le module du diviseur B est différent de zéro.* Dans ce cas, le premier rapport existe et il est unique. Il satisfait à la relation

$$BQ = 1.$$

On l'obtient immédiatement en considérant B comme une substitution, car c'est la substitution inverse. Il est donné par la formule du n° **216**.

Quant au second rapport, il est aussi déterminé, et il est égal au premier. En effet de

$$Q'B = 1$$

on déduit, en multipliant les deux membres à droite par Q

$$Q'BQ = Q$$

ou

$$Q' = Q.$$

Ce tableau Q sera dit l'inverse de B et nous le représenterons par B^{-1}.

Deuxième cas particulier. — *On suppose les deux tableaux carrés de même ordre, et le module du diviseur différent de zéro.*

On a à chercher Q et Q' tels que

$$BQ = A \quad \text{et} \quad Q'B = A$$

On trouve immédiatement

$$Q = B^{-1}A \quad \text{et} \quad Q' = AB^{-1}.$$

Ces deux rapports sont identiques lorsque A et B sont permutables, et dans ce cas seulement (n° **230**).

Cas général. — S'il s'agit du premier rapport, la question de savoir si ce rapport existe et de le trouver est identique à celle du n° **257**. S'il s'agit du second rapport, on changera dans les énoncés les colonnes en lignes, et on considérera le tableau obtenu en juxtaposant *verticalement* les deux tableaux donnés, au lieu de celui obtenu en les juxtaposant horizontalement. On le démontre par la considération des tableaux conjugués (n° **359**).

D'ailleurs dans le cas général, le problème peut n'être pas possible, ou il peut avoir une infinité de solutions (puisqu'il y a en général une

infinité de substitutions pour passer d'un système de formes linéaires
à un autre, quand il y en a).

Mais s'il y a une infinité de premiers rapports, ils ont le même type,
car de

$$A = BQ$$

on déduit que Q a une hauteur égale à la largeur de B, et une largeur
égale à celle de **A**.

De même tous les seconds rapports.

355. *Remarque.* — Puisque la question de trouver le premier
rapport d'un tableau A à un tableau B revient à celle de trouver la
substitution linéaire qui transforme le système de formes linéaires (B)
en le système (A), par analogie avec le langage employé pour les
systèmes de formes, on peut dire que lorsque ce rapport existe, le tableau B *contient algébriquement* (*première manière*) le tableau A. Si de
plus, le tableau A contient algébriquement (première manière) le
tableau B, on dira que les deux tableaux sont *équivalents algébriquement*
(*première manière*).

On définirait de même des tableaux se contenant algébriquement
(seconde manière) ou équivalents algébriquement (seconde manière).

D'ailleurs les deux notions se ramènent l'une à l'autre par la considération des tableaux conjugués (voir n° **359**).

**356. Puissances à exposant nul, ou négatif, d'un tableau
carré.** — Par définition

$$A^0 = 1$$
$$A^{-m} = (A^{-1})^m.$$

THÉORÈME. — $(A^m) (A^{m'}) = A^{m+m'}$ *quels que soient les exposants m
et m'.*

Se déduit immédiatement du théorème analogue sur les substitutions (n° **228**).

357. Inverse d'un produit de tableaux. — Se forme en remplaçant chaque tableau par son inverse et renversant l'ordre des facteurs (n° **231**).

358. Définition. — Par analogie avec ce qui a été dit au n° **232**,
on appellera *transformé* d'un tableau A par un tableau carré C, le tableau CAC^{-1}.

Tous les théorèmes des n°ˢ **231** à **236** s'étendent aux tableaux.

359. Tableaux conjugués. — Deux tableaux sont dits *conjugués* lorsque l'élément $a_{i,j}$ du premier est égal à l'élément $b_{j,i}$ de l'autre. Ainsi

$$\begin{pmatrix} a & b & c \\ a' & b' & c' \\ a'' & b'' & c'' \end{pmatrix} \quad \text{et} \quad \begin{pmatrix} a & a' & a'' \\ b & b' & b'' \\ c & c' & c'' \end{pmatrix}$$

sont conjugués.

Cette définition ne suppose pas les tableaux carrés. Ainsi $\begin{pmatrix} a & b & c \\ a' & b' & c' \end{pmatrix}$

et $\begin{pmatrix} a & a' \\ b & b' \\ c & c' \end{pmatrix}$ sont conjugués.

THÉORÈME. — *Le conjugué d'un produit de tableaux, est égal au produit des conjugués de ces tableaux, pris en ordre inverse.*

Nous allons d'abord le démontrer pour deux tableaux.

Désignons, d'une façon générale, par $\overline{A}$ le conjugué de A.

Le théorème à démontrer est

$$\overline{AB} = \overline{B}\,\overline{A}.$$

Il suffit de le vérifier en s'appuyant sur la formule qui donne le produit.

Ensuite supposons le théorème vrai pour un certain nombre de facteurs et démontrons-le pour un facteur de plus.

Par hypothèse

$$\overline{AB \ldots K} = \overline{K} \ldots \overline{B}\,\overline{A}.$$

D'après le théorème pour deux facteurs

$$\overline{AB \ldots KL} = \overline{L}\left(\overline{AB \ldots K}\right).$$

Donc

$$\overline{AB \ldots KL} = \overline{L}\,\overline{K} \ldots \overline{B}\,\overline{A}.$$

COROLLAIRE. — *Si le premier rapport de* A *à* B *est* Q, *le second rapport de* $\overline{A}$ *à* $\overline{B}$ *est* $\overline{Q}$.

Conséquences: — Pour voir si un tableau A contient algébriquement (seconde manière) un tableau B, il suffit de voir si $\overline{A}$ contient algébriquement (première manière) le tableau $\overline{B}$.

Pour voir si deux tableaux A, B sont équivalents algébriquement (seconde manière), il suffit de voir si $\overline{A}$ et $\overline{B}$ le sont (première manière).

On remarquera d'ailleurs que si l'on borne à la considération des tableaux dont le module est différent de zéro, qui sont les plus usités, deux tableaux quelconques sont équivalents des deux manières. Les considérations analogues pour les tableaux à éléments entiers seront plus intéressantes.

360. Tableau symétrique. — On appelle ainsi un tableau identique à son conjugué, c'est-à-dire tel que

$$a_{i,j} = a_{j,i}.$$

361. Tableau alterné ou symétrique gauche. — On appelle ainsi un tableau égal mais de signe contraire à son symétrique, c'est-à-dire tel que

$$a_{i,j} = - a_{j,i}.$$

En particulier :

$$a_{i,i} = 0.$$

THÉORÈME. — *Le produit d'un tableau par son conjugué est symétrique.*
Soit $a_{i,j}$ l'élément général d'un tableau, l'élément général du tableau conjugué est $b_{i,j} = a_{j,i}$.
Donc l'élément général du produit est, d'après la formule (1),

$$c_{i,j} = a_{i,1}a_{j,1} + a_{i,2}a_{j,2} + \ldots + a_{i,n}a_{j,n}.$$

On voit donc que $c_{i,j} = c_{j,i}$.
Remarque. — On considère de même des *substitutions* conjuguées et des substitutions symétriques.

362. — Deux choses empêchent de poursuivre à fond l'analogie entre le calcul des tableaux carrés et celui des nombres :
1° La multiplication des tableaux n'est pas commutative ;
2° Un produit de tableaux peut être nul, sans qu'aucun des facteurs le soit.

On voit que l'analogie se poursuivra davantage si l'on ne calcule que sur des tableaux pour lesquels l'une ou l'autre de ces propriétés, ou même les deux subsistent. Il est donc intéressant de déterminer un ensemble de tels tableaux. C'est ce que nous allons faire.

LEMME 1. — *Quand un tableau est permutable avec deux autres, il l'est aussi, avec leur somme et avec leur différence*

Par hypothèse

$$AB = BA$$

et

$$AC = CA.$$

En additionnant ces égalités il vient (n° **353**)

$$A(B + C) = (B + C)A.$$

En les retranchant, il vient

$$A(B - C) = (B - C)A$$

ce qu'il fallait démontrer.

LEMME II. — *Quand trois tableaux sont permutables entre eux, deux à deux, l'un quelconque d'entre eux est permutable avec le produit des deux autres.*

Par hypothèse

$$AB = BA$$
$$BC = CB$$
$$CA = AC.$$

De là, et de l'associativité de la multiplication on déduit successivement

$$A(BC) = (AB)C = (BA)C = B(AC) = B(CA) = (BC)A$$

ce qui démontre que A et BC sont permutables.

LEMME III. — *Quand deux tableaux sont permutables, l'un d'eux est permutable avec l'inverse de l'autre.*

Par hypothèse

$$AB = BA.$$

Multiplions les deux membres de cette égalité à droite et à gauche par B^{-1}, il vient

$$B^{-1}A = AB^{-1}$$

ce qu'il fallait démontrer.

LEMME IV. — *Quand trois tableaux sont permutables entre eux deux à deux, l'un quelconque d'entre eux est permutable avec le rapport des deux autres.*

Soient A, B, C ces trois tableaux. Le tableau A étant permutable

. avec B, l'est avec B⁻¹. Le tableau A étant permutable avec B et avec C⁻¹, l'est avec BC⁻¹.

Nous pouvons maintenant trouver une famille de tableaux permutables deux à deux.

363. Théorème. — *Étant donnés des tableaux permutables entre eux deux à deux, tous ceux qu'on en peut déduire par des opérations rationnelles (additionner, soustraire, multiplier, diviser) sont aussi permutables entre eux et avec les précédents.*

Soient donnés par exemple quatre tableaux A, B, C, D permutables entre eux deux à deux ; si l'on additionne, ou qu'on retranche, ou qu'on multiplie, ou qu'on divise deux d'entre eux, on obtient un cinquième tableau permutable avec chacun des quatre premiers. Si l'on opère de nouveau sur deux de ces cinq tableaux, on en obtient un sixième, permutable avec les cinq précédents, et ainsi de suite. C'est ce qui résulte des lemmes précédents.

364. — Plus généralement supposons que nous ayons un ensemble (E) de tableaux permutables deux à deux ; soit A un nouveau tableau permutable avec chacun de ceux de l'ensemble (E). L'ensemble (E') de (E) et de toutes les fonctions formées, rationnellement au moyen de A et des tableaux de (E), est un ensemble de tableaux permutables entre eux. Former (E') s'appelle *adjoindre* A à l'exemple (E).

Par exemple l'ensemble de tous les tableaux diagonaux d'un même ordre forme un ensemble de tableaux permutables deux à deux. Adjoignons-lui un tableau A lequel est permutable à chacun d'eux (n° **349**). Nous obtenons ainsi *l'ensemble de toutes les fonctions rationnelles de A dont les coefficients sont des nombres.*

Adjoignons encore un tableau B permutable avec A, nous obtenons *l'ensemble de toutes les fonctions rationnelles de A et B dont les coefficients sont des nombres*, etc.

Toutes ces fonctions rationnelles sont permutables deux à deux.

365. Rapports entre le calcul des tableaux et celui des nombres complexes. I. — Considérons le tableau

$$A = \begin{pmatrix} 0 & 1 \\ -1 & 0 \end{pmatrix}.$$

On a

$$A^2 = \begin{pmatrix} -1 & 0 \\ 0 & -1 \end{pmatrix} = -1.$$

Donc le calcul des fonctions rationnelles de A à coefficients numériques est identique à celui des nombres complexes ordinaires.

11. — Considérons les tableaux

$$A = \begin{pmatrix} 0 & 1 & 0 & 0 \\ -1 & 0 & 0 & 0 \\ 0 & 0 & 0 & -1 \\ 0 & 0 & 1 & 0 \end{pmatrix}, \quad B = \begin{pmatrix} 0 & 0 & 1 & 0 \\ 0 & 0 & 0 & 1 \\ -1 & 0 & 0 & 0 \\ 0 & -1 & 0 & 0 \end{pmatrix}, \quad C = \begin{pmatrix} 0 & 0 & 0 & 1 \\ 0 & 0 & -1 & 0 \\ 0 & 1 & 0 & 0 \\ -1 & 0 & 0 & 0 \end{pmatrix}$$

On voit sans peine que

$$A^2 = -1 \qquad AB = C \qquad AC = -B$$
$$BA = -C \qquad B^2 = -1 \qquad BC = A$$
$$CA = B \qquad CB = -A \qquad C^2 = -1.$$

Le calcul des fonctions rationnelles de A, B, C est identique à celui des quaternions.

Ces propriétés se généralisent : Tout système de nombres complexes peut se ramener à un système de tableaux. On voit l'importance du calcul des tableaux, puisqu'il comprend presque tous les autres calculs comme cas particuliers ([1]).

366. — Nous venons de voir que le tableau $A = \begin{pmatrix} 0 & 1 \\ -1 & 0 \end{pmatrix}$ satisfait à l'équation $A^2 + 1 = 0$, de même les trois autres tableaux A, B, C. On voit immédiatement que tout tableau A satisfait à une équation algébrique de degré n^2 au plus, à coefficients numériques, car si on forme A^0, A^1, ... A^{n^2} et qu'on écrit que

$$\lambda_0 A^0 + \lambda_1 A^1 + \dots + \lambda_{n^2} A^{n^2} = 0$$

on a n^2 équations homogènes linéaires pour déterminer les $n^2 + 1$ coefficients $\lambda_0, \lambda_1, \dots \lambda_{n^2}$, ce qui donne pour ces quantités des valeurs non toutes nulles (n° **166**). Mais il y a plus, et l'on peut démontrer que A satisfait à une équation de degré n au plus ; mais nous n'insisterons pas davantage ici sur ce sujet.

([1]) Certains auteurs anglais l'appellent « *universal algebra* ».

CHAPITRE XIX

—

TABLEAUX ENTIERS

367. — Nous appellerons tableau *entier* un tableau dont les éléments sont des entiers. De même, nous appellerons tableau *rationnel* un tableau dont les éléments sont rationnels.

Les trois premières opérations : addition, soustraction, multiplication appliquées à des tableaux rationnels, donnent comme résultats des tableaux rationnels. Appliquées à des tableaux entiers elles donnent des tableaux entiers.

La division appliquée à deux tableaux rationnels donne comme résultat un tableau rationnel ; mais appliquée à deux tableaux entiers, elle ne donne pas en général un tableau entier mais seulement un rationnel. A partir de maintenant, il ne s'agira plus guère dans ce chapitre que de tableaux entiers, et sauf avertissement contraire, « tableau » voudra dire « tableau entier ».

368. — Un tableau entier A est dit *divisible* (*première manière*) par un autre B lorsqu'il existe un tableau entier Q tel que

$$A = QB$$

On dit encore que B est un diviseur (première manière) de A, et A un multiple (première manière) de B.

On peut encore dire que A est *contenu arithmétiquement* (*première manière*) dans B ou que B contient A (première manière).

De même A est dit *divisible* (*seconde manière*) par B, lorsqu'il existe un tableau entier Q tel que

$$A = QB$$

etc.

Remarque importante. — Dans tout ce qui va suivre les mots « première manière » seront sous-entendus. Nous ne spécifierons la manière que lorsque ce sera la deuxième.

THÉORÈME. — *Si* A *est multiple de* B *et* B *multiple de* C, A *est multiple de* C.

Car de

$$A = BQ$$
$$B = CQ'$$

on déduit

$$A = C(Q'Q).$$

Cherchons maintenant les conditions nécessaires et suffisantes de divisibilité.

Soit A le tableau dividende, B le tableau diviseur. Si nous considérons le tableau B comme représentant un système (B) de formes linéaires, et le tableau quotient inconnu Q comme représentant une substitution, le tableau A représente le système (A), transformé de (B) par la substitution Q. La condition cherchée est donc celle qui exprime que le système (B) contient le système (A). C'est donc celle obtenue aux n° **291** et **292**. Si nous supposons que le rang r de B soit égal à sa hauteur p, la condition est que *le tableau* B *et tous les tableaux obtenus en bordant le tableau* B *par une colonne empruntée au tableau* A, *aient le même module. Si le rang* r *du tableau* B *est plus petit que sa hauteur, il faut et il suffit que ce soit aussi le rang de chacun des tableaux* B, *et de plus que dans le tableau* A *et dans chaque tableau* B, *le plus grand commun diviseur des déterminants d'ordre* r *soit le même.*

369. — On peut simplifier la forme de cet énoncé et dire : *Pour que le tableau* A *soit divisible par le tableau* B,

1° *Si le rang du tableau* B *est égal à sa hauteur, il faut et il suffit que le module de* B *soit égal à celui du tableau* D (¹) *obtenu en juxtaposant horizontalement* A *et* B.

2° *Si le rang* r *du tableau* B *est plus petit que sa hauteur, il faut et il suffit que ce soit aussi le rang du tableau* D, *et de plus que le*

(¹) Nous verrons (n° **376**) que D est le plus grand commun diviseur de A et B.

*plus grand commun diviseur des déterminants d'ordre r du tableau
B, soit le même que celui des déterminants d'ordre r du tableau D.*

370. — Comme cas particulier de ce qui précède, si on considère un tableau B, et le tableau A obtenu en supprimant dans B certaines colonnes, le tableau B est un diviseur de A. Ainsi le tableau

$$\begin{pmatrix} 3 & -7 & 0 & 3 \\ 1 & 4 & 8 & -1 \\ 5 & 1 & 16 & 1 \end{pmatrix}$$

est un diviseur de

$$\begin{pmatrix} 3 & -7 \\ 1 & 4 \\ 5 & 1 \end{pmatrix}$$

Car

$$\begin{pmatrix} 3 & -7 \\ 1 & 4 \\ 5 & 1 \end{pmatrix} = \begin{pmatrix} 3 & -7 & -10 & 3 \\ 1 & 4 & 8 & -1 \\ 5 & 1 & 6 & 1 \end{pmatrix} \begin{pmatrix} 1 & 0 \\ 0 & 1 \\ 0 & 0 \\ 0 & 0 \end{pmatrix}$$

371. — Pour la question de la divisibilité (seconde manière) il suffit de reprendre tout ce qui précède, en changeant le mot « *colonne* » en le mot « *ligne* », et juxtaposant les tableaux verticalement au lieu d'horizontalement.

On le voit en se servant de la proposition suivante :

Pour qu'un tableau entier A soit divisible (seconde manière) par un tableau entier B, il faut et il suffit que le conjugué de A, soit divisible (première manière) par le conjugué de B. Proposition qui est une conséquence immédiate du corollaire du théorème du n° **359.**

En particulier dans les énoncés relatifs à la divisibilité seconde manière, lorsqu'il s'agit de tableau de type $\begin{pmatrix} p \\ n \end{pmatrix}$ avec $p \gg n$, et où tous les déterminants d'ordre p ne sont pas nuls ; il faut remplacer ce qu'on a appelé le module par le plus grand commun diviseur de ces déterminants d'ordre p. C'est ce qu'on peut appeler le *module, seconde manière*, l'autre étant alors désigné par les mots *module première manière*. Seulement des deux modules l'un au moins est nul, sauf dans le cas d'un tableau carré à déterminant non nul ; et dans ce cas les deux modules sont égaux entre eux et à la valeur absolue de ce déterminant.

Quand nous dirons « module » tout court, il continuera à s'agir du module première manière.

Remarque I. — Pour qu'un tableau soit divisible par un autre (première ou seconde manière), il *faut* que le module du premier soit divisible par celui du second ; mais cette condition n'est pas suffisante.

Remarque II. — De

$$A = BQ$$

on déduit

$$CA = CBQ.$$

Donc *si un tableau A est divisible par un tableau B, le produit à gauche de A par un autre tableau C est divisible par le produit à gauche de B par le même tableau C, et les deux quotients sont les mêmes.*

Mais le produit *à droite* de A par C n'est pas en général divisible (première manière) par le produit à *droite* de B par C.

De même *si un tableau A est divisible (seconde manière) par un tableau B, le produit à droite de A par un autre tableau C est divisible (seconde manière) par le produit à droite de B par le même tableau C, et les deux quotients sont les mêmes.*

Remarque III. — Il faut d'ailleurs se rappeler (n° **354**) que sauf le cas des tableaux carrés, le quotient de deux tableaux s'il existe, n'est pas déterminé. La condition pour ce tableau d'être entier ne le détermine pas non plus, car les équations diophantiennes qu'il faut écrire pour déterminer les éléments de ce tableau, si elles sont possibles, ont une infinité de solutions.

On sait déjà que tous les premiers quotients ont même type. De plus, supposons que le module du diviseur soit différent de zéro. Alors tous les premiers quotients auront même module, à savoir le quotient du module du dividende par celui du diviseur. De même tous les quotients seconde manière.

372. Tableaux unités. — On appelle *tableau unité* [1] (*pre-mière manière* un *tableau entier qui divise* (*première manière*) *tous les autres de même hauteur*. D'après ce qu'on a dit au n° **292** (remarque II), les tableaux unités de hauteur p sont les tableaux de largeur $\geqslant p$ et de module égal à l'unité. Par exemple

$$\begin{pmatrix} 1 & -2 & 3 & 12 \\ 2 & 8 & 5 & -10 \\ 4 & 6 & 4 & 1 \end{pmatrix}$$

est un tableau unité.

En particulier les tableaux carrés unités sont ceux de détermi-nant égal à $+$ ou $-$ 1. La recherche de ces tableaux est donc iden-tique à celle des substitutions unités (n° **243**).

Remarques I. — L'inverse d'un tableau unité est un tableau unité.

II. — Le produit de deux tableaux unités est un tableau unité.

III. — U, V, W, ... étant des tableaux unités, $U^m V^n W^p$ ... (m, n, p, ... étant des entiers $\leqq 0$), en est un aussi.

Les tableaux unités (seconde manière) sont les conjugués des tableaux unités (première manière). Ainsi

$$\begin{pmatrix} 1 & 2 & 4 \\ -2 & 8 & 6 \\ 3 & 5 & 4 \\ 12 & -10 & 1 \end{pmatrix}$$

est un tableau unité seconde manière.

Les tableaux carrés unités, le sont en même temps des deux manières.

373. Tableaux entiers équivalents. — Un tableau A′ sera dit équivalent (première manière) à un tableau A, lorsqu'il existe un tableau unité U tel que

$$A' = AU.$$

De même A′ sera dit équivalent (seconde manière) à un tableau A, lorsqu'il existe un tableau unité U′ tel que

$$A' = U'A.$$

---

[1] Ne pas confondre *tableau unité* et *tableau 1* (n° **349**).

Comme nous l'avons déjà dit nous supprimons l'épithète « première manière » et ne spécifions la manière que s'il s'agit de la seconde.

Tout tableau est équivalent à lui-même.

Si A' est équivalent à A, inversement A est équivalent à A'. Car de

$$A' = AU.$$

on déduit

$$A = A'U^{-1}.$$

Conséquence. — On peut employer l'expression : *tableaux équivalents.*

THÉORÈME. — *Deux tableaux équivalents à un troisième sont équivalents entre eux.*

Car de

$$A' = AU$$

et

$$A'' = AV$$

on déduit

$$A' = A''V^{-1}U.$$

Or $V^{-1}U$ est un tableau unité.

Propriété fondamentale. — Une propriété fondamentale des tableaux équivalents, est que chacun est un multiple de l'autre. Il en résulte (n° **368**) que *deux tableaux équivalents ont les mêmes diviseurs et les mêmes multiples.*

374. Tableaux réduits (première manière). — *Étant donné un tableau A', il existe un tableau équivalent (première manière) ayant la forme*

$$\begin{pmatrix} \delta_{1,1} & 0 & 0 & \dots & 0 \\ \delta_{2,1} & \delta_{2,2} & 0 & \dots & 0 \\ & & & \cdot & \\ \delta_{r,1} & \delta_{r,2} & \delta_{r,3} & \dots & \delta_{r,r} \\ & & & \cdot & \\ \delta_{n,1} & \delta_{n,2} & \delta_{n,3} & \dots & \delta_{n,r} \end{pmatrix}$$

et qu'on appellera réduit (imparfait en général) de première espèce.

Parmi ces derniers, il en existe un dans lequel

$$\delta_{1,1} > 0 \quad \delta_{2,2} > 0 \ldots \delta_{r,r} > 0$$
$$0 \leqslant \delta_{2,1} < \delta_{2,2}$$
$$0 \leqslant \delta_{3,1} < \delta_{3,3} \quad 0 \leqslant \delta_{3,2} < \delta_{3,3}$$
$$\cdot \quad \cdot \quad \cdot \quad \cdot \quad \cdot \quad \cdot$$
$$0 \leqslant \delta_{r,1} < \delta_{r,r} \quad 0 \leqslant \delta_{r,2} < \delta_{1,r} \ldots 0 \leqslant \delta_{r,r-1} < \delta_{r,r}$$

et il n'en existe qu'un. On l'appellera *réduit parfait* ou simplement *réduit de première espèce.* Ce théorème est identique à celui du n° **286**.

Dans un tableau réduit de première espèce la largeur est égale au rang.

Deux tableaux réduits (parfaits) de première espèce, équivalents entre eux, sont identiques (n° **287**).

375. — De même

Théorème. — *Etant donné un tableau* T, *il existe un tableau équivalent* (*seconde manière*) *ayant la forme*

$$\begin{pmatrix} \delta_{1,1} & \delta_{1,2} & \ldots & \delta_{1,r} & \ldots & \delta_{1,p} \\ 0 & \delta_{2,2} & \ldots & \delta_{2,r} & \ldots & \delta_{2,p} \\ 0 & 0 & \ldots & \delta_{3,r} & \ldots & \delta_{3,p} \\ \cdot & \cdot & & \cdot & & \cdot \\ \cdot & \cdot & & \cdot & & \cdot \\ 0 & 0 & \ldots & \delta_{r,r} & \ldots & \delta_{r,p} \end{pmatrix}$$

et qu'on appellera réduit imparfait de seconde espèce. Parmi ces derniers il en existe un dans lequel

$$\delta_{1,1} > 0, \quad \delta_{2,2} > 0 \ldots \delta_{n,r} > 0$$
$$0 \leqslant \delta_{1,2} < \delta_{2,2}$$
$$\cdot \quad \cdot \quad \cdot \quad \cdot \quad \cdot$$
$$0 \leqslant \delta_{1,r} < \delta_{r,r} \quad 0 \leqslant \delta_{2,r} < \delta_{r,r} \ldots 0 \leqslant \delta_{r-1,r} < \delta_{r,r}$$

et il n'en existe qu'un on l'appellera *réduit parfait* ou simplement *réduit de seconde espèce.*

En effet prenons le conjugué de A et réduisons-le (première manière) nous obtenons

$$\overline{AU} = A'$$

d'où

$$\overline{UA} = \overline{A'},$$

Or A' étant réduit première manière, $\overline{A'}$ est réduit seconde manière.

Dans un tableau réduit de seconde espèce, la hauteur est égale au rang.

Deux tableaux réduits (parfaits) de deuxième espèce, équivalents entre eux, sont identiques.

376. Plus grand commun diviseur (première manière) de tableaux entiers. — Nous appellerons plus grand commun diviseur de tableaux entiers A, B, C, ... (de même hauteur ([1])) un tableau D (de même hauteur) *qui soit diviseur commun de* A, B, C, ..., *et tel que tout diviseur commun de* A, B, C, ... *soit diviseur de* D.

Soit D un tableau répondant à la question :

1° Tout tableau équivalent D' répond à la question, car deux tableaux équivalents ont les mêmes diviseurs et les mêmes multiples ;

2° Réciproquement il n'y a pas d'autres tableaux que ceux équivalents à D qui répondent à la question. Car soit D' un tableau répondant à la question. Il faudra que D soit diviseur de D' et que D' soit diviseur de D. Donc D et D' seront équivalents.

Ainsi en ne considérant pas comme distincts deux tableaux équivalents il n'y a qu'un plus grand commun diviseur.

Pour obtenir le plus grand commun diviseur de plusieurs tableaux il n'y a qu'à les juxtaposer horizontalement.

Soient les trois tableaux de même hauteur

$$(1) \qquad \begin{pmatrix} a & b & c \\ a' & b' & c' \end{pmatrix}, \qquad \begin{pmatrix} d & e \\ d' & e' \end{pmatrix}, \qquad \begin{pmatrix} f \\ f' \end{pmatrix}.$$

Le tableau

$$(2) \qquad \begin{pmatrix} a & b & c & d & e & f \\ a' & b' & c' & d' & e' & f' \end{pmatrix}$$

est un diviseur commun aux tableaux (1) (n° **370**).

([1]) Sans cette condition la question n'aurait pas de sens.

D'autre part soit

$$\begin{pmatrix} g & h & \ldots \\ g' & h' & \ldots \end{pmatrix}$$

un diviseur commun quelconque aux tableaux (1), et soit

$$\begin{pmatrix} g & h & \ldots \\ g' & h' & \ldots \end{pmatrix} \times \begin{pmatrix} \alpha & \beta & \gamma \\ \alpha' & \beta' & \gamma' \\ \cdot & \cdot & \cdot \end{pmatrix} = \begin{pmatrix} a & b & c \\ a' & b' & c' \end{pmatrix}$$

$$\begin{pmatrix} g & h & \ldots \\ g' & h' & \ldots \end{pmatrix} \times \begin{pmatrix} \delta & \varepsilon \\ \delta' & \varepsilon' \\ \cdot & \cdot \end{pmatrix} = \begin{pmatrix} d & e \\ d' & e' \end{pmatrix}$$

$$\begin{pmatrix} g & h & \ldots \\ g' & h' & \ldots \end{pmatrix} \times \begin{pmatrix} \zeta \\ \zeta' \\ \cdot \end{pmatrix} = \begin{pmatrix} f \\ f' \end{pmatrix}$$

on a

$$\begin{pmatrix} g & h & \ldots \\ g' & h' & \ldots \end{pmatrix} \times \begin{pmatrix} \alpha & \beta & \gamma & \delta & \varepsilon & \zeta \\ \alpha' & \beta' & \gamma' & \delta' & \varepsilon' & \zeta' \\ \cdot & \cdot & \cdot & \cdot & \cdot & \cdot \end{pmatrix} = \begin{pmatrix} a & b & c & d & e & f & g \\ a' & b' & c' & d' & e' & f' & g' \end{pmatrix}$$

comme il est facile de s'en assurer.

Donc tout diviseur commun aux tableaux (1) est un diviseur du tableau (2). Ce dernier est donc le plus grand commun diviseur cherché.

Remarque. — Si l'on astreint les tableaux à être réduits (n° **374**) deux tableaux réduits ne peuvent être équivalents sans être identiques. Alors des tableaux déterminés ont un plus grand commun diviseur déterminé.

Exemple. — Les deux tableaux

$$\begin{pmatrix} 1 & 0 & 0 \\ 2 & 3 & 0 \\ 4 & 5 & 6 \end{pmatrix} \quad \text{et} \quad \begin{pmatrix} 7 & 0 & 0 \\ 8 & 9 & 0 \\ 10 & 11 & 12 \end{pmatrix}$$

ont pour plus grand commun diviseur :

$$\begin{pmatrix} 1 & 0 & 0 & 7 & 0 & 0 \\ 2 & 3 & 0 & 8 & 9 & 0 \\ 4 & 5 & 6 & 10 & 11 & 12 \end{pmatrix},$$

qui réduit devient :

$$\begin{pmatrix} 1 & 0 & 0 \\ 2 & 3 & 0 \\ 0 & 1 & 2 \end{pmatrix}.$$

Remarque I. — De ce fait que si un tableau est multiple d'un autre, le module du premier est un multiple de celui du second (n° **376**), on déduit que :

Le module du plus grand commun diviseur de plusieurs tableaux divise le plus grand commun diviseur des modules de ces tableaux.

Remarque II. — Si on considère les tableaux comme représentant des systèmes de formes linéaires, on peut dire :

On appelle plus grand commun diviseur de plusieurs systèmes de p formes linéaires, un système de p formes linéaires tel que : 1° *il représente tous les systèmes de p entiers représentés par l'un ou l'autre de ces systèmes* ; 2° *tel que tout autre système de p formes linéaires jouissant de cette propriété contienne celui-là.*

377. Plus petit commun multiple (première manière) de tableaux entiers. — Nous appellerons plus petit multiple commun de tableaux entiers A, B, C, ... (de même hauteur) un tableau M (de même hauteur) *qui soit multiple commun de* A, B, C, ..., *et tel que tout multiple commun de* A, B, C, ... *soit multiple de* M.

On voit comme plus haut, qu'en ne considérant pas comme distincts deux tableaux équivalents, il n'y a qu'un plus petit commun multiple.

Pour le trouver, nous nous servirons immédiatement de l'interprétation des tableaux comme systèmes de formes linéaires et nous définirons le plus petit commun multiple de plusieurs systèmes de p formes linéaires, un système de p formes linéaires tel que : 1° *il représente tous les systèmes de p entiers représentés à la fois par tous ces systèmes* ; 2° *tout autre système de p formes linéaires jouissant de cette propriété soit contenu dans celui-là.*

378. — Soit à chercher le plus petit commun multiple des tableaux (1).

Cherchons les systèmes d'entiers représentables à la fois par les trois systèmes. Soit m, m' un tel système; on aura

$$m = ax + by + cz = dt + eu = fv$$
$$m' = a'x + b'y + c'z = d't + e'u = f'v.$$

Résolvons le système diophantien

$$ax + by + cz = dt + eu = fv$$
$$ax' + b'y + c'z = d't + e'u = f'v.$$

Nous obtenons la solution générale

$$x = x_1\lambda + x_2\mu$$
$$y = y_1\lambda + y_2\mu$$
$$z = z_1\lambda + z_2\mu$$
$$t = t_1\lambda + t_2\mu$$
$$\cdots\cdots\cdots$$

d'où

$$m = (ax_1 + by_1 + cz_1)\lambda + (ax_2 + by_2 + cz_2)\mu$$
$$m' = (a'x_1 + b'y_1 + c'z_1)\lambda + (a'x_2 + b'y_2 + c'z_2)\mu.$$

D'où l'on déduit immédiatement que le système cherché est

$$\begin{pmatrix} ax_1 + by_1 + cz_1 & ax_2 + by_2 + cz_2 \\ a'x_1 + b'y_1 + c'z_1 & a'x_2 + b'y_2 + c'z_2 \end{pmatrix}$$

Remarque. — Des tableaux réduits donnés ont pour plus petit commun multiple un tableau réduit déterminé.

Exemple. — Cherchons le plus petit commun multiple des tableaux

$$\begin{pmatrix} 1 & 0 & 0 \\ 2 & 3 & 0 \\ 4 & 5 & 6 \end{pmatrix} \quad \text{et} \quad \begin{pmatrix} 7 & 0 & 0 \\ 8 & 9 & 0 \\ 10 & 11 & 12 \end{pmatrix}$$

Posons

$$m = x \qquad\qquad = 7t$$
$$m' = 2x + 3y \qquad = 8t + 9u$$
$$m'' = 4x + 5y + 6z = 10t + 11u + 12v.$$

La solution générale est

$$x = 7\lambda$$
$$y = -8\lambda + 9\mu + 9\nu$$
$$z = -2\mu$$

d'où

$$m = 7\lambda$$
$$m' = -10\lambda + 27\mu + 27\nu$$
$$m'' = -12\lambda + 33\mu + 45\nu.$$

Le plus petit commun multiple cherché est donc le tableau

$$\begin{pmatrix} 7 & 0 & 0 \\ -10 & 27 & 27 \\ -12 & 33 & 45 \end{pmatrix}$$

qui réduit devient

$$\begin{pmatrix} 7 & 0 & 0 \\ 17 & 27 & 0 \\ 9 & 9 & 12 \end{pmatrix}$$

Le module du plus petit commun multiple de deux tableaux est un multiple commun aux modules de ces tableaux. Ce théorème se démontre comme le théorème analogue sur le plus grand commun diviseur.

Dans le cas de deux tableaux, on a le théorème suivant : *Le produit des modules de deux tableaux est égal au produit du module de leur plus grand commun diviseur par celui de leur plus petit commun multiple* (généralisation du théorème du n° **111**).

Soient par exemple les deux tableaux

$$(3) \qquad \begin{pmatrix} a & b \\ a' & b' \end{pmatrix} \quad \begin{pmatrix} c & d \\ c' & d' \end{pmatrix}$$

(nous les supposons du second ordre pour abréger les écritures, mais le raisonnement se généralise facilement).

On pose

$$ax + by = cz + dt$$
$$a'x + b'y = c'z + d't.$$

Soit

$$x_1, y_1, z_1, t_1$$
$$x_2, y_2, z_2, t_2$$

un système fondamental de solutions. Le plus petit commun multiple des tableaux (3) est

$$\begin{pmatrix} ax_1 + by_1 & ax_2 + by_2 \\ a'x_1 + b'y_1 & a'x_2 + b'y_2 \end{pmatrix}$$

Son module est (au signe près)

$$\begin{vmatrix} a & b \\ c & d \end{vmatrix} \times \begin{vmatrix} x_1 & y_1 \\ x_2 & y_2 \end{vmatrix}.$$

Mais $\begin{vmatrix} x_1 & y_1 \\ x_2 & y_2 \end{vmatrix}$ est égal (n° **194**) au quotient de $\begin{vmatrix} c & d \\ c' & d' \end{vmatrix}$ par le module du tableau $\begin{pmatrix} a\,b\,c\,d \\ a'b'c'd' \end{pmatrix}$ lequel n'est autre que le plus grand commun diviseur des tableaux (3). Le théorème est donc démontré.

Pour les tableaux de hauteur égale à deux ou trois, les notions précédentes ont une interprétation géométrique simple. Un tableau correspondant à un réseau (n° **296**), le plus grand commun diviseur de deux réseaux R, R', est le moindre réseau contenant à la fois tous les points de R et R', et le plus petit commun multiple est le réseau formé par les points communs à R et à R'.

Plus grand commun diviseur et plus petit commun multiple (seconde manière) de tableaux. — Si A est multiple (seconde manière) de B, $\bar{\text{A}}$ est multiple première manière de $\bar{\text{B}}$. Par suite, le plus grand commun diviseur (seconde manière) de plusieurs tableaux est le conjugué du plus grand commun diviseur (première manière) de ces tableaux. Un théorème analogue s'applique au plus petit commun multiple, et la théorie s'achève facilement.

379. — Peut-on trouver des théorèmes analogues à ceux des n°ˢ **98** et suivants ?

THÉORÈME. — *Si A, B, C, ... ont pour plus grand commun diviseur (première manière) D, le plus grand commun diviseur de* LA, LB, LC, ... *est* LD.

En effet L divisant LA, LB, LC, ... divise leur plus grand commun diviseur. Donc ce plus grand commun diviseur est de la forme LD'.

Maintenant de ce que LD' divise LA, LB, LC, ... il résulte que D' divise A, B, C, ..., donc D' divise D.

Mais d'autre part de ce que D divise A, B, C, ..., il résulte que LD divise LA, LB, LC, ..., donc LD divise LD', donc D divise D'. Puisque D divise D' et que D' divise D, c'est que D et D' sont équivalents. Donc aussi LD et LD'. On peut donc dire que le plus grand commun diviseur de LA, LB, LC, ... est LD.

On en déduit que si on divise des tableaux par un diviseur commun leur plus grand commun diviseur est divisé par ce diviseur commun.

Et si on divise deux tableaux par leur plus grand commun diviseur les tableaux obtenus n'ont plus pour commun diviseur que des tableaux unités. Ils seront dits *premiers* entre eux. De même pour plusieurs tableaux.

Il n'y a pas de théorème analogue à celui du n° **107**.

THÉORÈME. — *Si A, B, C, ... ont pour plus petit commun multiple M, le plus petit commun multiple de* LA, LB, LC, ... *est* LM.

En effet le plus petit commun multiple de LA, LB, LC, ... est un multiple de L, il est donc de la forme LM'.

Maintenant de ce que M est un multiple de A, B, C, ... il résulte que LM est un multiple de LA, LB, LC, ... ; donc c'est un multiple de LM' ; donc M est un multiple de M'.

D'autre part de ce que LM' est un multiple de LA, LB, LC, ..., il résulte que M' est un multiple de A, B, C, ..., donc M' est un multiple de M.

Puisque M est un multiple de M' et M' un multiple de M, c'est que M et M' sont équivalents, etc.

On en déduit un corollaire analogue à celui du n° **113**.

Bien entendu, tous les théorèmes précédents subsisteraient pour la divisibilité seconde manière ; seulement au lieu de considérer des produits LA, LB, LC, ... il faut considérer des produits AL, BL, CL, ...

380. Système complet de tableaux de largeur $\leqslant \nu$, par rapport à un module M. — Nous dirons que A et A′ sont congrus (mod. M), lorsque A − A′ est divisible par M. En particulier nous dirons que A est congru à zéro (mod. M) lorsque A est divisible par M.

(On doit distinguer les congruences première et les congruences seconde manière ; dans ce qui suit il s'agit toujours de la première. La seconde se traiterait d'une façon analogue.)

Les tableaux A, A′, ... et le module M sont supposés avoir la même hauteur p, de plus on suppose que M est de rang p. Donnons-nous la largeur des tableaux A, A′, ... ([1]).

On appellera *système complet* par rapport au module M, et à la largeur ν, un système de tableaux de largeur ν, tels que *deux d'entre eux soient incongrus (mod. M), et que tout tableau de largeur ν soit congru (mod. M) à l'un d'eux.*

Nous nous proposons de former un tel système complet et de compter combien il y entre de tableaux.

Nous traiterons d'abord le cas important où $\nu = 1$. Ce cas peut, d'après la remarque du n° **275**, se présenter de la façon suivante :

On dit qu'un ensemble de p entiers est divisible par M, ou congru à zéro (mod. M), *lorsqu'il est représentable par le système de formes linéaires attaché à M.* On dit que deux ensembles de p entiers sont congrus (mod. M), *lorsque l'ensemble formé par leurs différences est congru à zéro* (mod. M). Cherchons le nombre des ensembles de p entiers, incongrus deux à deux (mod. M).

Comme une multiplication à droite du module M par une substitution unité ne change rien, on peut supposer que M a la forme réduite :

$$
M = \begin{pmatrix}
\partial_{1,1} & 0 & \cdots & 0 \\
\partial_{2,1} & \partial_{2,2} & \cdots & 0 \\
\cdot & \cdot & & \cdot \\
\partial_{r,1} & \partial_{r,2} & \cdots & \partial_{r,r} \\
\cdot & \cdot & & \cdot \\
\partial_{p,1} & \partial_{p,2} & \cdots & \partial_{p,p}
\end{pmatrix}
$$

_____
([1]) D'ailleurs parmi les tableaux de largeur ν sont compris ceux de largeur $< \nu$, car certaines colonnes peuvent être nulles.

Pour que deux ensembles de p entiers $a_1, a_2, \ldots a_p$; $b_1, b_2, \ldots b_p$; soient congrus (mod. M) il faut et il suffit que les équations diophantiennes

$$
\begin{aligned}
\delta_{1,1}x_1 & = b_1 - a_1 \\
\delta_{2,1}x_1 + \delta_{2,2}x_2 & = b_2 - a_2 \\
& \cdot \\
\delta_{r,1}x_1 + \delta_{r,2}x_2 + \ldots + \delta_{r,r}x_r & = b_r - a_r \\
\delta_{r+1,1}x_{r+1} + \delta_{r+1,2}x_2 + \ldots + \delta_{r+1,r}x_r & = b_{r+1} - a_{r+1} \\
& \cdot \\
\delta_{p,1}x_1 + \delta_{p,2}x_2 + \ldots + \delta_{p,r}x_r & = b_p - a_p
\end{aligned}
$$

soient possibles. Donc, étant donné un ensemble de p entiers $a_1, a_2, \ldots a_p$, tout ensemble congru (mod. M) sera représenté par les formules

$$
\begin{aligned}
b_1 & = a_1 + \delta_{1,1}x_1 \\
b_2 & = a_2 + \delta_{2,1}x_1 + \delta_{2,2}x_2 \\
& \cdot \\
b_r & = a_r + \delta_{r,1}x_1 + \delta_{r,2}x_2 + \ldots + \delta_{r,r}x_r \\
b_{r+1} & = a_{r+1} + \delta_{r+1,1}x_1 + \delta_{r+1,2}x_2 + \ldots + \delta_{r+1,r}x_r \\
& \cdot \\
b_p & = a_p + \delta_{p,1}x_1 + \delta_{p,2}x_2 + \ldots + \delta_{p,r}x_r
\end{aligned}
$$

$x_1, x_2, \ldots x_r$ étant des entiers arbitraires.

Ceci posé nous pouvons choisir x_1 de façon que

$$
0 \leqslant b_1 < \delta_{1,1}.
$$

puis x_2 de façon que

$$
0 \leqslant b_2 < \delta_{2,2},
$$

$$
\cdot \quad \cdot \quad \cdot \quad \cdot \quad \cdot
$$

puis x_r de façon que

$$
0 \leqslant b_r < \delta_{r,r}.
$$

En appelant *ensemble-reste* par rapport au module M, un ensemble d'entiers $b_1, b_2, \ldots b_p$ satisfaisant à ces conditions, on voit que *tout ensemble de p entiers est congru* (mod. M) *à un ensemble-reste.*

Mais d'autre part deux ensembles-restes différents sont incongrus (mod. M). En effet, soient b_1, b_2, ... b_p ; b'_1, b'_2, ... b'_p ; deux ensembles-restes. Pour qu'ils soient congrus (mod. M), il faut d'abord que l'équation

$$\delta_{1,1}x_1 = b_1 - b'_1$$

soit possible, c'est-à-dire que $b_1 - b'_1$ soit divisible par $\delta_{1,1}$. Or comme $0 \leqslant b_1 < \delta_{1,1}$ et $0 \leqslant b'_1 < \delta_{1,1}$, ceci entraîne $b_1 = b'_1$ et $x_1 = 0$.

Alors x_1 étant nul, il faut que l'équation

$$\delta_{2,2}x_2 = b_2 - b'_2$$

soit possible, c'est-à-dire que $b_2 - b'_2$ soit divisible par $\delta_{2,2}$, d'où l'on déduit que $x_2 = 0$, et ainsi de suite.

Puisque $x_1 = x_2 = ... = x_r = 0$, les deux ensembles b_1, b_2, ... b_p et b'_1, b'_2, ... b'_p sont identiques.

Donc, pour former un système complet (mod. M) d'ensembles de p entiers, il suffit de former un système complet d'ensembles-restes, et pour cela il suffit de donner au premier entier les valeurs $0, 1, ... (\delta_{1,1} - 1)$, au second les valeurs $0, 1, ... (\delta_{2,2} - 1) ...$ au $r^{\text{ème}}$ les valeurs $0, 1, ... (\delta_{r,r} - 1)$; les $p - r$ autres sont alors déterminés.

Quant au nombre de ces ensembles, il est évidemment égal à $\delta_{1,1} \delta_{2,2} ... \delta_{r,r}$, c'est-à-dire au plus grand commun diviseur des déterminants de M. En particulier, si M est composé de formes indépendantes, ce nombre est égal à son module.

Remarque. — Il est bien évident que pour former un système complet au lieu de donner au premier entier les valeurs $0, 1, ...$ $\delta_{1,1} - 1$, on pourrait aussi bien lui donner $\delta_{1,1}$ valeurs quelconques formant un système complet (mod. $\delta_{1,1}$) ; de même au second entier, $\delta_{2,2}$ valeurs quelconques formant un système complet (mod. $\delta_{2,2}$), etc.

Examinons maintenant le cas où ν est quelconque. On peut supposer que M ait la forme réduite. Alors pour que deux tableaux

(a) et (b) soient congrus (mod. M) il faut et il suffit que les systèmes d'équations diophantiennes

$$\delta_{1,1}x_{1,i} = b_{1,i} - a_{1,i}$$
$$\delta_{2,1}x_{1,i} + \delta_{2,2}x_{2,i} = b_{2,i} - a_{2,i}$$
$$\cdot \quad \cdot \quad \cdot \quad \cdot \quad \cdot \quad \cdot \quad \cdot \quad \cdot \quad \cdot \quad \cdot \quad \cdot \quad \cdot$$
$$\delta_{r,1}x_{1,i} + \delta_{r,2}x_{2,i} + \ldots + \delta_{r,r}x_{r,i} = b_{r,i} - a_{r,i} \qquad (i = 1, 2, \ldots \nu)$$
$$\delta_{p,1}x_{1,i} + \delta_{p,2}x_{2,i} + \ldots + \delta_{p,r}x_{r,i} = b_{p,i} - a_{p,i}$$

soient possibles. On en conclut comme plus haut qu'en appelant tableau reste, un tableau dans lesquels on a

$$0 \leqslant b_{1,i} < \delta_{1,1}$$
$$0 \leqslant b_{2,i} < \delta_{2,2}$$
$$\cdot \quad \cdot \quad \cdot \quad \cdot \quad \cdot \quad \cdot$$
$$0 \leqslant b_{r,i} < \delta_{r,r}$$

1° *Tout tableau est congru à un tableau reste et à un seul;*

2° *Que le nombre des tableaux formant un système complet* (mod. M) *est égal à la puissance $\nu^{\text{ème}}$ du module du tableau* M [1].

381. PROBLÈME. — *Étant donnés deux tableaux* A, M, *de même hauteur p et de rang p, combien, parmi les multiples de A de largeur ν, y en a-t-il qui soient incongrus deux à deux* (mod. M) ? [2]

Nous désignerons dans ce qui va suivre par $\mathscr{D}(A, M)$ et $\mathscr{M}(A, M)$ respectivement, le plus grand commun diviseur et le plus petit commun multiple de A et M.

Pour que deux multiples de A, AX et AX′, soient congrus (mod. M), il faut et il suffit que

$$A(X - X') \equiv 0 \ (\text{mod. M})$$

c'est-à-dire que $A(X - X')$ soit un multiple commun de A et de M, donc un multiple de $\mathscr{M}(A, M)$. Soit

$$A(X - X') = \mathscr{M}(A, M)\Lambda$$

Λ étant lui-même un tableau entier.

[1] Le cas de $\nu = 1$ est traité par FROBENIUS, *J. r. a. M.*, t. 86 (1879) p. 174.

[2] FROBENIUS. — *J. a. r. M.*, 86 (1879, p. 177 pour $\nu = 1$.

D'où

$$X' - X = A^{-1} \mathfrak{Ab}(A, M) \cdot A.$$

Le nombre cherché est donc le nombre des tableaux de largeur ν formant un système complet (mod. $A^{-1}\mathfrak{Ab}(A, M)$), c'est-à-dire à la puissance $\nu^{\text{ème}}$ du module du tableau $A^{-1}\mathfrak{Ab}(A, M)$.

Mais d'après un théorème démontré au n° **378**, le module de $\mathfrak{Ab}(A, M)$ est égal à $\dfrac{\text{Mod. } A \cdot \text{Mod. } M}{\text{Mod. } \mathfrak{D}(A, M)}$.

Le nombre cherché est donc égal à $\left[\dfrac{\text{Mod. } M}{\text{Mod. } \mathfrak{D}(A, M)}\right]^{\nu}$.

Pour $\nu = 1$, c'est $\dfrac{\text{Mod. } M}{\text{Mod. } \mathfrak{D}(A, M)}$.

Ce qui, si l'on appelle p la hauteur commune de A et M, peut encore s'énoncer :

Le nombre des systèmes de p entiers représentables par le système de formes linéaires (A) *et tels que la différence de deux de ces systèmes ne soit pas représentable par le système de formes linéaires* (M) *est égal à* $\dfrac{\text{Mod. } M}{\text{Mod. } \mathfrak{D}(A, M)}$.

Comme cas particulier nous retrouvons la solution de la question posée à la fin du n° **340**. *Combien de systèmes de valeurs incongrues* (mod. m), *peut représenter un système* (A) *de formes linéaires ?* Il suffit de supposer que M soit le tableau diagonal m. Son module est alors m^{ν}. Quant à celui du tableau $\mathfrak{D}(A, M)$ c'est-à-dire du tableau

$$a_{1,1} \ \dots \ a_{1,n} \ m \ \dots \ 0$$
$$\cdot \quad \cdot \quad \cdot \quad \cdot \quad \cdot \quad \cdot$$
$$a_{p,1} \ \dots \ a_{p,n} \ 0 \ \dots \ m$$

on a vu (n° **335**) qu'il est égal à

$$D(m, e_1) \ D(m, e_2) \ \dots \ D(m, e_p).$$

On retrouve donc bien le résultat du n° **340**.

Résolution de la congruence $AX \equiv B$ (mod. M). — A et M sont supposés de même hauteur p et tous les deux de rang p. Pour B supposons-le de hauteur p et de largeur ν.

La question peut évidemment aussi s'énoncer : *Résolution de l'équation*

$$AX + MY = B.$$

Tout d'abord, si $\mathfrak{D}(A, M)$ ne divise pas B l'équation est évidemment impossible. Si $\mathfrak{D}(A, M)$ divise B, on peut diviser les deux membres de l'équation par $\mathfrak{D}(A, M)$, ce qui revient à dire que dans l'équation proposée on peut supposer A et M premiers entre eux. Alors le module de $\mathfrak{D}(A, M)$ est égal à 1.

On peut donc trouver des multiples de A, incongrus deux à deux (mod. M), en nombre égal à (mod. M)$^\nu$. Or c'est aussi le nombre des éléments d'un système complet (mod. M). Il y a donc un de ces multiples et un seul qui est congru à B (mod. M).

On a ainsi une valeur de X, appelons-la X_0. On en déduit une valeur correspondante pour Y

$$Y_0 = M^{-1} (B - AX_0)$$

(Il se peut que l'expression du second membre, premier quotient de B $-$ AX$_0$ par M, soit susceptible de plusieurs valeurs. On prendra l'une quelconque d'entre elles).

Il s'agit maintenant de trouver toutes les autres solutions. L'équation (dans laquelle nous n'avons plus besoin de supposer A et M premiers entre eux) peut s'écrire

$$AX + MY = AX_0 + MY_0$$

ou

$$A (X - X_0) = M (Y_0 - Y).$$

La valeur commune aux deux membres de cette égalité est un multiple commun à A et à M ; c'est donc un multiple de $\mathcal{M}(A, M)$. On a donc

$$A (X - X_0) = M (Y_0 - Y) = \mathcal{M}(A, M) \Lambda$$

Λ étant un tableau entier, d'où

$$X = X_0 + A^{-1}\mathcal{M}(A, M) \Lambda$$
$$Y = Y_0 - M^{-1}\mathcal{M}(A, M) \Lambda.$$

Telle est la solution générale.

Résolution de XA + YM = B. — Cette question se résout absolument comme la précédente en remplaçant la division, la divisibilité, etc. (première manière) par la division, la divisibilité etc. (seconde manière).

382. Divisibilité et équivalence (troisième manière). —
Enfin voici une troisième espèce de divisibilité et d'équivalence. On dira que A *est divisible* (*troisième manière*) *par* B *lorsqu'il existe deux tableaux entiers* Q, Q' *tels que*

$$A = Q'BQ.$$

On peut encore dire que A est contenue arithmétiquement (troisième manière) dans B.

Remarque I. — Si A est divisible par B, première ou seconde manière, il l'est troisième manière.

II. — *Si* A *est multiple* (*troisième manière*) *de* B, *et* B *multiple* (*troisième manière*) *de* C, *alors* A *est multiple* (*troisième manière*) *de* C. On voit tout de suite que la condition nécessaire et suffisante pour que A soit divisible (troisième manière) par B est que la forme bilinéaire attachée à A soit contenue dans celle attachée à B. C'est donc (n° **307**) *que chaque diviseur élémentaire de* A *soit divisible par celui de même rang de* B (en n'oubliant pas que tout entier est diviseur de zéro).

Enfin un tableau A est dit *équivalent* (*troisième manière*) *à un tableau* B *lorsqu'il existe deux tableaux unités* U *et* V *tels que*

$$B = UAV$$

(dans les énoncés suivants nous supprimerons l'épithète « troisième manière »). On voit tout de suite que

Tout tableau est équivalent à lui-même.

Si A *est équivalent à* B, *inversement* B *est équivalent à* A.

Deux tableaux équivalents à un troisième sont équivalents entre eux.

Deux tableaux équivalents ont les mêmes multiples et les mêmes diviseurs.

383. Tableaux réduits. Théorème I. — *Etant donné un tableau il existe une infinité de tableaux équivalents ayant la forme*

$$\begin{pmatrix} k_1 & 0 & 0 & \dots & 0 \\ 0 & k_2 & 0 & \dots & 0 \\ \cdot & \cdot & \cdot & \cdot \\ 0 & 0 & 0 & \dots & k_r \end{pmatrix}$$

$k_1 \, k_2 \dots k_r$ *étant des entiers positifs.* Un tel tableau *sera* dit *réduit (imparfait, en général).*

II. — Parmi ces tableaux il y en a un et un seul ayant la forme

$$\begin{pmatrix} e_1 & 0 & 0 & \dots & 0 \\ 0 & e_2 & 0 & \dots & 0 \\ \cdot & \cdot & \cdot & \cdot \\ 0 & 0 & \dots & e_r \end{pmatrix}$$

$e_1 \, e_2 \dots e_r$ étant des entiers positifs dont chacun divise le suivant. Ce sont les *diviseurs élémentaires* du tableau. Un tel tableau sera dit tableau *réduit parfait.*

En effet, considérons la forme bilinéaire correspondant au tableau A et réduisons-la (nᵒˢ **302** et **303**). Toute substitution S sur les x revient à une multiplication à droite par le tableau S, et toute substitution Σ sur les y revient à une multiplication à gauche par le tableau conjugué de Σ. Le théorème est donc démontré.

Le résultat précédent peut s'énoncer en disant que tout tableau entier peut se mettre sous la forme UAV, U et V étant des tableaux unités, A étant réduit ; réduit parfait si l'on veut.

On peut pousser plus loin cette décomposition, car un tableau réduit

$$\begin{pmatrix} k_1 & 0 & \dots & 0 \\ 0 & k_2 & \dots & 0 \\ \cdot & \cdot & \cdot & \cdot \\ 0 & 0 & \dots & k_n \end{pmatrix}$$

se décompose lui-même en le produit des n tableaux

$$\begin{pmatrix} k_1 & 0 & \dots & 0 \\ 0 & 1 & \dots & 0 \\ \cdot & \cdot & \cdot & \cdot \\ 0 & 0 & \dots & 1 \end{pmatrix} \times \begin{pmatrix} 1 & 0 & \dots & 0 \\ 0 & k_2 & \dots & 0 \\ \cdot & \cdot & \cdot & \cdot \\ 0 & 0 & \dots & 1 \end{pmatrix} \times \dots \times \begin{pmatrix} 1 & 0 & \dots & 0 \\ 0 & 1 & \dots & 0 \\ \cdot & \cdot & \cdot & \cdot \\ 0 & 0 & \dots & k_n \end{pmatrix}$$

c'est-à-dire en tableaux réduits où tous les éléments de la diagonale principale sont égaux à 1 sauf un seul.

On peut encore aller plus loin. Pour cela écrivons l'égalité entre substitutions :

$$x_i \mid kx_i = x_n \parallel x_i \times x_n \mid kx_n \times x_n \parallel x_i$$

et dans cette égalité remplaçons les substitutions par les tableaux de leurs coefficients.

Le premier membre donne un tableau de la forme de ceux employés plus haut. Dans le deuxième membre, il y a deux transpositions qui donnent des tableaux unités ; et la substitution $x_n \mid kx_n$. qui donne aussi un tableau de la forme de ceux employés plus haut, mais dans lequel c'est *le dernier élément de la diagonale principale qui est différent de* 1. Appelons un tel tableau *réduit simple*, et nous arrivons au résultat suivant :

Tout tableau entier est décomposable en un produit de tableaux réduits simples et de tableaux unités.

La décomposition peut encore être poussée plus loin, comme nous le verrons plus tard (n° **402**).

384. — Pour le moment nous allons appliquer le résultat trouvé à une seconde démonstration de la seconde partie du théorème énoncé au n° **307** et démontrée alors seulement pour le cas de $n = 2$.

L'énoncé à démontrer est le suivant : *Pour qu'un tableau* A *divise un tableau* B *il faut que chaque diviseur élémentaire de* A *divise le diviseur élémentaire de même indice de* B (¹).

On a par hypothèse

$$Q'AQ = B$$

Q et Q′ étant des tableaux entiers. Or Q et Q′ peuvent se décomposer en produits de tableaux réduits simples et de tableaux unités. Donc B se déduit de A en le multipliant un certain nombre de fois à droite et à gauche, par de tels tableaux. Comme la multi-

---

(¹) La démonstration suivante est celle donnée par *K. Hensel* : Uber die Elementartheiler, componirte Systeme *J. r. a. M*, 114 (1895), p. 109, un peu modifiée.

plication d'un tableau par un tableau unité ne change pas ses diviseurs élémentaires, tout revient à démontrer le théorème dans le cas particulier où B provient de A par la multiplication soit à droite, soit à gauche d'un tableau réduit simple.

Comme la démonstration dans le cas de la multiplication à gauche est absolument analogue à celle dans le cas de la multiplication à droite, bornons-nous à cette dernière.

Soit donc

$$(2) \qquad\qquad AK = B.$$

en posant

$$K = \begin{pmatrix} 1 & 0 & \dots & 0 \\ 0 & 1 & \dots & 0 \\ . & . & . & . \\ 0 & 0 & \dots & k \end{pmatrix}$$

On a à démontrer que chaque diviseur élémentaire de A divise celui de même indice de B.

Mais on peut encore simplifier la question. En multipliant à gauche les deux membres de l'égalité (2) par une substitution unité H, on lui donne la forme

$$(HA)K = HB$$

HA ayant les mêmes diviseurs élémentaires que A, et HB les mêmes que B. Or on peut choisir cette substitution unité de façon que dans HA les éléments de la dernière colonne soient tous nuls, sauf le dernier. En remplaçant, pour ne pas multiplier les notations, HA par A et HB par B, on voit que A est de la forme

$$A = \begin{pmatrix} a_{1,1} & a_{1,2} \dots a_{1,n-1} & 0 \\ a_{2,1} & a_{2,2} \dots a_{2,n-1} & 0 \\ . & . & . & . & . & . \\ . & . & . & . & . & . \\ a_{n,1} & . & . & . & . & a_{n,n} \end{pmatrix}$$

et l'on a

$$(3) \qquad\qquad AK = B.$$

On peut encore simplifier. Considérons le tableau A privé de sa dernière ligne et de sa dernière colonne, soit A'. Il existe deux tableaux unités d'ordre $n - 1$, appelons-les L, M, tels que $LA'M$ ait la forme réduite parfaite

$$\begin{pmatrix} c_1 & 0 & \dots & 0 \\ 0 & c_2 & \dots & 0 \\ \cdot & \cdot & \cdot & \cdot \\ 0 & 0 & \dots & c_{n-1} \end{pmatrix}$$

En appelant L' et M' les tableaux unités d'ordre n obtenus en bordant respectivement L et M, par une n^e ligne et une n^e colonne composées d'éléments tous nuls, sauf leur élément commun égal à 1, le tableau $L'AM'$ a la forme

$$(4) \qquad L'AM' = \begin{pmatrix} c_1 & 0 & \dots & 0 & 0 \\ 0 & c_2 & \dots & 0 & 0 \\ \cdot & \cdot & \cdot & \cdot & \cdot \\ \cdot & \cdot & \cdot & \cdot & \cdot \\ 0 & \dots & & c_{n-1} & 0 \\ a_{n,1} & \dots & & a_{n,n-1} & a_{n,n} \end{pmatrix}$$

L'égalité (3) donne

$$L'AKM' = L'BM'.$$

Or K et M' sont permutables. On peut donc écrire

$$L'AM'K = L'BM'.$$

Donc d'après (4)

$$(5) \qquad L'BM' = \begin{pmatrix} e_1 & 0 & \dots & 0 & 0 \\ 0 & e_2 & \dots & 0 & 0 \\ \cdot & \cdot & \cdot & \cdot & \cdot \\ \cdot & \cdot & \cdot & \cdot & \cdot \\ 0 & \dots & & e_{n-1} & 0 \\ a_{n,1} & \dots & & a_{n,n-1} & k a_{n,n} \end{pmatrix}$$

Et finalement nous avons à montrer que les diviseurs élémentaires du tableau (5) sont des multiples de ceux du tableau (4).

Pour cela calculons-les. Dans (4), les déterminants d'ordre h sont de deux espèces : 1° ceux qui ne contiennent pas $a_{n,n}$ en facteur, leur plus grand commun diviseur est $e_1 e_2 \dots e_h$, 2° ceux qui contiennent $a_{n,n}$ en facteur, leur plus grand commun diviseur est $a_{n,n} e_1 e_2 \dots e_{h-1}$. Donc le plus grand commun diviseur des éléments d'ordre h du tableau (4) est

$$D_h = e_1 e_2 \dots e_{h-1} \, D\,(a_{n,n}, e_h).$$

De même

$$D_{h-1} = e_1 e_2 \dots e_{h-2} \, D\,(a_{n,n}, e_{h-1}).$$

Donc le $h^{\text{ème}}$ diviseur élémentaire du tableau (4) est

$$(6) \qquad \frac{e_{h-1} D\,(a_{n,n}, e_h)}{D\,(a_{n,n}, e_{h-1})}.$$

De même pour le tableau (5) c'est

$$(7) \qquad \frac{e_{h-1} D\,(ka_{n,n}, e_h)}{D\,(ka_{n,n}, e_{h-1})}.$$

Et le théorème à démontrer est que l'entier (7) est divisible par l'entier (6), c'est-à-dire que

$$\frac{D\,(ka_{n,n}, e_h)\,D\,(a_{n,n}, e_{h-1})}{D\,(ka_{n,n}, e_{h-1})\,D\,(a_{n,n}, e_h)}$$

est un nombre entier ou, en posant, puisque e_h est un multiple de e_{h-1},

$$e_h = d_h e_{h-1}$$

on est ramené à démontrer que l'expression

$$(8) \qquad \frac{D\,(ka_{n,n}, d_h e_{h-1})\,D\,(a_{n,n}, e_{h-1})}{D\,(ka_{n,n}, e_{h-1})\,D\,(a_{n,n}, d_h e_{h-1})}$$

est un entier [1].

Or $D\,(ka_{n,n}, d_h e_{h-1})$ est divisible par

$$D\,(ka_{n,n}, e_{h-1}) \qquad \text{et par} \qquad D\,(a_{n,n}, d_h e_{h-1}).$$

[1] C'est, avec d'autres notations, l'exercice I du chapitre VII.

Donc il est divisible par leur plus petit commun multiple. Or le plus grand commun diviseur des deux entiers

$$D(ka_{n,n},\ e_{h-1}) \quad \text{et} \quad D(a_{n,n},\ d_h e_{h-1})$$

est

$$D(ka_{n,n},\ e_{h-1},\ a_{n,n},\ d_h e_{h-1}) \quad \text{c'est-à-dire} \quad D(a_{n,n},\ e_{h-1}).$$

Donc leur plus petit commun multiple est

$$(9) \qquad \frac{D(ka_{n,n},\ e_{h-1}) \cdot D(o_{n,n},\ d_h e_{h-1})}{D(a_{n,n},\ e_{h-1})}.$$

Donc $D(ka_{n,n},\ d_h e_{h-1})$ est divisible par l'entier (9). Donc l'expression (8) est entière.

385. Plus grand commun diviseur et plus petit commun multiple (troisième manière) de deux tableaux. — Soient deux tableaux que je peux supposer réduits parfaits, (puisque deux tableaux équivalents ont les mêmes diviseurs et les mêmes multiples). Pour simplifier l'écriture, je représenterai par $[e_1, e_2, \dots e_r]$ le tableau réduit qui a $e_1, e_2, \dots e_r$ comme diviseurs élémentaires.

Soient

$$(10) \qquad [e_1, e_2, \dots e_r], \quad [e_1' \, e_2', \dots e_r']$$

les deux tableaux donnés.

Je peux supposer qu'ils ont le même nombre de diviseurs élémentaires en complétant s'il le faut par des diviseurs élémentaires nuls.

D'après ce qui a été dit au n° **384**, un diviseur commun de ces tableaux est lorsqu'il est réduit de la forme

$$[\varepsilon_1, \varepsilon_2, \dots \varepsilon_r, \varepsilon_{r+1}, \dots]$$

ε_1 étant un diviseur commun à e_1 et e_1'

$\varepsilon_2 \qquad \text{»} \qquad \text{»} \qquad e_2$ et e_2'

. . . .

$\varepsilon_r \qquad \text{»} \qquad \text{»} \qquad e_r$ et e_r'

$\varepsilon_{r+1}, \varepsilon_{r+2}, \dots$ étant quelconques.

De plus ε_1 divise ε_2, ε_2 divise ε_3, etc.

Ceci posé, il est bien évident que de tous ces tableaux celui dans lequel les diviseurs élémentaires ont la plus grande valeur possible est celui dans lequel

ε_1 est le plus grand commun diviseur de c_1 et c'_1

ε_2 »   » c_2 et c'_2

. . . .

ε_r »   » c_r et c'_r

$\varepsilon_{r+1}, \varepsilon_{r+2}, \ldots$ étant nuls.

Car d'ailleurs $D(c_1, c'_1)$ divise $D(c_2, c'_2)$, $D(c_2, c'_2)$ divise $D(c_3, c'_3)$, etc.

C'est ce tableau et tous ses équivalents que nous appellerons le *plus grand commun diviseur* (troisième manière) des tableaux donnés. Ainsi

(11) $[2, 6, 6, 12, 60]$, $[1, 3, 15, 15, 30, 150]$

ont pour plus grand commun diviseur

$$[1, 3, 3, 3, 30, 150]$$

[se rappeler que $D(0,a) = a$].

Il résulte de ce qui précède que *les diviseurs communs à plusieurs tableaux sont les diviseurs de leur plus grand commun diviseur.*

De même un multiple commun aux deux tableaux (10) est lorsqu'il est réduit, de la forme

$$[\mu_1, \mu_2, \ldots \mu_r]$$

μ_1 étant un multiple commun à c_1 et c'_1, μ_2 à c_2 et c'_2, ... μ_r à c_r et c'_r. De tous ces tableaux, celui dans lequel les diviseurs élémentaires ont la plus petite valeur possible est celui dans lequel

μ_1 est le plus petit commun multiple de c_1 et de c'_1

μ_2 »   »   » c_2 » c'_2

. . . .

μ_r »   »   » c_r » c'_r.

C'est ce tableau et tous ses équivalents que nous appellerons le plus petit commun multiple (troisième manière) des tableaux proposés.

Ainsi les deux tableaux (11) ont pour plus petit commun multiple

$$[2, 6, 30, 60, 60]$$

|se rappeler que $M(o, a) = o$|.

Et l'on voit immédiatement que *les multiples communs à deux tableaux sont les multiples de leur plus petit commun multiple.*

EXERCICES

I. — Soit T un tableau d'ordre n, soit A un tableau d'ordre r extrait de T. On sait qu'on appelle déterminants d'ordre 1, 2, ... r de A, les déterminants d'ordre 1, 2, ... r formés avec des lignes ou des colonnes de A. Convenons de plus qu'on appellera déterminants d'ordre $r + 1$, $r + 2$, ..., n de A, les déterminants de T d'ordre $r + 1$, $r + 2$, ... r, qui contiennent toutes les lignes et colonnes de A (autrement dit qui admettent A comme mineur).

Ceci posé soit T_h le plus grand diviseur commun aux déterminants d'ordre h de T, A_h le plus grand diviseur commun aux déterminants d'ordre h de A.

Démontrer que si $A_r = T_r$ alors $A_h = T_h$ quel que soit h [1].

II. — Soit M un tableau de rang r et de hauteur p, soit e_r son $r^{ème}$ diviseur élémentaire. Si deux ensembles de p entiers sont congrus (mod. e_r), ils sont congrus (1re, 2e et 3e manière) (mod. M) [2].

Plus généralement, si deux tableaux T, T' de rang $\rho \leqslant r$ et de hauteur p sont congrus (mod. e_r), ils sont congrus (mod. M).

---

[1] G. Frobenius. — *Sitzungsber. Akad. Berl.*, 1894, p. 31.
[2] Frobenius. — *J. r. u. a. M.*, t. 86, p. 175.

—

CHAPITRE XX

QUELQUES APPLICATIONS DES THÉORIES PRÉCÉDENTES

386. — Nous avons déjà rencontré (n° 209) la question : former les déterminants d'ordre n à éléments entiers égaux à ± 1.

Le problème suivant, s'est présenté à Hermite [1] : *Déterminer un tableau de type n, $n + 1$ à éléments entiers dont les déterminants avec leurs signes soient des entiers donnés.*

Ces deux questions sont des cas particuliers de la suivante :

Trouver les tableaux de type (p, n), à éléments entiers, dont les déterminants avec leurs signes soient des entiers donnés [2] que nous allons résoudre.

Cas de $n = p$. — *Trouver les déterminants d'ordre n à éléments entiers égaux à un entier donné* A. On peut supposer A > 0.

1re *Solution.* — On opère comme au n° 212. On peut se borner à chercher les déterminants dans lesquels les éléments de la première ligne du déterminant doivent être premiers dans leur ensemble. En effet, leur plus grand commun diviseur d doit en tout cas être un diviseur de A ; en les divisant tous par d, le déterminant devient $\frac{A}{d}$. Il n'y aura donc qu'à choisir un diviseur d de A, à chercher les déterminants égaux à $\frac{A}{d}$ et dans lesquels les éléments de la première ligne sont premiers dans leur ensemble, puis à

[1] *J. r. a. M.*, t. 40 (1850) p. 264 = *Œuvres*, t. 1, p. 103. Enoncé par Jacobi. *Opuscula mathematica*, t. 2, sans démonstration.

[2] Résolu pour la première fois pour le type 2,3 par Gauss. *Disquis. Arithm.*, n° 279.

multiplier les éléments de la première ligne des déterminants trouvés par d.

Pour simplifier la notation, nous remplacerons $\dfrac{A}{d}$ par A, et nous supposerons $n = 4$.

On choisira donc quatre entiers λ, μ, ν, ρ, premiers dans leur ensemble, puis on résoudra l'équation

$$\lambda \mathfrak{L} + \mu \mathfrak{M} + \nu \mathfrak{N} + \rho \mathfrak{R} = A.$$

Soit $\mathfrak{L}$, $\mathfrak{M}$, $\mathfrak{N}$, $\mathfrak{R}$ une solution, le problème s'achèvera comme au n° **212**.

2e *Solution.* — Si on considère un déterminant ayant la valeur proposée, puis le tableau formé par ses éléments, il existe un tableau équivalent à droite, qui est réduit de première espèce et qui a un déterminant égal au précédent. Il faut donc former tous les tableaux réduits de première espèce ayant le déterminant donné.

Ce problème est identique à celui du n° **295**. Après qu'on l'a résolu, il faut multiplier chacun des tableaux obtenus, à droite, par tous les tableaux unités.

On a ainsi tous les déterminants demandés.

On n'a d'ailleurs chacun qu'une fois. En effet si l'on considère deux des déterminants obtenus, ou bien ils proviennent de deux tableaux réduits différents, et sont différents (parce qu'un tableau n'a qu'un tableau réduit) ; ou bien ils proviennent d'un même tableau réduit qu'on a multiplié par deux tableaux unités différents, et alors ils diffèrent parce qu'il y a qu'un tableau unité d'ordre n qui transforme un tableau carré d'ordre n en sa forme réduite (n° **288**).

387. *Cas de $n = p + 1$.* — C'est le problème d'Hermite énoncé au n° **386**.

Soit à déterminer le tableau

$$\begin{pmatrix} a & b & c & d \\ a' & b' & c' & d' \\ a'' & b'' & c'' & d'' \end{pmatrix}$$

par la condition que ses déterminants avec leurs signes soient A, B, C, D.

On a d'abord

$$Aa + Bb + Cc + Dd = 0$$
$$Aa' + Bb' + Cc' + Dd' = 0$$
$$Aa'' + Bb'' + Cc'' + Dd'' = 0$$

Donc a, b, c, d ; a', b', c', d' ; a'', b'', c'', d'' sont trois systèmes de solutions entières de

$$Ax + By + Cz + Dt = 0.$$

Résolvons donc cette équation, soit

$$x = x_1\lambda + x_2\mu + x_3\nu$$
$$y = y_1\lambda + y_2\mu + y_3\nu$$
$$z = z_1\lambda + z_2\mu + z_3\gamma$$
$$t = t_1\lambda + t_2\mu + t_3\nu$$

la solution générale.

Soit :

λ, μ, ν le système de valeurs de λ, μ, ν qui correspond à la solution a, b, c, d
λ', μ', ν' » » » » a', b', c', d'
λ'', μ'', ν'' » » » » a'', b'', c'', d''

Reste à déterminer λ, ν, μ, λ', μ', ν', λ^v, μ'', ν'', par la condition que les déterminants du tableau

$$\begin{pmatrix} x_1\lambda + x_2\mu + x_3\nu & y_1\lambda + y_2\mu + y_3\nu & z_1\lambda + z_2\mu + z_3\nu & t_1\lambda + t_2\mu + t_3\nu \\ x_1\lambda' + x_2\mu' + x_3\nu' & y_1\lambda' + y_2\mu' + y_3\nu' & z_1\lambda' + z_2\mu' + z_3\nu' & t_1\lambda' + t_2\mu' + t_3\nu' \\ x_1\lambda'' + x_2\mu'' + x_3\nu'' & y_1\lambda'' + y_2\mu'' + y_3\nu'' & z_1\lambda'' + z_2\mu'' + z_3\nu'' & t_1\lambda'' + t_2\mu'' + t_3\nu'' \end{pmatrix}$$

soient égaux à A, B, C, D. Or ces déterminants sont ceux du tableau

$$(1) \qquad T = \begin{pmatrix} x_1 & y_1 & z_1 & t_1 \\ x_2 & y_2 & z_2 & t_2 \\ x_3 & y_3 & z_3 & t_3 \end{pmatrix}$$

multipliés par $\begin{vmatrix} \lambda & \mu & \nu \\ \lambda' & \mu' & \nu' \\ \lambda'' & \mu'' & \nu'' \end{vmatrix}$.

D'autre part les déterminants du tableau (1) sont égaux (n° **190**) à

$$\varepsilon \frac{A}{D(A, B, C, D)}, \quad \varepsilon \frac{B}{D(A, B, C, D)}, \quad \varepsilon \frac{C}{D(A, B, C, D)}, \quad \varepsilon \frac{D}{D(A, B, C, D)},$$

ε étant $+$ ou $-$ 1.

Il ne reste donc plus qu'à déterminer λ, μ, ... ν'' par la condition :

$$\begin{vmatrix} \lambda & \mu & \nu \\ \lambda' & \mu' & \nu' \\ \lambda'' & \mu'' & \nu'' \end{vmatrix} = t\mathrm{D}(\mathrm{A},\mathrm{B},\mathrm{C},\mathrm{D})$$

ce qu'on sait faire.

On vient de voir que la forme générale des tableaux satisfaisant à cette condition est RU, R étant un tableau réduit de déterminant égal à D (A, B, C, D) et U un tableau unité. La forme générale des tableaux cherchés est donc TRU.

388. *Cas de $n > p + 1$*. — *Déterminer les tableaux entiers du type p, n, $(n > p + 1)$, dont les déterminants avec leurs signes soient des entiers donnés* (¹).

On sait que les valeurs données ne peuvent être quelconques ; elles doivent satisfaire aux relations du n° **176**. On ne peut donc se donner que les valeurs des déterminants de première et de seconde catégorie, et ces valeurs doivent être telles que les valeurs données au chapitre XI pour les autres déterminants, en fonction de ceux-là, soient entières.

Ainsi nous avons à déterminer les éléments de façon que les déterminants de première et seconde catégorie aient des valeurs données. On a (n° **176**)

$$(2)\ a_{i,j} = \frac{(-1)^{p+j}[a_{i,1}\mathrm{D}_{1,j} + a_{i,2}\mathrm{D}_{2,j} + \ldots + a_{i,p}\mathrm{D}_{p,j}]}{\mathrm{D}} \binom{i=1,2,\ldots p}{j=p+1,p+2\ldots n}$$

Considérons le système d'équations

$$(3)\ \begin{cases} \mathrm{D}_{1,p+1}x_1 + \mathrm{D}_{2,p+1}x_2 + \ldots + \mathrm{D}_{p,p+1}x_p + \mathrm{D}x_{p+1} & = 0 \\ \mathrm{D}_{1,p+2}x_1 + \mathrm{D}_{2,p+2}x_2 + \ldots + \mathrm{D}_{p,p+2}x_p \quad - \mathrm{D}x_{p+2} & = 0 \\ \mathrm{D}_{1,n}x_1 + \mathrm{D}_{2,n}x_2 + \ldots + \mathrm{D}_{p,n}x_p \quad\quad + (-1)^{n-p-1}\mathrm{D}x_n = 0 \end{cases}$$

Les égalités (2) montrent que chacun des p systèmes d'entiers

$$a_{i,1},\ a_{i,2},\ \ldots a_{i,n}\ (i = 1, 2, \ldots p)$$

satisfait à ce système d'équation.

(¹) J. H. SMITH. — *Philosoph. Trans.*, t. 151, p. 293 = *Papers* 1, p. 367.

On commencera donc par le résoudre. Soit

$$x_1 = x_{1,1}\lambda_1 + x_{2,1}\lambda_2 + \dots + x_{n,1}\lambda_n$$
$$x_2 = x_{1,2}\lambda_1 + x_{2,2}\lambda_2 + \dots + x_{n,2}\lambda_n$$
$$\cdot \quad \cdot \quad \cdot \quad \cdot \quad \cdot \quad \cdot \quad \cdot \quad \cdot \quad \cdot$$
$$x_n = x_{1,n}\lambda_1 + x_{2,n}\lambda_2 + \dots + x_{n,n}\lambda_n$$

la solution générale.

Il reste à déterminer p systèmes de valeurs des λ, de façon que le tableau formé par les pn valeurs des x ainsi trouvées, ait des déterminants de première et de seconde catégorie égaux aux valeurs données.

Or ces déterminants sont égaux aux déterminants correspondants du tableau des $x_{i,j}$ multipliés par le déterminant des λ. Les déterminants des $x_{i,j}$ sont égaux (n° **194**) à ceux du tableau des coefficients du système (3) divisés par le plus grand commun diviseur de *tous* ces déterminants. Cherchons donc ces derniers. Le déterminant formé par les $n - p$ dernières colonnes est égal à

$$(-1)^{\frac{(n-p+1)(n-p+2)}{2}} D^{n-p}.$$

Celui obtenu en remplaçant la $(p+h)^{\text{ème}}$ colonne par la $k^{\text{ème}}$ est

$$(-1)^{\frac{(n-p+1)(n-p+2)}{2}} D_{k,h} D^{n-p+1} \qquad \begin{pmatrix} h = 1, 2, \dots n - p \\ k = 1, 2, \dots p \end{pmatrix}$$

On voit tout de suite que les déterminants de la première et de la seconde catégorie sont tous divisibles par D^{n-p-1}. Mais, de plus, il en est de même de ceux de la troisième catégorie, parce que par hypothèse ces déterminants sont donnés par la formule du chapitre XI. Dans cette formule chaque $D_{h,k}$ du second membre contenant en facteur D^{n-p-1}, ce second membre contient en facteur $D^{(n-p-2)k+1}$. Or $k > 1$. Donc

$$(n - p - 2) k + 1 \geqslant n - p - 1.$$

On en conclut que le plus grand commun diviseur en question est de la forme $a D^{n-p-1}$; par conséquent les déterminants de première et de seconde catégorie du tableau du système fondamental sont égaux aux valeurs données, divisées par εa ($\varepsilon = \pm 1$). Il suffira donc de faire le déterminant des λ égal à εa (problème résolu). On en conclut comme précédemment la forme générale des tableaux demandés.

389. Problème. — *Trouver les tableaux de tableaux de type* (p, n) $(p \leqslant n)$, *ayant un plus grand diviseur donné.*

Lorsque $p = n$, ce problème est identique à celui du n° **386**.

Lorsque $p \neq n$ il se résout d'une façon analogue. La seconde solution donnée s'applique. Si l'on considère un tableau répondant à la question, il existe en effet un tableau équivalent à droite qui est réduit de première espèce, et qui a un déterminant égal au plus grand diviseur donné.

Ces tableaux réduits sont d'ordre p, on peut les former tous, après quoi il faut les multiplier à droite par tous les tableaux unités d'ordre n.

390. Problème. — *Trouver les tableaux de type* (p, n) $(p \leqslant n)$ *à éléments entiers dont les k premières lignes soient données, et dont les déterminants avec leurs signes soient égaux à des entiers donnés* ([1]).

En développant les déterminants qui doivent avoir des valeurs données par la règle de Laplace (n° **172**), on a des équations linéaires par rapport aux déterminants formés par les $p - k$ lignes inconnues du tableau. On pourra donc calculer ces déterminants. (Suivant les cas, le problème sera impossible, déterminé ou indéterminé). On est ensuite ramené au problème du n° **388**.

391. *Cas particulier $p = n$.* — *Trouver les déterminants à éléments entiers, qui soient égaux à un entier donné et dont les éléments des premières lignes soient des entiers donnés* ([2]).

Voici une autre solution pour ce cas.

([1]) Frœbenius. — *J. r. a. M.*, t. 86 (1879) p. 173.
([2]) Hermite. — *J. r. a. M.*, t. 40 (1850), p. 264 = Œuvres, t. 1, p. 103 ;
Jacobi. — *Opuscula mathematica*, t. 2 ;
Hermite. — *J. m. p. a.*, t. 14 (1849) p. 21 = Œuvres, t. 1, p. 265 ;
J. H. Smith. — *Phil. trans.* 151, p. 293 = Papers 1, p. 367.

Soit par exemple $p = n = 4$, $k = 2$, soit

$$(4) \qquad \begin{vmatrix} a & b & c & d \\ a' & b' & c' & d' \\ \alpha & \beta & \gamma & \delta \\ \alpha' & \beta' & \gamma' & \delta' \end{vmatrix} = D$$

D étant donné ainsi que a, b, c, d, a', b', c', d'. Multiplions le tableau des éléments de D par un tableau unité, réduisant le tableau formé par les deux premières lignes. On obtient un nouveau tableau formant un déterminant

$$(5) \qquad \begin{vmatrix} a_1 & 0 & 0 & 0 \\ a'_1 & b'_1 & 0 & 0 \\ \alpha_1 & \beta_1 & \gamma_1 & \delta_1 \\ \alpha'_1 & \beta'_1 & \gamma'_1 & \delta'_1 \end{vmatrix} = D$$

ou

$$a_1 b'_1 \begin{vmatrix} \gamma_1 & \delta_1 \\ \gamma'_1 & \delta'_1 \end{vmatrix} = D$$

$a_1 b'_1$ est égal au plus grand diviseur δ, du tableau

$$\begin{pmatrix} a \ b \ c \ d \\ a' b' c' d' \end{pmatrix}$$

On a donc

$$\begin{vmatrix} \gamma_1 & \delta_1 \\ \gamma'_1 & \delta'_1 \end{vmatrix} = \frac{D}{\delta}.$$

Le problème n'est possible que si D est divisible par δ, ce qui était évident à priori. Cette condition est d'ailleurs suffisante car si elle est remplie, on peut former tous les déterminants $\begin{vmatrix} \gamma_1 & \delta_1 \\ \gamma'_1 & \delta'_1 \end{vmatrix}$ égaux à $\frac{D}{\delta}$, puis tous les tableaux réduits $\begin{pmatrix} a_1 \ 0 \\ a'_1 \ b'_1 \end{pmatrix}$ dont le déterminant soit δ_1; ensuite α_1, β_1, α'_1, β'_1, sont arbitraires, et l'on a ainsi tous les déterminants (5). Les multipliant à droite par l'inverse d'une substitution changeant (4) en (5) on a toutes les solutions demandées.

392. Problème. — *Trouver les tableaux de type* (p, n) $(p \leqslant n)$ *dont les k premières lignes soient données, et ayant un plus grand diviseur donné.* — Si l'on considère un tableau T répondant à la question, il existe un tableau équivalent à droite T_1, qui est réduit de première espèce et qui a un déterminant égal au plus grand diviseur donné. De plus dans ce tableau les k premières lignes sont connues. Il faudra former tous les tableaux réduits ayant ce déterminant et ces k premières lignes ce qui est facile. Après quoi il faut les multiplier à droite par un tableau unité choisi de façon que les k premières lignes du produit soient les k premières lignes données. Dans un tel tableau unité, les k premières lignes sont connues. Donc trouver tous ces tableaux est un cas particulier du problème du n° **391**.

393. Démonstration d'un théorème énoncé précédemment. — Il s'agit du théorème énoncé au n° **339** à savoir que : *étant donnée une substitution (ou un tableau carré) dont le déterminant est congru à* 1 (mod. m), *il existe une substitution (ou un tableau carré) congrue à la précédente et dont le déterminant est* 1.

On peut généraliser et dire : *étant donné un tableau carré dont le déterminant est congru à* D (mod. m), D *étant premier à* m, *il existe un tableau congru* (mod. m) *au précédent, et dont le déterminant est* D.

Pour le démontrer, nous démontrerons d'abord le théorème suivant.

THÉORÈME. *Étant donné un tableau de type* (p, n), $(p < n)$, *dont le module est premier avec* m, *on peut trouver un tableau congru* (mod. m) *au précédent, et dont le module est* 1.

Je suppose $p = 3$, $n = 5$, pour simplifier l'écriture.

Soit A le tableau donné. Il existe un tableau unité T de type (n, n), tel que le produit AT soit de la forme

$$B = \begin{pmatrix} a & 0 & 0 & 0 & 0 \\ a' & b' & 0 & 0 & 0 \\ a'' & b'' & c'' & 0 & 0 \end{pmatrix}.$$

Réciproquement A $=$ BT^{-1}. Si on remplace B par un tableau congru, A sera remplacé par un tableau congru ; il suffit donc de démontrer le théorème pour B. Or le module de B est $ab'c''$. Si

a, b', c'' sont tous trois égaux à 1. le théorème est vrai, et B est lui-même le tableau cherché. Sinon soit, pour fixer les idées, $b' \not= 1$. D'ailleurs b' est premier avec m, car par hypothèse $ab'c''$ l'est. Remplaçons B par le tableau suivant, qui lui est congru (mod. m) :

$$\begin{pmatrix} a & 0 & 0 & 0 & 0 \\ a' & b' & 0 & m & 0 \\ a'' & b'' & c'' & 0 & 0 \end{pmatrix}$$

Parmi les déterminants non nuls de ce tableau il y en a un qui est égal à $ab'c''$ et un qui est égal (en valeur absolue) à amc''. Le module de ce tableau est un diviseur commun à ces deux entiers, donc il doit être un diviseur de leur plus grand commun diviseur, par conséquent de ac''. Donc il est plus petit (en valeur absolue) que le module du tableau B.

De cette façon, tant que le module du tableau obtenu n'est pas égal à 1, on le diminue. On obtiendra donc finalement un tableau congru (mod. m) à B et dont le module est 1.

394. — Démontrons maintenant le théorème annoncé au commencement du n° précédent :

Soit le tableau, dont le déterminant est

(6)
$$\begin{vmatrix} a & b & c \\ a' & b' & c' \\ a'' & b'' & c'' \end{vmatrix} = D + km,$$

(Nous le supposons du 3ᵉ ordre, pour simplifier l'écriture, mais la démonstration s'applique à un ordre quelconque).

Considérons

$$\begin{vmatrix} a + xm & b + ym & c + zm \\ a' & b' & c' \\ a'' & b'' & c'' \end{vmatrix}$$

Ce nouveau déterminant est égal à

$$D + km + m\,(\mathcal{A}x + \mathcal{B}y + \mathcal{C}z)$$

en appelant $\mathcal{A}$, $\mathcal{B}$, $\mathcal{C}$, les mineurs avec leurs signes de a, b, c, dans le déterminant (6). Nous voulons déterminer x, y, z par la condition que la valeur de cette expression soit égale à **D** ; ce qui, après simplifications donne

$$\mathcal{A}x + \mathcal{B}y + \mathcal{C}z = -k.$$

Cette équation diophantienne sera possible si $\mathcal{A}$, $\mathcal{B}$, $\mathcal{C}$ sont premiers dans leur ensemble. Or, en tout cas, $\mathcal{A}$, $\mathcal{B}$, $\mathcal{C}$, sont premiers dans leur ensemble (mod. m), car sinon la valeur du déterminant (6) ne serait pas première à m. On peut donc supposer d'après le théorème précédent, qu'on ait au préalable remplacé a', b', c', a'', b'', c'' par des entiers qui leur soient congrus (mod. m), et de façon que les valeurs de $\mathcal{A}$, $\mathcal{B}$, $\mathcal{C}$, soient remplacées par d'autres premières dans leur ensemble, au sens ordinaire du mot.

EXERCICE

Le théorème de n° **393** comprend comme cas particulier le suivant :

Étant donnés des entiers premiers dans leur ensemble (mod. m), *il existe des entiers congrus* (mod. m) *aux précédents et premiers dans leur ensemble, au sens ordinaire du mot.*

On peut le démontrer directement de la façon suivante :

Soient a_1, a_2, ... a_n les entiers donnés. On déterminera des entiers λ_1, λ_2, ... λ_n premiers dans leur ensemble, et satisfaisant à

$$a_1\lambda_1 + a_2\lambda_2 + \ldots + a_n\lambda_n = 0,$$

puis des entiers ν_1, ν_2, ... ν_n, satisfaisant à

$$\lambda_1\nu_1 + \lambda_2\nu_2 + \ldots + \lambda_n\nu_n = 1.$$

Ceci posé, les entiers

$$a_1 + \nu_1 m, \ a_2 + \nu_2 m, \ \ldots \ a_n + \nu_n m$$

répondent à la question.

CHAPITRE XXI

—

DÉCOMPOSITION DES ENTIERS
EN FACTEURS PREMIERS.
PREMIÈRES APPLICATIONS

395. Définition. — On appelle *nombre premier absolu* ou, lorsqu'il n'y a pas de confusion à craindre ([1]), *nombre premier*; un entier positif différent de 1 et qui n'a d'autre diviseur positif que lui-même et l'unité. Par exemple : 5,13 sont des nombres premiers.

Rappelons que les nombres 1 et — 1 s'appellent des *unités*.

THÉORÈME. — 1° *Tout entier positif qui n'est pas premier, et qui est différent de* 1, *est décomposable en un produit de facteurs premiers*; 2° *Cette décomposition n'est possible que d'une seule manière.*

En effet 1° cet entier a un diviseur d positif, différent de lui-même et différent de 1.

Soit

$$a = dd'$$

d' sera aussi positif, différent de a, et différent de 1.

Si les entiers d et d' sont premiers, la décomposition annoncée est effectuée; sinon, et en supposant que d par exemple ne soit pas premier, on le décomposera à son tour en deux facteurs positifs, différents de lui-même et différents de l'unité et ainsi de suite.

Cette décomposition ne peut se prolonger indéfiniment, car lorsqu'on décompose un entier positif a en deux facteurs positifs différents de lui-même et différents de 1, chacun de ces deux fac-

([1]) Avec l'expression « *nombres premiers entre eux* ».

teurs est plus petit que a. On arrive donc ainsi à une décomposition en facteurs premiers.

2° Soit un entier a décomposé de deux façons en facteurs premiers.

D'une part

$$a = pqr \dots t.$$

D'autre part

$$a = p'q'r' \dots v'.$$

Alors

(1) $$pqr \dots t = p'q'r' \dots v'.$$

Pour démontrer que les deux décompositions sont identiques, nous ferons la remarque suivante, d'ailleurs évidente.

Quand deux nombres premiers absolus ne sont pas identiques, ils sont premiers entre eux.

Ceci posé, le nombre premier p divisant le premier membre de l'égalité (1), divise aussi le second membre. Si donc il n'est pas identique à p', c'est qu'il divise le produit $q'r' \dots v'$. S'il n'est pas identique à q', c'est qu'il divise le produit $r' \dots v'$; et ainsi de suite. On voit donc que le facteur p se trouve dans le second membre. Supposons par exemple $p' = p$. Divisons les deux membres de l'égalité (1) par p; il reste l'égalité

$$qr \dots t = q'r' \dots v'$$

sur laquelle on raisonnera de la même manière, et ainsi de suite.

Comme exemple :

$$360 = 2^3 \times 3^2 \times 5.$$

396. Décomposition des entiers négatifs. — Il résulte évidemment de ce qui précède que *tout entier négatif est décomposable et cela d'une seule manière, en un produit de facteurs premiers, multiplié par* — 1. Ainsi :

$$360 = (-1) \, 2^3 \times 3^2 \times 5.$$

On peut résumer les théorèmes des n° **395** et **396** en un seul, à savoir :

Théorème. — *Tout entier, positif ou négatif n, est décomposable, et cela d'une seule manière, en un produit de la forme*

$$n = (-1)^{\lambda} p^{\alpha} q^{\beta} \dots t^{\varepsilon}$$

p, q, … t étant des facteurs premiers,
α. β, … ε, étant des exposants positifs,
λ étant égal à 0 ou à 1.

Cet énoncé s'applique même aux nombres premiers, en convenant de regarder un tel nombre p comme un produit d'un seul facteur p.

397. Calcul des nombres premiers. — La propriété précédente montre l'importance des nombres premiers, et nous sommes amenés à les calculer. Mais d'abord y en a-t-il un nombre limité ? La réponse est négative; pour le montrer, nous allons démontrer que :

Théorème. — *Etant donné un nombre premier p, il en existe un plus grand.*

Faisons le produit de tous les nombres premiers depuis 2 jusqu'à p et ajoutons 1 à ce produit, nous obtenons un résultat

$$P = 2 . 3 . 5 \dots p + 1.$$

Tout facteur premier de P répond à la question, car divisant P, il ne peut diviser P — 1, il ne peut donc être aucun des facteurs 2, 3 …. p.

Exemple. — Si $p = 5$ $P = 2.3.5 + 1 = 31.$
Or 31 est premier (¹).

_____

(¹) On peut d'ailleurs former d'autres façons des nombres jouissant de la propriété de P, à savoir que leurs facteurs premiers soient plus grands que p. Par exemple le nombre

$$1 . 2 . 3 . 4 \dots p + 1$$

1, 2, 3, … p étant tous les entiers de 1 à p.
Plus généralement, considérons la suite 1, 2, 3, 5, … p contenant 1 et tous les nombres premiers jusqu'à p Les nombres

$$a^{\alpha} b^{\beta} \dots l^{\lambda} \pm d^{\delta} e^{\varepsilon} \dots r^{\rho}$$

$a, b, …, l$ étant certains nombres de cette suite, $d, e, … r$ étant les autres

398. PROBLÈME. *Reconnaître si un entier est premier.* — On essayera les divisions de cet entier par tous les entiers plus petits que lui. Si aucune ne se fait exactement, il est premier. On simplifiera le calcul 1° en commençant par les diviseurs les plus simples 2° en n'essayant pas les diviseurs qu'on sait ne pas être premiers (car tout entier a au moins un facteur premier). 3° Les diviseurs étant rangés par ordre croissant, on s'arrêtera à la première division où le quotient sera inférieur au diviseur. Si aucune division n'a réussi jusqu'alors, aucune des suivantes ne réussira non plus. Car sinon, le quotient de la division qui réussirait aurait déjà été rencontré comme diviseur, et une division précédente aurait dû réussir.

Formation d'une table de nombres premiers jusqu'à une certaine limite A. — On emploie le procédé connu sous le nom de *crible d'Eratosthène* ([1]). On écrit tous les nombres impairs, sauf 1, inférieurs à A. (Les nombres pairs ne sont pas premiers). Le nombre 3 est premier, et les multiples de 3 se succèdent dans la suite de 3 en 3 (on le démontre facilement). On barre les entiers de trois en trois à partir de 9. Le premier nombre non barré 5 est premier, et les multiples de 5 se succèdent dans la suite de 5 en 5, le premier non barré est 25, on barre donc les nombres de 5 en 5 à partir de 25. (Certains ont d'ailleurs déjà été barrés comme multiples de 3.) D'une façon générale, quand on a barré les multiples des nombres premiers 3, 5, ... p, le premier non barré q est premier, et les multiples de q se succèdent dans la suite de q en q, le premier non barré est q^2, et l'on barre les nombres de q en q à partir de q^2. On s'arrête lorsque $q^2 \geqslant A$. Les nombres non barrés sont alors les nombres premiers demandés.

α, β, ... λ, δ, ε, ... ρ étant des exposants positifs quelconques, jouissent de la propriété annoncée, comme on le voit facilement.

Exemple : pour $p = 5$, on peut former

$$- 2^3 + 3 \cdot 5 = 7,$$

pour $p = 7$

$$- 3 \cdot 2^3 + 5 \cdot 7 = 11.$$

Cette remarque peut être utile. Elle m'a été communiquée par M. A. Lévy, professeur au lycée St-Louis.

([1]) 3° siècle avant J. C.

Remarque. — Le procédé donne en même temps pour chaque entier $< A$, son *plus petit facteur premier.* Soit par exemple le nombre 3487, la première fois qu'il est barré, c'est lorsqu'on efface les multiples de 11, donc son plus petit facteur premier est 11. (Les nombres pairs sont à part, mais leur plus petit facteur premier est évident, c'est 2).

Possédant une table des plus petits facteurs premiers des entiers jusqu'à une limite A il est facile de décomposer tout entier $\leqslant A$ en facteurs premiers ; on le divisera par son plus petit facteur premier, puis on recommencera pour le quotient et ainsi de suite.

La table de nombres premiers la plus anciennement calculée semble être celle de Schosten (1657), s'étendant jusqu'à 10 000 ; en 1658 paraît celle de Rahn qui donne les diviseurs des entiers de 1 à 24.000. On a maintenant les tables suivantes :

J. Ch. BURCKARDT. — *Table des diviseurs pour tous les nombres des* 1er, 2e *et* 3e *million.* Paris, 1817.

JAMES GLAISHER. — *Factor Table for the fourth, fifth, sixth million* London, 1879, 1880, 1883.

ZACHARIAS DASE. — *Factorens Tafeln für alle Zahlen der siebenten, achten, neunten Million* Hamburg 1862, 1863, 1865.

M. Bertelsen a révisé ces tables. Les erreurs qu'il y a découvertes se trouvent inscrites dans un article de J.-P. Gram, *Act. Math.*, 17 (1893), p. 310.

LEHMER. — *Factor table for the first ten millions, containing the smallest factor of every number not divisible by 2, 3, 5 or 7 betwein the limits 0 and* 10170000. Washington, D. C, Carnegie Institution of Washington. Publication n° 105, 1909.

399. Application de la décomposition des entiers en facteurs premiers. THÉORÈME. — *Pour qu'un entier a soit divisible par un entier b, il faut et il suffit que a contienne tous les facteurs premiers de b avec un exposant au moins égal.*

La condition indiquée est évidemment suffisante.

Elle est nécessaire, car si $a = bq$, en formant le produit des entiers b et q décomposés en facteurs premiers, on trouve dans ce produit tous les facteurs premiers de b avec un exposant au moins égal. D'ailleurs a n'est décomposable que d'une façon en facteurs premiers.

PROBLÈME. — *Former tous les diviseurs d'un entier.*

Ce problème s'est déjà présenté et nous l'avons résolu (n° **95**).
Mais voici une solution plus simple par la décomposition en facteurs
premiers. Dans ce problème et dans les suivants, on supposera ce
qui est permis, les entiers sur lesquels on opère, positifs.

Soit

$$n = p^{\alpha} q^{\beta} r^{\gamma} \dots t^{\varepsilon}$$

la décomposition de n en facteurs premiers.

On multipliera chacun des nombres $1, p, p^2, \dots p^{\alpha}$ par chacun
des nombres $1, q, q^2, \dots q^{\beta}$, puis chacun des résultats par chacun
des nombres $1, r, r^2, \dots r^{\gamma}$ et ainsi de suite.

Il est facile de voir que les résultats obtenus finalement sont
tous les diviseurs de n, chacun n'étant obtenu qu'une fois.

COROLLAIRE. — On en conclut que le *nombre* de ces diviseurs est
$$(\alpha + 1)(\beta + 1) \dots (\varepsilon + 1)$$

Quant à la *somme* de ces diviseurs, c'est évidemment

$$(1 + p + \dots + p^{\alpha})(1 + q + \dots + q^{\beta}) \dots (1 + t + \dots + t^{\varepsilon})$$

ou

$$\frac{p^{\alpha+1} - 1}{p - 1} \cdot \frac{q^{\beta+1} - 1}{q - 1} \dots \frac{t^{\varepsilon+1} - 1}{t - 1} \ (^1)$$

On calcule facilement aussi la somme des puissances $k^{\text{èmes}}$ de ces
diviseurs. C'est évidemment

$$\left(1 + p^k + p^{2k} + \dots + p^{\alpha k}\right)\left(1 + q^k + \dots + q^{\beta k}\right) \dots$$
$$\left(1 + t^k + \dots + t^{\varepsilon k}\right)$$

ou

$$\frac{p^{(\alpha+1)k} - 1}{p^k - 1} \cdot \frac{q^{(\beta+1)k} - 1}{q^k - 1} \dots \frac{t^{(\varepsilon+1)k} - 1}{t^k - 1}.$$

Remarquons que k peut être négatif, ou fractionnaire.

COROLLAIRE. — On sait que toute fonction symétrique rationnelle
de certains nombres peut se calculer en fonction rationnelle de

---

(¹) Euler a donné la table des sommes des diviseurs des entiers de 1 à 100.
Nov. Comm. Petrop. t. 5 1754-55 = *Comm. arithm. selecta*, t. 1, p. 146.

la somme de ces nombres, de la somme de leurs carrés, etc., jusqu'à un certain exposant. On saura donc exprimer toute fonction symétrique rationnelle des diviseurs du nombre a, en fonction de p, q, ... t, α, β, ... ρ.

Exemple. — Soit le nombre $9\,971$. Son plus petit facteur premier est 13, son quotient par 13 est 767 dont le plus petit facteur premier est encore 13. Le quotient est 59 qui est premier. Ainsi

$$9\,971 = 13^2 \cdot 59.$$

Les diviseurs de $9\,971$ sont

$$1, \quad 13, \quad 13^2, \quad 59, \quad 13 \times 59, \quad 13^2 \times 59,$$

c'est-à-dire

$$1, \quad 13, \quad 169, \quad 59, \quad 767, \quad 9\,971.$$

Leur nombre est

$$(2 + 1)(1 + 1) = 6.$$

Leur somme est

$$\frac{13^3 - 1}{13 - 1} \cdot \frac{59^2 - 1}{59 - 1}$$
$$= (13^2 + 13 + 1)(59 + 1) = 183 \times 60 = 10\,980.$$

400. Produit des diviseurs d'un entier. — On pourrait le calculer par les méthodes précédentes puisque c'est une fonction symétrique d'ordre connu. Mais on peut l'avoir plus simplement, de la façon suivante.

A chaque diviseur d d'un entier a, en correspond un autre $\frac{a}{d}$ qu'on appelle diviseur *complémentaire*.

Considérons la suite des diviseurs de a rangés par ordre de grandeur croissante

$$1, d, d', \ldots a.$$

La suite des diviseurs complémentaires

$$\frac{a}{1}, \quad \frac{a}{d}, \quad \frac{a}{d'}, \ldots \frac{a}{a}$$

est identique à la précédente mise en ordre inverse.

On a donc, en appelant P le produit cherché,

$$P = 1 \cdot d \cdot d' \ldots a$$
$$P = \frac{a}{1} \cdot \frac{a}{d} \cdot \frac{a}{d'} \cdots \frac{a}{a}.$$

Faisons le produit de ces deux égalités, il vient en appelant $\lambda(a)$ le nombre des diviseurs de a

$$P^2 = a^{\lambda(a)}$$

d'où

(2) $$P = \sqrt{a^{\lambda(a)}}.$$

Exemple : pour $a = 9\,971$, $\quad \lambda(a) = 6$

$$P = \sqrt{9\,971^6} = 9\,971^3 = 13^6 \cdot 59^3 = 991\,325\,205\,611.$$

Remarque. — La formule (2) prouve que $\lambda(a)$ est pair, sauf si a est carré parfait. Cela se voit d'ailleurs directement en remarquant que puisqu'à chaque diviseur correspond un diviseur complémentaire, les diviseurs se répartissent en couples, sauf s'il y a un diviseur égal à son diviseur complémentaire

$$d = \frac{a}{d}$$

ce qui arrive effectivement quand a est un carré parfait et dans ce cas seulement.

401. Recherche du plus grand commun diviseur et du plus petit commun multiple de plusieurs entiers décomposés en leurs facteurs premiers. — On voit facilement que *le plus grand commun diviseur de plusieurs entiers s'obtient en formant le produit de tous les facteurs premiers communs à ces entiers, chacun de ces facteurs avec son plus petit exposant.*

Si les entiers donnés n'ont pas de facteur commun, leur plus grand commun diviseur est 1, ils sont premiers dans leur ensemble.

Le plus petit multiple commun à plusieurs entiers s'obtient en formant le produit de tous les facteurs premiers de ces entiers, chacun de ces facteurs avec son plus grand exposant.

On retrouve facilement par la considération des facteurs premiers les théorèmes des n^{os} **97** à **113**. Il faut cependant faire attention que déduire tous ces théorèmes de la théorie des nombres premiers serait faire un cercle vicieux parce que cette théorie s'appuie sur le théorème du n° **107**.

402. Racine n^{ème} d'un entier. — On démontrera facilement que *pour qu'un entier positif soit une puissance n^{ème} exacte il faut et il suffit que les exposants de ses facteurs premiers soient tous divisibles par n, et l'on obtient la racine n^{ème} en divisant ces exposants par n.*

Ainsi la racine cubique de $3^3 . 7^5 . 13^3$ est $3 . 7^2 . 13$.

403. Décomposition des tableaux entiers en tableaux premiers. — Nous avons vu (n° **383**) que tout tableau entier est décomposable en un produit de tableaux unités et de tableaux réduits simples.

Ces derniers peuvent encore se décomposer de la façon suivante. Soit le tableau réduit simple (du troisième ordre, pour fixer les idées)

$$\begin{pmatrix} 1 & 0 & 0 \\ 0 & 1 & 0 \\ 0 & 0 & a \end{pmatrix} \quad (a > 0.)$$

Si a n'est pas premier, soit $a = pqrs$ (p, q, r, s, étant premiers). On a

$$\begin{pmatrix} 1 & 0 & 0 \\ 0 & 1 & 0 \\ 0 & 0 & a \end{pmatrix} = \begin{pmatrix} 1 & 0 & 0 \\ 0 & 1 & 0 \\ 0 & 0 & p \end{pmatrix} \begin{pmatrix} 1 & 0 & 0 \\ 0 & 1 & 0 \\ 0 & 0 & q \end{pmatrix} \begin{pmatrix} 1 & 0 & 0 \\ 0 & 1 & 0 \\ 0 & 0 & r \end{pmatrix} \begin{pmatrix} 1 & 0 & 0 \\ 0 & 1 & 0 \\ 0 & 0 & s \end{pmatrix}$$

Les tableaux de cette forme, c'est-à-dire les tableaux réduits simples dans lesquels le dernier élément est un nombre premier, s'appelleront tableaux *premiers.*

On voit donc finalement que *tout tableau T est décomposable en un produit de tableaux premiers et de tableaux unités.*

Dans cette décomposition, les tableaux premiers sont déterminés. En effet, en écrivant que le module de T est égal au produit des modules des facteurs en lesquels il est décomposé, on voit que

p, q, r, ... ne sont autres que les facteurs premiers du module de T.

Mais les tableaux unités ne sont pas déterminés. D'après le calcul du n° **383**, on peut toujours faire que les tableaux unités intermédiaires soient des tableaux de transposition. Ces transpositions étant fixées, les tableaux unités extrêmes ne le sont pas encore. Nous avons vu en effet (n° **306**) qu'il y a une infinité de substitutions automorphes d'une forme bilinéaire.

EXERCICE

Reprenant les notations de l'exercice du chapitre xix, on dira qu'un tableau A d'ordre r extrait de A est régulier suivant le module premier p, lorsqu'il contient ce facteur p à la même puissance que T_r. Démontrer que si cette circonstance se présente, il y a au moins un A_h régulier suivant le module p, pour toute valeur de h. La démonstration est donnée dans le mémoire cité de M. K. Hensel. D'ailleurs cette propriété se déduit immédiatement de la précédente.

Table des plus petits diviseurs des entiers de 1 à 10.000

1	69	13	9	61	31	15	41	23	20	77	31	25	81	29	31	03	29
2	21	13		89	23		77	19	21	17	29		87	13		07	13
	47	13	10	03	17		91	37		19	13		99	23		27	53
	89	17		07	19	16	33	23		47	19	26	03	19		31	31
	99	13		27	13		43	31		59	17		23	43		33	13
3	23	17		37	17		49	17		71	13		27	37		39	43
	61	19		73	29		51	13		73	41		41	19		49	47
	77	13		79	13		79	23		83	37		69	17		51	23
	91	17		81	23		81	41		97	13	27	01	37		61	29
4	03	13	11	21	19		91	19	22	01	31		43	13		73	19
	37	19		39	17	17	03	13		09	47		47	41		93	31
	61	13		47	31		11	29		27	17		59	31		97	23
	93	17		57	13		17	17		31	23		71	17	32	11	13
5	27	17		59	19		39	37		49	13		73	47		33	53
	29	23		89	29		51	17		57	37	28	09	53		39	41
	33	13	12	07	17		63	41		63	31		13	29		47	17
	51	19		19	23		69	29		79	43		31	19		63	13
	59	13		41	17		81	13		91	29		39	17		77	29
	89	19		47	29	18	07	13	23	23	23		67	47		81	17
6	11	13		61	13		17	23		27	13		69	19		87	19
	29	17		71	31		19	17		29	17		73	13		93	37
	67	23		73	19		29	31		53	13		81	43	33	17	31
	89	13	13	13	13		43	19		63	17		99	13		37	47
	97	17		33	31		49	43		69	23	29	11	41		41	13
7	03	19		39	13		53	17	24	07	29		21	23		49	17
	13	23		43	17		91	31		13	19		23	37		79	31
	31	17		49	19	19	09	23		19	41		29	29		83	17
	67	13		57	23		19	19		49	31		41	17		97	43
	79	19		63	29		21	17		61	23		51	13	34	01	19
	93	13		69	37		27	41		79	37		77	13		03	41
	99	17		87	19		37	19		83	13		83	19		19	13
8	17	19		91	13		43	29		89	19		87	29		27	23
	41	29	14	03	23		57	19		91	47		93	41		31	47
	51	23		11	17		61	37	25	01	41	30	07	31		39	19
	71	13		17	13		63	13		07	23		13	23		73	23
	93	19		57	31	20	21	43		09	13		29	13		81	59
	99	29		69	13		33	19		33	17		43	17		97	13
9	01	17	15	01	19		41	13		37	43		53	43	35	03	31
	23	13		13	17		47	23		61	13		71	37		23	13
	43	23		17	37		59	29		67	17		77	17		51	53
	49	13		37	29		71	19		73	31		97	19		69	43

Table des plus petits diviseurs des entiers de 1 à 10.000 (suite)

35	87	17	40	43	13	45	11	13	49	13	17	53	63	31	58	91	43
	89	37		61	31		31	23		27	13		71	41		93	71
	99	59		63	17		37	13		79	13		77	19		99	17
36	01	13		69	13		41	19		81	17		89	17	59	09	19
	11	23		87	61		53	29		97	19	54	29	61		11	23
	29	19		97	17		59	47	50	17	29		47	13		17	61
	49	41	41	17	23		73	17		29	47		59	53		21	31
	53	13		21	13		77	23		41	71		61	43		33	17
	67	19		41	41		79	19		53	31		73	13		41	13
	79	13		63	23		89	13		57	13		91	17		47	19
	83	29		71	43	46	01	43		63	61		97	23		59	59
37	13	47		81	37		07	17		69	37	55	13	37		63	67
	21	61		83	47		19	31		83	13		39	29		69	47
	37	37		87	53		33	41	51	11	19		43	23		77	43
	43	19		89	59		61	59		23	47		49	31		83	31
	49	23		99	13		67	13		29	23		61	67		89	53
	57	13	42	23	41		81	31		41	53		67	19		93	13
	63	53		37	19		87	43		43	37		87	37	60	01	17
	81	19		47	31		93	13		49	19		97	29		19	13
	91	17		67	17		99	37		61	13	56	03	13		23	19
	99	29	43	03	13	47	09	17		77	31		09	71		31	37
38	09	13		07	59		17	53		83	71		11	31		49	23
	11	37		09	31		27	29		91	29		17	41		59	73
	27	43		13	19		47	47	52	07	41		27	17		71	13
	41	23		31	29		57	67		13	13		29	13		77	59
	59	17		31	61		69	19		19	17		33	43	61	03	17
	69	53		43	43		71	13		21	23		71	53		07	31
	87	13		51	19		77	17		39	13		81	13		09	41
	93	17		69	17	48	11	17		49	29		99	41		19	29
39	01	47		79	39		19	61		51	59	57	07	13		37	17
	37	31		81	13		41	47		63	19		13	29		57	47
	53	59		87	41		43	29		67	23		23	59		61	61
	59	37		93	23		47	37		87	17		29	17		69	31
	61	17		99	53		49	13		93	67		59	13		79	37
	73	29	44	27	19		53	23	53	11	47		67	73		87	23
	77	41		29	43		59	43		17	13		71	29		91	41
	79	23		39	23		67	31		21	17		73	23	62	27	13
	91	13		53	61		83	19		29	73		77	53		33	23
40	09	19		69	41		91	67		39	19	58	09	37		39	17
	31	29		71	17		97	59		53	53		33	19		41	79
	33	37		89	67	49	01	13		59	23		37	13		53	13

Table des plus petits diviseurs des entiers de 1 à 10.000 (suite)

62 83	61	67 07	19	71 53	23	75 43	19	79 79	79	83 83	83
89	19	31	53	57	17	71	67	81	23	99	37
63 13	59	39	23	63	13	97	71	91	61	84 01	31
19	71	49	17	69	67	76 13	23	99	19	11	13
31	13	51	43	71	71	19	19	80 03	53	13	47
41	17	57	29	81	43	27	29	21	13	17	19
71	23	67	67	99	23	31	13	23	71	41	23
83	13	73	13	72 01	19	33	17	27	23	53	79
64 01	37	99	13	23	31	57	13	33	29	71	43
03	19	68 17	17	41	13	61	47	47	13	73	37
07	43	21	19	61	53	63	79	51	83	79	61
09	13	47	41	67	13	97	43	77	41	83	17
31	59	51	13	77	19	77 09	13	83	59	89	13
37	41	59	19	79	29	29	59	81 19	23	97	29
39	47	77	13	89	37	39	71	31	47	85 07	47
43	17	87	71	91	23	47	61	37	79	09	67
63	23	89	83	73 03	67	51	23	43	17	31	19
67	29	93	61	13	71	69	17	49	29	49	83
87	13	69 01	67	19	13	71	19	53	31	51	17
93	43	13	31	27	17	81	31	59	41	57	43
97	73	29	13	39	41	83	43	77	13	67	13
99	67	31	29	61	17	87	13	89	19	79	23
65 09	23	43	53	63	37	78 01	29	82 01	59	87	31
11	17	53	17	67	53	07	37	03	13	93	13
27	61	73	19	73	73	11	73	07	29	86 11	79
33	47	89	29	79	47	13	13	13	43	21	37
39	13	70 03	47	87	83	31	41	27	19	33	89
41	31	09	43	91	19	37	17	49	73	39	53
57	79	31	79	97	13	49	47	51	37	51	41
83	29	33	13	74 09	31	59	29	57	23	53	17
93	19	37	31	21	41	71	17	79	17	71	13
66 13	17	61	23	23	13	91	13	99	43	83	19
17	13	67	37	29	17	97	53	83 03	19	87 11	31
23	37	81	73	39	43	79 13	41	21	53	17	23
31	19	87	19	53	29	21	89	33	13	49	13
41	29	93	41	63	17	39	17	39	31	59	19
47	17	97	47	71	31	43	13	41	19	73	31
49	61	99	31	93	59	57	73	47	17	77	67
67	59	71 11	13	75 01	13	61	19	57	61	91	59
83	41	23	17	19	73	67	31	59	13	97	19
97	37	41	37	31	17	69	13	81	17	88 01	13

Table des plus petits diviseurs des entiers de 1 à 10.000 (fin)

88 09	23	90 17	71	92 11	61	94 07	23	96 07	13	98 27	31
43	37	19	29	17	13	09	97	17	59	41	13
51	53	47	83	23	23	51	13	37	23	47	43
57	17	61	13	53	19	69	17	41	31	53	59
73	19	71	47	59	47	81	19	59	13	69	71
79	13	73	43	63	59	87	53	71	19	81	41
81	83	77	29	69	13	95 03	13	73	17	93	13
91	17	83	31	71	73	09	37	83	23	99	19
89 03	29	89	61	87	37	17	31	97 01	89	99 13	23
09	59	91 01	19	99	17	23	89	03	31	17	47
17	37	13	13	93 01	71	29	13	07	17	37	19
27	79	31	23	07	41	53	41	27	71	43	61
47	23	39	13	13	67	57	19	31	37	53	37
57	13	43	41	29	19	63	73	61	43	59	23
59	17	67	89	47	13	71	17	63	13	71	13
77	47	69	53	53	47	77	61	73	29	79	17
83	13	79	67	67	17	89	43	97	97	83	67
89	89	93	29	79	83	93	53	99	41	91	97
93	17	97	17	89	41	99	29	98 09	17	97	13

Cette table donne le plus petit diviseur positif différent de 1 de chaque entier non premier de 1 à 10.000, sauf lorsque ce diviseur est l'un des nombres 2, 3, 5, 7, 11.

Pour trouver le plus petit diviseur positif d d'un entier n compris entre 1 à 10 000, on cherche d'abord si n est dans la table. Si oui, on obtient d immédiatement. Sinon, on essaye les divisions de n successivement par les nombres 2, 3, 5, 7, 11. Si aucune ne réussit, n est premier.

CHAPITRE XXII

—

APPLICATION DE LA DÉCOMPOSITION
EN FACTEURS PREMIERS
AU CALCUL DE CERTAINES FONCTIONS
ARITHMÉTIQUES. INDICATEUR

404. — Un entier N est dit *fonction arithmétique* de l'entier n lorsqu'à chaque valeur de n correspond une valeur de N.

Par exemple, le nombre des diviseurs de n, la somme de ces diviseurs, sont des fonctions arithmétiques de n.

Les facteurs premiers de n, leurs exposants dans la décomposition de n, sont aussi des fonctions arithmétiques.

Nous avons vu que si

$$n = p^{\alpha} q^{\beta} \dots t^{\varepsilon}$$

est la décomposition de n en facteurs premiers, on a le nombre des diviseurs de n égal à

$$\lambda(n) = (\alpha + 1)(\beta + 1) \dots (\varepsilon + 1).$$

La somme des diviseurs de n est

$$\lambda_1(n) = \frac{p^{\alpha+1} - 1}{p - 1} \cdot \frac{q^{\beta+1} - 1}{q - 1} \dots \frac{t^{\varepsilon+1} - 1}{t - 1}$$

et plus généralement la somme des puissances $k^{\text{èmes}}$

$$\lambda_k(n) = \frac{p^{(\alpha+1)k} - 1}{p^k - 1} \cdot \frac{q^{(\beta+1)k} - 1}{q^k - 1} \dots \frac{t^{(\varepsilon+1)k} - 1}{t^k - 1}.$$

Ces fonctions arithmétiques jouissent donc de la propriété de s'exprimer simplement au moyen des facteurs premiers de n et de leurs exposants. Nous voulons ici considérer quelques autres fonctions arithmétiques jouissant de cette même propriété.

Nous serons amenés à distinguer les fonctions arithmétiques $f(n)$ jouissant de la propriété suivante :

Si n et n' sont premiers entre eux, on a :

$$f(nn') = f(n) f(n').$$

Ces fonctions se rencontrent souvent. Nous les appellerons *régulières*.

Par exemple les fonctions $\lambda(n)$, $\lambda_1(n)$, ... sont régulières. Pour savoir évaluer une fonction régulière, il suffira de savoir le faire dans le cas où l'argument est une puissance d'un nombre premier. Car tout entier n étant décomposable en un produit de facteurs premiers

$$n = p^{\alpha} q^{\beta} \dots t^{\varepsilon}$$

on a

$$f(n) = f\left(p^{\alpha}\right) f\left(q^{\beta}\right) \dots f\left(t^{\varepsilon}\right).$$

405. — Au n° **295** nous avons considéré la fonction arithmétique de l'entier D qui exprime le nombre de classes de systèmes de n formes linéaires indépendantes, de déterminant D. (On peut supposer D > o). Elle est égale à

$$F_n(D) = \sum \delta_2 \delta_3^2 \dots \delta_n^{n-1}$$

le signe $\sum$ étant étendu à toutes les façons de décomposer D en un produit de n facteurs $D = \delta_1 \delta_2 \dots \delta_n$ [1].

Soit

$$D = p^{\alpha} q^{\beta} \dots t^{\varepsilon}$$

la décomposition de D en facteurs premiers. Nous nous proposons d'exprimer $F_n(D)$ au moyen de $p, q, \dots t, \alpha, \gamma, \dots \varepsilon$.

D'abord la fonction en question est régulière. En effet soit

$$D = EG$$

[1] Nous avons pour plus de simplicité écrit $\delta_1, \delta_2, \dots \delta_n$, au lieu de $\delta_{1,1}, \delta_{2,2}, \dots \delta_{n,n}$, notations du n° **295**.

E et G étant premiers entre eux et

$$(1) \qquad F_n(D) = \sum \delta_2 \delta_3^2 \dots \delta_n^{n-1}$$

$$(2) \qquad F_n(E) = \sum \varepsilon_2 \varepsilon_3^2 \dots \varepsilon_n^{n-1}$$

$$(3) \qquad F_n(G) = \sum \zeta_2 \zeta_3^2 \dots \zeta_n^{n-1}$$

les δ étant diviseurs de D; les ε, de E; les ζ de G. Or étant données une décomposition de E en n facteurs et une de G :

$$E = \varepsilon_1 \varepsilon_2 \varepsilon_3 \dots \varepsilon_n$$
$$G = \zeta_1 \zeta_2 \zeta_3 \dots \zeta_n$$

il leur correspond une décomposition de D :

$$D = (\varepsilon_1 \zeta_1) \cdot (\varepsilon_2 \zeta_2) \dots (\varepsilon_n \zeta_n).$$

Réciproquement, étant donnée une décomposition de D

$$D = \delta_1 \delta_2 \dots \delta_n$$

il lui correspond une décomposition de E et une de G. Car en posant

$$\delta_1 = \varepsilon_1 \zeta_1$$
$$\delta_2 = \varepsilon_2 \zeta_2$$
$$\dots \dots \dots$$
$$\delta_n = \varepsilon_n \zeta_n$$

comme les ε ne peuvent contenir que des facteurs premiers de E et les ζ que des facteurs premiers de G et que E et G n'ont pas de facteur commun, ces égalités déterminent les ε et les ζ.

Alors chaque terme de la somme (3) est le produit d'un terme de la somme (1) par un terme de la somme (4) et réciproquement, on a donc bien

$$F_n(D) = F_n(E) F_n(G).$$

On a maintenant à calculer

$$F_n(p^\alpha).$$

Soit d'abord $n = 1$. Evidemment

$$F_1(p^\alpha) = 1.$$

Soit maintenant $n = 2$.

Les décompositions de p^α en deux facteurs sont

$$p^\alpha = 1 \cdot p^\alpha = p \cdot p^{\alpha-1} = \ldots = p^{\alpha-1} p = p^\alpha \cdot 1$$

et

$$F_2\left(p^\alpha\right) = p^\alpha + p^{\alpha-1} + \ldots + p + 1 = \frac{p^{\alpha+1} - 1}{p - 1}.$$

Soit encore $n = 3$. Parmi les décompositions de p^α en trois facteurs, distinguons celles dont le premier facteur est p^h, soit

$$p^\alpha = p^h \delta_2 \delta_3$$

et nous allons évaluer la somme partielle $\sum' \delta_2 \delta_3^2$ étendue à celles-là. Nous ferons ensuite la somme de toutes les sommes obtenues pour $h = 0, 1, \ldots \alpha$. On a

$$\sum' \delta_2 \delta_3^2 = \delta_2 \delta_3, \sum' \delta_3 = p^{\alpha-h} \sum' \delta_3.$$

Or $\sum' \delta_3$ étant étendue à toutes les façons de décomposer $p^{\alpha-h}$ en un produit de deux facteurs $\delta_2 \delta_3$, on vient de voir que

$$\sum' \delta_3 = F_2\left(p^{\alpha-h}\right) = \frac{p^{\alpha-h+1} - 1}{p - 1}.$$

Donc

$$\sum' \delta_2 \delta_3^2 = \frac{p^{2\alpha-2h+1} - p^{\alpha-h}}{p - 1}$$

et la somme cherchée est

$$\frac{p^{2\alpha+1} - p^\alpha}{p - 1} + \frac{p^{2\alpha-2+1} - p^{\alpha-1}}{p - 1} + \ldots + \frac{p^1 - 1}{p - 1}$$

c'est-à-dire

$$\frac{\dfrac{p^{2\alpha+3} - p}{p^2 - 1} - \dfrac{p^{\alpha+1} - 1}{p - 1}}{p - 1}$$

c'est-à-dire enfin

$$\frac{\left(p^{\alpha+1} - 1\right)\left(p^{\alpha+2} - 1\right)}{\left(p - 1\right)\left(p^2 - 1\right)}.$$

La formule générale apparaît maintenant, à savoir

$$(4) \qquad F_n\left(p^{\alpha}\right) = \frac{\left(p^{\alpha+1} - 1\right)\left(p^{\alpha+2} - 1\right) \ldots \left(p^{\alpha+n-1} - 1\right)}{\left(p - 1\right)\left(p^2 - 1\right) \ldots \left(p^{n-1} - 1\right)}.$$

Pour la démontrer, on la suppose vraie pour $F_{n-1}\left(p^{\alpha}\right)$. Parmi les décompositions de p^{α} en n facteurs, nous distinguons celles dont le premier facteur est p^h, soit

$$p^{\alpha} = p^h \delta_2 \delta_3 \ldots \delta_n$$

et nous allons évaluer la somme partielle $\sum' \delta_2 \delta_3^2 \ldots \delta_n^{n-1}$ étendue à celles-là. Nous ferons ensuite la somme de toutes les sommes obtenues pour $h = 0, 1, \ldots \alpha$. On a

$$\sum' \delta_2 \delta_3^2 \ldots \delta_n^{n-1} = \delta_2 \delta_3 \ldots \delta_n \sum' \delta_3 \delta_4^2 \ldots \delta_n^{n-2} = p^{\alpha-h} \sum' \delta_3 \delta_4^2 \ldots \delta_n^{n-2}$$

Or $\sum' \delta_3 \delta_4^2 \ldots \delta_n^{n-2}$ étant étendue à toutes les façons de décomposer $p^{\alpha-h}$ en un produit de $n - 1$ facteurs $\delta_2 \delta_3 \delta_4 \ldots \delta_n$, on vient de voir que

$$\sum' \delta_3 \delta_4^2 \ldots \delta_n^{n-2} = F_{n-1}\left(p^{\alpha-h}\right) =$$
$$\frac{\left(p^{\alpha-h+1} - 1\right)\left(p^{\alpha-h+2} - 1\right) \ldots \left(p^{\alpha-h+n-2} - 1\right)}{\left(p - 1\right)\left(p^2 - 1\right) \ldots \left(p^{n-2} - 1\right)}$$

Donc

$$\sum' \delta_2 \delta_3^2 \ldots \delta_n^{n-1} = \frac{\left(p^{\alpha-h+1} - 1\right)\left(p^{\alpha-h+2} - 1\right) \ldots \left(p^{\alpha-h+n-2} - 1\right)}{\left(p - 1\right)\left(p^2 - 1\right) \ldots \left(p^{n-2} - 1\right)} \cdot p^{\alpha-h}$$

et

$$
\begin{aligned}
F_n\left(p^{\alpha}\right) = {} & \frac{\left(p^{\alpha+1} - 1\right)\left(p^{\alpha+2} - 1\right) \ldots \left(p^{\alpha+n-2} - 1\right)}{\left(p - 1\right)\left(p^2 - 1\right) \ldots \left(p^{n-2} - 1\right)} p^{\alpha} \\
& + \frac{\left(p^{\alpha} - 1\right)\left(p^{\alpha+1} - 1\right) \ldots \left(p^{\alpha+n-3} - 1\right)}{\left(p - 1\right)\left(p^2 - 1\right) \ldots \left(p^{n-2} - 1\right)} p^{\alpha-1} \\
& + \ldots \ldots \ldots \ldots \ldots \\
& + \frac{\left(p - 1\right)\left(p^2 - 1\right) \ldots \left(p^{n-2} - 1\right)}{\left(p - 1\right)\left(p^2 - 1\right) \ldots \left(p^{n-2} - 1\right)} \cdot 1
\end{aligned}
$$

(5)

Reste à voir que cette expression est égale à l'expression (4).

C'est ce que l'on voit encore de proche en proche. C'est évident pour $\alpha = 0$. Montrons que si c'est vrai pour une valeur de α, c'est vrai pour la valeur $\alpha + 1$. Or si α se change en $\alpha + 1$, l'expression (4) augmente de

$$\frac{\left(p^{\alpha+2} - 1\right)\left(p^{\alpha+1} - 1\right) \ldots \left(p^{\alpha+n-1} - 1\right)}{(p - 1)(p^2 - 1) \ldots (p^{n-2} - 1)} \, p^{\alpha+1}$$

et l'expression (5) de

$$\frac{\left(p^{\alpha+2} - 1\right)\left(p^{\alpha+1} - 1\right) \cdots \left(p^{\alpha+n} - 1\right)}{(p - 1)(p^2 - 1) \ldots (p^{n-1} - 1)} - \frac{\left(p^{1+\alpha} - 1\right)\left(p^{\alpha} - 1\right) \cdots \left(p^{\alpha+n-1} - 1\right)}{(p - 1)(p^2 - 1) \ldots (p^{n-2} - 1)}.$$

On vérifiera immédiatement que ces deux quantités sont égales [1], ce qui démontre le théorème.

406. — Au n° **308**, nous avons considéré la fonction arithmétique qui exprime le nombre des classes de formes bilinéaires de rang r de déterminant D.

Cette fonction est régulière [2]. En effet soit

$$D = GH$$

G et H étant premiers entre eux. A des décompositions de G et H de la forme

$$G = (g_1)^r (g_2)^{r-1} \ldots (g_{r-1})^2 g_r$$
$$H = (h_1)^r (h_1)^{r-1} \ldots (h_{r-1})^2 h_r$$

correspond une décomposition de D

$$D = (g_1 h_1)^r (g_2 h_2)^{r-1} \ldots (g_{r-1} h_{r-1})^2 (g_r h_r).$$

Réciproquement à une décomposition de D

$$D = (d_1)^r (d_2)^{r-1} \ldots (d_{r-1})^2 d_r$$

[1] Cette formule est donnée pour $n = 2$ et $n = 3$ dans L. Kronecker *Vorlesungen über die Theorie der Determinanten,* bearbeitet und fortgeführt von Kurt Hensel, Leipzig Teubner (1903) p. 75 et 170.

[2] A. Cayley. — *J. r. a. M,* 50 (1855), p. 315 = Papers 2, Cambridge, 1889, p. 217.

correspond d'une seule façon, une décomposition pour G et une pour H ; car en posant

$$g_1 h_1 = d_1$$

comme g_1 ne doit contenir que des facteurs premiers de G, et h_1 que des facteurs premiers de H, comme d'ailleurs G et H n'ont pas de facteur premier commun, cette équation détermine g_1 et h_1. De même en posant $g_2 h_2 = d_2$, on détermine g_2 et h_2, etc.

Ainsi on est amené à calculer la valeur de la fonction en question pour les valeurs p^α de l'argument.

Il est évident d'ailleurs *a priori* que la valeur de cette fonction ne dépend que de α.

En posant

$$(d_1)^r (d_2)^{r-1} \ldots (d_{r-1})^2 d_r = p^\alpha$$

comme les entiers d_1, d_2, ... ne peuvent être que des puissances à exposant positif ou nul de p, il vient

$$\left(p^{\alpha_r}\right)^r \left(p^{\alpha_{r-1}}\right)^{r-1} \ldots \left(p^{\alpha_1}\right)^1 = p^\alpha$$

ou

$$r\alpha_r + (r-1)\alpha_{r-1} + \ldots + 1 . \alpha_1 = \alpha.$$

La valeur de la fonction cherchée, est le nombre de solutions de cette équation diophantienne, les inconnues α_1, α_2, ... α_r, ayant des valeurs non négatives.

En appelant $f_r(\alpha)$ la valeur de cette fonction, on voit facilement qu'on a la formule de récurrence

$$f_r(\alpha) = f_{r-1}(\alpha) + f_{r-1}(\alpha - r) + f_{r-1}(\alpha - 2r) + \ldots + f_{r-q}(\alpha - qr)$$

q étant le quotient de α par r.

Cette valeur est aussi le coefficient de x^α dans le développement de

$$\frac{1}{(1-x)(1-x^2)\ldots(1-x^r)} , \text{ suivant les puissances croissantes de } x.$$

407. Indicateur [1]. — On appelle *indicateur* d'un entier n posi-

---

[1] La notion de l'indicateur est due à EULER. *Acta Petrop.* 11 (1780), p. 18 = *Commentationes arihmeticæ collectæ*, t. 2, p. 64.

Le raisonnement d'Euler n'est pas complet; voir POINSOT, *J. m. p. a*, 10 (1845) p. 37.

tif, et l'on désigne par $\varphi(n)$, *le nombre des entiers premiers avec n qui sont contenus dans la suite* 1, 2, ... *n*.

Si l'on remarque que deux entiers congrus (mod. n) sont tous les deux premiers à n, ou tous les deux non premiers à n, on voit qu'on peut remplacer la définition précédente par la suivante :

On appelle indicateur d'un entier n, *le nombre des entiers premiers avec n qui sont contenus dans un système complet* (mod. n).

Par exemple :

$$\varphi(1) = 1$$
$$\varphi(2) = 1$$
$$\varphi(3) = 2$$
$$\varphi(4) = 2$$
$$\varphi(5) = 4$$
$$\varphi(6) = 2.$$

408. — Cherchons l'expression générale de $\varphi(n)$, connaissant la décomposition de n en facteurs premiers.

$$n = p^\alpha q^\beta r^\gamma \dots t^\varepsilon u^\zeta.$$

Pour cela nous écrivons la suite des n entiers

(6) $1, 2, 3, \dots n$;

nous y barrons les entiers non premiers avec n, et nous comptons combien il en reste.

Or les entiers non premiers avec n, sont multiples de p, ou de q, ... ou de t. Les multiples de p contenus dans la suite (6) sont

$$1 \cdot p, \qquad 2 \cdot p, \dots \frac{n}{p} \cdot p,$$

leur nombre est $\frac{n}{p}$, et si on les supprime, il ne reste plus dans la suite (6) que $n - \frac{n}{p}$ ou

$$n \left(1 - \frac{1}{p}\right)$$

termes.

Les multiples de q contenus dans la suite (6) sont

$$(7) \qquad 1 \cdot q, \qquad 2 \cdot q \ldots \frac{n}{q} \cdot q,$$

leur nombre est $\frac{n}{q}$; mais certains ne sont plus à supprimer parce qu'ils l'ont déjà été comme multiples de p. Comptons combien il y a de ces derniers. Or pour que kq soit divisible par p, il faut et il suffit que k soit divisible par p. Il y a donc autant de multiples de p dans la suite (7) que dans la suite

$$1, 2, \ldots \frac{n}{q},$$

c'est-à-dire $\frac{n}{pq}$.

Les multiples de q à barrer dans la suite (6) ne sont donc qu'au nombre de

$$\frac{n}{q} - \frac{n}{pq}.$$

ou

$$\frac{n}{q}\left(1 - \frac{1}{p}\right).$$

Quant on les aura barrés, il ne restera plus dans la suite (6) que

$$n\left(1 - \frac{1}{p}\right) - \frac{n}{q}\left(1 - \frac{1}{p}\right)$$

ou

$$n\left(1 - \frac{1}{p}\right)\left(1 - \frac{1}{q}\right)$$

termes.

On verra de même que si on barre les multiples de r, il ne restera plus que

$$n\left(1 - \frac{1}{q}\right)\left(1 - \frac{1}{q}\right)\left(1 - \frac{1}{r}\right)$$

termes, et ainsi de suite.

Supposons qu'après avoir supprimé dans la suite (6) les multiples de p, q, r, ... t, il ne reste plus que

$$n\left(1-\frac{1}{p}\right)\left(1-\frac{1}{q}\right)\left(1-\frac{1}{r}\right)\cdots\left(1-\frac{1}{t}\right)$$

termes. Supprimons maintenant les multiples de u.

Ce sont

$$(8) \qquad 1.u, \qquad 2.u, \ldots \frac{n}{u}.u.$$

Mais certains ne sont plus à supprimer, parce qu'ils l'ont déjà été comme multiples de p ou q ... ou t.

Comptons combien il y en a. Or pour que ku soit divisible par p ou q, ... ou t, il faut et il suffit que k soit divisible par p ou q, ... ou t. Il y a donc autant de multiples de p ou q ... ou t dans la suite (8) que dans la suite

$$1, 2, \ldots \frac{n}{u}$$

c'est-à-dire

$$\frac{n}{u} - \frac{n}{u}\left(1-\frac{1}{p}\right)\left(1-\frac{1}{q}\right)\cdots\left(1-\frac{1}{t}\right).$$

[Puisque si on supprimait ces multiples il resterait

$$\frac{n}{u}\left(1-\frac{1}{p}\right)\left(1-\frac{1}{q}\right)\cdots\left(1-\frac{1}{t}\right)$$

termes].

Donc, après qu'on aura supprimé dans la suite (6) les multiples de p, ceux de q, ... ceux de t, ceux de u, il restera

$$n\left(1-\frac{1}{p}\right)\left(1-\frac{1}{q}\right)\cdots\left(1-\frac{1}{t}\right)-\frac{n}{u}\left(1-\frac{1}{p}\right)\left(1-\frac{1}{q}\right)\cdots\left(1-\frac{1}{t}\right)$$

ou

$$n\left(1-\frac{1}{p}\right)\left(1-\frac{1}{q}\right)\cdots\left(1-\frac{1}{t}\right)\left(1-\frac{1}{u}\right)$$

termes. Donc

$$(9) \qquad \varphi(n) = n\left(1-\frac{1}{p}\right)\left(1-\frac{1}{q}\right)\cdots\left(1-\frac{1}{t}\right)\left(1-\frac{1}{u}\right).$$

Telle est l'expression de $\varphi(n)$. On peut encore l'écrire

$$(10) \quad \varphi(n) = p^{\alpha-1} q^{\beta-1} \ldots t^{\varepsilon-1} u^{\zeta-1} (p-1)(q-1) \ldots (t-1)(u-1).$$

Cas particulier. — p étant un nombre premier $\varphi(p) = p - 1$, ce qui était évident *a priori*.

Exemples :

$$\varphi(7) = 6$$

$$\varphi(8) = 8\left(1 - \frac{1}{2}\right) = 4$$

$$\varphi(9) = 9\left(1 - \frac{1}{3}\right) = 6$$

$$\varphi(10) = 10\left(1 - \frac{1}{2}\right)\left(1 - \frac{1}{5}\right) = 4.$$

Remarque. — On voit sur la formule (10) que $\varphi(n)$ est pair, sauf pour $n = 2$. Cela résulte aussi de ce que les nombres premiers à n de la suite $1, 2 \ldots n$, vont par couples. Si k est l'un d'eux, $n - k$ en est aussi.

409. Théorème. — *La fonction $\varphi(n)$ est régulière.*

Cela résulte immédiatement de la formule (9). Car si

$$n = p^{\alpha} q^{\beta} \quad \ldots t^{\varepsilon}$$
$$n' = p'^{\alpha'} q'^{\beta'} \ldots s'^{\delta'}$$

sont deux nombres premiers entre eux, c'est qu'aucun des facteurs premiers p, q, $\ldots$ t n'est égal à aucun des facteurs premiers p', q', $\ldots$ s'. Alors

$$nn' = p^{\alpha} q^{\beta} \ldots t^{\varepsilon} p'^{\alpha'} q'^{\beta'} \ldots s'^{\delta'}$$

est la décomposition de nn' en facteurs premiers. On a

$$\varphi(n) = n\left(1 - \frac{1}{p}\right)\left(1 - \frac{1}{q}\right) \ldots \left(1 - \frac{1}{t}\right)$$

$$\varphi(n') = n'\left(1 - \frac{1}{p'}\right)\left(1 - \frac{1}{q'}\right) \ldots \left(1 - \frac{1}{s'}\right)$$

$$\varphi(nn') = nn'\left(1 - \frac{1}{p}\right)\left(1 - \frac{1}{q}\right) \ldots \left(1 - \frac{1}{t}\right)\left(1 - \frac{1}{p'}\right)\left(1 - \frac{1}{q'}\right) \ldots \left(1 - \frac{1}{s'}\right)$$

Donc

$$\varphi(nn') = \varphi(n)\,\varphi(n').$$

Remarque. — Ce théorème peut se démontrer directement de la façon suivante. Considérons la forme linéaire

$$(11) \qquad\qquad nx + n'y.$$

Cherchons la condition pour que deux systèmes différents de valeurs x, y et x', y' donnent à l'expression (11) des valeurs congrues (mod. nn'). (C'est un cas particulier de la question de la fin du n° **340**. Nous le traitons directement.)

Il faut que

$$nx + n'y \equiv nx' + n'y' \qquad (\text{mod. } nn')$$

ou

$$n(x - x') + n'(y - y') \equiv 0 \qquad (\text{mod. } nn')$$

il faut donc que

$$n(x - x') \equiv 0 \qquad (\text{mod. } n')$$

d'où, puisque n et n' sont premiers entre eux,

$$x - x' \equiv 0 \qquad (\text{mod. } n').$$

On trouverait de même

$$y - y' \equiv 0 \qquad (\text{mod. } n)$$

ces conditions sont d'ailleurs suffisantes.

On conclut de là que si l'on donne à la variable x, n' valeurs formant un système complet (mod. n') et à la variable y, n valeurs formant un système complet (mod. n), on obtient pour l'expression (11) nn' valeurs formant un système complet (mod. nn').

Cherchons maintenant la condition pour qu'un système de valeurs de x, y, donne à l'expression (11) une valeur première à nn'. Pour cela il faut que la valeur de x soit première à n' ; car un diviseur commun à x et à n' est aussi diviseur commun à $nx + n'y$ et à nn'. De même il faut que la valeur de y soit première à n. Réciproquement ces conditions sont suffisantes. Car si $nx + n'y$ et nn' n'étaient pas premiers entre eux, ils auraient un facteur *premier* commun, qui divisant nn' diviserait soit n soit n'.

Supposons qu'il divise n, alors divisant $nx + n'y$, il diviserait $n'y$, et comme il ne divise pas n' il diviserait y; alors y et n ne seraient pas premiers entre eux.

On conclut de ce qui précède que pour avoir les $\varphi(nn')$ valeurs incongrues (mod. nn') de $nx + n'y$, premières à nn', il faut donner à x les $\varphi(n')$ valeurs incongrues (mod. n') et à y les $\varphi(n)$ valeurs incongrues (mod. n). Donc $\varphi(nn') = \varphi(n)\,\varphi(n')$.

Cette démonstration étant indépendante de la formule (10), on peut du théorème en question déduire cette formule (10). Car ayant

$$\varphi(n) = \varphi\left(p^{\alpha}\right)\varphi\left(q^{\beta}\right)\ldots\varphi\left(t^{\varepsilon}\right)$$

il suffit d'évaluer par exemple $\varphi\left(p^{\alpha}\right)$.

Or parmi les entiers $1 . 2 \ldots p^{\alpha}$ les seuls non premiers à p^{α} sont

$$p, 2p, \ldots p^{\alpha-1}, p$$

dont le nombre est $p^{\alpha-1}$. Donc

$$\varphi\left(p^{\alpha}\right) = p^{\alpha} - p^{\alpha-1} = p^{\alpha}\left(1 - \frac{1}{p}\right)$$

etc.

410. Théorème de Gauss (¹). — *La somme des indicateurs des diviseurs positifs d'un entier positif n, est égale à n.*

1ᵒ *Démonstration.* — On a vu (nᵒ **399**) que les diviseurs de n sont les termes du produit développé

$$\left(1 + p + p^2 + \ldots + p^{\alpha}\right)\left(1 + q + q^2 + \ldots + q^{\beta}\right)\ldots$$
$$\left(1 + t + t^2 + \ldots + t^{\varepsilon}\right).$$

Si l'on considère le produit

$$(12) \quad \begin{cases} \left[1 + \varphi(p) + \varphi(p^2) + \ldots + \varphi(p^{\alpha})\right] \\ \left[1 + \varphi(q) + \varphi(q^2) + \ldots + \varphi(q^{\beta})\right] \\ \cdot \quad \cdot \quad \cdot \quad \cdot \quad \cdot \quad \cdot \quad \cdot \quad \cdot \\ \left[1 + \varphi(t) + \varphi(t^2) + \ldots + \varphi(t^{\varepsilon})\right] \end{cases}$$

(¹) *Disquis. arithm.* Leipzig 1801, nᵒ 39 = Werke 1 Göttingen 1870.

en vertu de l'égalité

$$\varphi\left(p^{\lambda}\right)\varphi\left(q^{\mu}\right)\ldots\varphi\left(t^{\rho}\right)=\varphi\left(p^{\lambda}q^{\mu}\ldots t^{\rho}\right)$$

on voit que les différents termes de ce produit sont les indicateurs des diviseurs de n. Donc la somme de ces indicateurs est égale au produit (12). Or ce produit est égal à

$$\left[1+p\left(1-\frac{1}{p}\right)+p^2\left(1-\frac{1}{p}\right)+\ldots+p^{\alpha}\left(1-\frac{1}{p}\right)\right]$$

$$\left[1+q\left(1-\frac{1}{q}\right)+q^2\left(1-\frac{1}{q}\right)+\ldots+q^{\beta}\left(1-\frac{1}{q}\right)\right]$$

$$\cdots\cdots\cdots\cdots\cdots\cdots\cdots\cdots\cdots\cdots$$

$$\left[1+t\left(1-\frac{1}{t}\right)+t^2\left(1-\frac{1}{t}\right)+\ldots+t^{\varepsilon}\left(1-\frac{1}{t}\right)\right]$$

$$=\left[1+\frac{p^{\alpha+1}-p}{p-1}\left(1-\frac{1}{p}\right)\right]\left[1+\frac{q^{\beta+1}-q}{q-1}\left(1-\frac{1}{q}\right)\right]$$

$$\cdots\left[1+\frac{t^{\varepsilon+1}-t}{t-1}\left(1-\frac{1}{t}\right)\right]=p^{\alpha}q^{\beta}\ldots t^{\varepsilon}=n.$$

2e *Démonstration.* — Cherchons parmi les entiers de la suite (6) combien il y en a dont le plus grand commun diviseur avec n est un diviseur donné d de n.

[On peut dire : combien il y en a, dont le plus grand diviseur (mod. n) soit d].

Or les termes de la suite (6) divisibles par d sont

$$1d,\quad 2d,\quad\ldots\quad\frac{n}{d}d$$

et pour qu'un d'eux, $kd,\left(k=1,2,\ldots\frac{n}{d}\right)$ réponde à la question il faut et il suffit que k soit premier à $\frac{n}{d}$ (d'après la réciproque du théorème n° **100**).

Le nombre cherché est donc égal au nombre des termes de la suite

$$1,2,\ldots\quad\frac{n}{d}$$

qui sont premiers à $\frac{n}{d}$; c'est donc $\varphi\left(\dfrac{n}{d}\right)$.

Cela étant, si on évalue le nombre des termes de la suite (6) dont le plus grand commun diviseur avec n est 1, puis le nombre de ceux dont le plus grand commun diviseur avec n est d, et ainsi de suite on doit retrouver tous les termes de la suite (6). On a donc

$$\varphi\left(\frac{n}{1}\right) + \varphi\left(\frac{n}{d}\right) + \varphi\left(\frac{n}{d'}\right) + \dots + \varphi\left(\frac{n}{n}\right) = n,$$

c'est-à-dire (n° **400**) :

$$\varphi\,(1) + \varphi\,(d) + \varphi\,(d') + \dots + \varphi\,(n) = n$$

Remarque. — Cette propriété peut servir de définition à $\varphi\,(n)$. Car en l'écrivant pour les valeurs $n = 1, 2, \dots$ on obtient les relations :

$$
\begin{aligned}
\varphi\,(1) &= 1 \\
\varphi\,(1) + \varphi\,(2) &= 2 \\
\varphi\,(1) + \varphi\,(3) &= 3 \\
\varphi\,(1) + \varphi\,(2) + \varphi\,(4) &= 4 \\
\varphi\,(1) + \varphi\,(5) &= 5
\end{aligned}
$$

. . . .

la première donne $\varphi\,(1)$, la seconde $\varphi\,(2)$, ... la $n^{\text{ème}}$ donne $\varphi\,(n)$. On peut se proposer de retrouver ainsi la formule (10). On serait ainsi amené à une formule due à Liouville dont il sera parlé plus tard.

411. Indicateur des différents ordres. — La théorie de l'indicateur se généralise de plusieurs façons. Voici la plus importante On appellera *indicateur du $k^{\text{ème}}$ ordre* d'un entier positif n, et on désignera par $\varphi_k\,(n)$, *le nombre des arrangements k à k avec répétitions des entiers $1, 2, \dots n$, tels que ces k entiers et n soient premiers dans leur ensemble.* On peut encore dire : *tels que le plus grand commun diviseur de ces k entiers soit premier avec n.*

On peut encore dire que $\varphi_k\,(n)$ est *le nombre des systèmes incongrus deux à deux* (mod. n), *de k entiers, premiers dans leur ensemble* (mod. n), ou encore pour $k > 1$ (voir exercice du chapitre XX) $\varphi_k\,(n)$ est, *parmi tous les systèmes de k entiers premiers dans leur ensemble, le nombre de ceux qui sont incongrus deux à deux* (mod. n).

Exemples :

$$\varphi_2\,(1) = 1, \qquad \varphi_2\,(2) = 3, \qquad \varphi_2\,(3) = 8, \qquad \varphi_2\,(4) = 12,$$
$$\varphi_4\,(10) = 9\,360.$$

Pour calculer $\varphi_2\,(4)$, par exemple, on forme tous les arrangements deux à deux avec répétition des entiers $1, 2, 3, 4$, ce sont :

1,1	1,2	1,3	1,4	2,1	2,2	2,3	2,4
3,1	3,2	3,3	3,4	4,1	4,2	4,3	4,4

Les arrangements

1,1	1,2	1,3	1,4	2,1	2,3	3,1	3,2	3,3
3,4	4,1	4,3						

sont ceux qui jouissent de la propriété indiquée, leur nombre est 12.

412. — Cherchons l'expression $\varphi_k\,(n)$. Pour cela supposons écrits tous les arrangements avec répétition des entiers $1, 2, \dots n$ Ils sont au nombre de n^k. Nous allons barrer ceux qui ne répondent point à la condition indiquée au n° **411**. Or ce sont ceux dans lesquels les k entiers sont divisibles par l'un des facteurs premiers de n, soit p, soit q, … soit t.

Or les arrangements dans lesquels les k entiers sont divisibles par p, sont les arrangements $h_1 p, h_2 p, \dots h_k p$; en désignant par $h_1, h_2, \dots h_k$ les arrangements k à k avec répétitions des entiers $1, 2, \dots \frac{n}{p}$, leur nombre est $\left(\frac{n}{p}\right)^k$; et lorsqu'on les supprime, il ne reste plus que $n^k - \left(\frac{n}{p}\right)^k$ ou $n^k \left(1 - \frac{1}{p^k}\right)$ arrangements.

Le reste du raisonnement se poursuit comme au n° **408** et l'on arrive à cette conclusion que

$$\varphi_k\,(n) = n^k \left(1 - \frac{1}{p^k}\right) \left(1 - \frac{1}{q^k}\right) \cdots \left(1 - \frac{1}{t^k}\right)$$

Exemple. — $\varphi_3\,(12) = 12^3 \left(1 - \frac{1}{2^3}\right) \left(1 - \frac{1}{3^3}\right) = 1456$

Nous laissons au lecteur le soin de démontrer les théorèmes suivants analogues à ceux donnés pour l'indicateur du premier ordre.

I. — *p étant un nombre premier,* $\varphi_k(p) = p^k - 1$

II. — $\varphi_k(n)$ *est pair sauf pour* $n = 2$

III. - *La fonction* $\varphi_k(n)$ *est régulière*

VI. — *La somme des indicateurs du k^{eme} ordre des diviseurs positifs d'un entier positif n est égale à* n^k

V. — *Parmi les arrangements k à k de la suite* 1, 2, ... n, *il y en a* $\varphi_k\left(\dfrac{n}{d}\right)$ *dont le plus grand commun diviseur* (mod. n) *est un diviseur d de n.*

413. Problème. — *Combien y a-t-il de substitutions unités* (mod. m), *sur k variables ?* (voir n° **340**).

Ou encore, *parmi tous les tableaux carrés d'ordre k, et de déterminant égal à* 1 (voir n° **393**), *combien y en a-t-il d'incongrus deux à deux* (mod. m) ? Plus généralement : *parmi tous les tableaux carrés d'ordre k, et de déterminant égal à* D, *premier à m, combien y en a-t-il d'incongrus deux à deux* (mod. m) ?

Pour former un tel tableau, nous choisissons les éléments de sa première ligne $a_{1,1}$, $a_{1,2}$, ..., $a_{1,k}$, de façon qu'ils soient premiers dans leur ensemble (mod. m). Cela peut se faire de $\varphi_k(m)$ façons. Les éléments $a_{1,1}$, $a_{1,2}$, ..., $a_{1,k}$ étant choisis, on détermine leurs mineurs $\mathcal{A}_{1,1}$, $\mathcal{A}_{1,2}$, ..., $\mathcal{A}_{1,k}$ par la condition

$$a_{1,1}\mathcal{A}_{1,1} + a_{1,2}\mathcal{A}_{1,2} + \ldots + a_{1,k}\mathcal{A}_{1,k} \equiv D \,(\text{mod. } m),$$

ce qui peut se faire de m^{k-1} façons (n° **332**).

Ensuite il faut choisir les éléments des $k - 1$ dernières lignes du tableau, de façon que les mineurs $\mathcal{A}_{1,1}$, ..., $\mathcal{A}_{1,k}$ aient l'un des systèmes de valeurs trouvés. On sait résoudre ce problème (n° **388**), et on sait que lorsqu'on a un système de valeurs de ces éléments, on a tous les autres en multipliant son tableau, par un tableau unité d'ordre $k - 1$. Reste donc à voir combien il y a de ces tableaux incongrus deux à deux (mod. m); de façon que le problème posé pour les tableaux d'ordre k se trouve ramené au même problème pour les tableaux d'ordre $k - 1$. En appelant $f_k(m)$ le nombre cherché, on a la relation de récurrence

$$f_k(m) = \varphi_k(m)m^{k-1}f_{k-1}(m).$$

On en déduit facilement

$$f_k(m) = \varphi_k(m)\varphi_{k-1}(m) \ldots \varphi_2(m)m^{k-1} . m^{k-2} \ldots m^1 f_1(m).$$

ou comme $f_1(m) = 1$

$$f_k(m) = m^{\frac{k(k-1)}{2}} \varphi_2(m)\varphi_3(m) \ldots \varphi_k(m).$$

Ce nombre est indépendant de D.

Si on demande *combien il y a de tableaux carrés d'ordre k et de déterminant premier à m*, comme il y a $\varphi(m)$ valeurs premières à m; ce nombre est égal au précédent multiplié par $\varphi(m)$, c'est donc

$$m^{\frac{k(k-1)}{2}} \varphi_1(m)\varphi_2(m) \ldots \varphi_k(m),$$

en posant pour plus de symétrie

$$\varphi_1(m) = \varphi(m).$$

Exemple : $m = 6$, $k = 2$.

Il y a $6^{\frac{2 \cdot 1}{2}} \varphi_2(6)$ ou 144 tableaux du second ordre de déterminant égal à 1, et incongrus deux à deux (mod. 6). Il y en a autant de déterminant égal à 5.

EXERCICES

1. — Démontrer la relation suivante : (Lucas, *Th. des Nombres*, 1, Paris, 1891, p. 399).

$$\varphi(nn'n'' \ldots) = \frac{\varphi(n)\,\varphi(n')\,\varphi(n'') \ldots}{\left(1 - \dfrac{1}{p}\right)\left(1 - \dfrac{1}{p'}\right) \ldots \left(1 - \dfrac{1}{q}\right)^2 \left(1 - \dfrac{1}{q'}\right)^2 \ldots}$$

n, n', n'' ... sont des entiers quelconques ; p, p', ... sont les facteurs premiers communs à deux de ces entiers mais pas à trois ; q, q', ... sont ceux communs à trois mais pas à quatre ; etc.

Relation analogue pour $\varphi_k(n)$.

II. — Évaluer la somme des diviseurs d'un entier n qui ne sont diviseurs d'aucun entier de la forme $\dfrac{n}{d^2}$.

Réponse : $\dfrac{\varphi_2(n)}{\varphi(n)}$.

III. — Trouver la somme des entiers de la suite $0, 1, \ldots n - 1$, qui sont premiers avec n.

Réponse : $\frac{n\varphi\,(n)}{2}$.

IV. — Démontrer la formule

$$n = \varphi\,(n) + \sum p^{\alpha-1}\varphi\left(\frac{n}{p^{\alpha}}\right) + \sum p^{\alpha-1}q^{\beta-1}\varphi\left(\frac{n}{p^{\alpha}q^{\beta}}\right) + \ldots$$

$\left(n = p^{\alpha}q^{\beta} \ldots \right.$ est la décomposition de n en facteurs premiers. Le premier signe Σ s'étend à tous les facteurs premiers p, le second à toutes les combinaisons deux à deux de ces facteurs, etc.$\left.\right)$.

Pepin, Moret-Blanc, *Nouv. Ann. de Math.*, série 2 (1875), p. 275, 371.

V. — Voici une représentation géométrique de $\varphi\,(n)$. Ayant tracé un cercle (ou tout autre courbe fermée) et ayant divisé sa circonférence en n arcs, on joint les points de division de m en m. On revient au point de départ après avoir tracé ainsi un polygone de $\dfrac{n}{D\,(m,\,n)}$ côtés. Le polygone à n côtés si m et n sont premiers entre eux. Le nombre des polygones différents de n côtés qu'on peut ainsi tracer est $\dfrac{1}{2}\,\varphi\,(n)$.

Trouver une représentation analogue pour $\varphi_2\,(n)$. On considère un tore (ou tout autre surface engendrée par une courbe fermée se déplaçant dans l'espace et revenant à sa position initiale après que chacun de ses points a décrit une courbe fermée). On trace n circonférences génératrices et n parallèles, etc.

VI. — Etant donné des nombres premiers p, q, $\ldots t$, former tous les entiers dont aucun facteur premier ne soit p, ni q, $\ldots$ ni t. (Généralisation du procédé du n° **397**).

Réponse. — Les entiers cherchés sont $a_h + pq \ldots t\lambda$; a_h étant un entier positif plus petit que l'entier $pq \ldots t$ et premier avec lui $[h = 1, 2, \ldots \varphi(pq \ldots t)]$, et λ étant un entier arbitraire.

CHAPITRE XXIII

—

CALCUL A UN MODULE PRÈS.
ELEMENTS
DE LA THÉORIE DES CONGRUENCES
A MODULE PREMIER

414. — Tout ce qui a été dit des congruences dans le chapitre XVII s'applique bien entendu au cas où le module est premier. Nous ne développerons ici que ce qu'il y a de particulier dans ce cas, et qui repose tout entier sur la remarque suivante :

Tout entier non divisible par un nombre premier, est premier avec lui.

Calculer *à un module m près*, c'est effectuer des calculs sur des entiers en négligeant les multiples de m, de sorte que l'on considère comme égaux deux nombres congrus (mod. m). Mais un tel calcul est-il légitime? Et peut-on le constituer de façon que ses règles soient identiques (ou presque) à ceux du calcul ordinaire (¹)?

Considérons de nouveau les résultats des n°ˢ 316, 317, 318, 319 en particulier le théorème final. Ce théorème peut évidemment s'énoncer de la façon suivante : Pour les opérations rationnelles et entières, addition, soustraction, multiplication, le calcul à un module près est analogue au calcul algébrique, en ce sens que *le résultat d'un tel calcul est complètement déterminé* ; et que *les opérations addition, soustraction, multiplication, y jouissent des mêmes propriétés de commutativité, d'associativité et de distributivité que les opérations ordinaires du même nom.*

(¹) Calcul sur les nombres quelconques, et non pas seulement sur les nombres entiers.

Autrement dit : *toute égalité rationnelle et entière, entre des entiers a, b, ... subsiste comme congruence (mod. m) lorsqu'on remplace ces entiers par d'autres qui leur soient respectivement congrus mod. m).*

Ce résultat si simple, est d'une importance capitale, et nous en verrons de nombreuses applications.

415. — En voici une immédiate. C'est celle relative à la *preuve* des opérations rationnelles. Par exemple l'égalité

$$2335 \times 16729 = 39062224$$

est certainement inexacte, car transformée en congruence (mod. 10) elle donne

$$5 \times 9 \equiv 4 \text{ (mod. 10)},$$

ce qui n'est pas.

Les modules dont on se sert le plus souvent dans cette sorte de preuve sont les modules 10, 9, et quelquefois 11. Cela tient à ce qu'étant donné un entier quelconque on trouve facilement le reste de la division de cet entier par l'un de ces modules (n^{os} **91** et **92**). Soit la division suivante

$$\begin{array}{r|l} 106241 & 912 \\ 1504 & \overline{116} \\ 5921 & \\ 449 & \end{array}$$

équivalente à l'égalité entière :

(1) $$106241 = (912 \times 116) + 449.$$

Elle donne les congruences :

$$1 \equiv (2 \times 6) + 9 \quad \text{(mod. 10)}$$
$$5 \equiv (3 \times 8) + 8 \quad \text{(mod. 9)}$$
$$-8 \equiv (-1)(6) + 9 \quad \text{(mod. 11)}.$$

Ces trois congruences se vérifient. La seule conclusion rigoureuse qu'on en puisse tirer (¹) est d'ailleurs que les deux membres

(¹) En admettant, bien entendu, qu'on ne se trompe pas dans la preuve.

de l'égalité (1) ont une différence congrue à zéro (mod. 10, mod. 9 et mod. 11), c'est-à-dire divisible par 990.

416. — Dans le calcul (mod. m) il n'y a que m entiers par exemple 0, 1, 2, ... $m-1$. On peut encore prendre pour ces m entiers *tous les entiers compris entre* $-\dfrac{m}{2}$ et $\dfrac{m}{2}$ *si* m *est impair*, tous ceux-là et en plus $\dfrac{m}{2}$ *si* m *est pair*.

Voici la table d'addition (mod. 7).

	—3	—2	—1	0	1	2	3
—3	1	2	3	—3	—2	—1	0
—2	2	3	—3	—2	—1	0	1
—1	3	—3	—2	—1	0	1	2
0	—3	—2	—1	0	1	2	3
1	—2	—1	0	1	2	3	—3
2	—1	0	1	2	3	—3	—2
3	0	1	2	3	—3	—2	—1

Pour trouver la somme de deux entiers (mod. 7) avec cette table, il faut chercher l'un des entiers dans la première ligne, l'autre dans la première colonne, et prendre l'entier qui se trouve à l'intersection de la colonne du premier et de la ligne du second.

Voici de même la table de multiplication (mod. 7).

	—3	—2	—1	0	1	2	3
—3	2	—1	3	0	—3	1	—2
—2	—1	—3	2	0	—2	3	1
—1	3	2	1	0	—1	—2	—3
0	0	0	0	0	0	0	0
1	—3	—2	—1	0	1	2	3
2	1	3	—2	0	2	—3	—1
3	—2	1	—3	0	3	—1	2

417. Division suivant un module. — Existe-t-il de même une division (mod. m); c'est-à-dire étant donnés deux entiers a, b, peut-on trouver un entier q tel que

$$a \equiv bq \text{ (mod. } m).$$

Cette question n'est autre que celle du n° 329 (les rôles des lettres a, b, étant permutés, et la lettre q remplaçant la lettre x).

On voit donc que le problème n'est résoluble que si $D(b, m)$ divise a, et qu'il a $D(b, m)$ solutions. Il en résulte que l'analogie avec la division ordinaire ne se vérifie pas en général, et qu'une théorie du calcul (mod. m), analogue au calcul ordinaire, se trouve arrêtée là.

Mais il en est autrement *si le module est premier* et c'est ce que nous supposerons à partir de maintenant. Nous appellerons p ce module. Dans ce cas $D(b, p) = 1$ sauf si b est divisible par p, c'est-à-dire si $b \equiv 0$ (mod. p). On voit alors que

Si $b \not\equiv 0$ (mod. p) *il y a un entier et un seul q, satisfaisant à la condition* $a \equiv bq$.

Si $b \equiv 0$ et $a \not\equiv 0$ *il n'y a pas d'entier q satisfaisant à cette condition.*

Si $b \equiv a \equiv 0$ *tout entier q satisfait à la condition.*

Ces résultats sont absolument analogues à ceux du calcul ordinaire ([1]). On peut à présent parler du *rapport* (mod. p), de deux nombres a et b, et le noter par $\dfrac{a}{b}$.

Ainsi on a (mod. 7).

$$\frac{3}{4} \equiv 6$$

$$\frac{2}{3} \equiv 3,$$

D'ailleurs cette division jouit des propriétés fondamentales de la division ordinaire, c'est-à-dire que :

En multipliant le numérateur ou en divisant le dénominateur

([1]) Non pas comme nous l'avons déjà dit du calcul sur les entiers, car dans ce cas la division n'est pas toujours possible, mais du calcul sur tous les nombres.

*d'un rapport par un facteur, ce rapport est multiplié par ce fac-
teur.*

*En divisant le numérateur ou en multipliant le diviseur d'un
rapport par un facteur, ce rapport est divisé par ce facteur.*

*En multipliant ou en divisant le numérateur et le diviseur d'un
rapport par un même facteur, ce rapport ne change pas,* etc.

Ces théorèmes se démontrent facilement.

418. — Un autre théorème fondamental dans le calcul ordinaire
est le suivant :

*Pour qu'un produit de facteurs soit nul, il faut et il suffit qu'un
facteur soit nul.*

Ce théorème n'a pas d'analogue dans le calcul (mod. m) en
général. En effet un produit de facteurs peut être divisible par un
module m sans qu'aucun facteur le soit. Par exemple le produit
9×20 est divisible par 12, sans qu'aucun des deux facteurs le
soit.

Mais supposons que le module soit un nombre premier p. Alors
il est parfaitement exact de dire que *pour qu'un produit de facteurs soit $\equiv 0$ (mod. p), il faut et il suffit qu'un facteur le soit.*

419. — On peut donc, lorsqu'on s'en tient aux opérations
rationnelles et aux modules premiers, fonder un calcul complètement analogue au calcul ordinaire.

Ainsi la règle de Cramer (n° 165) s'applique à la résolution d'un
système de n congruences linéaires à n inconnues, à module premier. Soit, par exemple, le système

$$
\left.
\begin{aligned}
2x + y + 3z &\equiv -1 \\
3x + y - z &\equiv 1 \\
2x + y + z &\equiv 2
\end{aligned}
\right\} \text{(mod. 7)}.
$$

On trouve facilement le déterminant du système.

$$
\begin{vmatrix}
2 & 1 & 3 \\
3 & 1 & -1 \\
2 & 1 & 1
\end{vmatrix}
\equiv 2
$$

et

$$x \equiv \frac{\begin{vmatrix} -1 & 1 & 3 \\ 1 & 1 & -1 \\ 2 & 1 & 1 \end{vmatrix}}{2} \equiv \frac{-1}{2} \equiv 3$$

$$y \equiv \frac{\begin{vmatrix} 2 & -1 & 3 \\ 3 & 1 & -1 \\ 2 & 2 & 1 \end{vmatrix}}{2} \equiv \frac{2}{2} \equiv 1$$

$$z \equiv \frac{\begin{vmatrix} 2 & 1 & -1 \\ 3 & 1 & 1 \\ 2 & 1 & 2 \end{vmatrix}}{2} \equiv \frac{-3}{2} \equiv 2$$

seule solution du système.

De même les résultats énoncés aux n°s 166 et 167, 178, 180, 181, 182, 183. On trouve ainsi des résultats qu'on peut aussi retrouver comme cas particuliers des théorèmes des n°s 332 à 338 par exemple : *la congruence*

$$a_1 x_1 + a_2 x_2 + \dots + a_n x_n \equiv l \ (\mathrm{mod.}\ p)$$

ou $a_1 a_2 \dots a_n$ ne sont pas tous $\equiv 0$ (mod. p), est possible et a p^{n-1} systèmes de solutions. Si $a_1 \equiv a_2 \equiv \dots \equiv a_n \equiv 0$ et $l \not\equiv 0$ la congruence est impossible. Si $a_1 \equiv a_2 \equiv \dots \equiv a_n \equiv l \equiv 0$ la congruence est indéterminée.

Enfin la théorie des substitutions et celle des formes linéaires et des formes bilinéaires (mod. p), est absolument semblable à la théorie algébrique. Par exemple, toute substitution a son inverse, sauf celles dont le déterminant $\equiv 0$ (mod. p).

Deux formes linéaires non identiquement $\equiv 0$ (mod. p) sont équivalentes. Il en est de même de deux systèmes de r formes indépendantes (mod. p).

D'ailleurs, la condition pour que des formes linéaires soient indépendantes (mod. p) est absolument analogue à celle donnée au n° 253, etc.

TABLE DES MATIÈRES

SAINT-AMAND (CHER). — IMPRIMERIE BUSSIÈRE

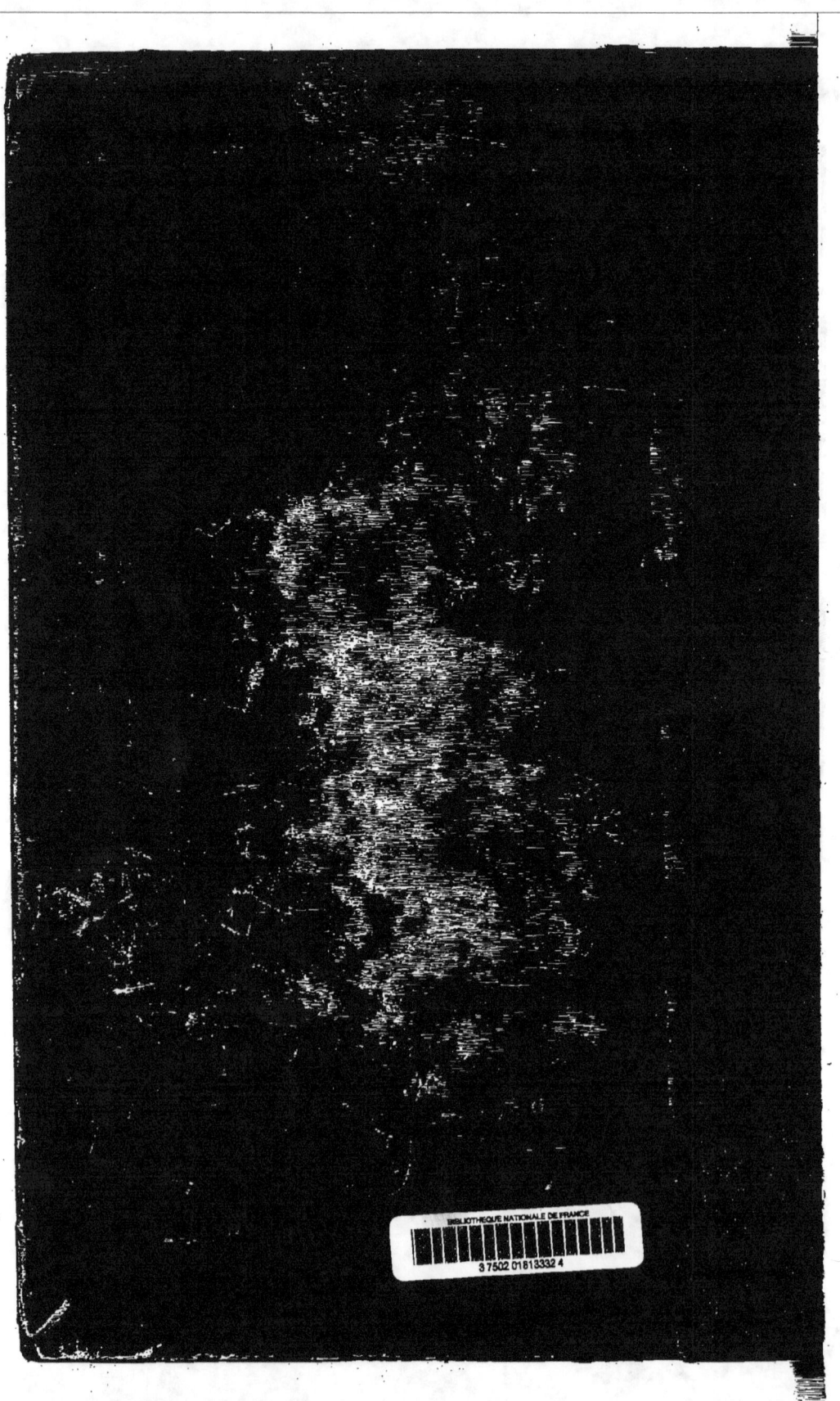